MES – Manufacturing Execution System

Jürgen Kletti

(Hrsg.)

MES – Manufacturing Execution System

Moderne Informationstechnologie unterstützt die Wertschöpfung

2. Auflage

Herausgeber
Jürgen Kletti
MPDV Mikrolab GmbH
Mosbach
Deutschland

Bildquelle für Foto auf Einband: Phoenix Contact GmbH & Co. KG

ISBN 978-3-662-46901-9   ISBN 978-3-662-46902-6 (eBook)
DOI 10.1007/978-3-662-46902-6

Die Deutsche Nationalbibliothek verzeichnet diese Publikation in der Deutschen Nationalbibliografie; detaillierte bibliografische Daten sind im Internet über http://dnb.d-nb.de abrufbar.

Gedruckt auf säurefreiem und chlorfrei gebleichtem Papier

Springer Berlin Heidelberg ist Teil der Fachverlagsgruppe Springer Science+Business Media
(www.springer.com)

Vorwort

Auch wenn der Begriff „Manufacturing Execution System (MES)" schon seit vielen Jahren auf dem Markt ist und in diversen Richtlinien und Normen erklärt wird, kann man keineswegs von einem gemeinsamen Verständnis ausgehen.

Oftmals wird MES als verlängerte Maschinensteuerung oder als Erweiterung eines ERP-Systems gesehen. Andere beschreiben MES als Sammlung von fertigungsnahen IT-Tools wie BDE oder MDE (Betriebs- bzw. Maschinendatenerfassung). Auch bezeichnen Anbieter von CAQ-Lösungen (Computer Aided Quality Assurance) oder fertigungsnaher Zeiterfassungssysteme ihre Produkte als MES-System. Keiner dieser Erklärungsversuche wird jedoch dem MES-Gedanken vollumfänglich gerecht.

In den letzten Jahren wurde MES sehr stark als Kennzahlengenerator für die Produktion gesehen. Für einen kontinuierlichen Verbesserungsprozess innerhalb eines Produktionsbetriebes ist dies mit Sicherheit ein wichtiger Aspekt. Darüber hinaus ist MES jedoch vielmehr ein Element der Planung und der Qualitätssicherung, mit dem man durch eine kurzfristige Produktionsoptimierung die Effizienz und Qualität erheblich steigern kann. Eine moderne Produktion muss reaktionsfähig sein, um schnell auf sich ändernde Bedarfe oder Situationen reagieren zu können. Dazu benötigt es Transparenz und dazu ist MES das ideale Werkzeug.

Dieses Buch soll das Themenfeld MES übersichtlich darstellen und Ihnen auf anschauliche Weise aufzeigen, wie Sie mit einem Manufacturing Execution System effizienter produzieren können. Die komplett überarbeitete zweite Auflage geht dabei auf die Weiterentwicklung des MES-Gedanken und auch auf die neuen Herausforderungen moderner Fertigungsunternehmen ein. In einem eigenen Kapitel erläutern wir, welche Bedeutung MES-Systeme im Zeitalter von Industrie 4.0 haben.

Viel Spaß beim Lesen.

Ihr Prof. Dr.-Ing. Jürgen Kletti

Inhaltsverzeichnis

Über die Autoren

Rainer Deisenroth Jahrgang 1953, war nach seinem Abschluss des Studiums der Technischen Informatik in verschiedenen Unternehmen im Bereich Hard- und Software-Entwicklung sowie im Produktmanagement tätig. 1990 trat er in die MPDV Mikrolab GmbH ein. Dort ist er heute als Mitglied der Geschäftsführung für die Bereiche Vertrieb und Marketing verantwortlich. Er veröffentlichte zahlreiche Fachbeiträge zum Themenkomplex MES.

Markus Diesner Jahrgang 1977, Dipl.-Ing. (BA), Studium der Informationstechnik mit Schwerpunkt Softwareengineering und Vertrieb an der Berufsakademie Mannheim. Nach dem Studium in verschiedenen technischen Positionen und später im Produktmarketing eines großen deutschen IT-Hardwareherstellers. Seit 2012 für die MPDV Mikrolab GmbH tätig als Product Marketing Manager Sales und damit zuständig für die strategische Kommunikation von Produktneuheiten und Firmennews. Im Februar 2013 als Mitglied in den VDI/VDE GMA Fachausschuss 7.21 „Industrie 4.0 – Begriffe, Referenzmodelle & Architekturkonzepte" berufen.

Jürgen Kletti   Jahrgang 1948, Studium der Elektrotechnik mit dem Spezialfach „Technische Datenverarbeitung" an der Universität Karlsruhe. Nach der Promotion Gründung der Firma MPDV Mikrolab GmbH, deren Gesellschafter und Geschäftsführer er heute noch ist. Prof. h. c der Dualen Hochschule Baden-Württemberg. MPDV beschäftigt sich seit 1990 hauptsächlich mit Software-Produkten, Dienstleistungen und Beratungsleistungen für die Fertigungsindustrie.

Wolfhard Kletti   Jahrgang 1958, studierte Informatik an der Hochschule in Mannheim mit Arbeiten an der ETH Zürich, Universität Karlsruhe und bei der IBM. Jahrzehnte lange Erfahrung als Projektmanager und Berater in zahlreichen MES Projekten.

Heute als Geschäftsführer bei der MPDV verantwortlich für das operative Business.

Jann-Peter Lübbert   Jahrgang 1986, studiert Wirtschaftsingenieurwesen MSc. an der Universität Siegen. Seine Studienschwerpunkte sind Produktionsplanung- und Steuerung, Supply-Chain Management sowie Operations Research. Er forscht im Bereich der Prozessoptimierung mittels Produktions-IT und hat sich insbesondere auf Manufacturing Executive Systems spezialisiert.

Jochen Schumacher Dipl.-Ing., Dipl.-Wirt.-Ing. (FH)   Jahrgang 1965, studierte Elektrotechnik und Betriebswirtschaft. Er ist Geschäftsführer der Perfect Production GmbH (www.perfect-production.de), einer Unternehmensberatung für produzierende Unternehmen. Der Beratungsansatz liegt in einer optimalen Kombination von Lean Production Methoden mit modernen IT-Lösungen. Zuvor war er in der Beratung sowie in verschiedenen Produktionsbetrieben im In- und Ausland tätig. Er ist Referent auf Seminaren und Autor zahlreicher Veröffentlichungen in der Produktions- und IT-Fachpresse.

Thorsten Strebel   Jahrgang 1972, Dipl.-Ing.(BA), Studium der Technischen Informatik mit Schwerpunkt Produktionsinformatik an der Berufsakademie Mosbach. Nach dem Studium Unternehmensberater für die Abwicklung von Entwicklungsprojekten mit dem Schwerpunkt der Objektorientierung. Seit 1997 für die MPDV Mikrolab GmbH tätig. Heute als Director Product Development verantwortlich für das Produktmanagement und die Weiterentwicklung der MPDV Produkte.

Abkürzungsverzeichnis

ADE	Auftragsdatenerfassung
AEO	Authorized Economic Operator
AFO	Arbeitsfolge
AOI	Automatische optische Inspektion
ASCII	American Standard Code for Information Interchange
AutoID	Automatische Identifikation
B2MML	Business To Manufacturing Markup Language
BDE	Betriebsdatenerfassung
CAD	Computer Aided Design
CAM	Computer Aided Manufacturing
CAQ	Computer Aided Quality-Assurance
CFR	Code of Federal Regulations
CIM	Computer Integrated Manufacturing
CNC	Computerized Nummerical Control
CPS	Cyber Physical System
CRM	Customer Relationship Management
CSV	Comma-Separated Values
DMS	Dokumentenmanagementsystem
DNC	Direct Nummerical Control
DV	Datenverarbeitung
EBR	Electronic Batch Record
EMG	Energiemanagement
ERP	Enterprise Resource Planning
ESK	Eskalationsmanagement
F&E	Forschung & Entwicklung
FDA	Food and Drug Administration
FMEA	Fehlermöglichkeits- und -einflussanalyse
GF	Geschäftsführung
GMP	Good Manufacturing Practice
GPS	Global Positioning Systems
HR	Human Resources

HUG	HYDRA Users Group
i. O.	in Ordnung
IDOC	Intermediate Document
ISA	Industry Standard Architecture
ISO	International Organization for Standardization
IT	Informationstechnologie
JDBC	Java Database Connectivity
JIS	Just in Sequence
JIT	Just in Time
KMU	Kleine und mittlere Unternehmen
KPI	Key Performance Indicator
KVP	Kontinuierlicher Verbesserungsprozess
LAN	Local Area Network
LDAP	Lightweight Directory Access Protocol
LIMS	Laborinformationsmanagementsystem
LPI	Lean Performance Index
LVS	Lagerverwaltungssystem
MBR	Master Batch Record
MDE	Maschinendatenerfassung
MES	Manufacturing Execution System
MESA	Manufacturing Enterprise Solutions Association
MOC	MES Operation Center
MPL	Material- & Produktionslogistik
MSL	Moisture Sensitive Level
n. i. O.	nicht in Ordnung
NC	Nummerical Control
NFC	Near Field Communication
ODBC	Open Database Connectivity
OEE	Overall Equipment Effectiveness
OLTP	Online-Transaction-Processing
PC	Personal Computer
PCC	Process Communication Controller
PDCA	Plan – Do – Check – Act
PEP	Personaleinsatzplanung
PLM	Product Lifecycle Management
PMV	Prüfmittelverwaltung
PPAP	Production Part Approval Process
PPS	Produktionsplanungs- und Steuerungssystem
PZE	Personalzeiterfassung
PZW	Personalzeitwirtschaft
QR-Code	Quick Response Code
QS	Qualitätssicherung

REK bzw. REC   Reklamationsmanagement
RFC   Remote Function Call
RFID   Radio Frequency Identification
ROI   Return on Invest
SCM   Supply Chain Management
SIT   Short Interval Technology
SMS   Short Message Service
SOA   Service Oriented Architecture
SPC   Statistic Process Control
SPS   speicherprogrammierbare Steuerung
SQL   Structured Query Language
SSO   Single Sign On
TQM   Total Quality Management
TRT   Tracking & Traceing
UMCM   Universal Machine Connectivity for MES
VDA   Verband der Automobilindustrie e.V.
VDI   Verein Deutscher Ingenieure e.V.
VDMA   Verband Deutscher Maschinen- und Anlagenbau
W3C   World Wide Web Consortium
WA   Warenausgang
WE   Wareneingang
WIP   Work in Progress
WLAN   Wireless Local Area Network
WRM   Werkzeug- & Ressourcenmanagement
XML   Extensible Markup Language
ZKS   Zutrittskontrollsystem

Die Anforderungen an die moderne Produktion

Jürgen Kletti

Produzierende Unternehmen unterliegen in praktisch allen Branchen dem permanenten Druck, sich kontinuierlich zu verbessern, um ihre Wettbewerbsfähigkeit zu sichern. Unternehmen der Metall- und Elektroindustrie erzielten in den vergangenen Jahren beispielsweise nur noch Umsatzrenditen von rund 4 %. Solche Werte stellen kein Komfortpolster dar vor dem Hintergrund der sich sehr volatil bewegenden Wirtschaftsindizes, wie z. B. dem Geschäftsklima Index. Neben dem Geschäftsklima gibt es aber noch viele andere starke externe Einflüsse, denen sich produzierende Unternehmen stellen müssen, um weiterhin wettbewerbsfähig zu bleiben.

Der Markt Der Markt hat sich in den meisten Branchen zu einem Käufermarkt entwickelt, bei dem der Kunde zwischen vielen potenziellen Lieferanten wählen kann. Dies führt dazu, dass der Kunde seinem Lieferanten bestimmte Flexibilitäten (z. B. hinsichtlich Abrufmengen), Lieferzeiten, Termintreuen, Anlieferung (z. B. Just-In-Sequence) oder Preissenkungen diktieren kann, die einzuhalten sind. Wer hier nicht mitspielen kann, ist schnell vom Markt verschwunden.

Die Produkte Während viele Unternehmen bisher vielleicht eine überschaubare Produktpalette hatten, die in der Produktion gut zu handeln war, sind die Anforderungen auch hier immens gestiegen. Zum einen sind die Produkte oft komplexer geworden. Insbesondere in der Automotive-Industrie wurden viele Betriebe zu Systemlieferanten, die nun sehr komplexe Baugruppen liefern. Zum anderen ist oft die Anzahl der zu fertigenden Varianten

J. Kletti (✉)
MPDV Mikrolab GmbH, Mosbach, Deutschland
E-Mail: info@mpdv.com

gestiegen. So gibt es bereits heute bei einigen PKWs mehrere tausend mögliche Sitzvarianten. Die Beherrschung einer solch hohen Variantenanzahl führt dann schnell zu kleineren Fertigungslosen und damit zu deutlich mehr Fertigungsaufträgen in der Produktion. Dass alle Produkte nur in top Qualität geliefert werden dürfen, versteht sich von selbst.

Das Umfeld Einen weiteren Einfluss auf das Unternehmen stellt das gesamte Umfeld dar. Die Märkte sind durch moderne Technologien, wie Internet, deutlich transparenter geworden und verschärfen damit den Wettbewerb. Eine kurze Suche im Internet genügt oft schon, um einen weiteren potenziellen Lieferanten für die gewünschten Produkte zu finden. Das produzierende Unternehmen muss sich also fragen, warum der Kunde ausgerechnet bei ihm einkaufen soll. Das einwandfreie Produkt wird vorausgesetzt. Es wird künftig daher darum gehen, Prozessvorteile, wie kürzere Lieferzeiten, höhere Flexibilität, etc. zu erzielen und transparent zu machen.

Die Finanzen Die oben beschriebenen Einflüsse haben natürlich starken Einfluss auf die Finanzen. Die häufig geringen Umsatzrenditen wurden bereits erwähnt. Alleine um diese Werte zu halten, müssen aufgrund steigender Personal-, Material- und Energiekosten jährliche Rationalisierungsmaßnahmen in mindestens der gleichen Größenordnung erfolgen. Zur Absicherung gegen künftige Konjunkturrückgänge, wie z. B. im Jahr 2009, muss die Liquidität gesichert und damit das Working Capital auf ein Minimum reduziert werden. Die eigenen selbst zu beeinflussenden Stellhebel des Unternehmens in der Produktion sind hier die Bestände (Roh-, WIP- und Fertigwaren) sowie die Durchlaufzeiten.

1.1   Häufiger Ausgangszustand: Die alte Fabrik

Obwohl die oben beschriebenen Einflüsse eigentlich keinen Spielraum für ungenutzte Potenziale in der Produktion lassen, finden sich in den meisten Betrieben noch erhebliche Verschwendungen. Wie kann das trotz zahlreicher Kostensenkungsprogramme in den letzten Jahren sein?

Eine Ursache liegt sicher darin, dass der überwiegende Teil aller Ressourcenverbräuche von der klassischen Kostenrechnung nicht gesehen wird und damit unerkannt abfließt. Das liegt an der Art der Kalkulation. Die Kostenrechnung berücksichtigt bei der Kalkulation lediglich die einzelnen Bearbeitungsschritte mit deren Maschinenkosten, Personalkosten, Materialkosten und Fertigungsgemeinkosten. In den meisten Betrieben liegt die Bearbeitungszeit jedoch nur bei ca. 5–10 % der gesamten Durchlaufzeit. Damit werden wichtige Prozesspotenziale in der Produktion übersehen. Der Kostenfokus führt dadurch in die Stückkostenfalle.

Eine weitere Ursache liegt sicher auch im fehlenden Methodenwissen der mittleren Führungskräfte und der Produktionsmitarbeiter. Es fehlt oft die Sensibilität für die Verschwendungen im Unternehmen. Selbst in Unternehmen, die durch Lean Production Be-

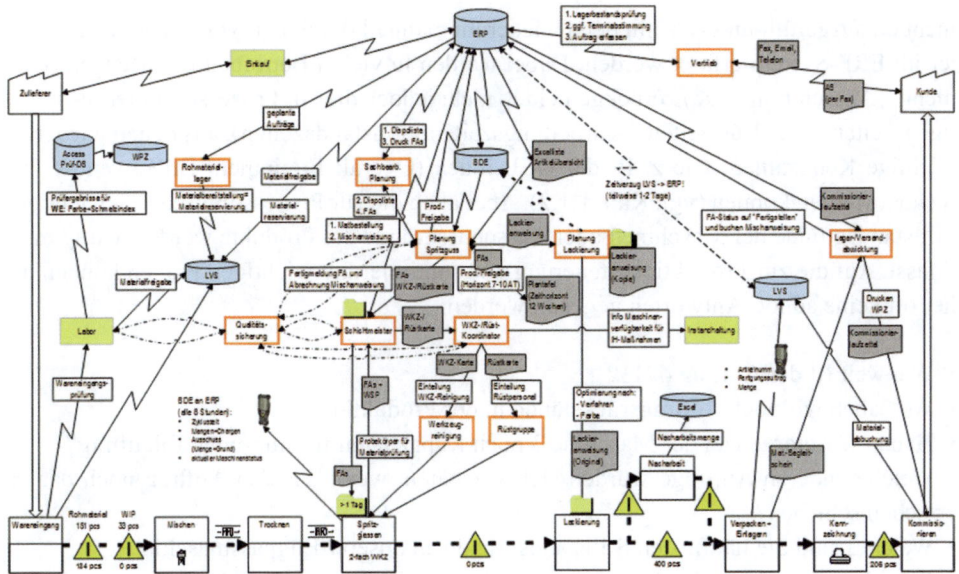

Abb. 1.1 Wertstromdiagram eines Beispielunternehmens

rater betreut werden, zeigen sich oft noch viele Schwachstellen aufgrund der mangelnden IT-Kompetenz üblicher Lean Berater.

Durch eine Wertstromanalyse lässt sich aber schnell der Ausgangszustand der Fabrik ermitteln. Abbildung 1.1 zeigt ein Beispiel eines solchen Wertstromdiagramms.

Eine solche Wertstromanalyse zeigt nicht nur die verborgenen Potenziale in der Produktion auf, sondern auch in den steuernden Informations- und Planungsabläufen mit den dabei verwendeten IT-Lösungen, Papierdokumenten, etc. Die dabei am häufigsten anzutreffenden Schwachstellen in den Unternehmen werden im Folgenden kurz beschrieben.

1.1.1 Mangelnde Transparenz in der Produktion

Transparenz ist die Basis aller Entscheidungen. Je mehr Informationen vorliegen, desto sicherer können Entscheidungen getroffen werden. Von Bedeutung ist dabei auch die Aktualität der Informationen. Erst durch zeitnah vorliegende Informationen kann kurzfristig auf aktuelle Ereignisse reagiert und damit die Reaktionsfähigkeit des Unternehmens gesteigert werden. Transparenz, z. B. in Form von Kennzahlen, bietet zudem die Möglichkeit, den eigenen Standpunkt sowie die Wirksamkeit von Maßnahmen beurteilen zu können. Damit ist die Transparenz eine der wichtigsten Voraussetzungen für effiziente Abläufe. Ohne Transparenz gleicht der Fabrikalltag einem Blindflug in der Fliegerei.

Trotz der hohen Bedeutung der Transparenz ist sie in den meisten Betrieben noch erheblich zu verbessern. Häufig erfolgen Rückmeldungen aus der Produktion nur einmal pro Schicht oder am Ende eines Auftrags auf Rückmeldescheinen, die von den Werkern manuell ausgefüllt und anschließend wiederum manuell durch den Vorarbeiter oder Meister im ERP-System erfasst werden. Dabei werden in vielen Betrieben nur Mengen (Gutmenge, Ausschussmenge) zurückgemeldet, nicht jedoch die zur Prozessoptimierung wichtigen Zeiten (z. B. Rüstzeiten, Bearbeitungszeiten, Stillstandszeiten), aus denen wiederum wichtige Kennzahlen, wie z. B. der OEE-Index (Overall Equipment Effectiveness) berechnet werden können (vgl. Kap. 1.1.2). Aber auch die zur Prozessoptimierung wichtigen Stillstandsgründe der Maschinen oder Ausschussgründe der Produkte werden häufig nicht erfasst. Auf die zur Produktionssteuerung und -optimierung wichtigen Fragen können daher oft keine adhoc-Antworten gegeben werden:

- Wie weit ist der Auftrag 4711?
- Wo haben wir noch Auftragsrückstände in der Produktion?
- Haben wir morgen an der Maschine 3 noch Kapazitäten frei für einen Eilauftrag?
- Welche anderen Aufträge würden sich verspäten, wenn wir den Auftrag noch dazwischen schieben?
- Welches sind die häufigsten Stillstandsgründe an unserer Engpassmaschine?
- Brauchen wir eine neue Maschine oder lässt sich die aktuelle Maschine noch besser nutzen?
- etc.

1.1.2 Schlechte Maschinenproduktivität und Qualität

Oft wird die Produktivität vorhandener Maschinen und Anlagen überschätzt. Die in den Stammdaten der ERP-Systeme hinterlegten Nutzungsgrade liegen nicht selten 10–20 % über den tatsächlichen Werten. Daraus ergeben sich zwei Risiken. Zum einen werden Kalkulationen „schön gerechnet", zum anderen werden Planungen unsicher, wenn bereits die Planparameter von der Wirklichkeit abweichen. Die Abweichung entsteht dadurch, dass die tatsächlichen Werte nicht kontinuierlich gemessen und mit den Stammdaten abgeglichen werden.

Der zur Beurteilung der Maschinenproduktivität am besten geeignete sogenannte OEE-Index (Overall Equipment Effectiveness) wird eigenen Erfahrungen zufolge nur bei ca. 1/4 aller Unternehmen eingesetzt. Die Hauptursache für die geringe Nutzung liegt in der fehlenden Datenerfassung in der Produktion. Doch ohne diese Kennzahl lässt sich ein funktionierendes Shopfloor Management und damit ein wirkungsvoller kontinuierlicher Verbesserungsprozess (KVP) kaum aufbauen (vgl. Kap. 1.1.10).

Der OEE-Index berücksichtigt als Produkt aus Verfügbarkeitsgrad x Leistungsgrad x Qualitätsgrad neben Maschinenstillständen (Rüstzeiten, Ausfälle, Störungen) auch Leistungsverluste durch Taktzeitverluste oder kurze Stopps sowie Qualitätsverluste durch Ausschuss und Nacharbeit (vgl. Abb. 1.2).

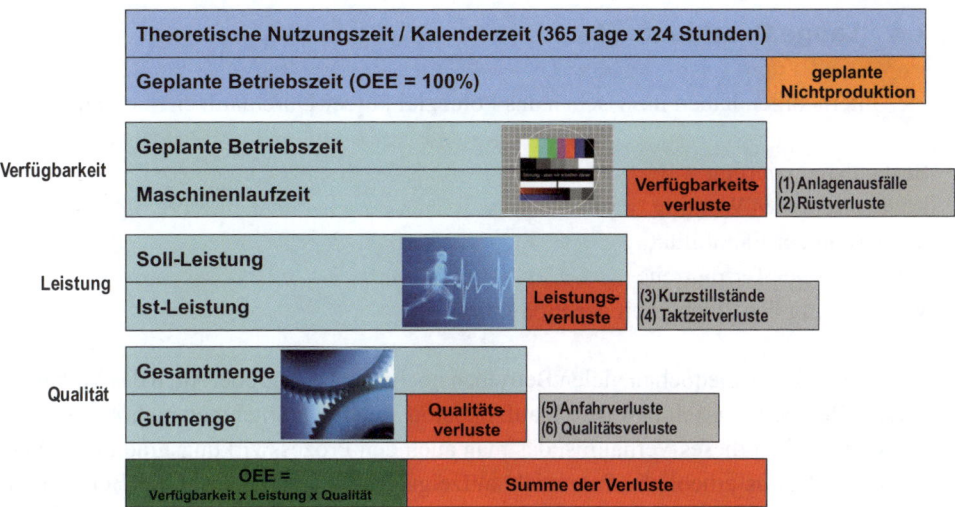

Abb. 1.2 OEE-Index (Overall Equipment Effectiveness)

Auffällig ist auch der hohe Anteil der ungeplanten Instandhaltungstätigkeiten. Mehrere Unternehmen gaben den Anteil der ungeplanten „Feuerwehrarbeit" mit ca. 70–80 % an. Nur 20–30 % seien vorbeugende Instandhaltungstätigkeiten. Die Ursache hierfür liegt häufig am Fehlen einer Instandhaltungslösung, die es erlaubt, (dynamische) Wartungskalender anzulegen und die erforderlichen Wartungsarbeiten nach einer vorgegebenen Taktanzahl oder Einsatzzeit der Maschine signalisiert. Das Wirtschaftlichkeitspotenzial ist groß, da sich mit der Reduzierung ungeplanter Tätigkeiten auch die Planbarkeit und damit auch die Termintreue der Produktion erheblich verbessert.

1.1.3   Hohe Bestände

Eines der häufigsten Probleme in vielen Produktionsbetrieben sind auch zu hohe Bestände in der Produktion. Bestände bedeuten für den Auftragsdurchfluss eine Verlängerung der Warte- und Liegezeiten. Dadurch werden nicht nur die Durchlaufzeiten verlängert (vgl. Kap. 1.1.4), sondern es wird auch unnötig viel Kapital gebunden (Working Capital).

Die häufigsten Ursachen liegen hierbei natürlich in erster Linie an der Art der Produktion (Werkstattfertigung/Fließfertigung), aber auch an Mängeln in der Feinplanung, z. B. durch zu große Losgrößen oder durch mangelnde Synchronisierung von Arbeitsschritten untereinander, aber auch an nicht angepassten Taktzeiten einzelner Arbeitsschritte.

Die auftragsbezogene Bestandssituation wird ohne geeignete IT erst im Rahmen einer Wertstromanalyse sichtbar, weshalb die tatsächliche Situation vielen Unternehmen gar nicht bekannt ist.

1.1.4 Lange Durchlaufzeiten

Viele Unternehmen haben inzwischen das Potenzial kurzer Durchlaufzeiten erkannt:

- Bestandsreduzierung
- Reduzierung des Working Capitals
- Steigerung der Flexibilität
- Steigerung der Termintreue
- Verbesserung der Planbarkeit der Produktion

Die Durchlaufzeit ist jedoch in vielen Betrieben noch keine Zielgröße. Auch das Verhältnis zwischen Bearbeitungszeit und Durchlaufzeit ist in vielen Unternehmen nicht bekannt. Je nach Branche liegt dieses Verhältnis, das man auch den Prozesswirkungsgrad nennt, aber bei nur 1–5 %, was erhebliche Potenziale aufzeigt. Abbildung 1.3 zeigt ein Beispiel aus einer Wertstromanalyse, bei der während einer Durchlaufzeit von 24,8 Tagen nur 77 min am Artikel gearbeitet wurde.

Häufiger Grund des fehlenden Fokus auf Durchlaufzeitreduzierung ist die schwierige Messbarkeit der Durchlaufzeit. Es genügt nicht, die gesamte Durchlaufzeit vom Auftragseingang/Auftragsstart bis zur Fertigstellung/Versand zu kennen. Es sollten vielmehr auch alle Zeitanteile, aus denen sie sich zusammensetzt, wie z. B. Bearbeitungszeiten, Rüstzeiten, Warte- und Liegezeiten, ungeplante Unterbrechungen, etc. bekannt sein. Zur Beurteilung der Durchlaufzeit ist es daher erforderlich, kontinuierlich alle Zeitanteile entlang der Durchlaufzeit zu erfassen. Mit Handaufschreibungen kann das punktuell erfolgen. Eine dauerhafte Beobachtung von statistischer Relevanz ist damit jedoch nicht zu erreichen. Hier bedarf es unterstützender IT.

1.1.5 Schlechte Termintreue

Aufgrund der vielen Prozessunsicherheiten im Bereich der Maschinenproduktivität (hoher Anteil ungeplanter Stillstände, schwankende Rüst- und Bearbeitungszeiten), vieler Rückstände in der Produktion, großer Losgrößen, hoher Umlaufbestände und langen Durchlaufzeiten fällt es Unternehmen schwer, mit den aktuell vorhandenen Planungsmethoden, wie

- Planung gegen unendliche Kapazitäten
- Planung ohne Kenntnis der Ist-Situation (keine Online-Funktionalität mit transparentem Auftrags- und Maschinenstatus in Echtzeit)
- Manuelle Plantafeln, Excel- und/oder papiergestützte Abläufe

noch hohe Termintreuen zu erreichen. Die Folge sind ungeplante Zusatzschichten oder Eiltransporte zum Kunden.

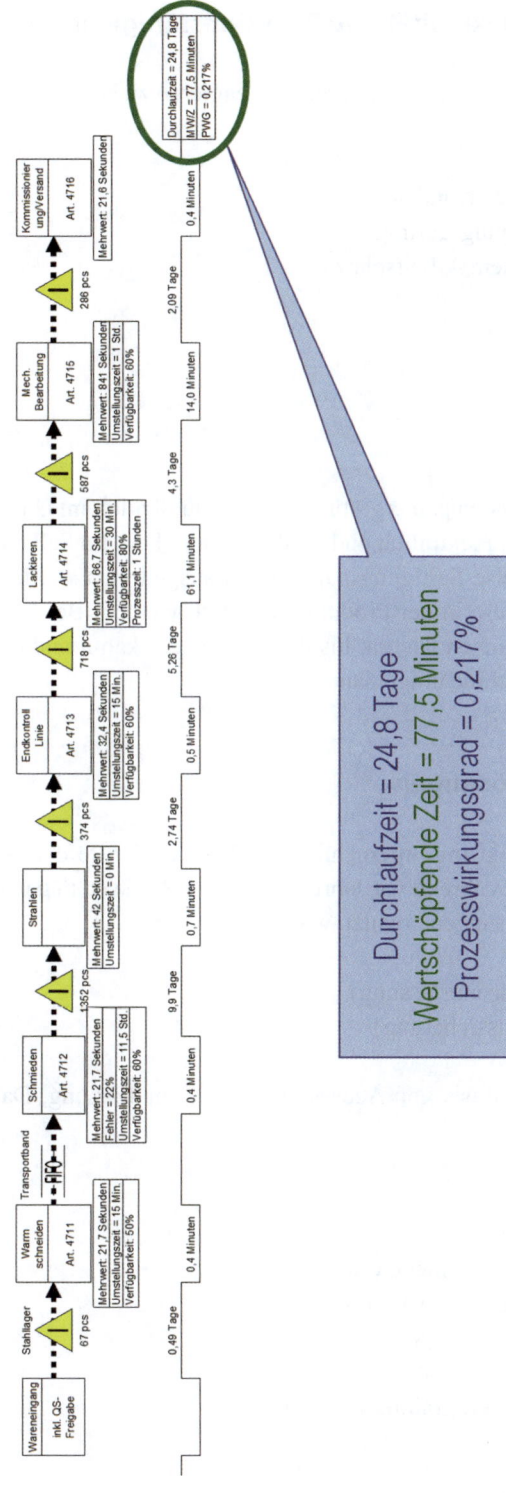

Abb. 1.3 Prozesswirkungsgrad = Wertschöpfende Zeit/Durchlaufzeit

1.1.6 Mangelnde Flexibilität und Reaktionsfähigkeit

Flexibilität bedeutet, schnell auf Veränderungen reagieren zu können. Solche Veränderungen können z. B. sein:

- Auftragsänderungen des Kunden
- Änderungen am Fertigungsauftrag
- Materialmangel an einem Arbeitsplatz
- Qualitätsprobleme
- Maschinenstörungen
- Mitarbeiterausfall
- Werkzeugbruch
- etc.

Bei der häufig anzutreffenden papiergestützten Kommunikation im Unternehmen mangelt es oft an der gewünschten Flexibilität und Reaktionsfähigkeit. Im Fall einer Auftragsänderung müssen beispielsweise Fertigungspapiere neu ausgedruckt werden, inkl. Zeichnungen und Etiketten und diese in der Produktion verteilt werden. Bei Maschinenstörungen kann es schon einmal Stunden dauern, bis der Stillstand erkannt und der betroffene Auftrag auf eine andere Maschine umgeplant wurde.

1.1.7 Viele IT-Insellösungen

Ein weiterer wunder Punkt im Unternehmen sind die im Laufe der Jahre gewachsenen vielen IT-Insellösungen. Während vor Jahren noch ein ERP-System genügte, wurden dann sukzessive weitere IT-Lösungen ergänzt, wie z. B.

- PZE-System (Personalzeiterfassung)
- CAQ-System (Qualitätssicherung)
- Planungstool
- Eigene Lösungen auf Basis von Access und Excel zur Planung, Datenerfassung und -auswertung
- Werkzeugverwaltung
- Traceability Lösung
- Prozessdatenerfassung
- DMS (Dokumentenmanagementsystem)
- LVS (Lagerverwaltungssystem)
- Etikettierlösung
- RFID-Lösung
- DNC-Verwaltung (NC-Programme)
- Energiemanagement
- etc.

Die Nachteile solcher Insellösungen liegen einerseits natürlich im Pflegeaufwand (Schnittstellen, Support, Schulung, Updates, etc.) aber auch in dem mangelnden Datenaustausch zwischen den Systemen, so dass redundante Daten erforderlich werden und schöne Synergieeffekte verloren gehen (z. B. Korrelation erfasster Daten).

1.1.8 Viel Papierdokumentation

Die Vielzahl der Belege in der Fertigung führt nicht nur zu hohen Kosten, da jedes Papier erstellt, ausgedruckt, verteilt, ausgefüllt, eingesammelt, erfasst und ausgewertet werden muss, sondern sie verlangsamt aufgrund der vielen Schnittstellen und der Transportwege auch den Informationsfluss. Da nur Informationen den Materialfluss bewegen, wird die Geschwindigkeit der Produktion durch die Papierwege erheblich verlangsamt. Zudem enthalten Papierdokumente nicht immer den letzten Stand, da deren Ausdruck meist schon vor dem Produktionsbeginn im ERP-System erfolgt und kurzfristig geänderte Stückzahlen, eine neue Maschinenzuordnung und Änderungen an den Arbeits- oder Prüfplänen nicht automatisch nachgereicht werden. Beispiele solcher Papierdokumente in der Produktion sind:

- Fertigungsaufträge
- Materialentnahmescheine
- Werkzeugkarten
- Materialbegleitscheine
- Rückmelde-/Lohnscheine
- Arbeitsanweisungen
- Zeichnungen
- Einstelldaten
- Prüfskizzen
- Prüfpläne
- Störgrunderfassung
- Ausschussgrunderfassung
- Schichtplan
- Wartungscheckliste
- Maschinenbuch
- etc.

1.1.9 Schlechte Abteilungs-Synchronisierung

Durch den papiergestützten Ablauf sind oft die einzelnen Abteilungen untereinander nicht optimal synchronisiert. Dies kann zu Suboptima in den einzelnen Bereichen führen. Typische Beispiele solcher schlechten Synchronisierungen sind:

Synchronisierung von Produktionsplanung und -steuerung und Werkzeugbau
Viele Wertstromanalysen zeigen eine mangelnde Synchronisierung zwischen der Produktionsplanung und -steuerung und dem Werkzeugbau. Häufig wird in Besprechungen der Werkzeugbau über die Grobplanung der Produktion informiert. Die spätere Feinplanung der Produktion durch die AV oder den Meister vor Ort erfährt der Werkzeugbau nur in seltenen Fällen systemgestützt und in Echtzeit. Dies kann zu fehlenden Werkzeugen in der Produktion führen bzw. zu Maschinenstillständen, bis das Werkzeug einsatzbereit an der Maschine ist.

Synchronisierung von Produktionsplanung und -steuerung und Instandhaltung
Ähnlich verhält sich die Abstimmung zwischen Produktionsplanung und -steuerung und Instandhaltung. Geplante Instandhaltungstätigkeiten werden zwar üblicherweise in Produktionsbesprechungen dem Planer mitgeteilt, es gibt aber in vielen Betrieben keine direkte Kopplung zwischen dem Planungssystem und den geplanten Instandhaltungstätigkeiten (z. B. Wartungskalender). Die Folge ist, dass geplante Instandhaltungsmaßnahmen verschoben werden müssen bzw. Produktionsaufträge nicht ausgeführt werden können.

Synchronisierung von Produktionsabteilungen untereinander
Auch innerhalb der Produktion fehlt häufig die Synchronisierung der einzelnen Abteilungen untereinander. Oft wird bei der lokalen, abteilungsbezogenen Feinplanung versucht, eine für die Abteilung optimale Reihenfolge der Aufträge zu erzielen (z. B. zur Rüstzeitoptimierung), ohne aber die Weiterbearbeitung in der nächsten Abteilung zu berücksichtigen. Dies führt dann nicht selten zu suboptimalen Auftragsreihenfolgen. Die Ursache liegt hier sicher in der mangelnden Transparenz über den kompletten Auftragsdurchlauf für den jeweiligen Feinplaner der Abteilungen.

1.1.10 Mangelnde KVP-Kultur in der Produktion

Obwohl sich viele Unternehmen eine gut funktionierende KVP-Kultur in der Produktion wünschen würden und auch viel in die Schulung der eigenen Mitarbeiter investieren, wird die kontinuierliche Verbesserung doch noch nicht überall richtig gelebt. Eine der Ursachen ist dabei häufig das Fehlen geeigneter Kennzahlen und Ziele, die dem Werker zeitnah, d. h. möglichst am Ende der Schicht kommuniziert werden. Häufig findet man an den Infoboards in der Produktion Kennzahlen über Umsätze, Produktivitäten, Krankenstand, etc., die entweder in zu großen Zeitintervallen (z. B. monatlich) kommuniziert werden oder aber für den Werker nicht direkt beeinflussbar sind. Es lohnt sich in jedem Fall, den KVP-Prozess durch ein effektives Shopfloor Management im Unternehmen zu verankern.

1.2   Das Ziel: Die zukunftsfähige Fabrik

Um weiterhin erfolgreich im Wettbewerb mitspielen zu können, sind die Unternehmen gezwungen, sich einerseits konsequent auf die Wünsche ihrer Kunden einzustellen und andererseits ihre Produktion fit zu machen für die Zukunft. Aus Kundensicht stand schon immer die Qualität im Vordergrund. Durch den zunehmenden Wettbewerb kam die Forderung nach niedrigen Preisen hinzu. Die immer enger getakteten Lieferketten sowie Konzepte, wie JIT (just in time) und JIS (just in sequence), brachten noch die Forderung nach kurzen Lieferzeiten. Damit ergeben sich aus Kundensicht die Zielgrößen Qualität, Preis und Lieferzeit (vgl. Abb. 1.4).

Diese Anforderungen müssen auf die moderne Produktion projiziert werden. Gleichzeitig muss das Unternehmen aber auch wirtschaftlich handeln. Um wirtschaftlich auf Kundenwünsche wie z. B. Lieferterminänderungen reagieren zu können, muss die Produktion flexibel gestaltet sein. Qualität, Preis und Liefertermin eines Produkts lassen sich planen, aber selten läuft die Produktion genauso ab wie geplant. Vielmehr treten in der Produktion Zwischenfälle wie Maschinenausfälle, Ausschussproduktion und fehlende Zulieferungen auf oder ein Kunde wünscht einen früheren Liefertermin, so dass Pläne geändert werden müssen. Daher lauten die Anforderungen an die Produktion aus Unternehmenssicht Wirtschaftlichkeit, Termintreue und Flexibilität.

Diese drei Ziele einer Produktion sind gegenläufig. Den Forderungen nach Termintreue und Flexibilität steht die Forderung nach Wirtschaftlichkeit gegenüber. So muss sich das produzierende Unternehmen z. B. Kapazitätsreserven freihalten, um flexibel auf Terminänderungen des Kunden reagieren zu können. Auch muss es vielleicht kleinere Losgrößen produzieren, um flexibel zu bleiben. Somit muss das Unternehmen zur Sicherstellung seiner Flexibilität einen höheren Aufwand betreiben als benötigt und fertigt daher nicht mehr wirtschaftlich optimal.

Abb. 1.4 Das klassische Dreieck der Kundenwünsche

Abb. 1.5 Zielgrößen der
modernen Produktion

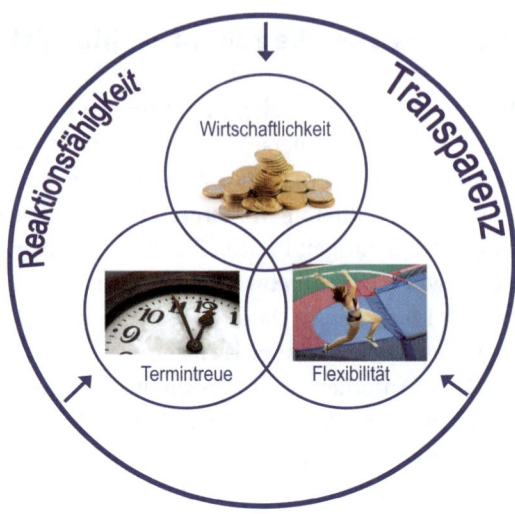

Um wirtschaftlich fertigen zu können, müssen Wege gefunden werden, die Flexibilität und Termintreue sicherstellen und gleichzeitig der Wirtschaftlichkeit der Produktion nicht schaden. Die Voraussetzungen dafür sind transparente und reaktionsfähige Prozesse in der Produktion (vgl. Abb. 1.5). Diese ermöglichen es, flexibel auf Kundenwünsche, Produktänderungen etc. zu reagieren. Reaktionsfähigkeit lässt sich nur auf der Basis von Informationen erzielen. Ein Produktionsunternehmen, das schnell auf neue Szenarien reagieren muss, benötigt eine Darstellung der aktuellen Situation der Produktion. Es muss klar erkennbar sein, wo was läuft, welche Probleme aufgetreten sind, wo Terminprobleme auftreten könnten und wo ein Prozess besser laufen könnte. Das Unternehmen muss einen Zustand der Transparenz erreichen. Um schnell reagieren zu können, werden die Informationen nicht erst im Nachhinein benötigt, sondern in Echtzeit. Nur so ist es möglich, auftretende Szenario-Änderungen ad hoc mit Planänderungen oder neuen Plänen zu beherrschen. Die Transparenz der Produktion alleine ermöglicht aber noch kein schnelles Reagieren. Hierfür müssen die Prozesse in der Produktion so gestaltet werden, dass man mit minimalem Aufwand Veränderungen am Produktionsablauf durchführen kann.

Nachfolgend werden nun die wichtigsten Prinzipien der zukunftsfähigen Fabrik beschrieben. Manufacturing Execution Systeme (MES) können in jedem dieser Bereiche wirkungsvoll unterstützen.

1.2.1 Schnelle Regelkreise durch Short Interval Technology

Eine Methode, um eine „perfekte" reaktionsfähige, transparente und somit wirtschaftliche Produktion zu schaffen, ist der Ansatz der **Short Interval Technology (SIT)**. Die Idee die SIT zugrunde liegt, ist das Erreichen von Reaktionsfähigkeit und Transparenz in der Produktion. Hierzu wird die Produktion, insbesondere die Fertigung und das Fertigungsmanagement, als ein Regelkreis verstanden der optimal auf eintreffende Ereignisse (z. B. Kapazitäts-störungen, Eilaufträge, Bestandsstörungen etc.) reagiert. Die zentralen Zielgrößen sind dabei:

1. Die Reaktionsgeschwindigkeit des Regelkreises. Ziel ist das Erreichen von Echtzeit-reaktionen.
2. Die Informationsgenauigkeit, die dem Regler zur Verfügung steht.

Im Prinzip kann die Produktion als ein System bezeichnet werden, das aus verschiedenen Eingangssignalen (z. B. Rohmaterialien, Mengen, Termine, Qualitätsvorgaben) verschie-dene Ausgangssignale (z. B. Fertigwaren, Mengen, Terminen, Kosten) erzeugt. Da die Signale zeitabhängig sind, handelt es sich um ein dynamisches System. Zur Regelung eines solchen dynamischen Systems kann man Regelkreise installieren, die aus dem dy-namischen System (Regelstrecke), einem Messglied, einem Regler und einem Stellglied besteht (vgl. Abb. 1.6).

Die Regelung kann prinzipiell auf einer der drei Ebenen Unternehmensmanagement, Fertigungsmanagement oder direkt im Fertigungsprozess erfolgen. Der Unterschied zwi-schen den drei Ebenen ist der jeweilige Zeithorizont und der Detailierungsgrad der benö-tigten Informationen. So ist die Regelung im Unternehmensmanagement auf einen langen bis mittleren Zeithorizont ausgelegt und es wird eine gröbere Informationsgranularität benötigt als im Fertigungsmanagement, wo mehr und genauere Informationen in Echtzeit benötigt werden. Hauptsächlich hat SIT aber die Regelung auf der Ebene des Fertigungs-management und in der Fertigung selbst als Ziel. Hier ist das Regeln der Produktions-prozesse besonders wichtig, weshalb sich der SIT-Ansatz hier auch besonders gut um-setzen lässt. Um die anderen Unternehmensebenen an der Regelung der Prozesse in der Fertigung anzubinden und es z. B. dem Unternehmensmanagement zu erlauben, steuernd einzugreifen, muss es die Möglichkeit geben, Daten zwischen den Ebenen auszutauschen.

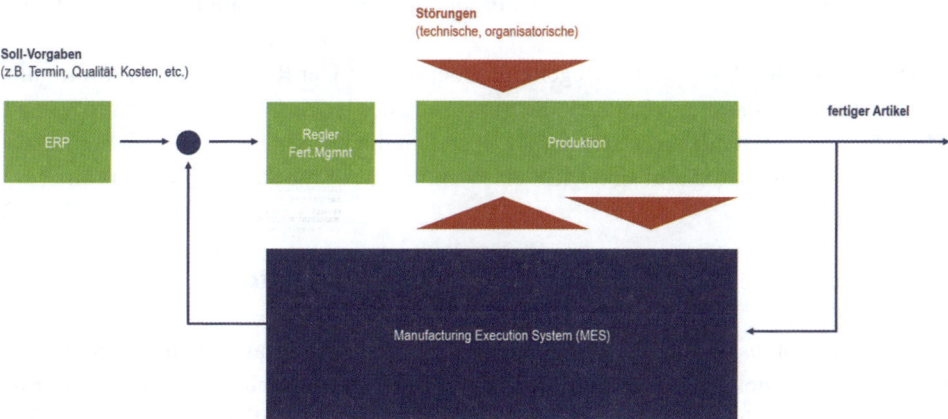

Abb. 1.6 Die Produktion als Regelkreis

Dieser als vertikale Integration bezeichnete Prozess kann durch einen die Ebenen verbindenden Regelkreis umgesetzt werden.

Eine der definierenden Eigenschaften eines Regelkreises ist die Rückmeldung des Ist-Zustands. Nur durch diesen ist Regeln, also Anpassen des Ist-Zustands an den Soll-Zustand, überhaupt erst möglich. Dies deckt sich wieder mit der Forderung nach Transparenz. Eine Möglichkeit der Rückmeldung ist die Berechnung von Kennzahlen in Echtzeit. Um Prozesse effektiv regeln zu können werden aussagekräftige prozessorientierte Kennzahlen benötigt. Diese Kennzahlen dienen einerseits zur Analyse der Prozesse, geben Zielgrößen vor und decken ungenutzte Potenziale auf. Andererseits ermöglichen sie die Kontrolle, ob die durchgeführten Maßnahmen das gewünschte Ergebnis brachten.

Weitere wichtige Formen der Rückmeldung, um den Produktionsprozess effektiv regeln zu können, sind z. B. Zustandsmeldungen. Sie beschreiben nicht einen Prozess oder geben einen Überblick über den Zustand der gesamten Produktion wie es der LPI (Lean Performance Index) zum Beispiel tut, fungieren dafür aber als Warnsignale, ob der Prozess überhaupt laufen kann z. B. durch Anzeige einer Maschinenstörung. Bei den Zustandsmeldungen kann es sich z. B. um den Zustand eines Werkzeugs, den Ausfall einer Maschine oder eine aktuelle Qualitätsmeldung nach Abschluss eines Arbeitsschrittes handeln.

Eine weitere Eigenschaft eines Regelkreises ist die Zeit zwischen den Rückmeldungen. Diese bestimmt die Abtastrate. Bei kurzen Zeitintervallen ist die Aktualität der Informationen besonders hoch. Daher muss die Abtastrate an die Geschwindigkeit des Prozesses angepasst werden. Schnelle Prozesse, wie sie in der Produktion vorherrschen, benötigen eine hohe Abtastrate, da die Informationen für eine effektive Steuerung der Prozesse möglichst in Echtzeit vorliegen sollten. Erst das Vorhandensein von Informationen in Echtzeit gewährleistet die Möglichkeit schneller Plananpassungen und somit die Gestaltung einer reaktionsfähigen Produktion, wie sie für eine moderne wirtschaftliche Fabrik unerlässlich ist.

Das Zusammenspiel von Informationen in Echtzeit, der daraus entstehenden Transparenz in der Produktion und den kurz gestalteten Regelkreisen, die schnelles Reagieren ermöglichen, erlaubt es, Prozesse schlank zu planen und zu gestalten. Daher ist SIT ein ideales Tool, um den Lean-Ansatz (Lean Production und Lean Planning) zu unterstützen und umzusetzen.

Das wichtigste Element einer Regelung ist der Regler. Der Regler führt die Informationen in Echtzeit zusammen und regelt die Anpassung des Ist-Zustands an den Soll-Zustand. **Manufacturing Execution Systeme (MES)** stellen die hierfür erforderlichen Funktionalitäten zur Verfügung. Damit sind MES ein wichtiges Tool für die moderne Fabrik.

1.2.2 Schlanke Produktionsprozesse (Lean Production)

Eine weitere Voraussetzung für die zukunftsfähige Produktion sind schlanke Produktionsprozesse, damit sich die Produktion überhaupt in der gewünschten Geschwindigkeit regeln lässt. Mit „schlank" ist gemeint, dass die Produktion möglichst effizient und ohne

Verschwendung arbeitet. Taichi Ohno, der frühere Produktionsleiter von Toyota, definierte sieben Arten der Verschwendung, die einen Produktionsprozess belasten können:

- **Überproduktion:** Es werden häufig mehr Halbfabrikate oder Fertigartikel produziert, als vom Kunden gefordert. Durch Überproduktion wird die Produktion unnötig belastet.
- **Wartezeiten:** Wartezeiten können durch hohe Umlaufbestände, stehende Prozesse, Engpässe, fehlendes Material, fehlende Werkzeuge, etc. erzeugt werden. Sie sind nicht wertschöpfend und behindern den Produktionsprozess.
- **Transport:** Innerbetriebliche Transporte von einer Abteilung zur nächsten über große Entfernungen sind ebenfalls nicht wertschöpfend und behindern den Produktionsprozess.
- **Ineffiziente Bearbeitung:** Häufig ist die Bearbeitung selbst ineffizient.
- **Läger:** Bestände binden nicht nur Kapital, sie verursachen auch Folgekosten durch Lagerflächen, Behälter, Transport, Verwaltung, Verschrottung, etc. Ferner überdecken sie durch die Pufferung der Produktion häufig weitere Schwachstellen im Prozess.
- **Überflüssige Bewegungen:** Oft ist die Ergonomie an den Arbeitsplätzen nicht optimal. So müssen z. B. manchmal Werkzeuge, Material, etc. geholt werden, wodurch der Produktionsprozess behindert wird.
- **Fehler:** Fehler im Produktionsprozess erzeugen einen nicht unerheblichen Mehraufwand in der Produktion. Bei Ausschuss muss noch einmal nachproduziert werden, bei Nacharbeit muss nachgearbeitet werden. Beides ist nicht wertschöpfend und behindert den normalen Produktionsprozess.

1.2.3   Schlanke Planungsprozesse (Lean Planning)

Die zukunftsfähige Fabrik muss sich lösen von den Verschwendungen in den Informations- und Planungsabläufen. Folgende Prinzipien sollten bei der Neugestaltung der Abläufe berücksichtigt werden:

- **Reduzierung von IT-Insellösungen und Papierdokumenten:** Während in der aktuellen Fabrik vielleicht noch viele IT-Insellösungen nebeneinander arbeiten, sollte die Anzahl dieser Systeme in einer zukunftsfähigen Produktion auf ein Minimum reduziert werden. Neben ERP-System und MES werden in den meisten Unternehmen kaum noch weitere Systeme zur Produktionsplanung und -steuerung sowie zur Erfassung von Betriebsdaten, Maschinendaten, Qualitätsdaten, Prozessdaten, Chargeninformationen, etc. notwendig sein. Auch auf Papierdokumente sollte bis auf wenige Materialbegleitpapiere vollständig verzichtet werden, um das Ziel einer hohen Reaktionsfähigkeit zu verfolgen.
- **Reaktive Feinplanung in Echtzeit:** Die Feinplanung in der zukunftsfähigen Produktion wird sich künftig je nach Fertigungsstruktur auf wenige Schrittmacherprozesse

beschränken. Dort sind dann aber Planungsfunktionalitäten erforderlich, die eine reaktive Feinplanung in Echtzeit ermöglichen. Unter reaktiver Feinplanung versteht man
eine Planung, die unter Kenntnis der Ist-Situation erfolgt, d. h. der Planer sieht im
Planungstool sowohl die aktuellen Auftragsstatus, als auch die jeweiligen Maschinenstatus. Nur so kann er schnellstmöglich auf aktuelle Ereignisse reagieren und machbare
Fertigungsaufträge erzeugen. Das Ziel ist eine weitestgehend rückstandsfreie Produktion.

- **Hohe Autonomie der Produktionsbereiche:** Während in der aktuellen Fabrik die Fertigungsaufträge häufig noch zentral für die gesamte Produktion feingeplant werden,
  sollte in der zukunftsfähigen Produktion auf eine höhere Autonomie der Produktionsbereiche geachtet werden, da vor Ort die Entscheidungen schneller und besser erfolgen
  können, als im entfernten Bürozimmer. Allerdings muss sichergestellt sein, dass die
  Feinplaner in den jeweiligen Bereichen über die oben geforderten reaktiven Planungstools verfügen. Damit kann dann der Meister einer Stanzerei beispielsweise selbst den
  eigenen Maschinenpark feinplanen. Die sich autonomer steuernde Produktion ist im
  Übrigen auch eine Forderung von Industrie 4.0.
- **Synchronisierung der Abteilungen untereinander:** Während die bisherigen lokalen
  Plantafeln, etc. aufgrund einer fehlenden Vernetzung untereinander zu Suboptima in
  einzelnen Bereichen führten, müssen in der zukunftsfähigen Produktion nicht nur die
  Auftragsstatus zwischen den einzelnen Produktionsbereichen synchronisiert werden,
  sondern auch die Nebenprozesse, wie Feinplanung, Werkzeugbau, Instandhaltung,
  Qualitätssicherung, etc. Nur so kann sichergestellt werden, dass alle Prozessbeteiligten
  die gleichen Informationen z. B. bzgl. des aktuellen Planungsstands haben.
- **Zentrale Verfügbarkeit aller Daten:** Die dezentral anfallenden Daten (Auftrag, Maschine, Personal, Qualität, Chargen, Prozessdaten von Sensoren, etc.) müssen in der
  zukunftsfähigen Fabrik jederzeit zentral verfügbar sein, um dort wieder dezentral für
  Prozessbeteiligte bereitgestellt zu werden, um Auswertungen vorzunehmen und um sie
  gegebenenfalls verdichtet an übergelagerte Systeme weiterleiten zu können.

1.2.4 Kontinuierlicher Verbesserungsprozess (KVP)

Die kontinuierliche Verbesserung darf in der zukunftsfähigen Fabrik nie zum Erliegen
kommen. Daher sind die Voraussetzungen für einen funktionierenden KVP in der Produktion zu schaffen. Die wichtigsten Prinzipien hierbei sind:

- **Zahlen, Daten Fakten:** Wenn Daten mühevoll zusammengetragen und ausgewertet
  werden müssen, dann ist der KVP zum Scheitern verurteilt. In der zukunftsfähigen Fabrik müssen auf jeder Unternehmensebene die richtigen prozessorientierten Kennzahlen
  in der richtigen Fristigkeit (z. B. monatlich) mit Ziel (!) kommuniziert werden, um
  wirkungsvolle Regelkreise aufzubauen. Während auf Werks- und Bereichsebene eher
  monatliche Auswertungen und Kennzahlen benötigt werden, benötigt die Produktion

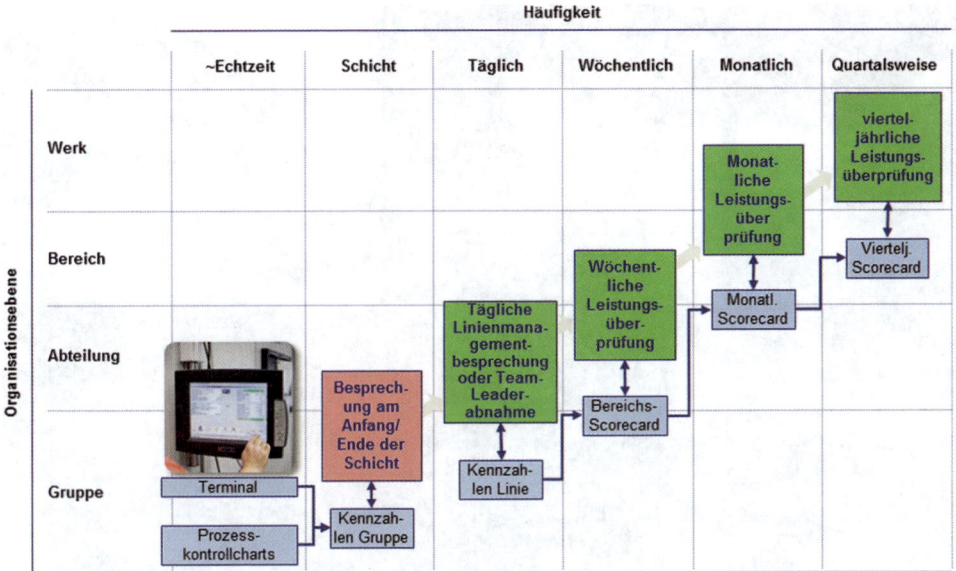

Abb. 1.7 Kennzahlenbasierte Regelkreise auf jeder Unternehmensebene

erste Auswertungen und Kennzahlen bereits am Schichtende für Schichtbesprechungen. Abbildung 1.7 zeigt den Aufbau eines solchen Kennzahlensystems.

- **Aktives Shopfloor Management:** Die Voraussetzung für die kontinuierliche Verbesserung in der Produktion (dem sogenannten Shopfloor) ist die Etablierung eines aktiven Shopfloor Managements. In der zukunftsfähigen Fabrik stehen den Werkern sowie der Instandhaltung etc. bereits am Schichtende gewisse Kennzahlen (z. B. der OEE-Index) mit Zielvorgabe zur Verfügung. Bei der Zielunterschreitung werden Maßnahmen und Zuständigkeiten definiert, die zu einer Verbesserung des Ist-Zustands führen sollen. Die Wirksamkeit der Maßnahmen kann wiederum durch die Kennzahlen geprüft werden. Abbildung 1.8 zeigt ein Beispiel eines i-Punkts für die Werker zu Schichtbesprechung. Zu sehen ist ein Bildschirm zum Abruf der Kennzahlen und Zielerreichung sowie zur Erfassung von Maßnahmen und Zuständigkeiten.

1.2.5 Weitere Anforderungen gemäß Industrie 4.0

Auf die speziellen Anforderungen gemäß Industrie 4.0 wird in Kap. 9 ausführlich eingegangen. An dieser Stelle soll jedoch bereits darauf hingewiesen werden, dass auch das Thema Industrie 4.0 die Unternehmen vor große Herausforderungen stellt, sofern sie sich mit den Themen beschäftigen, um wettbewerbsfähig und damit zukunftsfähig zu bleiben.

Mit Industrie 4.0 sollen deutlich effizientere Prozesse erreicht werden können. Kern dieses Ansatzes ist die zunehmende Vernetzung von bisher nur physisch existierenden Objekten wie Maschinen, Werkzeuge, Sensoren, etc. Die künftigen netzwerkfähigen Objekte

Abb. 1.8 Beispiel eines aktiven Shopfloor Managements mit Kennzahlen, Zielen und Maßnahmen

– sogenannte Cyber Physical Systems (CPS) – stellen ihre Informationen im Netz (z. B. Firmenintranet, Produktionsnetz, o. ä.) bereit, wo sie durch geeignete Services miteinander verknüpft werden können, um Entscheidungen zu treffen. Mit Industrie 4.0 werden daher in absehbarer Zeit neue Technologien zur Verfügung stehen.

Die Unternehmen stehen daher vor der Herausforderung, dieses neue Technologieangebot sinnvoll im Unternehmen einzusetzen, um damit einen Mehrwert zu generieren. Daraus ergeben sich nicht nur Fragen einer optimalen Fertigungsorganisation, sondern es stellt sich auch die Frage nach der geeigneten IT-Struktur, mit der die Fülle an Daten künftig verarbeitet werden soll. Mit MES lässt sich schon heute eine gute Ausgangsbasis schaffen, die sukzessive in Richtung Industrie 4.0 weiterentwickelt werden kann.

Literatur

Ohno T (2013) Das Toyota-Produktionssystem. Campus Verlag, Frankfurt a. M.
Schumacher J, Kletti J (2010) Die perfekte Produktion. Springer-Verlag, Berlin

MES als Werkzeug für die perfekte Produktion

2

Jürgen Kletti

2.1 MES als Tool für SIT

2.1.1 Entstehung der MES Idee

Entstanden ist die Idee eines Manufacturing Execution System (MES) aus den Datenerfassungssystemen der 80er Jahre. Die Disziplinen Fertigungssteuerung, Personal und Qualitätssicherung waren mit dedizierten Erfassungssystemen ausgerüstet.

Mit dem Aufkommen der CIM-Idee (Computer Integrated Manufacturing) begann man die Abhängigkeit der oben genannten Aufgabenbereiche auch in den IT-Systemen abzubilden. Die voneinander unabhängige Betrachtungsweise wurde aufgegeben und man erlaubte Datenübergänge zwischen den Disziplinen. Leider war dieser prinzipiell richtigen Idee keine große Zukunft beschieden. Durch Bagatellisierung der Problemstellung wurde mit der Zeit jedes Erfassungsterminal zum CIM-System erklärt. Hierdurch hatte CIM als Problemlöser für die Produktion verspielt.

Erst Anfang und Mitte der 90er Jahre kam bei Herstellern von Erfassungssystemen die Idee auf, ihre spezialisierten Erfassungssysteme (Personalzeit, BDE, CAQ, DNC etc.) durch benachbarte Themen zu erweitern (z. B.: PZE mit BDE, BDE zusammen mit MDE). Mit diesen erweiterten Kombinationssystemen war ein Erfassungs- und Auswertungssystem in vielen Bereichen der Fertigung bereits realisierbar. Aufgrund der Unabhängigkeit der Systeme eines solchen Kombinationssystems ließen sich die Systeme nur mit großen Schnittstellenaufwand synchronisieren. Im Laufe der Zeit haben sich drei Gruppen von Erfassungs- und Auswertungssystemen gebildet, die teilweise mehrere Aufgaben erfüllen.

J. Kletti (✉)
MPDV Mikrolab GmbH, Mosbach, Deutschland
E-Mail: info@mpdv.com

© Springer-Verlag Berlin Heidelberg 2015
J. Kletti (Hrsg.), *MES – Manufacturing Execution System,*
DOI 10.1007/978-3-662-46902-6_2

19

Die Funktionalität dieser Kombinationssysteme zusammengenommen beschreibt heute den Funktionsumfang von MES:

- Für die Fertigung: Betriebsdaten, Maschinendaten, DNC, Fertigungsleitstand, Material, Traceability, Prozessdatenverarbeitung, Werkzeugmanagement, Energiemanagement
- Für das Personal: Personalzeiterfassung, Zeitwirtschaft, Personaleinsatzplanung, Leistungslohnermittlung, Zutrittskontrollsysteme
- Für die Qualitätssicherung: Fertigungsprüfung, Reklamationsmanagement, SPC, Wareneingang/Warenausgang, Prüfmittelverwaltung, Prozessdaten, Eskalationsmanagement, Messdatenerfassung

In der Realität der modernen Produktion müssen diese drei Aufgabenbereiche zusammenarbeiten und können daher nicht als voneinander unabhängig betrachtet werden. So braucht die Fertigung zum Produzieren das geeignete Personal und muss über die gefertigte Qualität schnellstmöglich Bescheid wissen. Durch den hohen Schnittstellenaufwand beim Datenaustausch in voneinander unabhängigen Systemen oder den Austausch über ein allen Systemen gemeinsames System auf Unternehmensebene geht zu viel Zeit verloren. Schnelles effektives Reagieren ist nicht mehr möglich. Aus dieser Erkenntnis heraus wurde eine stärkere Vernetzung mit einer horizontalen Integration gefordert, die aber bis heute nur wenige am Markt befindliche Systeme aufweisen können.

Die vernetzten Erfassungs- und Auswertungssysteme bieten die Möglichkeit, den Datenaustausch zum ERP-System oder zur Automatisierungsebene zu homogenisieren und zu standardisieren. Werden die vernetzten Erfassungssysteme durch Elemente der Qualitätssicherung, des Dokumentenmanagements und der Dokumentenerstellung, sowie der Performanceanalyse ergänzt, so kann man bereits von einem leistungsfähigen MES-System sprechen. Damit ist die Möglichkeit gegeben, ein aktuelles Abbild der Produktion zu bekommen und auf dieser Basis eine zeitnahe, situationsgerechte und technologieorientierte Fertigungssteuerung zu gewährleisten.

2.1.2   Funktionsgruppen von MES

Ein modernes leistungsfähiges MES besteht heutzutage aus den im folgenden aufgeführten Modulen, die sich, bezogen auf ihre Funktionalität, in den drei Gruppen Fertigungsmanagement, Qualitätsmanagement und Personal zusammenfassen lassen (vgl. Abb. 2.1).

Funktionsgruppe Fertigung:

- Die **Maschinendatenerfassung** hat die Aufgabe, Maschinen und andere betriebliche Ressourcen zu verwalten. Über eine umfassende Systematik werden Zustandsdaten manuell und automatisch erfasst und Ressourcen oder Ressourcengruppen zugeordnet.

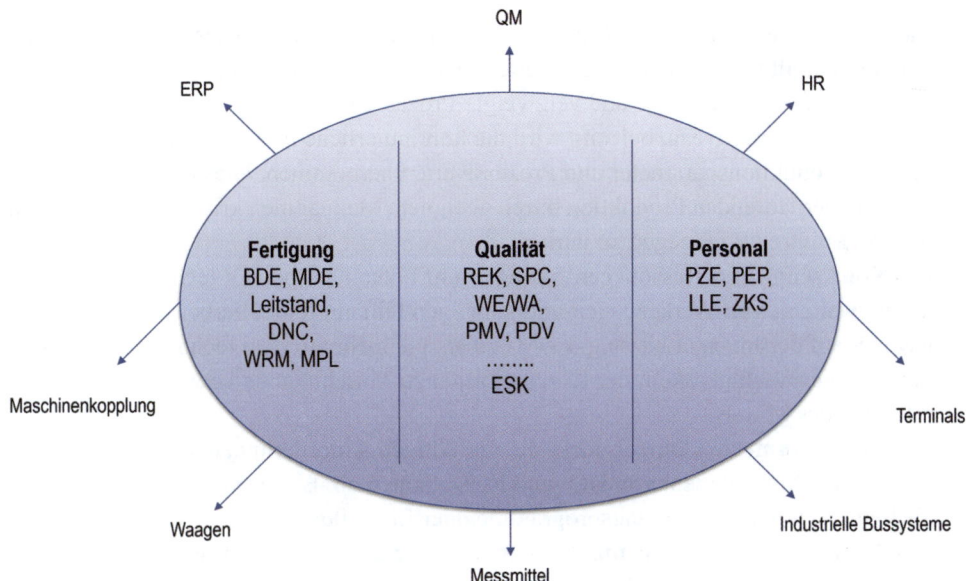

Abb. 2.1 MES-Funktionsgruppen

Die Daten können von Terminals, industriellen Bussystemen oder einer Vielzahl anderer Sensoren, wie Waagen, Zähler oder vergleichbare Systeme erfasst werden. Die erfassten Daten können in verdichteter Form dem Unternehmensmanagement für Effektivitätsaussagen oder in detaillierter Form für eine Schwachstellenanalyse innerhalb der Fertigung zur Verfügung gestellt werden.

- In der **Betriebsdatenerfassung** werden auftrags- und personenbezogene Zeiten und Mengen erfasst. Bei den Mengen wird zwischen Gutstück und Ausschuss sowie Ausschussart unterschieden. Es ist möglich, direkt Materialverbrauch und Abnutzung von Betriebsmitteln oder Hilfsstoffen zu erfassen und den Aufträgen zuzuordnen. Die Daten lassen sich entweder in kumulierter Form dem Unternehmensmanagement zur Verfügung stellen oder es ist eine detaillierte und zeitnahe Darstellung und Auswertung für die Fertigungsorganisation möglich.
- Der **Fertigungsleitstand** ermöglicht es, technisch machbare Pläne für die Fertigung zu erstellen. Die Planung wird durch eine aktuelle Situationssimulation unterstützt, sodass eine hohe Machbarkeit des Plans gewährleistet ist. Die Feinplanungsmodule eines modernen MES ermöglichen manuelle Eingriffe und eine Unterstützung bei vollautomatischer Belegung wie auch bei Simulations- und Optimierungsaufgaben in der Fertigung.
- Die **Material- und Produktionslogistik** gibt einen Überblick über die innerhalb der Fertigung, im Umlauf befindlichen oder in Zwischenlagern gelagerten Materialien. Diese Übersicht ermöglicht es, Transportvorgänge rechtzeitig anzustoßen und aktuell im Umlauf befindliche Mengen zu kontrollieren.

- Das Modul **Tracking & Tracing** erlaubt den lückenlosen Nachweis der produzierten Artikel über alle Stufen der Prozesskette, unabhängig davon, ob es sich um einstufige oder komplexe, mehrstufige und verzweigte Prozesse handelt.
- In der **Prozessdatenverarbeitung** wird die kontinuierliche Regelung und Dokumentation der Produktionsparameter und Prozesswerte übernommen. Dies erlaubt es, bereits während der laufenden Produktion durch geeignete Maßnahmen kritischen Situationen oder Negativtrends entgegen zu wirken.
- Das **Werkzeug- und Ressourcenmanagement** unterstützt bei der technisch orientierten Verwaltung von Werkezeugen und sonstigen Hilfsmitteln. Hierbei liegt der Fokus weniger auf der Inventarisierung der Mittel als vielmehr auf dem technischen Zustand, der aktuellen Verfügbarkeit, der Kompatibilität zu Maschinen und der qualitativen Beurteilung des Mittels.
- Die **Direct Numeric Control** deckt die vielfältigen Anforderungen an ein System für das zentrale Management von NC- und Einstelldaten ab. Es gewährleistet die schnelle Verfügbarkeit der Bearbeitungsprogramme oder Einstelldatensätze an den Maschinen.
- Das Modul **Energiemanagement** sammelt Energieinformationen und ermöglicht es, Zusammenhänge zwischen Energienutzung und Fertigung zu erkennen. Hierdurch lassen sich Energieverschwender aufdecken und kontrollieren.

Funktionsgruppe Personal:

- Das Modul **Personalzeiterfassung** hat verschiedene Aufgaben. Es verwaltet den Personalstamm, erfasst die Anwesenheitszeiten und Fehlgründe der Mitarbeiter und gibt eine genaue Übersicht über die aktuelle An- und Abwesenheit der Mitarbeiter.
- Die **Personalzeitwirtschaft** verwaltet die Zeit- und Lohnartenmodelle inkl. der Entlohnungsvorschriften. Es erlaubt die Personaleinsatz- und Schichtplanung und das Führen der Zeitkonten.
- Die **Personaleinsatzplanung** bietet die Möglichkeit, eine Übersicht über das aktive Personal zu behalten und auf elegante Art oder auch mit Hilfe von Automatismen Einsatzpläne zu erstellen, die sich an der Belastungssituation in der Produktion orientieren.
- Das Modul **Leistungslohnermittlung** kann durch die direkte Nähe zur BDE sehr effektiv die Verbindung von Anwesenheits- und Auftragszeiten herstellen und damit die Berechnung von Leistungsgraden sehr vereinfachen. Diese können dann für die Realisierung von Prämiensystemen genutzt werden.
- Das **Zutrittskontrollsystem** erlaubt die Kontrolle des Zutritts in der Fertigung durch die Nutzung der bereits in der Personalzeiterfassung und im BDE erhobenen Daten.

Funktionsgruppe Qualität:

- Das Modul **Fertigungsbegleitende Prüfung** ist das zentrale Element innerhalb der CAQ. In Zusammenarbeit mit anderen Modulen wie der BDE und MDE können Prüfdaten während des laufenden Fertigungsprozess erfasst, verwaltet und ausgewertet werden.

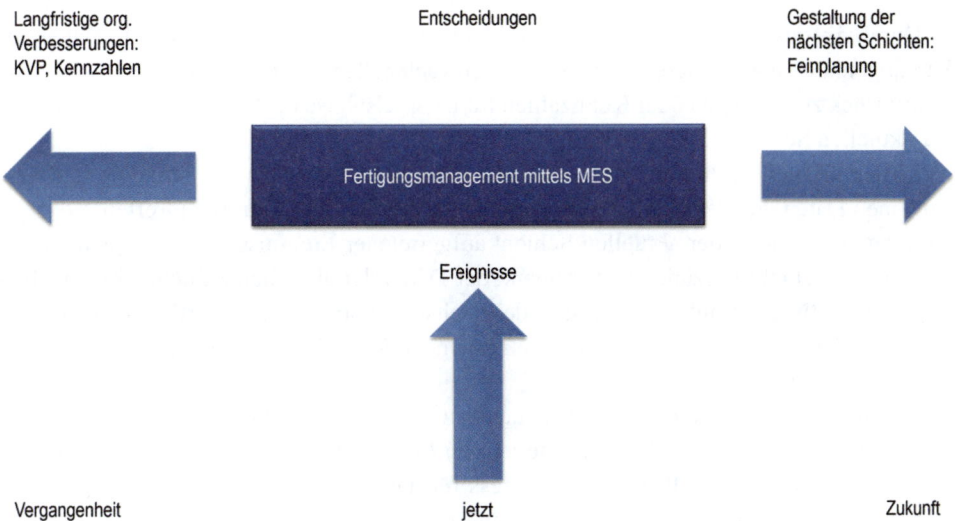

Langfristige org.   Entscheidungen   Gestaltung der
Verbesserungen: nächsten Schichten:
KVP, Kennzahlen   Feinplanung

Fertigungsmanagement mittels MES

Ereignisse

Vergangenheit   jetzt   Zukunft

Abb. 2.2 Zeithorizonte eines MES

- Die **Wareneingangsprüfung** erlaubt die konkrete Erfassung von angelieferten Waren, das Verifizieren von Chargennummerierungen und eine Kontrolle der Vorgabewerte.
- Im Modul **Reklamationsmanagement** werden reklamierte Produkte nach technischen Gesichtspunkten, nach den Herstellbedingungen und nach den Einsatzstoffen zurück-verfolgt. Eine Maßnahmensystematik ermöglicht das gezielte Einleiten von Gegen-maßnahmen.
- Das Modul **Prüfmittelverwaltung** unterstützt bei der Verwaltung von Prüf- und Mess-mitteln. Es wird sichergestellt, dass die Mittel den geforderten Normen genügen und dass sie für die entsprechenden Prüfungen eingesetzt werden können.

2.1.3   Wirkungsbereich eines MES

Ein MES System agiert auf der Ebene der Fertigungsplanung und -steuerung ist aber z. B. durch sein MDE-Modul stark mit der Automatisierungsebene verknüpft. Wie vorange-hend beschrieben nimmt ein MES eine Vielzahl an verschiedenen Aufgaben wahr. Alle Aufgaben haben gemeinsam, dass sie zur Regelung des Fertigungsprozesses beitragen oder diesen erst ermöglichen.

Der Wirkungsbereich eines MES Systems lässt sich in verschiedenen Zeithorizonten sehen (vgl. Abb. 2.2). Die Echtzeittransparenz ermöglicht das schnelle Reagieren auf Sze-narioänderungen, die im Jetzt auftreten oder gerade erst entstanden sind. Durch sie ist der Fertigungsleiter erst in der Lage, auf gerade eingetroffene Ereignisse mit sofortigen Entscheidungen zu reagieren. Auch die sofortige Beseitigung von auftretenden Problemen oder Schwachstellen sowie die sofortige Optimierung eines nicht optimal laufenden Pro-zesses sind machbar.

Durch die gesammelten Daten ist es mit einem MES System auch möglich, Daten der Vergangenheit zu analysieren und so z. B. Schwachstellen aufzudecken, eine Produkthistorie zurück zu verfolgen oder Kennzahlen für beispielsweise die Schicht des Vortages mit der aktuellen Schicht zu vergleichen.

Seinen größten Mehrwert entwickelt das MES aber erst, wenn die aktuellen und vergangenen Daten genutzt werden, um Entscheidungen für die Zukunft zu treffen. So ist es möglich, aufgrund in der aktuellen Schicht aufgetretener Ereignisse, die Feinplanung für die nächste Schicht vorzunehmen. Anhand der Daten der aktuellen Schicht kann ein Terminproblem für ein Bauteil, das erst in der nächsten Woche ausgeliefert werden soll, bemerkt werden, oder es kann auf eine kurzfristig neue Anforderung wie z. B. ein geänderter Kundentermin reagiert werden.

Mit diesem Hintergrund kann MES auch dazu dienen, neue Produkte besser zu gestalten. So können bestehende Schwachstellen am Produkt mittels der Produkthistorie aufgedeckt werden oder der Produktionsprozess für das mangelhafte Bauteil kann geändert werden. Auch die Umorganisation der Produktion, um sie einer neuen Anforderung anzupassen, wird durch die vom MES gesammelten und aufbereiteten Daten stark vereinfacht.

2.1.4   SIT mit MES

Aufgrund der Echtzeitfähigkeit und der damit verbundenen schnellen Reaktionsfähigkeit, aber auch durch den hohen zur Verfügung stehenden Informationsumfang und Detaillierungsgrad, sind MES-Systeme ein ideales Tool, um den SIT-Ansatz in der Produktion umzusetzen.

Eine der wichtigsten Aufgaben eines MES zur Unterstützung des SIT Gedankens ist die **Überwachung und Gestaltung (Planung) der Produktion in Echtzeit** (Kletti und Schumacher 2011). MES Systeme erfassen die relevanten Daten einer Produktion wenn möglich vollautomatisch durch ihre direkte Anbindung an Maschinen, Anlagen, Messsysteme, Barcodeleser, RFID oder über entsprechende Schnittstellen bzw. halbautomatisch über den Werker am MES-Terminal. Bei der Erfassung der Daten können MES zudem die Plausibilität der Daten prüfen und somit eine höhere Datenqualität gewährleisten. Durch diese Möglichkeiten ist ein MES ideal geeignet, um Störungen – also Abweichungen vom geplanten Verlauf – schnell zu erkennen, um rechtzeitig geeignete Gegenmaßnahmen einleiten zu können. Die wichtigsten Daten der Produktion, die ein MES erfassen kann, sind die folgenden:

- **Termine**: Die Auftragsdatenerfassung eines MES liefert eine Übersicht zur aktuellen Terminsituation und drohenden Terminverletzungen in der Produktion. Somit kann der Planer frühzeitig auf Terminverletzungen reagieren und alternative Planungsmöglichkeiten finden.
- **Maschinenstatus**: Die Maschinendatenerfassung zeigt den aktuellen Status aller Maschinen und Anlagen und visualisiert diesen z. B. anhand eines graphischen Maschinenparks. Somit lässt sich schnell erkennen, wie effektiv eine Maschine arbeitet, ob sie produziert oder stillsteht sowie warum und welche Art von Störung aufgetreten ist.

Dadurch lassen sich auftretende Probleme schnell erkennen und durch geeignete Maßnahmen gegensteuern.

- **Werkzeugstatus:** Das Werkzeug- und Ressourcenmanagement WRM zeigt den aktuellen Zustand von Werkzeugen, z. B. gewartet, abgerüstet, defekt, repariert, an. Dadurch ist eine gute Entscheidungsbasis für die Werkzeugeinsatzplanung gegeben.
- **Personalverfügbarkeit:** Mithilfe der Personalzeiterfassung PZE besteht jederzeit Transparenz bezüglich der Personalkapazität und der Qualifikation des verfügbaren Personals.
- **Materialpuffer und -chargen:** Das Modul Material- und Produktionslogistik MPL schafft Transparenz bezüglich der aktuellen Umlaufbestände. Somit lassen sich Chargen verfolgen, zeitnahe Transportaufträge auslösen oder elektronische Kanban-Regelkreise managen.
- **Qualitäts- und Prozessdaten:** Zur laufenden Überwachung der Qualität verfügen MES über die Möglichkeit der statistischen Prozessregelung SPC. Hierbei werden Messmittel mit dem MES gekoppelt und die gemessenen Werte mit den Soll-Werten abgeglichen. Somit sind eine frühzeitige Erkennung von instabilen Prozessen und ein frühzeitiges Gegensteuern möglich.

Besondere Bedeutung erlangt in diesem Kontext das Eskalationsmanagement, das moderne MES anbieten. Individuell definierbare Workflowprozesse erlauben es, Informationen genau an die Person zu übermitteln, die sie benötigt. So kann z. B. der Verantwortliche im Falle einer Störung die Störungsmeldung direkt als SMS oder Mail gesendet bekommen, um ein schnellstmögliches Eingreifen sicherzustellen. Der große Vorteil liegt darin, dass der Verantwortliche sich nicht mehr aktiv um die Information bemühen muss, sondern diese ihm automatisch zugeleitet wird.

Eine weitere, das SIT Konzept unterstützende Aufgabe für die ein MES ideal ist, ist das **kurzfristiges Reagieren auf Ereignisse** (Kletti und Schumacher 2011). Hierbei muss unterschieden werden zwischen kurzfristigen Reaktionen, mit denen z. B. versucht wird, die Auswirkung einer Störung gering zu halten und den langfristigen Maßnahmen, die zu einem kontinuierlichen Verbesserungsprozess führen.

Bei kurzfristigen Reaktionen auf Ereignisse geht es meist darum, eine unerwartet auftretende Störung in den Griff zu bekommen oder eine durch den Kunden hervorgerufene Terminverschiebung bzw. einen Eilauftrag einzuplanen. Hierfür eignet sich besonders der grafische Leitstand eines MES, der die aktuelle Auftragssituation in der Produktion visualisiert. Dieser kann durch die Kopplung mit der Auftrags- und Maschinendatenerfassung den aktuellen Auftragsfortschritt ebenso darstellen, wie den Status der einzelnen Maschinen oder Arbeitsplätze. Es ist grafisch möglich zu sehen, wie z. B. eine stillstehende Anlage den als Zeitbalken visualisierten Arbeitsvorgang in die Zukunft verschiebt oder wie ein laufender Prozess den Zeitbalken verkürzt. Da dies für die gesamte Produktion sichtbar ist, ist es für den Planer möglich, Handlungsalternativen zu erkennen und einzuplanen. Hierbei wird er durch eine Simulation unterstützt die aufzeigt, welche Auswirkungen die Planänderungen bei Umsetzung des Plans auf die restliche Fertigung hätten.

Um langfristige Maßnahmen umzusetzen, ist das MES in der Lage zur **Unterstützung des kontinuierlichen Verbesserungsprozesses KVP** (Kletti und Schumacher 2011). Durch die aus der MDE und BDE vorhandenen Daten ist es auf einen Blick möglich, den ersten Schritt des PDCA Kreises auszuführen und Verbesserungspotenzial aufzudecken und zu analysieren. Da das Auffinden der Schwachstellen und die Analyse des Verbesserungspotenzials für eine mögliche Maßnahme dank der hohen Informationsgenauigkeit und -dichte eines MES sehr genau erfolgt, ist der zweite Schritt des Verbesserungszirkels, in dem es darum geht, die Maßnahmen auszuprobieren, oft nicht nötig. Im dritten Schritt, dem Check, geht es darum, die Wirksamkeit der Maßnahme zu evaluieren. Dies geschieht bei einem MES praktisch auf Knopfdruck, da die nötige Datenerhebung laufend in Echtzeit vom System vorgenommen wird. Der letzte Schritt, das Umsetzten der Maßnahmen und Übergang des neuen Ablaufes in einen Standardablauf, wird stark vereinfacht, da das MES das hierfür nötige Anpassen von Plänen und Abläufen stark vereinfacht. Somit lässt sich sagen, dass ein MES den KVP beschleunigt und vereinfacht. Durch den hohen Informationsumfang lässt sich mehr Potenzial aufdecken, genauer analysieren und somit nach Abschluss des KVP nutzen.

Als ein wichtiger Bestandteil der perfekten Produktion wurde die **Berechnung von prozessorientierten Kennzahlen** genannt. MES sind aufgrund ihrer Prozessnähe und dem großen Informationsgehalt das ideale Tool, prozessorientierte Kennzahlen zu berechnen. Moderne MES bieten sogar die Möglichkeit individuelle Kennzahlen-Cockpits (Manufacturing Scorecards) für die verschiedenen Unternehmensebenen anzulegen. So ist es auf der Ebene der Arbeitsvorbereitung oder Produktionsleitung wichtig, Grenzwerte und Ziele im Blick zu behalten, während die Geschäftsführung oder das Controlling häufiger Vergleiche über verschiedene Zeiträume benötigt. Durch sogenannte Drill-Down-Auswertungen lassen sich die einzelnen Einflussfaktoren auf die Kennzahl ermitteln, um Verbesserungspotentiale aufzudecken und nutzen zu können.

All diese Möglichkeiten sind nur nutzbar, wenn die einzelnen Module eines MES ideal miteinander arbeiten. Die einzelnen Module müssen **horizontal integriert** sein. Eine Maschinendatenerfassung alleine erlaubt noch keine Übersicht über die Produktion oder Verfolgen des Auftragsfortschritts. Dies ist erst möglich, wenn die MDE mit der BDE, dem Leitstand und weiteren Modulen optimal zusammenarbeitet. Hier ist es sinnvoll, wenn die einzelnen Module die Daten nicht erst über Schnittstellen austauschen müssen, sondern wenn das System so gebaut ist, dass die von einem Modul erhobenen Daten automatisch allen anderen Modulen zur Verfügung stehen. Erst dann ist ein MES in der Lage, wie beschrieben, wirkungsvoll die Steuerung einer Produktion zu unterstützen.

Zusammenfassend lässt sich sagen, dass MES das ideale Tool für die Umsetzung des SIT-Gedankens sind, da sie einen Überblick sowie auch eine Detailsicht der Produktion ermöglichen. Somit unterstützt es wirkungsvoll Lean Planing, Lean Manufacturing und ermöglicht eine zeitnahe reaktive Planung unter Berücksichtigung der aktuellen Kapazitäten. Durch den hohen Informationsumfang in Echtzeit, ihrer Prozessnähe und der Individualisierung der erhobenen und ausgewerteten Daten schaffen sie die geforderte Transparenz und ermöglichen die für eine wirtschaftliche, flexible und termintreue Produktion unerlässliche Reaktionsfähigkeit.

2.2   VDI-Modell zu MES

Seit den Anfängen der MES Entwicklung in den 80er Jahren gibt es eine Vielzahl an Bemühungen, MES Systeme zu beschreiben und weiter zu entwickeln. Eine Reihe von Institutionen z. B. NAMUR, ISA 95, MESA haben es sich zum Ziel gemacht, das Thema MES mit Hilfe von Definitionen und Normierungen weiter zu bringen.

Eine anwenderorientierte Richtlinie ist die VDI 5600. Sie bietet eine aufgabenorientierte Beschreibung von MES und ihren Einsatzpotenzialen, angelehnt an die bestehenden Konzepte der MESA, aber auf die Belange der europäischen Fertigung angepasst. Im Vordergrund der Richtlinie steht die Darstellung der Aufgaben und des Nutzens eines MES System.

Die VDI 5600 definiert die MES-Aufgaben, die gemeinsam eine umfassende Unterstützung des Produktionsprozesses ermöglichen. Die spezifische Ausprägung eines MES muss jedoch nicht die Realisierung aller Aufgaben umfassen, sondern kann dem in der jeweiligen Produktion benötigten Leistungsumfang angepasst werden. Die Aufgaben die, ein MES gemäß VDI wahrnehmen kann sind folgende:

- Feinplanung und Feinsteuerung
- Betriebsmittelmanagement
- Materialmanagement
- Personalmanagement
- Datenerfassung und -verarbeitung
- Leistungsanalyse
- Qualitätsmanagement
- Informationsmanagement
- Auftragsmanagement
- Energiemanagement

Diese Aufgaben sind typischerweise unterhalb der Unternehmensebene in der Fertigungsleitebene und oberhalb der Fertigungs- und Automationsebene zu finden (vgl. Abb. 2.3). Die Grenzen zwischen den Ebenen sind sehr unscharf, da die Bereiche ineinander übergehen und Informationen austauschen. So tauscht ein MES Daten mit einem ERP System der Unternehmensleitebene aus und empfängt und verarbeitet Daten aus der Fertigung. Diese vertikale Integration zwischen den Ebenen und Systemen stellt sicher, dass die verschiedenen Unternehmensebenen mit Informationen aus den jeweils anderen Ebenen versorgt werden. Da die drei Ebenen mit völlig unterschiedlichen Zeithorizonten arbeiten, müssen die Daten zeitgerecht, also wenn sie von der anderen Ebene benötigt werden, ausgetauscht werden. So ist ein MES eher technologieorientiert und agiert zeitnah, während die Aktivitäten im ERP eher kommerziell und mit einem mittelfristigen Zeithorizont angelegt sind.

Die unterschiedlichen Zeithorizonte der Systeme (vgl. Abb. 2.4) spiegeln sich auch in ihrem Nutzen im Regelkreis der Fertigung. So regelt die Automation die Prozesse direkt an und in den Maschinen und Anlagen teils im Millisekundentakt, was ein direktes

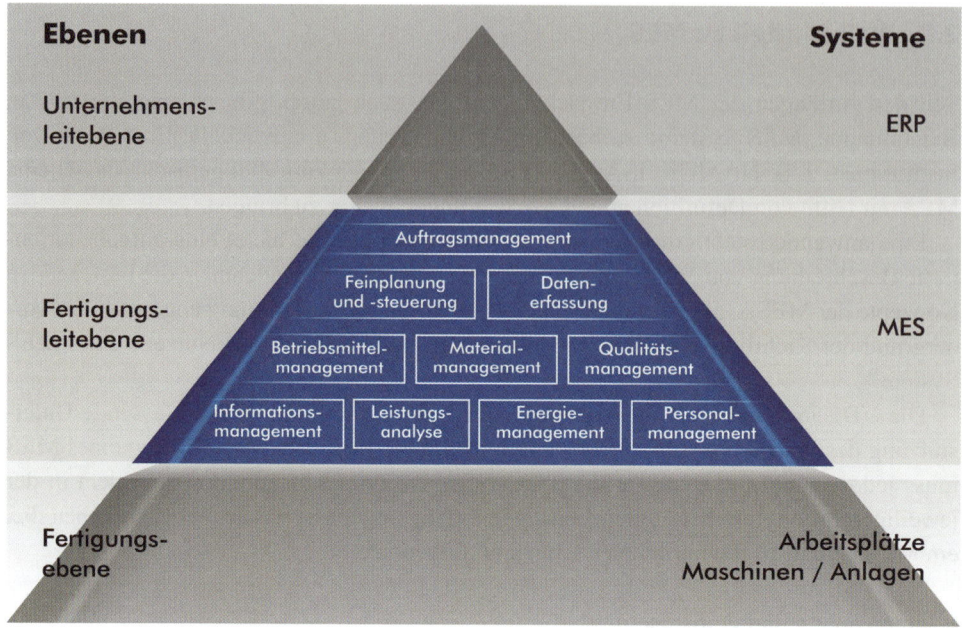

Abb. 2.3 Einordnung von MES in den Leitebenen eines Unternehmens. (Quelle: VDI 5600)

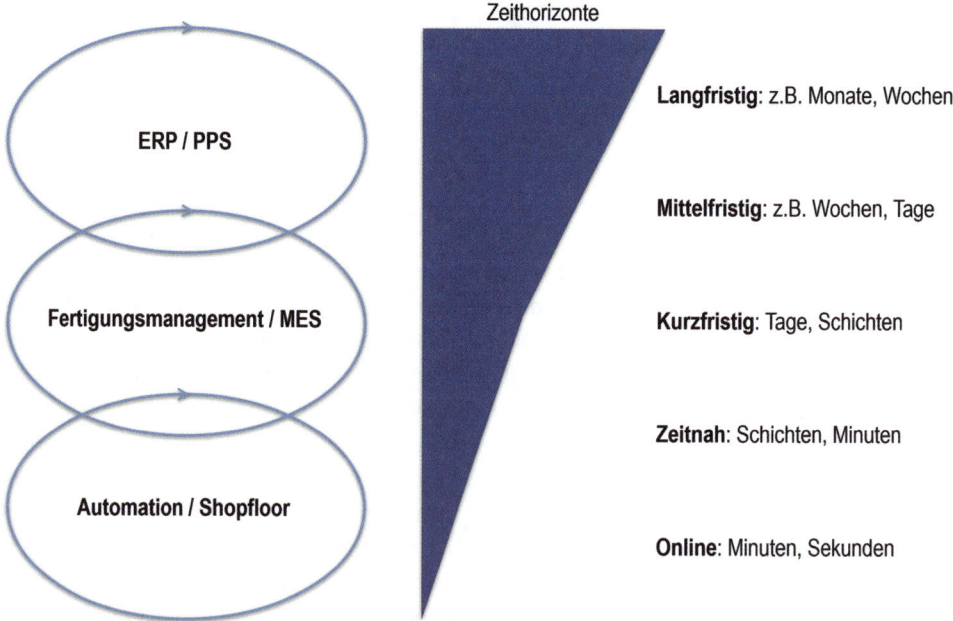

Abb. 2.4 Zeithorizonte der Unternehmensebenen

Eingreifen des Menschen unmöglich macht. Das ERP hingegen wird verwendet, um auf Wochen und Monate vorauszuplanen, was gefertigt wird. Das MES verbindet diese beiden Ebenen dadurch, dass es sowohl die Daten aus der Automation als auch die aus dem ERP nutzt, um unter anderem die im ERP entstandenen Pläne bis auf die Ebene der Automation herunterzubrechen.

Literatur

Schumacher J, Kletti J (2010) Die perfekte Produktion. Springer-Verlag
VDI, VDI-Richtlinie 5600 (2013) Blatt 2. Beuth Verlag

MES – Informationsmanagement in der Fertigung

3

Jürgen Kletti

Moderne Unternehmen sind immer mehr auf informationsverarbeitende Systeme angewiesen. Man kann heute davon ausgehen, dass ein großer Teil der Wertschöpfungskosten in den Produktionsfaktor Information fließen. Die eigentliche Produktion verliert immer stärker an strategischer Bedeutung. Dies äußert sich beispielsweise darin, dass Unternehmen aus Kostengründen Teile ihrer Produktion ins Ausland verlagern oder die Fertigungstiefe reduzieren, ohne ihre Wettbewerbsfähigkeit zu verlieren. Im Gegenteil, die Wettbewerbsfähigkeit steigt hierdurch sogar. Dies bestätigt auch eine Umfrage des VDMA, wonach die Fertigungstiefe von knapp 50 % in 1998 auf fast 40 % in 2004 verringert wurde bei gleichzeitiger Verbesserung der internationalen Wettbewerbsposition.

An Stelle der Produktion tritt zunehmend die Servicefähigkeit, dem Markt ein kundenwunschkonformes, breites Variantenspektrum bei gleichzeitiger Sicherstellung einer hohen Qualität der Produkte und Dienstleistungen sowie einen exzellenten Lieferservice anzubieten. Während kurze oder gar punktgenaue Lieferzeiten früher hauptsächlich aus der Automobilzulieferindustrie bekannt waren, trifft man heute die bedarfssynchronen Organisationsprinzipien wie „just-in-time" oder „just-in-sequence" in nahezu allen Branchen. Merkmale wie kundenwunschkonform, Qualität, Variantenspektrum, Lieferservice sind alles Eigenschaften, die über Produktion im traditionellen Sinne erreicht werden und damit messbar am Produkt festzumachen sind. Sie basieren primär auf Informationsverarbeitung und der Fähigkeit, die benötigten Informationen zur „richtigen Zeit", in der „richtigen Menge" und am „richtigen Ort" verfügbar zu haben. Die Beherrschung des Informationsmanagement entlang der Wertschöpfungskette ist für alle Unternehmen, ob sie nun physische Produkte herstellen wie die Investitionsgüterindustrie oder „virtuelle Pro-

J. Kletti (✉)
MPDV Mikrolab GmbH, Mosbach, Deutschland
E-Mail: info@mpdv.com

© Springer-Verlag Berlin Heidelberg 2015
J. Kletti (Hrsg.), *MES – Manufacturing Execution System,*
DOI 10.1007/978-3-662-46902-6_3

dukte" wie beispielsweise die Softwareindustrie, immer wichtiger für die Wettbewerbsfähigkeit der Unternehmen.

Je höher der Anteil der Dienstleistung an der aus Produkt und Dienstleistung bestehenden Wertschöpfung des Unternehmens dem Kunden gegenüber ist, umso mehr muss das Unternehmen in seine Informationsverarbeitung und damit in den Einsatz unterstützender Software investieren.

In klassischen Fertigungsunternehmen gibt es eine Vielzahl von Informationsflüssen. Informationen werden an einer bestimmten Stelle generiert, an einer anderen be- und verarbeitet und wiederum an dritter Stelle genutzt. Informationen unterliegen also – ebenso wie die verarbeiteten Güter – einem Transformationsprozess.

Dies erfordert, die Informationen aus der Produktion, sowohl entlang des Produktionsprozesses, als auch der damit verbundenen logistischen Abläufe zu managen. Heute ist die reine Gewinnung von Informationen durch zahlreiche über das gesamte Unternehmen verteilte Informationssysteme keine Herausforderung mehr. Fast jede moderne Produktionsanlage kann über Systemkomponenten die technischen Statusinformationen zur Verfügung stellen. Fast jedes Lohn- und Gehaltsprogramm erlaubt es, den Leistungslohn auf Basis der Aufschreibungen der Werker zu ermitteln. Die Herausforderung besteht vielmehr darin, diese Informationen schnell und zielgerichtet zu verarbeiten. Das bedeutet, sowohl die Informationen zu verdichten, als auch völlig unterschiedliche Quellen so mit einander zu verbinden, dass die Informationen direkt verwertbar sind und dadurch eine schnelle und flexible Prozesssteuerung ermöglichen.

Abgrenzung und Aufbau des Kapitels

Das folgende Kapitel zeigt auf, wie Daten und Informationen von der Quelle bis zur Senke kommen und welche Transformationen sie durchlaufen, um am Ende anwenderkonform in der „richtigen Zeit", in der „richtigen Menge", am „richtigen Ort" und in der „richtigen Qualität" verfügbar zu sein.

Begonnen wird dabei in Kap. 3.1 mit der Fragestellung „Wer braucht welche Informationen im Fertigungsunternehmen?". In Kap. 3.2 wird die Datenherkunft analysiert mit der Leitfrage „Wo entstehen welche Informationen?". Es wird deutlich, dass es zur Deckung des Informationsbedarfs nicht einfach ausreicht, der anfordernden Stelle die Datenherkunft zugänglich zu machen. Vielmehr ist es zwingend notwendig, die Daten zu be- und verarbeiten – sie bedarfsgerecht zu transformieren und zu kombinieren. Diese Thematik wird in Kap. 3.3 mit der zentralen Fragestellung „Wie schließt das MES die Lücke zwischen Datenherkunft und Informationsbedarf?" behandelt. Abgerundet wird das Gesamtkap. 3 mit durchgängigen Beispielen, sogenannten Use-Cases und Szenarien von der Datenherkunft, über die Transformation bis hin zur Deckung des Informationsbedarfs in Kap. 3.4.

Bezogen auf ein Fertigungsunternehmen und dessen Produktionsprozess werden diese Fragestellungen im weiteren Verlauf dieses Kapitels beantwortet. Dabei wird letztendlich schon vorausgesetzt, dass ein Fertigungsunternehmen über ein MES verfügt bzw. verfügen muss, um den Anwender die Antworten auf die gestellten Fragen zu geben.

Abb. 3.1 MES als
Datendrehscheibe

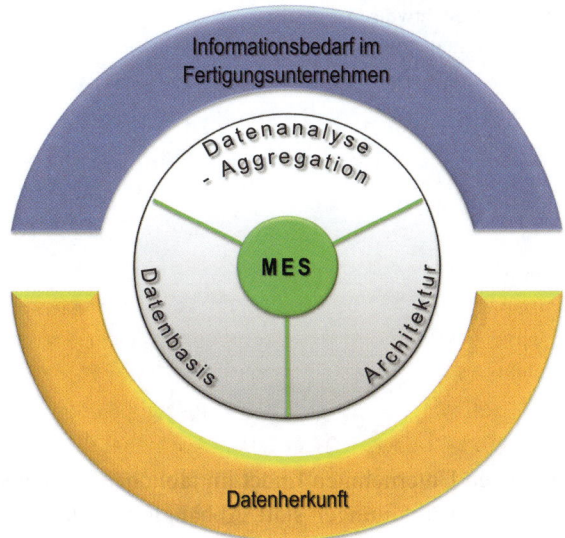

Die Abb. 3.1 verdeutlicht den Aufbau und das Zusammenspiel der verschiedenen Ebenen und Rollen, sowie die Funktion eines MES grafisch.

3.1   Informationsbedarf im Fertigungsunternehmen

Das MES muss eine Datenbasis mit Informationen für die unterschiedlichen Sichtweisen des Unternehmens zur Verfügung stellen (vgl. Abb. 3.2). Die „Sichtweisen", denen die Informationen angepasst werden müssen, sind folgende:

- **Anwendungen**: Aufteilung der Softwareanwendungen in die klassischen Bereiche wie BDE, Maschinendaten, Prozessdaten, DNC …
- **Aufgaben**: Wie in der VDI 5600 beschrieben, gibt es in jedem Unternehmen eine Vielzahl an definierten Aufgaben, wie Arbeitsvorbereitung, Feinplanung und -Steuerung, Materialplanung etc. Abhängig von der Organisation des jeweiligen Unternehmens können diese theoretisch von beliebigen Mitarbeitern in unterschiedlichen Abteilungen wahrgenommen werden.
- **Abteilungen**: Dies sind die Organisationseinheiten, denen die Mitarbeiter eines Unternehmens disziplinarisch zugeordnet sind.
- **Rollen**: Das sind die Tätigkeitsbereiche einzelner Mitarbeiter in einem Fertigungsunternehmen. Auch hier hat die Organisation des jeweiligen Unternehmens einen maßgeblichen Einfluss, wenn es darum geht, einer Rolle die Aufgaben und die Verantwortlichkeiten zuzuweisen.

Abb. 3.2 Sichtweisen auf die
Informationen eines MES

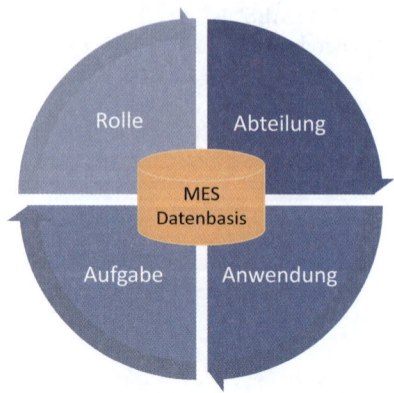

Im realen Unternehmen findet im täglichen Sprachgebrauch keine scharfe Trennung von
Rollen und Abteilungen statt. Abhängig von der Sichtweise im Unternehmen unterscheidet sich der Informationsbedarf maßgeblich. Gleichzeitig erfordert dies, dass „alle Informationen" nahezu unabhängig vom Entstehungsort im MES bereitstehen müssen. Dazu
kommt, dass ein Unternehmen nicht statisch organisiert sein sollte, um flexibel auf die
Erfordernisse des Marktes reagieren zu können. Dies erfordert eine Dynamik der Sichtweisen, auf die sich ein MES in seinem Lifecycle im Unternehmen einstellen muss. Aus
den genannten Gründen wurde im folgenden Kapitel auf eine klare Abgrenzung der Begriffe verzichtet.

3.1.1 Anwenderorientierter Informationsbedarf

Wertschöpfende Prozesse haben die Eigenschaft von Informationen begleitet zu werden,
welche einerseits den Status der Wertschöpfung dokumentieren und andererseits noch zu
erbringende Leistungen beschreiben. Die Informationen sind damit die eigentlichen Pro-
zesstreiber und steuern so die operativen Abläufe im Unternehmen. Auf der Empfänger-
seite entsteht dadurch auch ein Bedarf an Informationen, um die Prozesse ausführen zu
können. Beispielhaft sind hier Stücklisten, Begleitkarten in der Fertigung oder Taktvorgaben für die Maschine zu nennen. Diese Informationsbedarfe im Unternehmen unterscheiden wir in

- anwender- und rollenbasierte
- systembasierte.

Anwenderorientierte Informationsbedarfe beschreiben die Informationen, die ein Mitarbeiter aufgrund seiner Funktion, also seiner Rolle im Unternehmen benötigt, um seine
Tätigkeit möglichst optimal hinsichtlich Qualität und Effektivität ausüben zu können. Betrachtet man nun die Rollen, die Informationen aus der Fertigung und dem Produktions-

Abb. 3.3 Ausgewählte Rollen/Abteilungen im Fertigungsunternehmen

umfeld benötigen, ergibt sich ein bunt gemischter Strauß über alle Funktionen im Unternehmen hinweg. Entscheidend dabei ist, dass abhängig von der Rolle des Mitarbeiters die gleiche Information in einem anderen Kontext, einer anderer Darstellungsform und einer anderen Aktualität benötigt wird. Diese Belange müssen von einem „guten" System berücksichtigt werden.

Über die Definition von Benutzerrollen für MES-Anwendungen ist es relativ einfach möglich, gleichartigen Arbeitsplätzen wie Arbeitsvorbereitern, Meistern, QS-Beauftragten oder Mitarbeitern in der Personalverwaltung ein einheitliches Set an Funktionen zuzuweisen und damit das Customizing und die Systemadministration zu vereinfachen sowie ein einheitliches Bedienkonzept zu unterstützen. Damit werden die Einführungszeiten von IT-Anwendungen verkürzt und signifikante Verbesserungen bei der Bedienung erzielt.

Abbildung 3.3 gibt eine Übersicht über ausgewählte „Anwender" im Fertigungsunternehmen, deren Informationsbedarfe für das Design eines MES maßgeblich sind.

Management & Controlling
Klassisch informiert sich das Management im ERP über den „Status des Unternehmens" oder die Informationen werden vom Controlling für die Geschäftsleitung aufbereitet. Hierzu werden verdichtete Auswertungen und individuelle Kennzahlen ermittelt, um die

Effizienz der Fertigung exakt beurteilen zu können. Das Problem prozessrelevanter objektiver Kennzahlen konnte in der Vergangenheit auf der ERP Ebene nicht gelöst werden. Es werden detaillierte Informationen zur Bewertung des Fertigungsprozesses benötigt. Ein ERP muss mit Details aus produktionsnahen Systemen wie einem MES versorgt werden, um diese Aufgaben zu erfüllen. Ein anschauliches Beispiel sind Taktvorgaben für Maschinen. Werden diese im ERP nur als Planwert geführt und nicht durch direkte Rückmeldungen aus der Fertigung automatisch verifiziert, besteht die Gefahr, dass die tatsächlich zur Verfügung stehende Kapazität falsch bewertet wird. Dieser Fall tritt genau dann auf, wenn die tatsächlich Taktung von den Taktvorgaben im ERP abweicht.

Dieser Sachverhalt bleibt unbemerkt, wenn nicht automatisch z. B. durch ein MES die Abweichungen überwacht und eskaliert werden. Im täglichen Arbeitsablauf stellen manuelle Korrekturen den Produktionsablauf zwar sicher, jedoch wird nicht automatisch die Aktualisierung der Planwerte angestoßen.

Das klassische Controlling als Subsystem der Unternehmensführung befasst sich mit der Informationsbeschaffung, -bewertung und -aggregation. Die Informationen bilden in der Regel die Basis für Managemententscheidungen und als Analyse-, Kontroll- und Steuerungsinstrument für den Zielerreichungsgrad. Die Basisinformationen beschafft sich das Controlling im Wesentlichen aus den einschlägigen betriebswirtschaftlichen Systemen. Zunehmend gewinnen heute auch wieder Schlagworte wie „Business Intelligence" oder „Big Data" an Relevanz. Für diese Systeme reicht der aggregierte Datenzustand in einem ERP-System in der Regel nicht aus. Deshalb ist ein MES auch hier ein wichtiger Datenlieferant.

Eine Unterdisziplin des Controllings bildet das Produktions- oder Fertigungscontrolling. Neben betriebswirtschaftlichen Betrachtungen ist eines der Hauptziele die Ermittlung und Analyse von prozessrelevanten Kennzahlen und Statistiken. Die Produktionsprozessstruktur, die Durchlaufzeitplanung und Ausschussquotenplanung sind hierfür nur einige Beispiele.

Beispiele für den Informationsbedarf im Management:

Kosten	Ermittlung der Kosten und Kostenbestandteile im Produktionsprozess, wie z. B. Stückkosten, Lohnkosten, Korrelation der Energiekosten zur Ausbringungsmenge
Kennzahlen	Ermittlung normierter Kennzahlen (ISO 22400-2, VDMA 66412-1 und -2) zum objektiven Vergleich von Produktionsstandorten Bestimmung und Ermittlung von individuellen KPIs zur Messung, Steuerung und zum Benchmarking von Prozessen
Auswertungen & Statistiken	Auswertung zum Auslastungsgrad von Maschinen und den freien Produktionskapazitäten in kurz- und mittelfristigen Planungszeiträumen; Statistiken zu „Problempunkten" wie Krankheitsstand, Lieferproblemen, Terminverletzungen, Ausschussentwicklung, etc.
KVP	Unterstützung des kontinuierlichen Verbesserungsprozesses durch langfristige Beobachtung der Entwicklung von Nutzgraden und anderen Kennzahlen

Vertrieb

Lieferflexibilität und Individualisierung von Produkten gewinnt einen immer höheren Stellenwert, wie bereits eingangs beschrieben wurde. Dies erfordert zwangsläufig auch vom Vertrieb eine hohe Aktualität von Informationen. In vielen Branchen werden Informationen stundengenau benötigt oder die Prozesse müssen so flexibel sein, dass kurzfristige Änderungen und Anforderungen des Kunden, wie Beispielsweise eine Änderung der Spezifikation, umgesetzt werden können. Ähnlich wie im Management wird jedoch in der Regel auch im Vertrieb der Informationsbedarf in den meisten Fällen nicht direkt über das MES gedeckt. Vielmehr kommen auch bei dieser Rolle Systeme wie z. B. ERP, CRM, SCM etc. zum Einsatz, die an ein MES angebunden sind. Wie bereits beschrieben sind je nach Branche und Organisation des Unternehmens bestimmte Aussagen allerdings so wichtig und zeitkritisch, dass der Vertrieb diese „direkt" aus der Fertigung – also über ein MES – abfragt.

Beispiele für den Informationsbedarf im Vertrieb:

Lieferzeit	Welche Lieferzeit kann ich dem Kunden aktuell anbieten?
Bestände	Welche Bestände befinden sich gerade im Fertigungsprozess? (WIP-Material)
Durchlaufzeit	Wie lange benötigt ein Auftrag von der Bestellung bis zur Auslieferung?
Termintreue	Wie hoch ist der Anteil der Aufträge die pünktlich geliefert werden?

Arbeitsvorbereitung und Fertigungssteuerung

Kürzere Lieferzeiten, kleine Losgrößen, Variationen der Produkte erfordern schnelle Reaktionen in der Arbeitsvorbereitung und Fertigungssteuerung. Als zentrale Instanz für die Bestimmung des Fertigungsablaufs ist hier die Versorgung mit Informationen von elementarer Bedeutung. Wichtig ist dabei, dass der Informationsbedarf der Arbeitsvorbereitung und Fertigungssteuerung unverzüglich gedeckt wird, um Engpässe und Ausfälle zu vermeiden.

Je nach Branche und Flexibilität des Fertigungsunternehmens kann es gezwungen sein, kurzfristig aufgrund besonderer Gegebenheiten und Ereignisse die Absatz- und Fertigungsstrategien zu wechseln. Beispielsweise das Umstellen von einer „Push-" auf eine „Pull-Strategie", um einen Nachfragesog zu erzeugen, was wiederum Auswirkungen auf vor- und nachgelagerte Prozesse wie beispielsweise die Materialdisposition hat. Um einen solchen Strategiewechsel erfolgreich durchzuführen, wird eine besonders hohe Informationsdichte und -genauigkeit benötigt.

Beispiele für den Informationsbedarf in der Arbeitsvorbereitung und Fertigungssteuerung:

Fertigungsfortschritt	Auftragsübergreifende Betrachtung zum Fertigungsfortschritt inkl. Hochrechnungsfunktionen und automatischer Planungshilfen. Übersicht über den aktuellen Auftragsstatus
Feinplanung	Komplexe Feinplanungswerkzeuge auf Basis grafischer Plantafeln sowie Materialbereitstellungs- und Umrüstlisten

Statistiken	Auftrags- und Artikelstatistiken, die Rückschlüsse und Benchmarks mit früheren Aufträgen zulassen
Kapazität	Verfügbarkeitsbetrachtungen und -checks zu Maschinen, Werkzeugen, Personal und Material

Materialdisposition

Zur bedarfsgerechten Materialbereitstellung und -planung ist es erforderlich, Informationen direkt aus der Fertigung zu bekommen. Je nach Produktionsprinzip oder Fertigungsverfahren ist auch die Taktung der Informationen wichtig. Eine just-in-time oder just-in-sequence Produktion erfordert eine schnellere Informationsversorgung als beispielsweise ein Lagerauftrag.

Beispiele für den Informationsbedarf in der Materialdisposition:

Materialbedarf	Wie hoch ist die geplante Produktionsmenge zzgl. Ausschuss
Bereitstellung	Bereitstellungszeitpunkt und Bereitstellungsort von Roh-, Hilfs- und Betriebsstoffen
Chargenverfolgung	Welche Rohstoffe/Komponenten wurden für dieses Produkt verwendet?

Intralogistik

Die Ver- und Entsorgung der Produktion mit den richtigen Materialen in der richtigen Menge am richtigen Ort zum richtigen Zeitpunkt ist die Hauptaufgabe der Intralogistik. Sie stellt nicht nur sicher, dass genügend Roh-, Hilfs- und Betriebsstoffe bereitgestellt sind und fertige und unfertige Erzeugnisse aus der Produktion zum Zielort gelangen, auch der Transport zwischen verschiedenen Arbeitsplätzen bei mehrstufigen Fertigungen, den so genannten „Work in process"-Beständen, wird durch die Intralogistik gewährleistet. Deshalb müssen die Transportsysteme mit zeitnahen Informationen wie Fertigungsfortschritt, Materialbedarf, etc. direkt von den Maschinen und Arbeitsplätzen gesteuert werden, um teilweise minutengenau Material an die Maschine und fertige oder halbfertige Erzeugnisse in Zwischen- und Endlager zu transportieren.

Kleine Losgrößen und eine hohe Produktvielfalt haben ebenfalls Auswirkungen auf die Intralogistik. Zur Senkung des gebundenen Kapitals und der Kosten werden Bestände optimiert und kleinere Lager mit chaotischer Lagerhaltung finden Einzug in die Fertigung.

Beispiele für den Informationsbedarf in der Intralogistik:

Transportart	Was muss transportiert werden? Welches Transportmittel wird benötigt?
Gebindemenge	Welche Menge soll transportiert werden? Aus wie vielen Ladungsträgern besteht die Sendung?
Abhol- und Anlieferzeit	Wann muss der Transport stattfinden?
Ort	Wo ist die Quelle? Zu welcher Senke muss transportiert werden?
Lager- und Transportkapazität	Stehen noch freie Lagerplätze zur Verfügung? Welche Transportkapazität wird benötigt?

Fertigungs-/Produktionsleitung

Die Fertigungs- oder Produktionsleitung hat Interesse an Informationen zur Leistungs-fähigkeit und zur Performance ihres Verantwortungsbereichs. Der Informationsbedarf ist detaillierter als der des Managements, jedoch nach wie vor aus der Helikopterperspektive über den gesamten Bereich gesehen. Kennzahlen zum Vergleich der Performance über einen gewissen Zeitraum aber auch zum Vergleich verschiedener homogener Abteilungen sind von großer Bedeutung. Sollte es zu Störungen oder Problemen kommen, sind detail-lierte Informationen wichtig für die Fertigungsleitung zur Problem- und Ursachenanalyse. Ein weiterer wichtiger Aspekt ist die situative Betrachtung aus unterschiedlichen Blick-winkeln. Somit können die Aussagen von verschiedenen Kennzahlen auf Plausibilität ge-prüft und Fehlinterpretationen vermieden werden. Ebenso benötigt die Produktionsleitung Daten für die mittelfristige Planung zur Bewertung des Kapazitäts- und Personalbedarfs.

Eine „Drill-Down" Funktionalität bei der Informationsbeschaffung ist für die leitende Angestellte in der Fertigung besonders wichtig. Diese gewährleistet eine hierarchische Navigation in den Informationen. Auffällige Informationen, wie z. B. schlechte Kenn-zahlen, können dadurch direkt im System genauer betrachtet werden, um den Ursachen unverzüglich und im Detail auf den Grund zu gehen.

Beispiele für den Informationsbedarf in der Fertigungs- und Produktionsleitung:

Kennzahlen	Durchlaufzeit, Nutzgrad, OEE, Ausschuss, etc.
Kapazität	Informationen zur kurz-, mittel- und langfristigen Kapazitätsauslastung
Personalein-satzplanung	Personalbedarf sowie vorhandene und benötigte Mitarbeiterqualifikation
Eskalationen	Benachrichtigung bei Überschreitung von Toleranzen; unvorhergesehener Pro-duktionsstillstände; Status der aktuellen Workflows zur Problembeseitigung

Meister

Meister sind die klassischen Anwender eines MES. Sie sind direkt am Prozess und Infor-mationen in ihrem Bereich sind in der Regel zeitkritisch. Entscheidungen müssen oftmals sofort oder zeitnah gefällt werden. Für den Meister ist es deshalb besonders wichtig die relevanten Informationen zum aktuellen Status und Statistiken vergangener Schichten in einer Übersicht ständig parat zu haben.

Beispiele für den Informationsbedarf des Meisters:

Statusinformationen	Aktuelle Übersichten zu Aufträgen und Maschinen zum schnellen Erken-nen von Problemsituationen
	Auftrags- und personalbezogene Schichtprotokolle
	Stillstandsauswertungen zu Maschinen und Anlagen
	Übersichten zu den aktuell gefertigten Qualitäten

Planung	Einfache Planungstools zum Festlegen der Bearbeitungsreihenfolge von Aufträgen und zum Umplanen von Aufträgen
Personal	Urlaubs- und Fehlzeitenplanung für die zugeordneten Mitarbeiter als Teil der Personaleinsatzplanung
	Aktuelle Übersichten zu den an- und abwesenden Mitarbeitern

Werker

Die Arbeitsplätze in der Fertigung sind nicht nur im technischen Sinn moderner geworden. Der Mitarbeiter soll eigene, qualifizierte Entscheidungen treffen und durch „Motivation" mehr Leistung bringen. Dazu ist es erforderlich, ihn zeitnah mit Informationen zu versorgen, die seinen Leistungsstand, die Leistung der Maschine etc. visualisieren. Die Aktualität und die Korrektheit der Daten sind an dieser Stelle maßgebend und nicht Auswertungen und Statistiken, die am nächsten Tag, in der nächsten Schicht oder gar im nächsten Monat die individuelle Leistung dokumentieren.

Beispiele für den Informationsbedarf des Werkers:

Auftragsinformationen	Informationen zum aktuellen Auftragsvorrat
	Schichtprotokolle
	Kennzahlen zur aktuellen Auslastung und Ausbringung
	Übersichten zu den aktuell gefertigten Qualitäten
Planung	Plan- und Solldaten für die aktuellen Aufträge
	Auftragsreihenfolge für anstehende Aufträge
Prozessinformationen	Visualisierung von Fertigungsvorgaben durch Montagevideos, Fotos, Arbeitsanweisungen, Qualitätshinweisen, etc.

Instandhalter

Zu erledigende „Notfallreparaturen", vorbeugende Instandhaltung, Planung von Instandhaltungsaufträgen sind die Anforderungen an die Instandhaltung, die durch schnelle zielgerichtete Informationen aus dem MES unterstützt werden müssen. Durch die systemgestützte Einbindung der Instandhaltung kann das Ausfallrisiko in der Produktion maßgeblich verringert werden.

Beispiele für den Informationsbedarf in der Instandhaltung:

Maschinenpark	Grafischer Maschinenpark zur Visualisierung des Anlagenstatus
Planung	Wartungskalender mit Informationen zu anstehenden planmäßigen Wartungen
Statistiken	Störklassenauswertungen und Verlaufsdarstellungen zur Planung und Optimierung der vorbeugenden Instandhaltung
Eskalationsmanagement	Adhoc Informationen und „Hilferufe" bei Störungen mit Statusinformationen zum Workflow

Qualitätssicherung (QS)

Die Qualitätssicherung hat sich in den letzten Jahren gewandelt von der QS-Abteilung hin zum integralen Bestandteil der Fertigung. In der modernen Fertigungswelt ist die QS von der Fertigung nicht mehr zu trennen. Eine fertigungsbegleitende Qualitätsprüfung und -dokumentation sind wichtiger Bestandteil der Wertschöpfung. Damit wird es wichtiger denn je, die Informationen über mangelnde Qualität schnell und zielgerichtet an die Verantwortlichen in der QS zu bringen, um die notwendigen Schritte zur Qualitätsverbesserung einzuleiten. Nur durch sofort erkannte Qualitätsmängel können umgehend Korrekturmaßnahmen eingeleitet werden. Das fördert die Verbesserung der Qualität, vermindert Ausschuss und Nacharbeit und beugt teuren Rückrufaktionen vor.

Beispiele für den Informationsbedarf in der Qualitätssicherung:

Qualitätsprüfung und -sicherung	Automatisches Generieren von Prüfaufträgen auf der Basis von hinterlegten Prüfplänen
	Online-Zählung von produzierten Teilen und automatische Überwachung von Stichprobenintervallen auf Basis eines integrierten Terminals mit BDE- und SPC-Funktionen
	Fertigungsleitstand mit Überprüfung der Verfügbarkeit von Prüfplänen
	Generieren eines Entstehungsnachweises für Zwischen- und Fertigprodukte bzw. eines Verwendungsnachweises für Rohmaterial und Halbzeuge
Reklamationsmanagement	Statusverfolgung von Kundenreklamationen
Wareneingangsprüfung	Qualitätsinformationen von angelieferten Waren

Konstruktion/Entwicklung

Preisdruck, kurze Produktlebenszyklen, mangelnder Patentschutz sind Stichworte, die heute die Entwicklung von neuen Produkten beeinflussen. Als Reaktion wurden Management-Methoden für die Entwicklung ausgearbeitet, die im Vorfeld die Zielvorgaben des späteren Produktes beschreiben. „Design to cost" oder „Target costing" geben vor, was das Produkt später kosten darf. Reverse Engineering und die Einbeziehung der Kunden und Lieferanten in den Entwicklungsprozess sollen die Wahrscheinlichkeit einer Fehlentwicklung minimieren.

Um diese Vorgaben umzusetzen benötigt die Entwicklung und Konstruktion detaillierte Informationen aus der Fertigung, um die Prozess- und Produktionskosten zu bewerten und in den Entwicklungsprozess mit einfließen zu lassen.

Beispiele für den Informationsbedarf in der Konstruktion/Entwicklung:

Randbedingungen	Informationen zu den technischen Randbedingungen und der Leistungsfähigkeit der vorhandenen Produktionstechnologien (Was kann technisch überhaupt produziert werden?)
Prozessinformationen	Informationen zu laufenden Produkten (wie läuft es in der „Serienproduktion"/Was kann künftig verbessert werden?)

Personalabteilung

Die Personalabteilung wird das Gros der Informationen über ein in das ERP integriertes HR-Modul erhalten. In einigen Fertigungsunternehmen setzt man nach wie vor oder gerade wieder auf leistungsbezogene Entlohnungsmodelle. Diese Modelle bedingen zeitnaher Rückmeldungen aus der Fertigung. Was anfangs nur als Tool zur Prämienberechnung am Monatsende diente entwickelt sich heute immer mehr zu Methoden zur Verbesserung der Qualität und Effektivität.

Die Integration einer Zutrittskontrolle für sicherheitsrelevante Teile der Fertigung wird für bestimmte Industriezweige immer wichtiger. Stichworte wie der Status als „bekannter Versender" z. B. in der Luftfracht, Hygienevorschriften in der Nahrungsmittelindustrie aber auch Industriespionage sind heute auf der Agenda vieler Fertigungsunternehmen. Hier arbeitet die Personalabteilung heute eng mit dem Werkschutz zusammen.

Beispiele für den Informationsbedarf im Personalwesen:

Personalinforma-tionen	Minutengenaue An- und Abwesenheitslisten
	Aufbau eines Personalinformationssystems mit Daten, die z. B. bei der Personaleinsatzplanung hilfreich sind, wie Qualifikationen, Befugnisse, Mitarbeiterausstattung, etc.
Workflows	Delegation von zeitaufwendigen Routine-Tätigkeiten (Genehmigen von Urlaubsanträgen, Aufnehmen von Krankmeldungen, Fehlzeitenplanung) zum Meister und damit an den Ort, wo die Informationen in der Regel auch direkt eintreffen bzw. ohnehin verarbeitet werden müssen
Plausibilitäten	Abgleichlisten, die einen automatischen Vergleich von Anwesenheits- und Produktivzeiten liefern
Prämienberech-nung	Automatisierte Berechnung von Leistungs- und Prämienlöhnen und die erforderliche automatisierte Integration zu den Lohn- und Gehaltssystemen

3.1.2 Systembasierter Informationsbedarf

Beim Thema Informationsverarbeitung denkt man vor allem an den Einsatz von Software auf klassischer IT-Hardware wie Mainframes, Servern oder PCs. Parallel zu dieser Welt der Unternehmens-IT existiert aber auch eine Welt der Automatisierungstechnik und maschinennahen Software. Maschinen und Anlagen bzw. die darin eingesetzte Automatisierungstechnik stellen selbst zumeist komplexe informationsverarbeitende Systeme dar. Technische Funktionen in Maschinen und Anlagen, die früher über mechanische und spezialisierte elektrotechnische Komponenten realisiert wurden, werden heute zunehmend über Software und Standard-IT umgesetzt. So regelt und steuert Software über digitale Sensoren und Aktoren die Bewegungen und Abläufe der Maschine, industrietaugliche PCs dienen dem Maschinenbediener als Kommunikationsschnittstelle zur Maschine, zu übergelagerten Softwaresystemen oder zur Außenwelt über das Internet.

Aus Sicht von MES lag in der Vergangenheit ein wesentliches Problem darin, dass sich die Informationsverarbeitung in der Automation eigenständig entwickelt hat und die Anbindung von Maschinen aufwendig und produktspezifisch war. Die besonderen Anforderungen im Automationsumfeld wie Echtzeit, Sicherheit, Verfügbarkeit, aber auch Kosten haben zu speziellen, inkompatiblen Steuerungen, Bussystemen, Bedienterminals, Datenhaltungen und Programmiersprachen geführt. Mit der wachsenden Nutzung von Standard-IT und Software, auch in die Automation, reduzieren sich die Schnittstellenprobleme zwischen der Unternehmens- und Automationswelt und ermöglichen die Realisierung standardisierter und wesentlich effizienter Informations- und Kommunikationsprozesse.

Neben dem anwenderorientierten Informationsbedarf im Fertigungsunternehmen – hinter dem eigentlich immer Individuen stehen – gibt es einen mehr technisch orientierten Informationsbedarf, den systembasierten. Neben der Humankapitalbetrachtung drängten mit zunehmender Industrialisierung Maschinen und Anlagen immer weiter in den Fokus der Betrachtung der Produktionsfaktoren. Anfangs nur zur Unterstützung von mechanischen Bearbeitungsprozessen eingesetzt entwickelten sich mit fortschreitender Automatisierung der Produktionsprozesse hochkomplexe, computergesteuerte Systeme. Spätestens mit der vierten industriellen Revolution unter dem Begriff Industrie 4.0 wird klar, dass moderne IT-Systeme, Maschinen und Anlagen eine enorme Menge an Daten verarbeiten und generieren.

Unabhängig vom Informationsbedarf der Anwender sind vorhandene IT-Systeme in einem Fertigungsunternehmen mehr oder minder intensiv auf die Daten des MES-Systems angewiesen. Der wesentliche Unterschied zum anwenderorientierten Informationsbedarf ist, dass Systeme häufig automatisch und permanent mit Daten versorgt werden müssen, ohne dass jeweils der direkte Bezug zu einer diskreten Anwendung vorhanden ist. Das MES versorgt diese Systeme mit vorverarbeiteten Informationen aus der Fertigungs- oder Planungsebene. Somit können die Systeme ihre Aufgaben besser oder überhaupt erfüllen. Dadurch wird auch sichergestellt, dass der anwenderorientierte Informationsbedarf entweder direkt aus dem MES oder indirekt, über angeschlossene Systeme gedeckt wird.

Der systembasierte Informationsbedarf lässt sich grundsätzlich in verschiedene Unterklassen unterteilen, wie Abb. 3.4 oder die folgenden Beispiele verdeutlichen.

Maschinen, Anlagen und Fertigungshilfsmittel
Beispiele für den Informationsbedarf:

Maschinen und Aggregate	Impulse und Daten für die Steuerung und Regelung von Maschinen (z. B. Auftragsstartmeldungen an eine SPS)
	Takt- und Zykluszeiten als Vorgabe für eine Maschinensteuerung
	Vorgaben zu Sollwerten und Toleranzen
	Plandaten zu Aufträgen, Artikeln, Stücklisten
	NC-Programme/Einstelldaten für Beispielsweise NC-Dreh-/ Fräsmaschinen

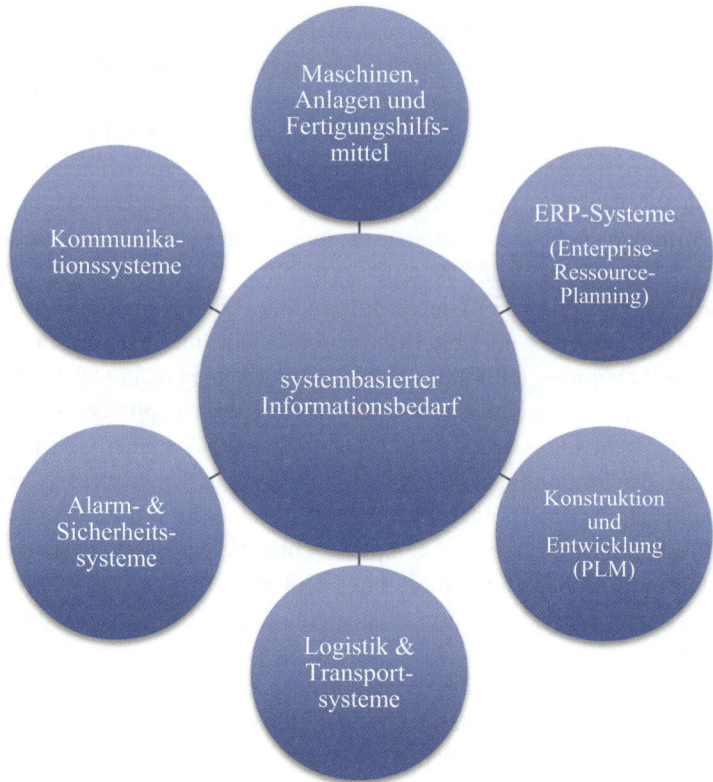

Abb. 3.4 Systembasierter Informationsbedarf

Waagen und Messmittel	Stücklisten und Rezepturen z. B. für die Einwaage und Herstellung von Produkten in der Prozessindustrie (z. B. Pharma, Lebensmittel, Chemie, etc.)
	Sollwerte und Toleranzen für den Heerstellungs- und Kontrollprozess
Werkzeuge	Abnutzung, Lebenszyklus und Vorgaben zu Wartungsintervallen für Werkzeuge mit eigener Steuerung
	Technischer Zustand für Werkzeuge die systemtechnisch mit Maschinen gekoppelt sind

ERP-Systeme

Beispiele für den Informationsbedarf:

Materialwirtschaft, Bedarfsermittlung & Produktion	Produktionsdaten
	Fortschrittsmeldungen (Aufträge, WIP)
	Mengenmeldungen
	Materialverbrauch
	Bestände

Rechnungswesen und Controlling	Stückzahlen, Produktions- und Stillstandszeiten, Prämien für die Ist- und Stückkostenermittlung
	Laufzeiten der Maschinen und Anlagen für die Abschreibung
Personalwirtschaft	Personalzeiten
	An- und Abwesenheiten und Fehlzeiten der Mitarbeiter
	Leistungslohnermittlung und Prämienberechnung
F&E, Stammdaten- und Stücklistenverwaltung	Informationen zu Takt- und Zykluszeiten, Fehlerstatistiken und Artikelinformationen für die Optimierung der Artikel und das Reverse Engineering
PLM/CAD-Systeme	Produkttechnische Fehlerinformationen als Rückfluss für die Konstruktion und Entwicklung
	Informationen und Erfahrungswerte der Instandhaltung über Maschinen, Werkzeuge und Anlagen für z. B. den Werkzeugbau

Logistiksteuerung

Beispiele für den Informationsbedarf:

| Logistik & Transportsysteme | Artikel- und Lagerinformation, wie z. B.: Senke, Quelle, Art, Ladungsträger, Zeitpunkt, Menge, Lagerplatz, Gefahrgutinformationen |

Alarm-, Sicherheits- und Kommunikationssysteme

Beispiele für den Informationsbedarf:

Zutrittssysteme	Schließ- und Alarmmeldungen, Raumzonenüberwachung und Verletzungsmeldungen
Besuchermanagement	Besucherverwaltung und -informationen, sicherheitsrelevante Informationen
Gebäudemanagement	Alarmfunktionen für z. B. Energieverbräuche außerhalb von Toleranzen, Temperaturüberwachung (Brandschutz) o. ä
Kommunikations- und Workflowsysteme	Auslösen von Events und automatischen Benachrichtigungen. Triggern und steuern von systemgestützten Prozessen durch Beispielsweise Eskalationen aus dem MES

3.2   Datenherkunft

Betrachtet man die „Versorgung" des MES mit Daten, so unterscheidet man grundsätzlich in sogenannte Stammdaten, die üblicherweise von überlagerten Enterprise-Systemen, wie ERP, CAD und PLM Systemen geliefert werden und die große Anzahl von Erfassungsdaten, denen man als Entstehungsort in der Regel die Fertigung zuordnet.

In der Welt der IT und der häufig starken Verwendung von Softwaresystemen und
-anwendungen trifft diese Definition nicht 100 % die Realität, ist aber eine brauchbare
Klassifizierung, um eine grundsätzliche Differenzierung von Daten und deren Entstehung
vorzunehmen.

3.2.1 Anbindung der Enterprise-Systeme

Der „Hauptdatenlieferant" in einem Fertigungsunternehmen für das MES ist sicherlich
das ERP-System. Aus Sicht der Unternehmer ist das ERP das unternehmensweite Planungssystem und somit auch für die Produktion maßgebend. Die daraus resultierenden
Planvorgaben wie z. B.:

- Fertigungsaufträge,
- Qualitätsplandaten,
- Kapazitätspläne,
- etc.

werden an das MES übergeben. Dazu gehören auch Informationen für die Werker und Produktionsmitarbeiter, die entweder im MES gespeichert oder nur angezeigt werden können.
    Die Anzahl und Vielfalt der am Markt vorhandenen Enterprise-Systeme ist sehr hoch.
Gerade deshalb ist es von hoher Bedeutung, dass deren logische und systemseitige Anbindung vom MES unterstützt wird. Dies gilt nicht nur für die Marktführer Microsoft und
SAP, sondern für zahlreich vorhandene „kleine Systeme", die vor allem bei mittelständi-
gen Unternehmen im Einsatz sind oder für branchenspezifische Systeme.
    Zu den Enterprise-Systemen gehören neben dem ERP, das dem MES Planvorgaben,
„flüchtige Informationen" (zur bloßen Anzeige) oder Stammdaten liefert, in einem modernen Fertigungsunternehmen einige mehr. Hier sind beispielsweise CAD-Programme
zu nennen. Sie sind aus vielen Branchen (wie z. B. dem Bauwesen, dem Maschinenbau,
im Spritzguss oder in der Elektrotechnik, etc.) nicht mehr wegzudenken. In der Konstruktion werden Produkte oder Werkzeuge mittels CAD konstruiert. Für einen effizienten und
reibungslosen Produktionsablauf müssen die generierten NC-Einstelldaten an das MES
übergeben werden. Im MES ist genau bekannt, wann welche Aufträge auf welchen Maschinen geplant sind und daraus resultierend, welche Einstelldaten wann und wo benötigt
werden.
    Eine weitere Klasse der ERP-Systeme, die zunehmend in den Fokus von Produktions-
unternehmen rücken, sind so genannte Product-Lifecycle-Management-Systeme (kurz
PLM). Ziel dabei ist es, alle Informationen zu integrieren, die während des gesamten Pro-
duktlebenszyklus generiert werden: beginnend vom Entwurf und der Konstruktion der
Produkte, deren Informationen im MES für den Produktionsprozess benötigt werden, bis
hin zum After-Sales-Service und wiederum der Neuentwicklung, für den das MES Daten
liefert.

3.2.2 Automatische Erfassung in der Produktion

Für ein MES-System sind Schnittstellen zum eigentlichen Produktionsmittel, wie Maschine, Aggregat oder Linie, aber auch zu Anlagensteuerungen, unverzichtbar.

Die wichtigsten Daten, welche ein MES-System an die Produktionsmittel weiter gibt, sind Sollwertvorgaben, Prozesswertvorgaben, Rezepturen und Mischungen sowie DNC-Programme. Die wichtigsten Daten, welche ein MES-System von den Produktionsmitteln aufnimmt, sind im Wesentlichen Maschinentakte, Zählimpulse, Betriebssignale, Maschinenstatus, Messwerte und Prozessdaten. Diese werden dann zu betriebswirtschaftlichen Größen wie Mengen und Betriebszeiten „umgewandelt".

Ziel dieser Anbindungen sind zum einen ein hoher Automatisierungsgrad und damit die Erhöhung der Wirtschaftlichkeit sowie die Reduzierung von Fehlbedienungen. Andererseits richten sich die Anforderungen an die Erreichung und Kontrolle einer spezifizierten Qualität des gefertigten Produktes sowie der Qualität und Kontrolle des eigentlichen Fertigungsprozesses.

In der heutigen Fertigung ist die Bandbreite der vorherrschenden Systemtechnik und der Infrastruktur enorm. Zum einen findet man hochkomplexe Anlagen, die bereits über eigene datenbankbasierte IT-Systeme zur Steuerung verfügen, zum anderen begegnet man Jahrzehnte alten Pressen oder Stanzen. Beides in das MES-System, manchmal in einem Fertigungsbetrieb einbinden zu können, das ist unter Flexibilität in der Schnittstellentechnologie zu verstehen. Es existieren heute auch in der Fertigung viele technische Standards und quasi Standards, die zur Anbindung von Maschinen, Aggregaten und technische Einrichtungen verwendet werden. Die Vielzahl an existierenden Anlagen von verschiedenen Herstellern stellen unterschiedliche Anforderungen an eine Anbindung des MES-Systems. Es dient in diesem heterogenen Umfeld als Integrator der Informationen. Eine einheitliche Definition der auszutauschenden Daten ist daher zwingend erforderlich, um die Kommunikation zwischen MES und Maschinen zu standardisieren und um damit den Aufwand für Lieferanten, Systemintegratoren und Maschinenbetreiber zu verringern. Zudem bietet eine solche Definition den Anwendern die Sicherheit, dass eine Anbindung ihrer Produktion an ein MES – und umgekehrt – leicht möglich ist und jederzeit gewährleistet wird. Um jede Produktion mit heterogener Maschinenlandschaft bestmöglich an MES-Systeme anbinden zu können, wurde vom VDI im April 2011 eine Richtlinie für eine vereinheitlichte Schnittstelle erarbeitet. Diese berücksichtigt alle Dateneinheiten, die zwischen MES- und Maschinenebene ausgetauscht werden. Die VDI-Definition ist ein sehr umfassendes Konstrukt, das detailliert auf alle Dateneinheiten verweist, die möglicherweise zwischen Anlagen und MES-System ausgetauscht werden könnten. Auch andere Gremien haben in der Vergangenheit teils branchenspezifische Schnittstellen definiert, wie beispielsweise der Weihenstephaner Standard für die Getränkeabfüllindustrie oder die Euromap-Schnittstelle für die Kunststofffertigung. Allen diesen Definitionen ist der recht komplexe Umfang und die Detailgenauigkeit gemein.

Auf der Basis der vom VDI sehr umfassend definierten Schnittstelle wurde aus Sicht des MES eine leicht verständliche und kurz formulierte Definition erarbeitet. „Universal Machine Connectivity for MES" kurz „UMCM" beschreibt eine einfach umsetzbare und im Idealfall allgemein gültige Schnittstelle. Mittels dieser Schnittstelle können MES-Systeme und Maschinen die gängigsten Basisdaten ohne umfassende Studien und Konfigurationen austauschen. Um eine einfache Kommunikation zu ermöglichen, liegt das Hauptaugenmerk dieser Definition auf der Vereinheitlichung der Formate (Datenrepräsentation und Struktur) wie auch der Bezeichnung der Werte und der Art ihrer Übermittlung. Mit einem gemeinsamen Standard zum Datenaustausch für Maschinenhersteller wie auch Hersteller eines MES-Systems kann der Bedarf an manuellen Anpassungen minimiert und die Anbindung ohne großen Aufwand realisiert werden.

Zur Veranschaulichung, wie breit das Spektrum der zu automatisch erfassenden Daten ist, im nachfolgenden einige Beispiele:

Auftrag/Arbeitsgang

Ein Auftrag entsteht in der ERP-Welt und beschreibt mit seinen Planvorgaben das Soll für den Produktionsprozess. Gleichzeitig dient er als Kostensammler für die Aufnahme von erbrachten Leistungen (Zeiten) und produzierten Mengen. Der Auftrag stellt deshalb das Rückgrat der Erfassung dar und ist somit das klassische Erfassungsobjekt.

Wer im Umfeld der Datenerfassung vom Auftrag spricht, meint meist den Arbeitsgang, die Arbeitsfolge oder den Vorgang. Der Arbeitsgang beinhaltet alle Informationen, die sich gemäß Arbeitsplan auf den jeweiligen Arbeitsplatz und die Prozessstufe innerhalb des Auftrags beziehen.

Der Arbeitsgang transportiert Fertigungsinformationen an den Erfassungsplatz. Dazu gehören Stammdaten aus dem Arbeitsplan (Vorgabegeschwindigkeit, Planarbeitsplatz, Te, Tr, Arbeitsanweisungen) und dem Materialstamm (Stücklisteninformation, Einsatzmengen, Zeichnungen) sowie die beschreibenden Daten des Auftrags, wie Termin und Sollmenge, eventuell Kundeninformationen, Drucktexte für Etikettenlayouts etc. Der Arbeitsgang bestimmt auch Ressourcenbedarfe, die bei der Fertigung implizit oder durch manuelle Eingaben als MES-Meldeobjekt zugeordnet und plausibilisiert werden.

Der Arbeitsgang nimmt gleichzeitig Informationen zum Fertigungsfortschritt aus dem Produktionsprozess auf und stellt diese am Erfassungsplatz dar, übergibt Informationen in die Datenbank des MES und sammelt Rückmeldedaten für das ERP-System.

Neben den reinen Fertigungsaufträgen verarbeitet ein MES auch Nacharbeitsaufträge, Projektaufträge, Gemeinkostenaufträge, Prüfaufträge, deren Handling sich im Erfassungsprozess durchaus unterscheiden kann.

Material

Erfassungen können sich sowohl auf diejenigen Materialien beziehen, welche in den Produktionsprozess einfließen, als auch auf das produzierte Material. Bezüglich der einfließenden Materialien finden meist Plausibilisierungen gegen die Stückliste statt. Ist ein Hersteller dazu verpflichtet, Einsatzmaterialien chargenbezogen zu erfassen, so muss er die Materialchargen im Produktionsprozess am Erfassungsclient identifizieren. Der diskrete Mengenverbrauch, der am Arbeitsplatz gemessen wird, stellt ebenfalls eine materialbezogene Meldung dar, die an die Materialwirtschaft überführt werden kann.

Gefertigte Materialien werden als Gut-, Ausschuss- oder Nacharbeitsmengen erfasst. Für verkettete Prozesse mit chargenbezogener Erfassung erzeugt das MES-System eindeutige Chargen- oder Losnummern zur weiteren Verfolgung. Materialien lassen sich direkt in der Produktion sperren und können in diesem Fall bis zum Verwendungsentscheid nicht mehr eingesetzt werden.

Ressourcen und Fertigungshilfsmittel
Ressourcen, die zur Durchführung des Fertigungsprozesses benötigt werden und gleichzeitig nur in begrenzter Kapazität zur Verfügung stehen, werden planerisch berücksichtigt, zugeordnet und durch den Fertigungsprozess belegt. Beispiele für Ressourcen im Sinne der Fertigung sind: Werkzeuge, der Werker selbst, Handlinggeräte, der Maschineneinrichter, etc.

In vielen Produktionsumgebungen spielt die Ressource Werkzeug im Vergleich zur Maschine die bedeutendere Rolle. Werkzeugbezogene Wartung basiert auf der Erfassung der geleisteten Zeiten und Mengen (Takte oder Zyklen). Die Erfassung der Werkzeugnummer ist dann unumgänglich, wenn mehrere Werkzeuge des gleichen Werkzeugtyps vorhanden sind, wie dies beispielsweise in der Serienfertigung üblich ist. Auf die Eingabe der Werkzeugnummer kann hingegen verzichtet werden, wenn grundsätzlich das geplante Werkzeug zum Einsatz kommt.

Aktive Ressourcen werden im MES bezüglich der parallelen Verplanung und der Verwendung an anderen Maschinen als gesperrt gekennzeichnet, um Planungskonflikte zu verhindern.

Maschinenprogramme oder Einstelldatensätze sind spezielle Ressourcen, die das MES-Terminal vor Beginn des Produktionsprozesses an die Maschinensteuerung überträgt. Die Überwachung von Freigabekriterien und die Verwaltung von Versionen sind bezüglich dieser Ressourcen ebenfalls Aufgaben des MES-Systems.

Prozesswerte
Bei hoch automatisierten Prozessen und in Fertigungsumgebungen, in denen die Produktqualität in erheblichem Maße von einzelnen Prozesswerten abhängt, spielt die Erfassung und die permanente Kontrolle charakteristischer Prozesswerte eine zentrale Rolle. Die MES-Erfassung nimmt hierbei direkt aus dem Prozess die relevanten Signale (analog oder digital) auf, stellt diese in aufgearbeiteter Form dar und speichert sie nach vorgegebenen Stichprobenmustern oder in festgelegten Intervallen in der Datenbank. Bei chargenbezogener Fertigung besteht häufig die Anforderung, aufgenommene Prozesswerte mit Bezug zu den produzierten Materialchargen zu speichern.

Personal
Zielsetzung der Erfassung des Bedienpersonals ist die Zuordnung der Leistung zu einem Kostenträger, beispielsweise dem Fertigungsauftrag, dem Instandhaltungs- oder Gemeinkostenauftrag. Die Personalmeldungen in der Fertigung werden in einem integrierten MES-System kombiniert mit den Kommt/Geht-Stempelungen erfasst, so dass eine Gegen-

überstellung der Anwesenheitszeiten zu den produktiven Einsatzzeiten am Arbeitsplatz ermöglicht wird. Arbeitet das Personal in Leistungsentlohnungsmodellen, so bilden kostenstellen- oder auftragsbezogene Meldungen der Werker die Basis zur Errechnung entsprechender Zeitsalden für die hinterlegten Prämien- oder Akkordmodelle.

Soll-Ist-Vergleiche, wie beispielsweise aktuelle Personalübersichten basieren auf den Personalmeldungen der Werker.

Die Identifikation der Person spielt eine zentrale Rolle bei der Umsetzung von Zutrittskontrollanforderungen. Das MES-System unterstützt diesbezüglich neben den herkömmlichen Kartenlesern spezielle Erfassungstechniken zur Prüfung biometrischer Daten, wie Fingerprint-Lesern oder auch Netzhautscannern. Aufgabe des MES-Systems ist die Verwaltung der Referenzbitmuster pro Person für den Vergleich bei der Identifikation.

Prüfmerkmal

Der Prüfauftrag gibt einem Fertigungsprozess vor, in welchen zeitlichen oder mengenbezogenen Intervallen einzelne Merkmale des eingesetzten oder gefertigten Materials Prüfungen zu unterziehen sind. Aufgabe der MES-Erfassung ist die Aufnahme der Prüfresultate, die Gegenüberstellung der Sollwerte und Toleranzen, sowie die Anzeige der charakteristischen Verläufe, z. B. in Form von Regelkarten, Paretoanalysen oder Auswertungen der statistischen Prozesskontrolle. Besonders wichtig ist hier eine Funktion einiger MES-Systeme, direkt bei der Dateneingabe oder Messung Unregelmäßigkeiten oder Abweichungen von Sollvorgaben anzuzeigen.

3.2.3   Manuelle Erfassung in der Produktion

Aus DV-technischer Sicht stellt die Erfassungsfunktionalität eines MES-Systems eine in die Fertigungsumgebung verlagerte Schnittstelle dar. Der Bedeutung dieser Schnittstelle wird meist wenig Beachtung beigemessen, obwohl eine gut funktionierende Erfassungsschnittstelle für die Akzeptanz des MES-Systems entscheidend ist.

Die Vielfalt der Erfassungsobjekte und deren automatisierte Identifikation, die Ergonomie der Dialogführung, die Plausibilisierung erfasster Daten, die Techniken der Erfassung sind vielfältige Aspekte, die bei der Planung und Umsetzung eines MES-Systems zu beachten sind, damit eine zuverlässige Schnittstelle entsteht und das MES-System seine Zielsetzung optimal erfüllt.

Eine Forderung, die jedes Unternehmen an die Erfassung stellt ist die, dass die Erfassung von Daten in der Produktion praktisch ohne Zusatzaufwand für den Werker durchgeführt werden soll. So utopisch die Forderung grundsätzlich ist, so nachhaltig muss sie bei der Ausstattung der Erfassungsplätze und bei der Gestaltung der Erfassungsfunktionen betrachtet werden.

Geprägt wird die Erfassung durch systemtechnische Forderungen, die eine gute Datenqualität sicherstellen:

- **Ergonomie, einfache Bedienung für Werker und Einrichter:** Um eine erfolgreiche Nutzung des MES durch Werker und Einrichter gewährleisten zu können, muss die Bedienungssoftware der Erfassungsterminals so gestaltet sein, dass sie von allen Benutzern ohne Vorbehalte akzeptiert werden kann. Hierfür muss die Erfassung und Anzeige von Informationen und Arbeitsplätzen am Terminal intuitiv nutzbar und übersichtlich gestaltet sein. Hauptkriterien hierfür sind:
- einfach erlern- und bedienbar
- individuell gestaltbar durch Customizing
- sicherer und stabiler Betrieb im rauen Produktionsumfeld
- Offline-Fähigkeit bei Netzwerkstörungen
- Mehrsprachigkeit

Auch muss die Software auf windowsbasierten Industrie-PCs, Terminals und Standard-PCs laufen und die Daten über Barcode-Lesegeräte, Scanner oder mit zunehmender Tendenz über RFID-Leser erfassen können. Die Kommunikation und Erfassung von Datensätzen aus Maschinen, Waagen, Prüfmitteln und anderen externen Geräten gehört ebenfalls zum Funktionsumfang.

Aufgabe des Erfassungsterminals ist die Bereitstellung von Erfassungsdialogen für den Werker zur Steuerung der Fertigungsabläufe, der Datentransport der Planungsvorgaben für das jeweilige Erfassungsobjekt (Auftrag, Werkzeug, Material, Personal etc.) in die Fertigung und die Aufnahme von Prozessparametern durch entsprechende Schnittstellen zum Prozess. Dazu gehören außerdem die ergonomische Informationsdarstellung am Terminal und die Bedienung der Systemperipherie, wie zum Beispiel das Drucken von Begleitpapieren oder Etiketten. Weitere Systemfunktionen unterstützen die Vergabe eindeutiger Identifikationen, z. B. zur Kennzeichnung von Materialchargen.

3.3   MES als Datendrehscheibe und Steuerungsinstrument

Volle Transparenz in der Fertigung über alle Produktionsbereiche hinweg, um die Fertigungsabläufe möglichst schnell an die flexiblen Herausforderungen des Marktes anpassen zu können – das ist die Forderung an ein MES. Um dieser Anforderung gerecht zu werden, muss ein MES die volle Funktionsbreite in der Fertigung abdecken, um Bereichsübergreifend alle Daten im Zugriff zu haben. Dies ist mit Insellösungen in verschiedenen Fertigungsbereichen nicht oder nur unzureichend möglich. Gleichzeitig muss das MES systemseitig die Flexibilität bieten, um einfach und schnell auf geänderte Abläufe anpassbar zu sein. Dieser Sachverhalt stellt besondere Anforderungen an die Struktur eines MES.

In den letzten Jahren beschäftigen sich die Hersteller von MES-Lösungen sehr intensiv damit, die Grenzen der bisherigen Softwarearchitekturen zu durchbrechen. Die Stichworte „Prozessabbildung", „Business Logik" und „Prozess-Workflow" sind mittlerweile jedem Entscheider und jedem Berater im MES-Umfeld vertraut, wobei ein Hinterfragen der Begrifflichkeiten sehr schnell zeigt, dass oft ein unterschiedliches Verständnis vorhanden ist. Tatsächlich steckt hinter dem Begriff MES und der zugehörigen Denkweise auch eine moderne Software-Architektur, welche im Wesentlichen folgende Anforderungen abdecken soll:

- Vollständige Abbildung aller Anforderungen unterhalb eines ERP-/PPS-Systems (sog. horizontale Integration)
- Verfügbarkeit als Standard-Software mit folgenden Eigenschaften:
- Modulare Softwarestruktur
- Ausbaufähigkeit entsprechend den Anforderungen des Anwenders basierend auf gängigen Standards
- Einfache Anpassbarkeit der Standardmodule sowohl auf die Prozesse als auch die funktionalen Anforderungen des Anwenders
- Verfügbarkeit von standardisierten Schnittstellen auf allen Ebenen

Die ersten beiden Punkte sind eine Grundvoraussetzung für ein MES-System. Ohne eine vollständige Abdeckung aller Anforderungen des Anwenders unterhalb eines ERP-/PPS-Systems kauft sich der Anwender genau die Probleme ein, welche er eigentlich vermeiden will. Die im zweiten Punkt genannte Standard-Software muss, wie noch ersichtlich wird, konform zu den Anforderungen der MES-Architektur zur Verfügung stehen und unterscheidet sich daher von den eingangs erwähnten ehemaligen monolithischen Standardprodukten. Nur dann können die Vorteile bezüglich der Anpassbarkeit auf die Prozesse des Anwenders vollständig genutzt werden. Über den vierten Punkt wird eine Flexibilität bereitgestellt, welche ein MES-System als ein offenes und erweiterbares System auszeichnet. Die letzten beiden Punkte zusammen stellen die Basis dar, mit welcher zukünftig ein MES-System einfach und flexibel auf die Anforderungen des Anwenders an die Abbildung seiner sich ändernden Prozesse angepasst werden kann.

Daraus ergibt sich die Hauptaufgabe des MES, nämlich der vertikalen und horizontalen Integration in einem Fertigungsunternehmen nicht nur zu genügen, sondern diese erst zu ermöglichen.

Sehen wir uns hierzu die Definition dieser beiden Schlagwörter im Kontext Industrie 4.0 an:

- **Horizontale Integration:** Unter horizontaler Integration versteht man in der Produktions- und Automatisierungstechnik sowie IT die Integration der verschiedenen IT-Systeme für die unterschiedlichen Prozessschritte der Produktion und Unternehmensplanung, zwischen denen ein Material-, Energie- und Informationsfluss verläuft, sowohl innerhalb eines Unternehmens (beispielsweise Eingangslogistik, Fertigung, Ausgangslogistik, Vermarktung) aber auch über mehrere Unternehmen (Wertschöpfungsnetzwerke) hinweg zu einer durchgängigen Lösung.
  Für ein MES bedeutet dies, dass auch alle Anwendungen für die Bereiche Personal, Qualität und Fertigung horizontal voll integriert sein müssen.

- **Vertikale Integration:** Unter vertikaler Integration versteht man in der Produktions-
  und Automatisierungstechnik sowie IT die Integration der verschiedenen IT-Systeme
  auf den unterschiedlichen Hierarchieebenen (beispielsweise die Aktor- und Sensor-
  ebene, Steuerungsebene, Produktionsleitebene, Manufacturing and Execution Ebene,
  Unternehmensplanungsebene) zu einer durchgängigen Lösung.

3.3.1   Die Datenbasis MES

Damit das MES als effektive Datenbasis dienen kann, muss es, wie vorangehend beschrieben, verschiedene Anforderungen an die Datenerfassung erfüllen. Auch bezüglich
des Umgangs mit den erfassten Daten gibt es Anforderungen, ohne deren Erfüllung eine
effiziente Nutzung der Daten nicht möglich ist. Diese Anforderungen sind:

Plausibilität und Vollständigkeit der Daten
Die ständige Überprüfung der Datenkonsistenz führt zu einer hohen Prozesssicherheit.
Plausibilität und Vollständigkeit garantieren eine hohe Datenqualität und sind somit ausschlaggebend für den Nutzen der Erfassung. Außerdem wird hier geringstmögliche Nacharbeit durch Korrigieren oder Stornieren der erfassten Daten sichergestellt.

Betriebssicherheit Die Offline-Fähigkeit des Erfassungsprogramms und die Pufferungs-
möglichkeiten erfasster Daten stellen die hohe Verfügbarkeit eines MES-Systems sicher.

Plausibilität im Erfassungsprozess
Eine gute Datenqualität erzielt das MES-System dann, wenn die Daten direkt beim Erfas-
sungsvorgang auf Plausibilität überprüft werden. Abhängig vom jeweiligen Erfassungsobjekt können im MES-System unterschiedlichste Prüfungen definiert werden. Statische
Prüfungen sind hierbei auf die Stamm- oder Vorgabedaten ausgerichtet, z. B. „die Istmenge darf die Sollmenge nicht überschreiten". Dynamische Prüfungen orientieren sich dagegen am Verlauf des Produktionsprozesses, z. B. „kann bei überlappender Produktion die
gefertigte Menge eines Arbeitsgangs nicht höher sein, als die des Vorgängerarbeitsgangs".
   Bei manueller Dialogführung können Plausibilitätsverletzungen, z. B. Mengenüber-
schreitungen, dem Fertigungspersonal direkt angezeigt werden. Der Werker kann durch
geänderte Eingaben auf die Verletzung reagieren, indem er seinen Fehler korrigiert und
die richtige Menge eingibt. Offline Nachbearbeitungen werden dadurch weitgehend vermieden.
   Plausibilitätsprüfungen in der Kommunikation mit Maschinensteuerungen sind dagegen im Dialog kaum lösbar. Die Schnittstelle zwischen Prozess und Erfassungs-Client
muss diese Verletzung durch eine geordnete Ausnahmebehandlung verarbeiten, ohne die
Datenqualität und -integrität zu verletzen.
   Häufig sind Prüfungen nur in Teilbereichen eines Unternehmens sinnvoll, in anderen
hingegen völlig unbrauchbar. Moderne MES-Systeme unterstützen deshalb dialogorien-

tierte Plausibilisierungen, die durch Customizing-Einstellungen für unterschiedliche Fertigungsbereiche (Kostenstellen, Arbeitsplätze, Maschinenaggregate) oder unterschiedliche Auftragsarten aktiviert und deaktiviert werden können.

Eine wichtige Forderung ist die Statusprüfung auf allen Erfassungsobjekten durch die Plausibilisierungen des MES-Systems, wodurch eine integrale Prozesssicherheit gewährt wird. Beispielsweise bewirkt eine materialbezogene Laborprüfung mit negativem Ergebnis eine sofortige Sperre des betroffenen Materials. Durch die Online-Statusprüfung vor jeglicher Verwendung von Materialien im Erfassungsdialog wird sichergestellt, dass soeben gesperrtes Material im MES-System nicht mehr für die Produktion angemeldet werden kann.

Datenkorrekturen im MES-System

Alle Daten, die durch das MES-System erfasst wurden, müssen dort auch änderbar sein. Diese Forderung bezieht sich nicht nur auf manuell eingegebene Daten sondern auch auf Daten, die durch Prozessschnittstellen aufgenommen wurden.

Die Änderungsfunktionalität muss durch entsprechende Berechtigungsprüfungen abgesichert sein und die Durchführung muss im MES-System lückenlos protokolliert werden.

Im Fall einer Korrektur muss das MES-System alle Abhängigkeiten zwischen den Erfassungsobjekten berücksichtigen. Beispielsweise muss die Korrektur einer Mengeneingabe sich auf alle betroffenen Erfassungsobjekte auswirken, z. B. auf Maschine, Auftrag und Personal. Sämtliche Schnittstellen zu den übergeordneten Systemen müssen im Falle von Korrekturen über entsprechende Stornosätze versorgt werden.

Offline-Fähigkeit der Terminals

So banal diese Anforderung klingt, so tief greift sie doch in die Struktur eines MES-Systems ein. Es gibt Unternehmen, die grundsätzlich davon ausgehen, dass deren IT-Infrastruktur bezogen auf Netzwerke und Server zu 100 % (oder nahezu) verfügbar sind. Etwaige kurze Ausfallzeiten sind hier akzeptabel, gemessen an den entstehenden Kosten, um eine weitere Redundanz der IT Aufstellung zu erreichen. Nie können Fertigungsprozesse so sensibel sein (hohe Taktwerte, hohe Qualitätsanforderungen), dass auch kurze Ausfallzeiten z. B. von Netzwerk und Server direkt zu einem Produktionsausfall führen. In diesem Fall ist es sinnvoll eine „vor Ort" Verfügbarkeit von Offline-Erfassungs-Terminals zu haben.

Verfügbarkeit und Ausfallsicherheit des MES-Systems

Ein MES-System stellt die Systemverfügbarkeit des Informationssystems für die Fertigung sicher und bietet dadurch ein zusätzliches Sicherheitspotenzial gegen den Ausfall des ERP-Systems. Praktische Erfahrungen belegen, dass während mehrtägiger Ausfälle auf der ERP-Ebene der Auftragsvorrat im MES-System die Fertigung am Leben erhalten hat, wodurch ein größerer wirtschaftlicher Schaden vermieden werden konnte.

Das MES-System selbst verfügt über Sicherheitsmechanismen, die den Ausfall des Unternehmensnetzwerks überbrücken können. Das Erfassungsterminal puffert Daten, wenn keine Verbindung zum MES-Server besteht. Plausibilisierungen zum Erfassungsobjekt sind bei LAN-Ausfall gegen die lokal verfügbaren Datenbestände möglich.

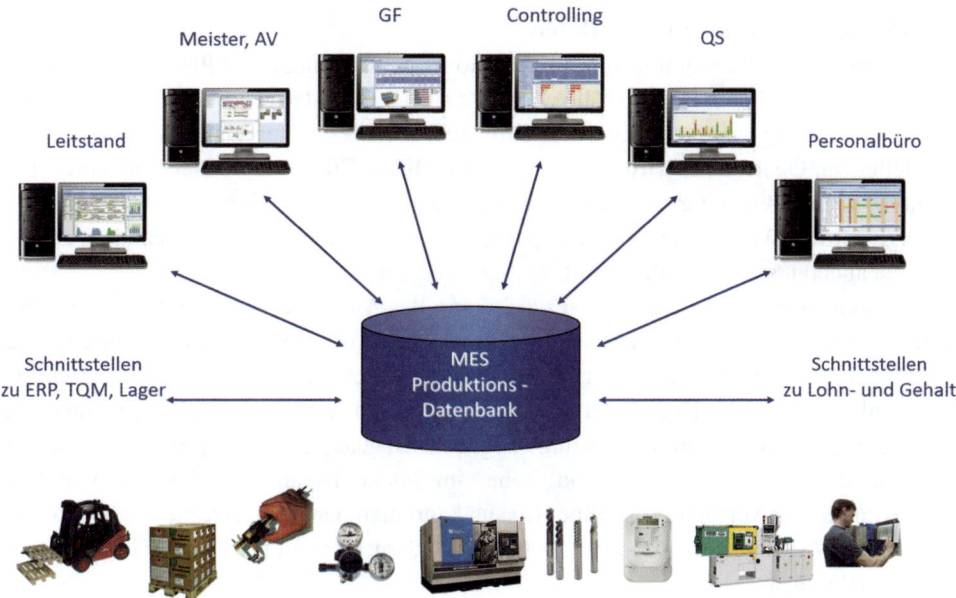

Abb. 3.5 Informationsdarstellungen für MES-Anwender

Stromausfall, Datenbankausfall oder Hardware-Fehler der Systemhardware können selbst bei redundanter Systemauslegung zum Totalausfall der MES-Erfassung führen. In diesem Fall greift die Organisation des Notbetriebs. Das MES-System stellt für diesen Fall eine Funktionalität zur effektiven Nacherfassung der Daten bereit.

3.3.2 Datenanalyse und Auswertung

Gute und objektive Entscheidungen können nur dann getroffen werden, wenn zuverlässige Informationen zur Verfügung stehen. Das MES-System garantiert jederzeit aktuellste Informationen zum Fertigungsumfeld an den Arbeitsplätzen der MES-Anwender (vgl. Abb. 3.5). Dazu gehören Darstellungen des Online-Status zum Auftrag, der Maschine, dem Prozess, dem Werkzeug, dem aktuell eingesetzten und produzierten Material, sowie der Qualität und dem Personal.

Für jede Zielgruppe stellt das MES-System objektive Informationen mit unterschiedlichem zeitlichen Bezug dar, so enthält das MES beispielsweise zu einem Auftrag oder Artikel unterschiedliche Informationen unter verschiedenen Zeitaspekten: Planungslisten für die nächste Schicht, die aktuell laufenden Arbeitsgänge an den Arbeitsplätzen des Maschinenparks, die erledigten Aufträge vom Vortag, oder die Darstellung benötigter Istzeiten im Vergleich zu den Vorgabezeiten aller Aufträge zu einem speziellen Artikel im letzten Vierteljahr.

Überblick über die wichtigsten Daten

Die Oberfläche sollte Stammdaten, Informations-, Controlling-, und Planungsfunktionen umfassen – sie soll dem Benutzer die wichtigsten Daten auf den ersten Blick ermöglichen. Für die Schaffung einer solchen übersichtlichen, die wichtigsten Daten und Funktionen darstellenden Oberfläche, wird in der Regel ein Office Client verwendet. Auf dieser Bedienoberfläche können verschiedene Auswertungen in mehreren Fenstern gleichzeitig angezeigt werden. Werden die Selektionsparameter in einer dieser Masken geändert, ändern sich die anderen synchron gleich mit.

Wie eine Anwendung aufgerufen wird, kann der Anwender selbst entscheiden, über eine Favoritenliste, Schnellstartleiste, Funktionscodes, Vorschlagsliste oder Shortcuts. Bei der Anzeige der Auswertungs-Ergebnisse stehen verschiedene Darstellungsformen zur Auswahl: Balken- oder Kuchendiagramme – jeder kann sich die Darstellung wählen, die er bevorzugt. Damit in den Auswertungs-Ergebnissen genau die Werte gezeigt werden, die im konkreten Fall von Interesse sind, stehen im Selektionspanel eine Vielzahl von Auswahlkriterien zur Verfügung. Darüber hinaus kann man den vorgefertigten Tabellen eine individuelle Aussage geben und ihr „Outfit" verändern, dazu gibt es Pivot-, Gruppier- und Sortierfunktionen.

Vordefinierte Benutzerrollen für typische MES-Anwendungen erleichtern den Einstieg in das Arbeiten mit dem MES Office Client.

Web-Darstellung der Informationen

Mächtige MES-Systeme stellen die verfügbaren Auswertungen auch auf einem Web-Client zur Verfügung. Das MES-System ist somit global als Werkzeug nutzbar: Der Produktionsleiter kann auch an einem fremden Standort alle relevanten Informationen zu seinem Verantwortungsbereich einsehen und er kann Kennzahlen der einzelnen Unternehmen übergreifend direkt vergleichen. Fertigungsunternehmen, deren Struktur sich durch die Globalisierung und durch Produktionsverlagerungen verändern, profitieren von den werksübergreifenden objektiven Vergleichsmöglichkeiten der Trends aus den MES-Systemen der einzelnen Standorte.

Aus den aktiven Datenbeständen löscht das MES-System üblicherweise alle Bewegungsdaten nach einem definierbaren Zeitintervall von einigen Monaten. Erfasste Informationen, deren Langzeitdatenhaltung im MES-System erfolgt, werden zusammengefasst und in Archivtabellen überführt. Auswertungen auf diesen Archivdaten können durch entsprechende Schalter in die aktuelle Auswertungen mit einbezogen werden.

3.3.3 Architektur

Die Nutzbarkeit eines MES beruht auf der verwendeten Softwarearchitektur, die ein wirksames Zusammenspiel der Funktionen, Komponenten und Informationen innerhalb des Systems definiert. Im Folgenden werden die wichtigsten Bausteine der Architektur einer MES-Software erläutert und ihre Wirkungsweise beschrieben. Weiterhin beschäftigt sich dieses Kapitel mit den Anforderungen an die System-Architektur eines MES. Die daraus resultierenden IT-technischen Features eines MES finden Sie in Kap. 6.

Serviceorientierte Architektur (SOA) Softwarearchitektur, bei der die einzelnen Software-Komponenten wie Datenbankabfragen, Berechnungen oder Datenaufbereitungen so zusammengeführt und koordiniert werden, dass genau die von Anwender gewünschten Prozesse abgebildet werden. Die einzelnen Services, wie beispielsweise das Melden einer Maschinenstörung, sind in sich standardisiert. Erst durch die sogenannte Orchestrierung, das heißt das Zusammenführen vieler Services auf einer höheren Abstraktionsebene, entsteht das anwenderspezifische Abbild der benötigten MES-Funktionen – im Idealfall ohne jegliche Programmierung. In diesem Zusammenhang sind außerdem folgende Strukturelemente in der Architektur eines modernen MES relevant.

Application Services Hintergrundprozesse für MES-Anwendungen. Sie erfüllen bestimmte Aufgaben, beispielsweise verdichten und bewerten sie erfasste Maschinendaten, so dass bei späteren Auswertungen direkt auf vorgefertigte Daten zugegriffen werden kann.

Enterprise Integration Schnittstellen, über die das System mit ERP- oder anderen übergeordneten Systemen kommuniziert.

Shopfloor Integration Schnittstellen, über die das MES Prozess- und Maschinendaten aus Steuerungen, Anlagen und Maschinen übernimmt. In der Gegenrichtung werden NC-Daten und Einstellparameter dorthin transferiert. Entscheidend ist hier die Fertigungssituation aus unterschiedlichen Blickwinkeln zu beleuchten. Damit können Aussagen, die verschiedenen Kennzahlen liefern, auf „Plausibilität" geprüft werden.

Flexibilität

Was muss ein MES im Produktionsumfeld leisten? Eine wichtige Voraussetzung ist die komplette Integration: Ein MES soll in den Bereichen Produktion, Qualität und Personal flexibel einsetzbar sein und dies in allen Industriebetrieben, unabhängig von ihrer Größe und Branche. Ausschlaggebend dafür, dass das funktioniert, sind die Prinzipien der serviceorientierten Architektur (SOA). Die einzelnen Services spielen dabei wie ein Orchester so zusammen, dass das System genau die Aufgaben erfüllt, die ein Produktionsunternehmen benötigt. Bei dieser sogenannten Orchestrierung, werden viele MES-Services auf einer höheren Abstraktionsebene zusammengeführt. Dadurch entsteht das anwenderspezifische Abbild der benötigten MES-Funktionen – im Idealfall ohne jegliche Programmierung.

„Nichts ist so stetig wie der Wandel". Diese Aussage ist auch im Bereich MES-Systeme mehr als zutreffend. Auf der einen Seite verändern sich die Technologien. Der Trend geht, wie aus den obigen Ausführungen abgeleitet werden kann, klar in Richtung Kostenreduzierung, Wirtschaftlichkeit und Ersparnis von administrativen Aufwendungen. Die Bereitschaft der Anwender, in neue Technologien zu investieren, orientiert sich nicht mehr an „Featuritis", sondern klar am Ziel, dass die Kosten für die IT reduziert werden müssen.

Auf der anderen Seite werden ähnliche Forderungen an die Fertigung eines modernen Unternehmens gestellt. Abläufe müssen schnell geändert werden, Prozesse müssen schnell und flexibel neu abgebildet werden, Wartungs-, Ausfall- und Lagerzeiten müssen reduziert werden.

Ein wichtiges Hilfsmittel zur Erreichung dieser Ziele ist die Auswahl des richtigen MES-Systems. Orientiert sich das MES-System an den technischen Anforderungen der Anwender, dann ermöglicht das MES-System die Reduzierung der laufenden Kosten für die eigene Verwendung.

Aber noch viel wichtiger ist, dass das richtige MES-System die notwendige Flexibilität mitbringt, damit die Forderungen des Anwenders in einem überschaubaren kostenseitigen und terminlichen Rahmen erfüllt werden können. Hierzu stellt der MES-Lieferant ein MES-System sowie geschultes Personal zur Verfügung, sodass über

- Parametrisierung
- Customizing
- Klassische Anpassung
- Eigenentwicklung durch den Anwender
- die Funktionen
- Prozessabbildung
- Schnittstellen
- Benutzeroberflächen

möglichst optimal an die Bedürfnisse des Anwenders angepasst werden können.

Ein besonderes Augenmerk gilt dabei der einfachen Anpassbarkeit der Prozessabbildung, da Änderungen im Lebenszyklus eines MES-Systems an dieser Stelle die meisten Kosten verursachen. Des Weiteren sollte der MES-Anbieter sowohl technologisch als auch anwendungsseitig möglichst viele der real existierenden Anforderungen des Anwenders abdecken. Sind diese Voraussetzungen gegeben, dann sollte einer partnerschaftlichen Beziehung zwischen dem richtigen MES-Lieferanten und Anwender nichts mehr im Wege stehen, zumal solche Beziehungen mittel- bis langfristig bestehen werden.

Modularität unterstützt die Vielfalt der Erfassungsdialoge

Die Akzeptanz der Mitarbeiter ist entscheidend für den Erfolg einer MES-Einführung. Die meisten Mitarbeiter eines Unternehmens arbeiten mit dem Erfassungsterminal. In der Gestaltung und Dialogführung stecken deshalb die entscheidenden Potenziale bezüglich der Systemergonomie.

Moderne MES-Systemarchitekturen unterstützen eine flexible Anpassbarkeit der Erfassungsfunktionen auf den Erfassungsprozess. Um das Customizing des Standardsystems auf den individuellen Prozess zu ermöglichen, müssen die Voraussetzungen dafür durch die Systemarchitektur geschaffen sein.

Die Modularität und Anpassbarkeit der Erfassungsdialoge auf den einzelnen Arbeitsplatz muss gegeben sein. Bei den wenigsten Unternehmen findet sich eine homogene Produktions- und damit Erfassungsstruktur. So bringt der Kunststoffspritzgießer mit angeschlossenem Werkzeugbau sowohl die Anforderungen eines Serienfertigers, wie auch die Anforderungen des Anlagenbauers in ein MES-System ein. Die Erfassungsdialoge müssen sich in einem solchen Umfeld pro Arbeitsplatz individuell gestalten lassen.

Die Einstellbarkeit bezogen auf den Bediener, z. B. durch Sprachwahl für ausländische Mitarbeiter, stellt eine weitere Anforderung an die Flexibilität der Dialoggestaltung dar.

Voraussetzung für die vielfältigen Konfigurationseinstellungen eines MES-Systems, die Möglichkeiten des Customizings der Erfassungsfunktionen und die individuelle Dialoggestaltung pro Arbeitsplatz ist eine modulare Systemarchitektur.

Die Integration der Erfassungsschnittstellen in die Dialoge muss einstellbar sein, z. B. durch die Festlegung, dass das Feld Personalnummer ausschließlich per Legic-Ident belegt wird oder dass ein Mengenrückmeldefeld aus der Waagensteuerung ausgelesen wird.

Großer Funktionsumfang
Der Funktionsumfang eines modernen MES ist so groß, dass alle gängigen Prozesse im Shopfloor abgebildet werden können, inklusive aller angrenzenden Prozesse in den Bereichen Qualität und Personal. Darüber hinaus hat sich der Bedarf an Funktionen und ihre Leistungen in den vergangenen Jahren verändert, beispielsweise müssen Produktionsunternehmen ihre Produkte oder Chargen vollständig zurückverfolgen können. Zugleich brauchen die Betriebe Instrumente, mit denen sie fehlerhafte Entwicklungen (Ausschuss) möglichst frühzeitig erkennen können. Moderne MES müssen diese Anforderungen erfüllen (Kletti und Schumacher 2010).

Sofort wissen, was zu tun ist
Anwender benötigen eine nach eigenen Ansprüchen gestaltbare Bedienoberfläche in den Arbeitsbüros von Meistern oder Controllern, die einen Rundumblick eröffnet und zum zweiten so gegliedert ist, dass Benutzer sofort Zugriff haben auf die Funktionen, die sie benötigen.

Neben den klassischen Benutzeroberflächen benötigen die Verantwortlichen in der Fertigung auch eine direkte Informationsweitergabe und Benachrichtigung bei Eintritt kritischer Ereignisse. Ein so genanntes Eskalationsmanagement informiert verantwortliche Benutzer über vorher konfigurierte Informationskanäle (z. B. E-Mail, SMS, Pop-ups).

Die eingeleiteten Maßnahmen sollten über ein im MES integriertes Workflow-Management gesteuert und kontrolliert werden.

Bedienkomfort und Akzeptanz durch rollenorientierte Desktops
Über die Rollenorientierung, die auf Funktionseinheiten im Unternehmen ausgerichtet ist, besteht in vielen Fällen Bedarf an Bedienoberflächen, die sich eher an Aufgabenstellungen anlehnen. Für die Gestaltung der Menüstruktur eines Manufacturing Execution Systems können dann zum Beispiel die Definitionen der VDI-Richtlinie 5600 als Vorbild

dienen. In dieser Richtlinie wurden Aufgaben wie beispielsweise Feinplanung und Steuerung, Betriebsmittel-, Material und Personalmanagement oder Leistungsanalyse definiert.

Unabhängig von der rollenorientierten Denkweise wird heute von einem modernen
MES auch erwartet, dass es über ein ausgefeiltes Navigationskonzept verfügt, das ein
individuelles Zusammenstellen von Schnellzugriffen in Form von Favoriten ermöglicht
und den Direktaufruf von Anwendungen durch Funktionscodes unterstützt. Damit ist die
persönliche Einrichtung des Desktops über die voreingestellten Menüs hinaus gewährleistet und jeder Anwender ist ohne tiefgreifende Konfigurationskenntnisse in der Lage, sich
seinen MES-Arbeitsplatz nach den individuellen Bedürfnissen zu gestalten. Die eingangs
erwähnten Akzeptanzprobleme sollten daher bei richtiger Anwendung der beschriebenen
Eigenschaften eines MES-Systems der Vergangenheit angehören.

3.4 Anwendungsbeispiele

Beim konsequenten Einsatz eines MES innerhalb einer Fertigungsorganisation ergeben
sich durch die intensive Kopplung mehrerer klassischer Disziplinen, wie z. B. Leitstand,
BDE, Qualitätssicherung, Maschinendatenerfassung usw., eine Reihe von besonderen
Nutzenpotenzialen. Die „Datendrehscheibe MES" deckt optimal den Informationsbedarf
der verschiedenen Rollen im Fertigungsunternehmen. Die drei nachfolgend dargestellten
Beispielszenarien unterstreichen diese These eindrucksvoll.

3.4.1 Maschinenstörung/Werkzeugbruch

In diesem Szenario (Abb. 3.6) tritt plötzlich und unvorhergesehen ein Ereignis ein: Werkzeugbruch an einer Maschine. Der wichtige und zeitkritische Auftrag kann nicht weiter
bearbeitet werden, der Liefertermin ist in Gefahr. Zudem verursacht der Ausfall hohe Still-
standskosten, das Personal kann nicht anderweitig beschäftigt werden. Es muss umgehend
gehandelt werden.

Durch die vertikale Integration eines MES ist die Maschine an das System angebunden.
Die Maschine meldet also den Stillstand sofort an das MES. Ein integriertes Eskalations-
und Workflowmanagement informiert die richtigen Mitarbeiter und steuert Aktionen zur
Behebung des Stillstandes, wie folgende Grafik beispielhaft verdeutlicht.

An der Maschine bricht ein Werkzeug. Durch die direkte Anbindung der Maschine an
das MES über die Maschinensteuerung wird die technische Störung gemeldet.

Das MES startet sofort eine Eskalation an die diensthabenden Instandhalter per SMS,
E-Mail, Messenger, etc.

Parallel wird ein Workflow zur Behebung der Störung gestartet. Durch den Workflow
gesteuert wird ein Serviceauftrag ausgelöst mit Angabe von Werkzeug, Maschine, Auftrag, Zeitpunkt, etc. Zeiten, Kosten, durchgeführte Maßnahmen und Fehler werden auf
diesem Auftrag erfasst.

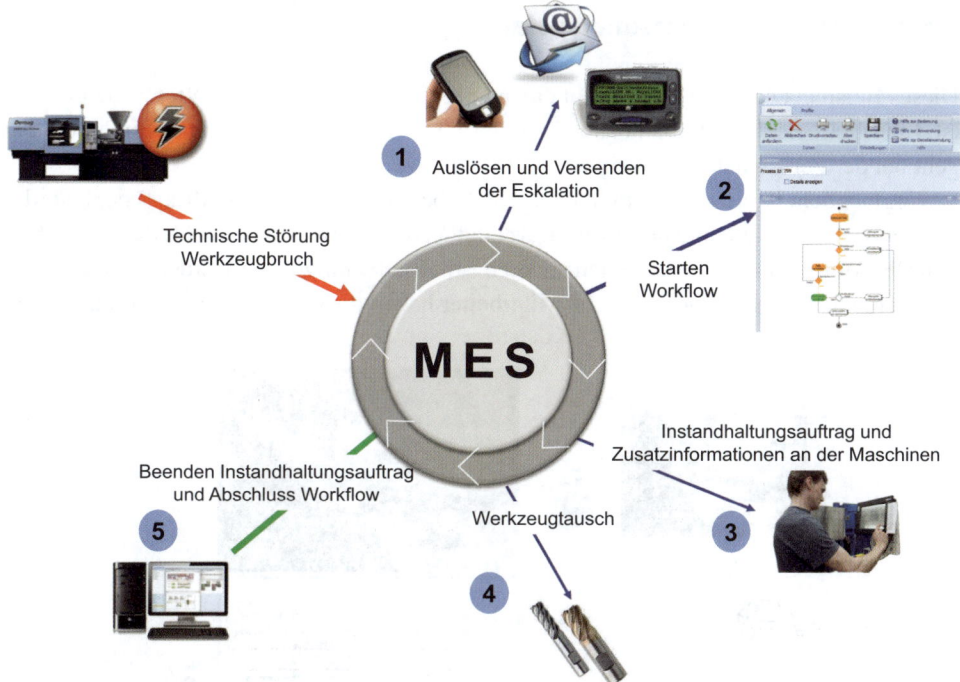

Abb. 3.6 Beispiel Maschinenstörung/Werkzeugbruch

Der zuständige Mitarbeiter der Instandhaltung meldet sich am MES-Client der Maschine an. Alle relevanten Informationen zu genau dieser Störung werden direkt in unmittelbarer Nähe der Störung angezeigt.

Der Instandhalter tauscht das gebrochene Werkzeug aus. Das neu eingesetzte Werkzeug identifiziert er mittels Barcode und weißt es im MES dieser Maschine zu. Das alte Werkzeug deklariert er als defekt.

Durch das Beenden des Instandhaltungsauftrags werden alle relevanten Störgründe erfasst. Somit lassen sich auch später Korrelationen zu Auftrag, Laufzeit, Maschinendaten etc. herstellen, um die Ursache der Störung genau zu analysieren um beispielhaft die vorbeugende Instandhaltung anzupassen.

Mit dem Beenden des Instandhaltungsauftrages wird der Workflow abgeschlossen. Die Maschine steht nun wieder in zur Verfügung.

Sollte die Behebung nicht ausreichend schnell möglich sein kann per Leitstand eine Alternative ermittelt werden.

3.4.2   Kurzfristiger Personalausfall

Dieses Beispiel (Abb. 3.7) beschreibt einen Fall, der in der Praxis des Öfteren anzutreffen ist. Ein Mitarbeiter fällt krankheitsbedingt für die nächsten 3 Tage aus. Die Krankmeldung geht bei der Personalabteilung ein.

Unglücklicherweise war gerade dieser Mitarbeiter für den „Chefauftrag" geplant, der am Vorabend rein kam und der sofort bearbeitet werden muss, um den Liefertermin zu halten. Der Auftrag muss also auf einen anderen Mitarbeiter umgeplant werden. Es darf keine Zeit vergeudet werden. Doch welche Mitarbeiter haben die richtige Qualifikation, um den

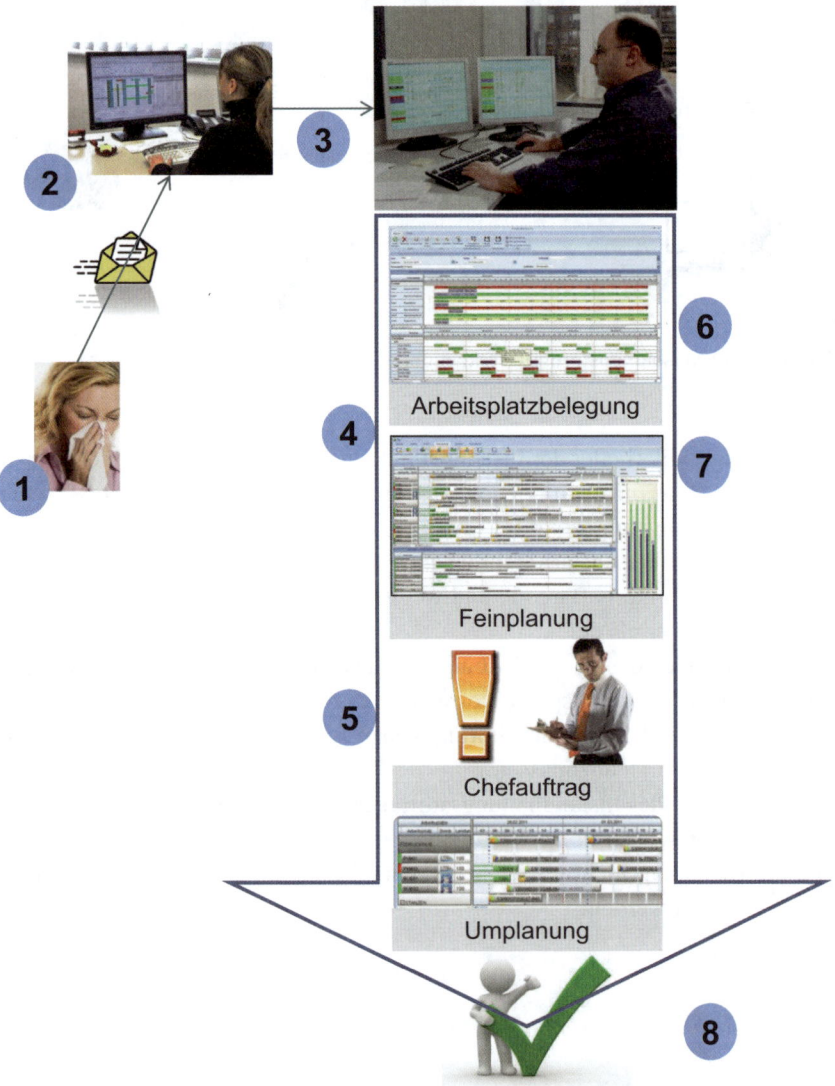

Abb. 3.7 Beispiel Kurzfristiger Personalausfall

Auftrag zu bearbeiten? Welche Auswirkungen hat eine Umplanung auf die anderen Aufträge? Auf den Meister bzw. Fertigungssteuerer wartet nun eine Reihe von Aufgaben, die schnellstmöglich bearbeitet werden müssen, um den zugesicherten Liefertermin zu halten.

Das MES unterstützt den Meister bei der Problemlösung. Die horizontale Integration von Fertigungs- und Personalmanagement erlaubt es, Informationen über Personal und Qualifikation in Korrelation mit den vorhandenen Aufträgen zu setzen. Durch automatische Planungsvorschläge und Simulation von Alternativen wird der Meister optimal bei der Problemlösung unterstützt.

1. Der erkrankte Mitarbeiter informiert die Personalabteilung über die Arbeitsunfähigkeit.
2. Die Personalabteilung pflegt entweder die Fehlzeit direkt im MES ein oder die Fehlzeit wird automatisiert über das ERP an das MES geliefert.
3. Es ergeht eine automatische Meldung an den zuständigen Vorgesetzten.
4. Der Meister prüft, für welche Aufträge der Mitarbeiter geplant war und deren Dringlichkeit.
5. Der Meister erkennt, dass der Mitarbeiter für den Chefauftrag eingeteilt war und es eine alternative Besetzung für diese Auftrag geben muss.
6. Es wird geprüft, welcher Mitarbeiter eine ähnliche Qualifikation hat und welche Auswirkungen ein Abzug der entsprechenden Person hat.
7. Mit Hilfe des MES kann der Meister den Abzug des Personals simulieren und voraussichtliche Lieferterminüberschreitungen erkennen.
8. Durch Verschieben eines Auftrages wird ein Mitarbeiter frei, der den Chefauftrag bearbeiten und pünktlich abschließen kann. Durch einen geringen Puffer ist der zugesicherte Liefertermin des verschobenen Auftrags nicht gefährdet.

3.4.3   Erstellen eines OEE-Report

Auch in diesem Anwendungsfall (Abb. 3.8) werden realitätsnahe Anforderungen an ein modernes MES beschrieben. Es dreht sich um ein Produktionsunternehmen im Automotive Sektor, bestehend aus zwei Werkshallen, die im 3-Schicht-Betrieb Teile fertigen. Die Produktion besteht aus Maschinen- und Handarbeitsplätzen. Während die Qualität an den Maschinenarbeitsplätzen durch eine optische Prüfung automatisiert erfasst wird, prüft der Werker an den Handarbeitsplätzen die produzierten Teile selbst und erfasst die Ergebnisse am MES-Terminal am Arbeitsplatz.

Der Produktionsleiter ist verantwortlich für beide Fertigungshallen und möchte jeden Morgen um 9.00 Uhr den OEE-Report der letzten 3 Schichten haben.

Zur Berechnung des OEE, also der Gesamtanlageneffektivität, wird eine Fülle von Daten aus den unterschiedlichen Disziplinen benötigt. Der OEE berechnet sich aus der Leistung, der Qualität und der Verfügbarkeit.

Demzufolge werden Informationen und Daten von den Maschinen bzw. den Arbeitsplätzen benötigt, die entweder per Kopplung/direkter Maschinenanbindung ins MES

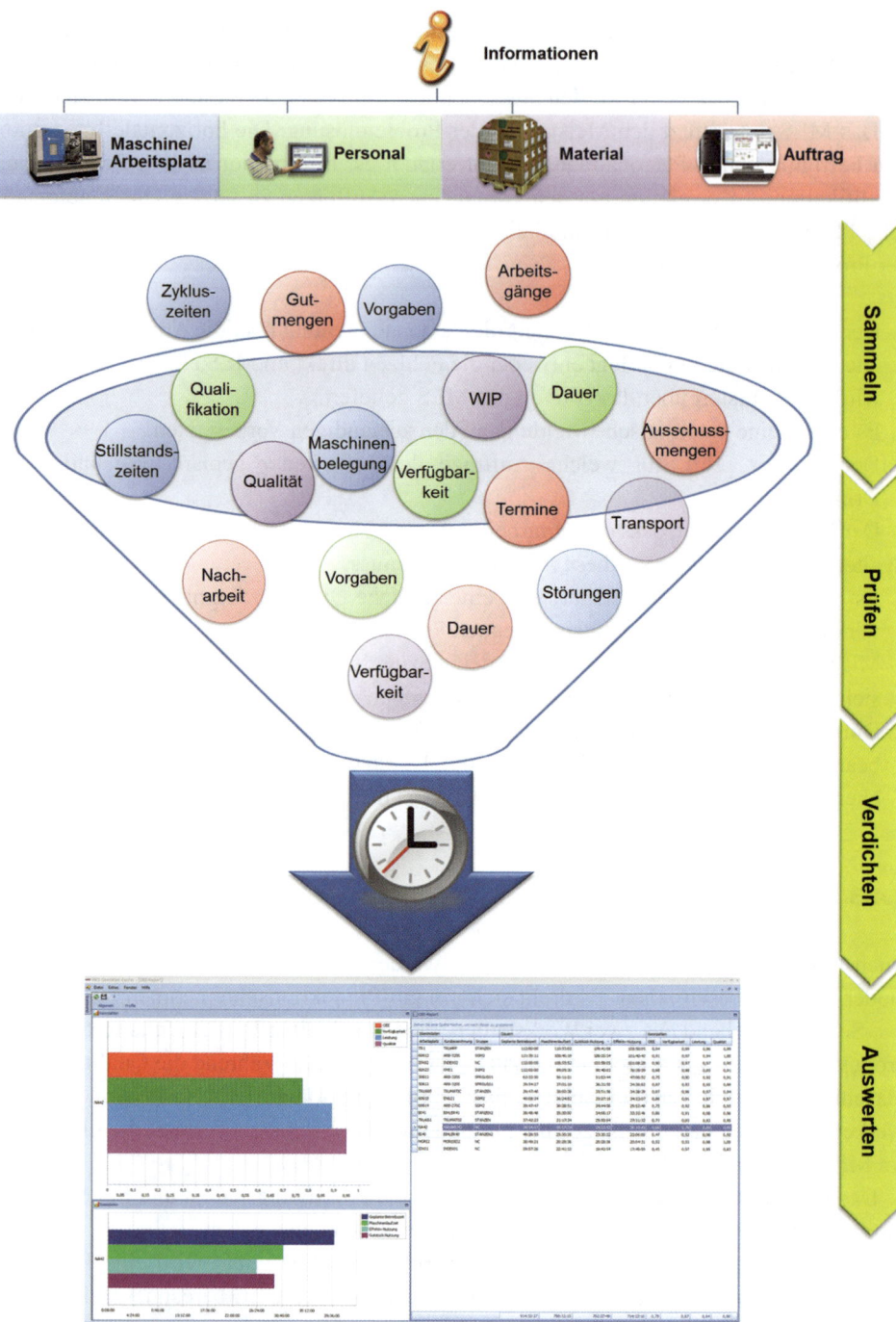

Abb. 3.8 Beispiel der Erstellung eines OEE-Reports

fließen oder die der Werker an den Handarbeitsplätzen über das Bedienterminal meldet. Weiterhin werden Informationen zum Personal benötigt, wie beispielsweise der Verfügbarkeit, der Qualifikation oder der Arbeitszeit und -dauer. Diese Informationen liegen dem MES durch die horizontale Integration von Personalzeiterfassung und Personalzeitwirtschaft vor. Aus den Auftragsinformationen, die einerseits als Vorgaben vom ERP kommen und andererseits die Ist-Daten aus der Fertigung widerspiegeln, werden Gutmengen, Ausschussmengen, Belegungszeiten, etc. für die Berechnung des OEE herangezogen. Abschließend fließen noch Materialinformationen in die Berechnung mit ein. Qualitätsstatus, Materialverfügbarkeiten, Stückzahlen sind hier nur einige Beispiele.

Liegen die gesammelten Einzelinformationen für den gewünschten Auswertezeitraum vor, werden sie vom MES geprüft, verdichtet und ausgewertet. So wird nicht nur die pünktliche Bereitstellung des OEE-Reports für den Produktionsleiter gewährleistet. Auch die Berechnung und Aktualisierung des OEE ist zu jedem beliebigen Zeitpunkt ohne zusätzlichen Aufwand möglich. Abbildung 3.8 verdeutlicht dieses Szenario grafisch.

Literatur

Abschlussbericht des Arbeitskreises Industrie 4.0 vom April (2013) S. 84–87
Kletti J, Deisenroth R (2012) MES-Kompendium. Springer Vieweg Verlag, Heidelberg
Schumacher J, Kletti J (2010) Die perfekte Produktion. Springer-Verlag
Westkämper E, Spath D, Constantinescu C, Lentes J (2013) Digitale Produktion. Springer Vieweg Verlag, Heidelberg

MES-Aufgaben

4

Jürgen Kletti

Historisch bedingt sind in den letzten Jahren unterschiedliche Sichtweisen zu MES entstanden, die in diversen Definitions- und Standardisierungsprozessen vereinheitlicht wurden. Dazu zählt unter anderem die vom VDI entwickelte Richtlinie 5600. In ihr wurde definiert, welche Funktionen und Aufgaben ein MES umfassen muss (vgl. Kap. 2.2).

Die Richtlinie beschreibt zehn Aufgabenfelder, zu denen ein MES Lösungen bieten muss, um das Produktionsmanagement optimal zu unterstützen. Um ein tieferes Verständnis dafür zu entwickeln, welche Möglichkeiten ein MES zur Lösung der Aufgabenstellungen in der täglichen Praxis bietet, ist es nötig, Betrachtungen mit feinerer Granularität auf Funktionsebene durchzuführen. Daher soll im folgenden Kapitel einer funktionsorientierten Sicht auf ein MES der Vorzug gegeben werden. Die dargestellten Funktionen können hierbei als Bestandteile eines MES angesehen werden, die in Summe den vollen Funktionsumfang eines Systems beschreiben, das zum Beispiel in der VDI-Richtlinie 5600 definiert ist.

4.1 Datenerfassung und MES im Shopfloor

Die Akzeptanz fertigungsnaher Systeme wie MES hängt in entscheidendem Maße davon ab, wie gut die Arbeit der Werker, Einrichter und Maschinenbediener unterstützt wird. Die Vielfalt der Erfassungsobjekte und deren automatisierte Identifikation, die Ergonomie der Dialogführung, die Plausibilisierung erfasster Daten, die Techniken der Erfassung sind

J. Kletti (✉)
MPDV Mikrolab GmbH, Mosbach, Deutschland
E-Mail: info@mpdv.com

© Springer-Verlag Berlin Heidelberg 2015
J. Kletti (Hrsg.), *MES – Manufacturing Execution System,*
DOI 10.1007/978-3-662-46902-6_4

vielfältige Aspekte, die bei der Planung und Umsetzung eines MES-Systems zu beachten sind, damit eine zuverlässige Schnittstelle zum Shopfloor hin entsteht und das MES-System seine Zielsetzung optimal erfüllt. (vgl. Kletti J, Deisenroth R (2012)).

Moderne MES-Systeme lassen sich nahtlos in die Fertigungsumgebung einbetten. Sie bieten zum einen ergonomisch gestaltete Datenerfassungsfunktionen, zum anderen stellen sie Werkern, Maschinenbedienern und Einrichtern fertigungsbegleitende Informationen direkt an deren Arbeitsplatz im Sinne einer papierlosen oder zumindest papierarmen Produktion in elektronischer Form dar.

Eine Forderung, die jedes Unternehmen an die Erfassung stellt ist die, dass die Erfassung von Daten in der Produktion praktisch ohne Zusatzaufwand für den Werker durchgeführt werden soll. So utopisch die Forderung grundsätzlich ist, so nachhaltig muss sie bei der Ausstattung der Erfassungsplätze und bei der Gestaltung der Erfassungsfunktionen betrachtet werden.

Geprägt werden die Erfassungs- und Informationsfunktionen durch systemtechnische Forderungen, die Voraussetzung für eine hohe Datenqualität sind:

- Ergonomisch bedienbare Geräte mit einfachen Erfassungsdialogen
- Plausibilität und Vollständigkeit der Daten
- Betriebssicherheit und hohe Verfügbarkeit durch die Offline-Fähigkeit der Erfassungsprogramme und durch Datenpuffer
- Integration in die vorhandene Fertigungsumgebung
- Abbildung branchenspezifischer Anforderungen und Fertigungsverfahren
- Optimale Anpassung an die teils schwierigen Umgebungsbedingungen (Feuchtigkeit, Staub, Ölnebel etc.)

Aufgabe der Erfassungsterminals ist die Bereitstellung von Erfassungsdialogen für den Werker zur Steuerung der Fertigungsabläufe, der Datentransport der Planungsvorgaben für das jeweilige Erfassungsobjekt (Auftrag, Werkzeug, Material, Personal etc.) in die Fertigung und die Aufnahme von Prozessparametern durch entsprechende Schnittstellen zum Prozess. Dazu gehören außerdem die ergonomische Informationsdarstellung am Terminal, die Nutzung von Identlesern und die Bedienung der Systemperipherie, wie zum Beispiel das Drucken von Begleitpapieren oder Etiketten. Weitere Systemfunktionen unterstützen die Vergabe eindeutiger Identifikationen, z. B. zur Kennzeichnung von Materialchargen.

Terminals mit Touchbedienung, mobile Erfassungsgeräte wie Smartphones oder Tablets mit Wireless-LAN-Anbindung, elektronische Leser und Scanner für Barcodes oder RFID-Tags, Waagen, Prüfmittel und Maschinen- oder Anlagensteuerungen mit entsprechenden Datenschnittstellen unterstützen die ergonomische Erfassung durch das MES-System.

Für jedes Erfassungsobjekt ist die Art der Erfassung festzulegen. Ein Auftrag lässt sich beispielsweise aus der arbeitsplatzbezogenen Vorgabeliste auswählen, per Barcode auf dem Fertigungspapier melden oder manuell zuordnen. Das MES muss alle Möglichkeiten zur Verfügung stellen und pro Arbeitsplatz eine individuelle Konfiguration unterstützen (Abb. 4.1).

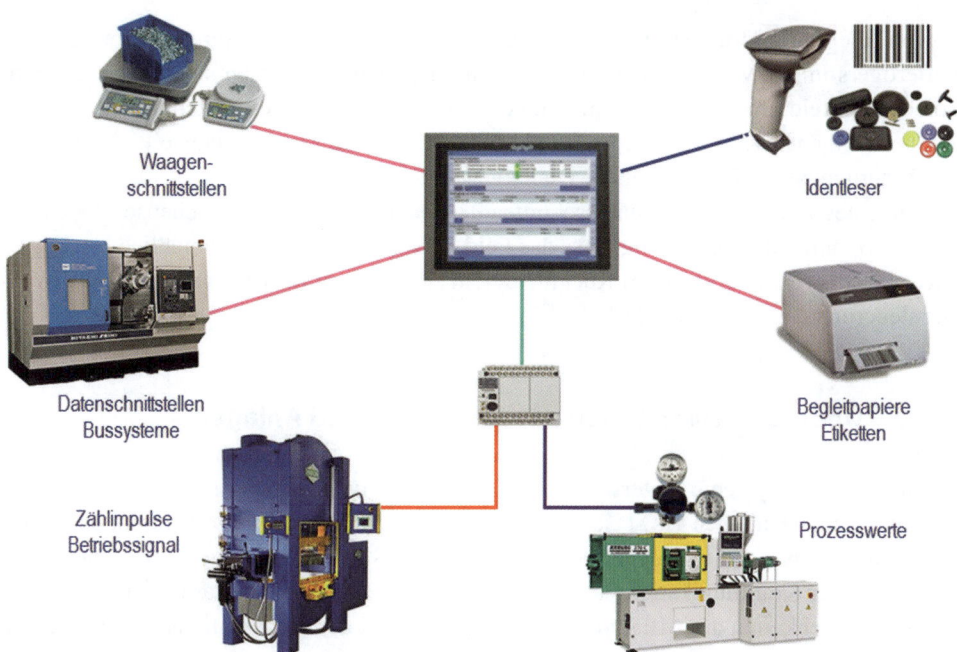

Abb. 4.1 Erfassungsgeräte als wichtiges Element zur Integration des MES in die bestehende Fertigungsumgebung

Die Ausstattung der Erfassungsterminals und die Wahl der Peripheriegeräte müssen sich an den verwendeten Identifikationsmedien für die einzelnen Erfassungsobjekte orientieren.

4.1.1 Konfigurierbare Erfassungsdialoge

Anders als IT-Anwendungen, die in der Büroumgebung genutzt werden, sind MES-Funktionen flächendeckend an vielen Arbeitsplätzen in der Fertigung im Einsatz, an denen teilweise auch Mitarbeiter mit relativ geringen Ausbildungsgrad oder fremdsprachige Werker arbeiten. Der Gestaltung der Dialoge und der Bedienerführung muss daher bezüglich der Systemergonomie besondere Beachtung geschenkt werden.

Moderne MES-Systemarchitekturen unterstützen eine flexible Anpassbarkeit der Erfassungsfunktionen in Bezug auf den Erfassungsprozess. Um das Customizing des Standardsystems auf den individuellen Prozess zu ermöglichen, müssen die Voraussetzungen dafür durch die Systemarchitektur geschaffen sein.

In den meisten Unternehmen findet man Bereiche mit unterschiedlichen Produktionsprozessen vor. So bringt der Kunststoffspritzgießer mit angeschlossenem Werkzeugbau

sowohl die Anforderungen eines Serienfertigers, wie auch die Anforderungen des Ein-
zelfertigers in ein MES-System ein. Die Erfassungsdialoge müssen sich daher in einem
solchen Umfeld pro Arbeitsplatz individuell gestalten lassen. Die Einstellbarkeit bezogen
auf den Bediener, z. B. durch Sprachwahl für ausländische Mitarbeiter, stellt eine weitere
Anforderung an die Flexibilität der Dialoggestaltung dar.

Die Integration der Erfassungsschnittstellen in die Dialoge muss ebenso einstellbar
sein, z. B. durch die Festlegung, dass das Feld Personalnummer ausschließlich per Legic-
Ident belegt wird oder dass ein Rückmeldefeld für Mengen oder Gewichte aus der Waagensteuerung ausgelesen wird (Abb. 4.2).

4.1.2 Übernahme von Daten aus Maschinen und Anlagen

Moderne MES-Systeme unterstützen auf der Erfassungsebene universell einsetzbare
Kopplungsmechanismen zu Maschinen und Anlagen. Oft besteht der anzubindende Maschinenpark aus alten und neuen Maschinen, deren Steuerungen unterschiedliche Möglichkeiten der Kommunikation zur Verfügung stellen. Die Modularität und die Konfigurationsmöglichkeiten des MES spielen insbesondere bei der Prozessanbindung eine große
Rolle.

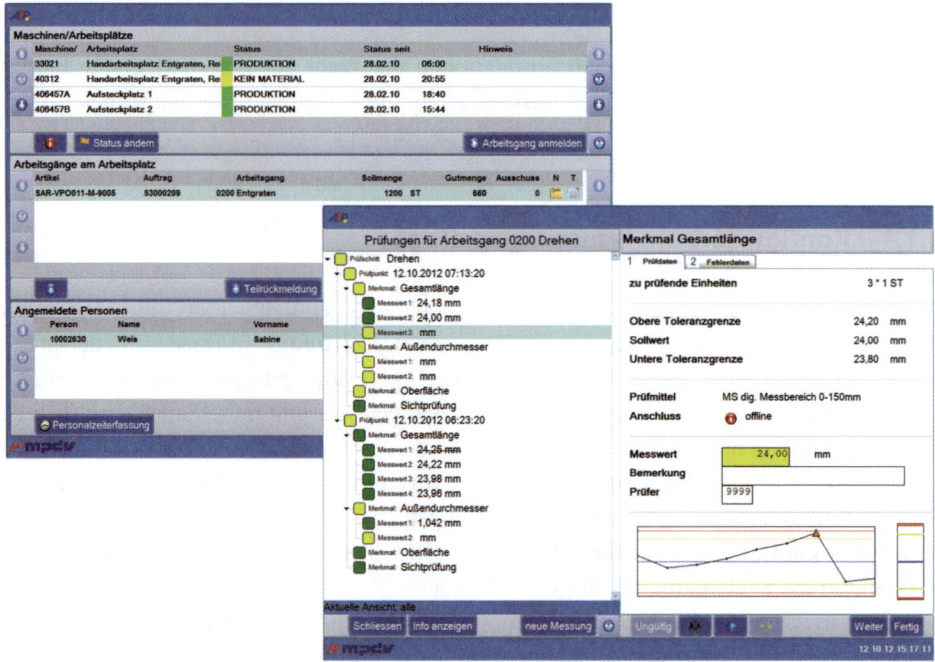

Abb. 4.2 Beispiele für einen einfachen Dialog zur Erfassung von Betriebsdaten und eine komplexe
Anwendung für die Werkerselbstprüfung

Je nach Anforderungen bzw. technischen Möglichkeiten auf der Maschinenseite beginnt das breite Spektrum der Realisierungsmöglichkeiten bei einfachen Maschinenschnittstellen, die über eine direkte Verbindung mit Maschinensensoren eine einfache Aufnahme von Takten und digitalen Signalen sowie analogen Messwerten wie z. B. Temperatur, Druck, Drehzahl oder Geschwindigkeit ermöglichen. Die preisgünstigen Geräte werden wahlweise über eine serielle Schnittstelle direkt mit den BDE-Terminals verbunden oder über das LAN in das MES-System integriert. Die Maschinenschnittstellen müssen bei Bedarf modular erweiterbar sein und über industriegerechte Montage- und Anschlussmöglichkeiten verfügen.

Steigen die Ansprüche bzgl. des Datenaustausches und sollen vor allem auch Einstelldaten oder NC-Datensätze an die Steuerungen übergeben werden, kommen komplexere Datenschnittstellen zum Einsatz. Da nahezu jede Maschine oder Steuerung eine individuelle Methode zur Datenübertragung nutzt, muss das MES eine umfangreiche Treiberbibliothek zur Unterstützung zahlreicher Protokolle und Schnittstellentechnologien besitzen. Die Schnittstellen müssen sich konfigurieren und somit auf den jeweiligen Einsatzzweck oder Anwendungsfall individuell einstellen lassen. Zum MES hin müssen die Schnittstellen oder nachgeschaltete Module eine einheitliche, anwendungsorientierte Sicht erzeugen und die „Übersetzung" von der bzw. in die jeweilige Maschinen-/Automatisierungssprache übernehmen (Abb. 4.3 und 4.4).

Für diese Aufgabe werden Module wie zum Beispiel der Process Communication Controller (PCC) des MES HYDRA von MPDV genutzt, der die heterogene Maschinenlandschaft in einem Fertigungsunternehmen mit dem MES verbindet. Von den Kommunikationsbausteinen wird erwartet, dass sie gängige Schnittstellen wie z. B. Euromap E63 zur Integration von Spritzgießmaschinen in der Kunststofffertigung, OPC (OLE for Process Control), den so genannten Weihenstephaner Standard als Quasi-Norm für die Anbindung von Abfüllanlagen in der Getränke- und Lebensmittelindustrie, Profibus oder UMCM (Universal Machine Connectivity for MES) genauso wie proprietäre Schnittstellen zu Maschinen und Anlagen unterstützen.

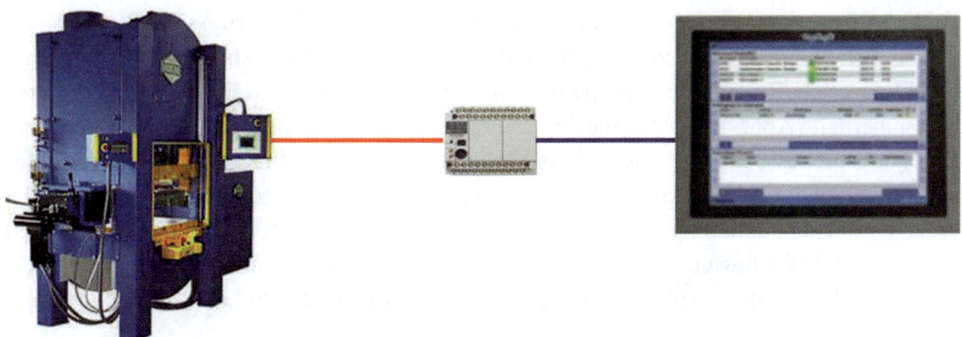

Abb. 4.3 Übernahme von Maschinensignalen wie Stücktakte, Betriebssignale aber auch analoge Prozesswerte über Maschinenschnittstellen direkt in das BDE-Terminal

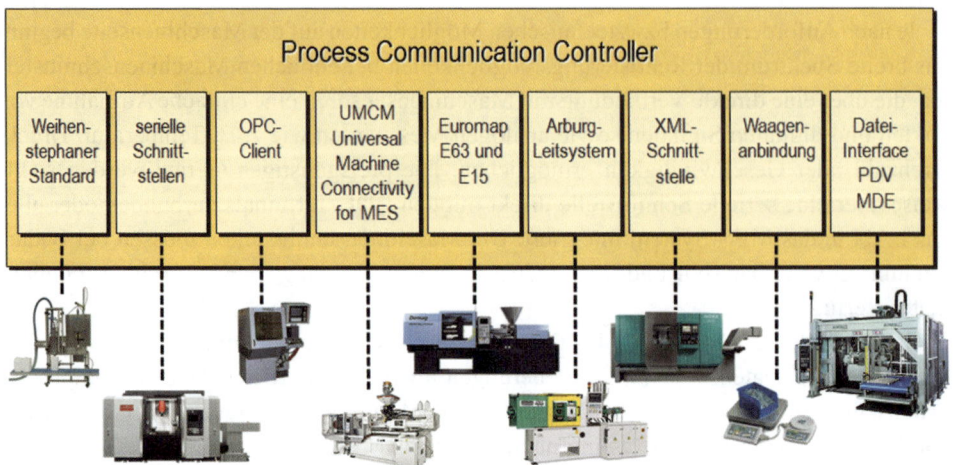

Abb. 4.4 Typische Beispiele für Datenschnittstellen, die zur Kommunikation des MES mit Maschinen, Anlagen und anderen Produktionseinrichtungen nutzbar sind

4.1.3 Plausibilität im Erfassungsprozess

Die Qualität des Erfassungsprozesses hängt neben der ergonomischen Dialogführung maßgeblich von der Online-Plausibilisierung der einzugebenden Daten ab. Eine ausführliche Beschreibung der Bedeutung einer Plausibilisierung im Erfassungsprozess findet sich in Kap. 3.3.1.

4.1.4 Informationsbereitstellung im Shopfloor

Der Informationsbedarf des Werkers nimmt aufgrund wachsender Bedeutung automatisierter Abläufe in der Fertigung immer weiter zu. Die richtige Information an der richtigen Stelle, umfassend, schnell und in ergonomischer Darstellung, dies sind die Anforderungen an die Informationsbereitstellung durch das MES-System in der Fertigung.

Das Erfassungsterminal zeigt die aktuellen Informationen zum Status aller Erfassungsobjekte an, schafft dadurch Transparenz am Arbeitsplatz und gewährt ein Mehr an Prozesssicherheit (Abb. 4.5). Aktuelle Statusmonitore zum Zustand der Maschine und dem Fertigungsprozess, zum Auftrag, Arbeitsgang und eingesetzten Materialchargen, zum Maschinenbediener oder der Arbeitsgruppe, zu anstehenden Prüfungen und den letzten Prüfergebnissen, zum aktuell geladenen Maschinenprogramm, zur Werkzeugnutzung und den anstehenden Wartungsintervallen für Maschinen oder Fertigungshilfsmittel sind Beispiele für diesen Informationsbedarf. Auswertefunktionen zur letzten Schicht, dem Nutzungs-

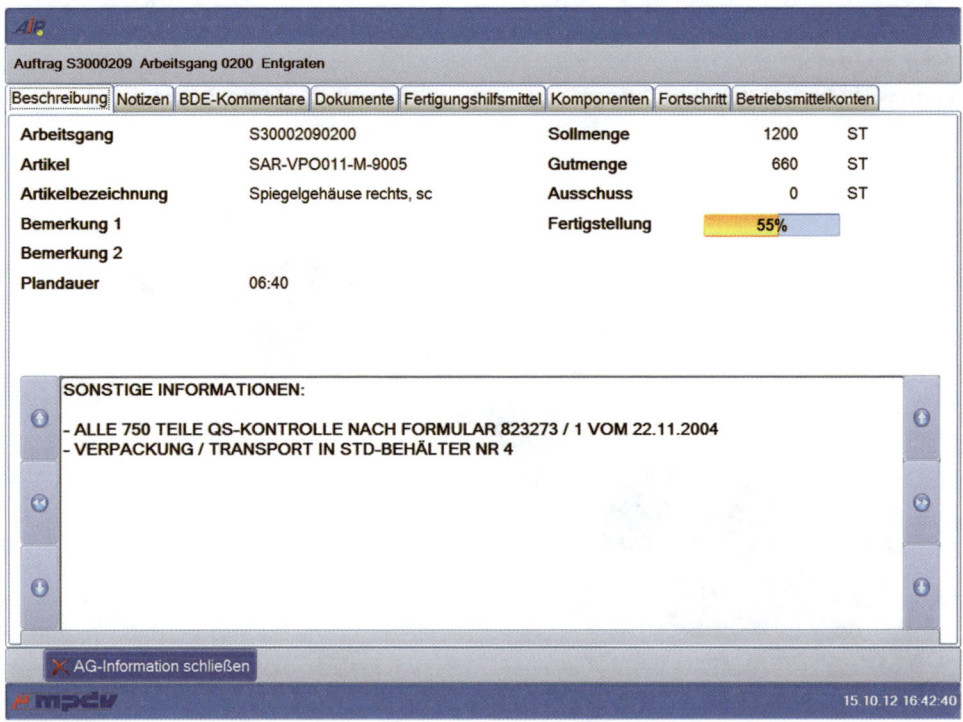

Abb. 4.5 Darstellung aktueller Informationen am Erfassungsterminal

grad der Vorwoche, dem Materialverbrauch im laufenden Monat etc. runden den Funktionsumfang des Erfassungs- und Informationsterminals ab.

Die persönliche Motivation des Werkers spielt eine entscheidende Rolle bei der Optimierung von Produktionsprozessen. Informationen zu den persönlichen Bedürfnissen und der persönlichen Zielsetzung sind wesentliche Faktoren. Dazu gehören der aktuelle Zeitsaldo des Mitarbeiters, der letzte Stand seines Leistungslohnes sowie der Zielerreichungsgrad bezogen auf die individuelle Vereinbarung.

Die Möglichkeiten zur Darstellung von Stamminformationen sind durch die Vernetzung der Erfassungsterminals praktisch unbegrenzt: Bilder von Montagezeichnungen oder Endartikeln, Arbeitsanweisungen in Form von Filmsequenzen als Montageunterstützung, die Darstellung von Einstellparametern der DNC-Programme durch geeignete Viewer, sind nur einige Beispiele für Information, welche dem Werker als Basis für eine papierarme Fertigung zur Verfügung gestellt werden. Entscheidend ist die Aktualität der dargestellten Information, die im Vergleich zu gedruckten Versionen jederzeit gewährleistet ist. Erfassen und Verarbeiten von Betriebsdaten (BDE) (Abb. 4.6).

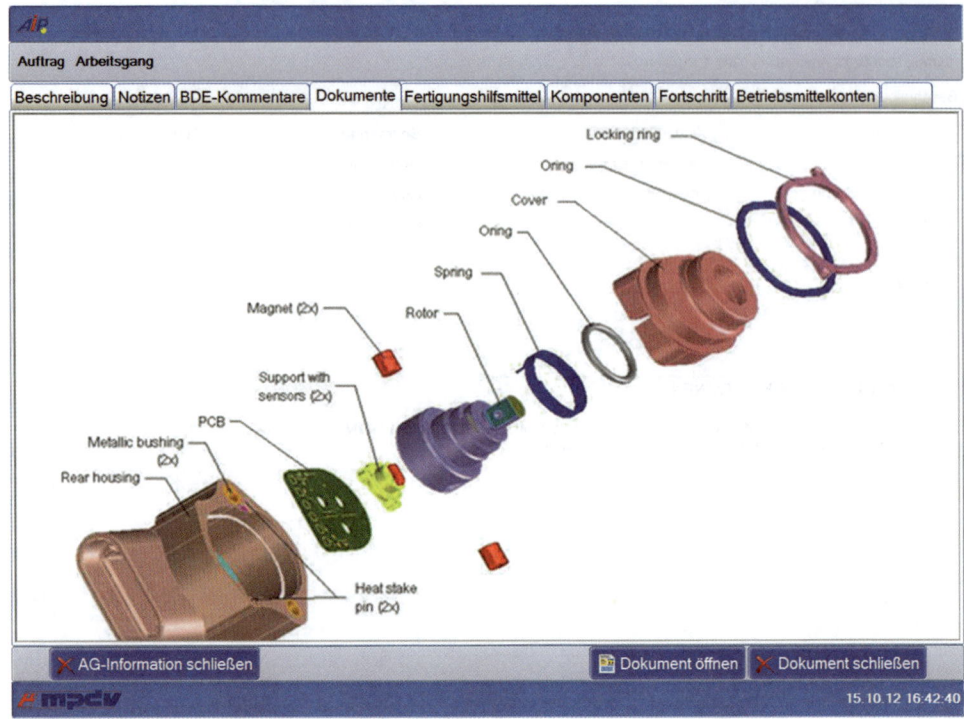

Abb. 4.6 Beispiel für die Darstellung von begleitenden Dokumenten zum Arbeitsgang

4.1.5   Erfassen und Verarbeiten von Betriebsdaten (BDE)

Fertigungsunternehmen werden in zunehmendem Maße mit Forderungen nach immer kürzeren Lieferzeiten, kleineren Produktionslosen und stetig steigendem Kostendruck konfrontiert. In diesem Kontext werden zeitnahe, auftragsbezogene Informationen für die operativen, nahe am Fertigungsgeschehen agierenden Abteilungen wie die Arbeitsvorbereitung, die Fertigungssteuerung und insbesondere die Meister immer wichtiger.

Die Werkzeuge der Betriebsdatenerfassung sollen helfen, den Mangel an unvollständigen, fehlerbehafteten und meist zu spät vorliegenden Informationen über die Fertigungsaufträge zu beseitigen. Die über Schichten, Tage oder Wochen erfassten Daten werden kumuliert und entsprechend aufbereitet, um auftrags- oder artikelbezogene Auswertungen wie z. B. einen detaillierten Soll-/Ist-Vergleich zu generieren. In verdichteter Form können die Daten für eine objektive Kostenkontrolle und die Nachkalkulation an das ERP weitergeleitet werden.

4.1.6   Organisieren und Planen

In den meisten Unternehmen haben sich über Jahre hinweg individuelle Systematiken und Strukturen in Bezug auf Fertigungsaufträge und Arbeitsvorgänge entwickelt, die in entsprechender Form im ERP-System abgebildet sind. Da im Idealfall die Aufträge von der BDE aus dem ERP über eine Schnittstelle übernommen und die erfassten Ist-Daten dorthin zurückgemeldet werden, muss die Betriebsdatenerfassung zwangsläufig den vorhandenen Vorgaben entsprechend anpassbar sein. Hinzu kommt, dass die Betriebsdatenerfassung in besonderen Situationen Aufgaben des ERP wie zum Beispiel das Generieren von Aufträgen bei sog. Schnellschüssen, das Splitten von Arbeitsgängen oder das Drucken von Auftragslaufkarten übernehmen muss. Eine leistungsfähige BDE muss daher umfangreiche Funktionen besitzen, mit deren Hilfe die notwendigen Stammdaten übernommen, angelegt und gepflegt sowie die Fertigungsstrukturen über Konfigurationen abgebildet werden können. Dazu gehören u. a.

* die Definition von Arbeitsplätzen, Maschinen, Meisterbereichen und Kostenstellen
* das Anlegen, Pflegen und Verwalten von Arbeitsplänen und Aufträgen ergänzend zum ERP
* die Übernahme von Aufträgen und Arbeitsgängen aus dem ERP (Abb. 4.7)
* das Drucken von Auftragspapieren, Etiketten und Lohnscheinen
* die Erzeugung von Splitt-, Meilenstein- und Sammel-Arbeitsgängen
* die Berücksichtigung alternativer Einheiten (Stückzahlen, Gewichte, Flächen, Laufmeter) inklusive individueller Umrechnungsregeln
* konfigurierbare Berechnungsvorschriften für Restlaufzeiten
* die Definition von Auftragsarten zur differenzierten Behandlung von verschiedenen Auftragstypen (Fertigungs-, Gemeinkosten, Projekt- oder Kapazitätsaufträge) (Abb. 4.8)

Unabhängig davon, ob die Fertigungssteuerung mit einem Planungstool wie bspw. einem Leitstand oder einer Plantafel arbeitet, erwarten Meister, die für die Feinplanung in ihrem Bereich verantwortlich sind, dass sie durch die BDE bei ihren organisatorischen und planerischen Tätigkeiten unterstützt werden. Dazu gehören Funktionen zur Reihenfolgebildung von Arbeitsgängen, zur grafischen oder tabellarischen Auftragsbelegung oder auch Materialbedarfs- und Rüstwechsellisten.

4.1.7   BDE an Maschinen und Arbeitsplätzen

Auftrags- und artikelbezogene Daten müssen so erfasst werden, dass wenig Aufwand für die Werker entsteht, Erfassungsdialoge der Aufgabe entsprechend konfiguriert sind

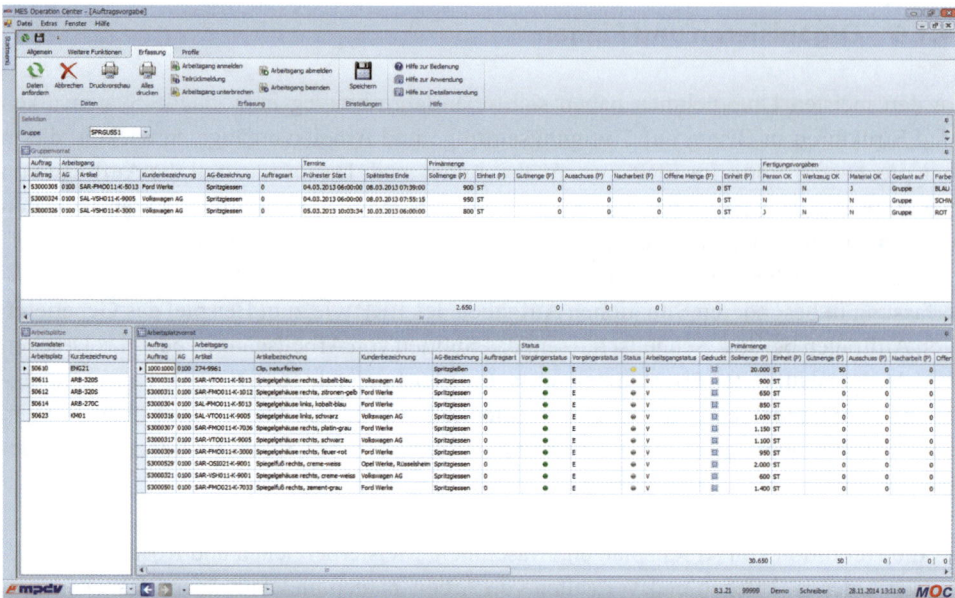

Abb. 4.7 Eine typische Funktion, die den Meister bei der Zuordnung der anstehenden Arbeitsgänge auf die zur Verfügung stehenden Maschinen und Arbeitsplätze wirkungsvoll unterstützt. In der *oberen* Tabelle sind alle noch zu verplanenden Arbeitsgänge aufgelistet

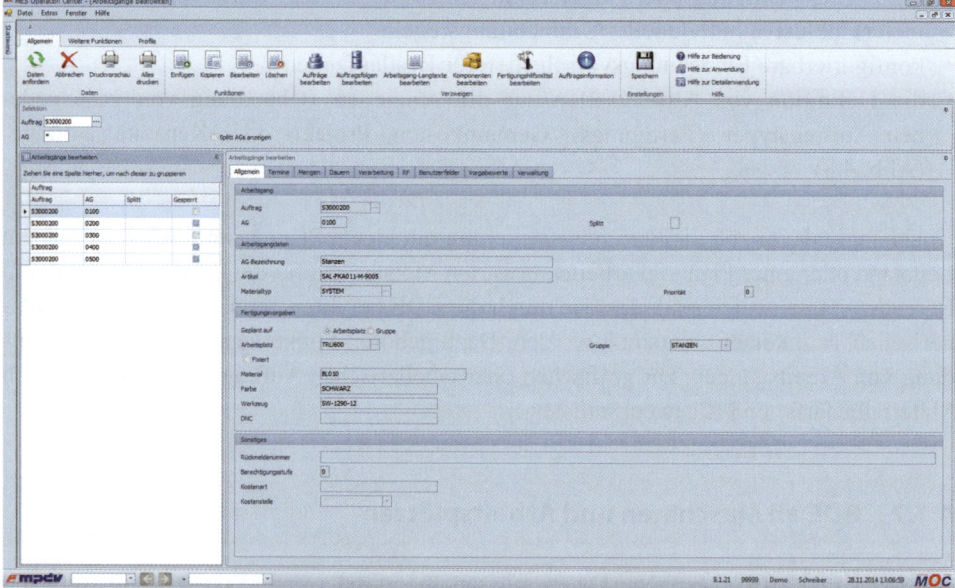

Abb. 4.8 Die Abbildung zeigt eine Maske, von der aus verschiedene Funktionen zum Anlegen und Bearbeiten von Stammdaten eines mehrstufigen Fertigungsauftrags aufrufbar sind

und Fehleingaben durch Plausibilitätsprüfungen verhindert werden. Bei den Buchungen sollten die Mitarbeiter in der Form unterstützt werden, dass Auftrags- oder Arbeitsgangnummern über Barcodelesegeräte und einen Barcode, der auf den Auftragsbelegen aufgedruckt ist, automatisiert eingelesen werden. Alternativ kann dem Werker eine Vorgabeliste mit den für ihn geplanten Arbeitsgängen angezeigt werden, aus dem er den entsprechenden Arbeitsgang auswählt und bestätigt.

Zu den typischen Funktionen an BDE-Terminals gehören:

- An-/Abmeldung, Unterbrechen und Teilrückmelden von Arbeitsgängen oder Aufträgen
- Erfassung von Gutstück- und Ausschusszahlen sowie Ausschuss- und Abbruchgründen
- konfigurierbare Plausibilitätsprüfungen, beispielsweise auf Mengenunter- oder Überlieferung
- Erfassung von personen- oder gruppenbezogenen Zeiten
- Erfassung von Produktions- und Stillstandsgründen auf frei definierbare Betriebsmittelkonten
- spezielle Funktionen für Bearbeitungszentren (Auftragspool)
- Erfassung von Material- und Verbrauchsdaten
- Eingabe von Kommentaren zu wichtigen Ereignissen, die während der Auftragsbearbeitung eingetreten sind

Eine vollkommen neue Qualität entsteht für die Mitarbeiter in der Fertigung, wenn sie sich wichtige auftragsbezogene Informationen wie beispielsweise Stücklisten, Arbeitsanweisungen, Prüfvorschriften, Montageskizzen oder ähnliche Dokumente direkt an den BDE-Terminals anzeigen lassen können – der erste Schritt zur papierlosen Fertigung. Damit ist garantiert, dass den Werkern immer nur die Informationen mit dem gültigen Änderungsstand angezeigt werden. Gibt es weiterführende Hinweise und Anweisungen, können diese z. B. als Videoclip für die Montage, als Foto oder als Dokument in diversen Dateiformaten hinterlegt werden (Abb. 4.9).

Die Informationsdarstellung ist jedoch nicht auf begleitende Dokumente beschränkt. Mit der Anzeige von aktuellen Daten zum Arbeitsgang wie Fertigstellungsgrad, produzierte Gutmenge und Ausschuss oder benötigte Produktionszeit im Verhältnis zu den Sollvorgaben wird dem Werker eine Einschätzung ermöglicht, wie gut oder wie schlecht die Auftragsbearbeitung bisher gelaufen ist.

4.1.8 Aktuelle Auftragsinformationen

Der Informationsgrad der fertigungsnah agierenden Mitarbeiter verbessert sich signifikant, wenn das BDE-System in der Lage ist, alle wichtigen auftragsbezogenen Informationen wie aktueller Status, Unterbrechungen, Auftragsfortschritt und vieles mehr auf Knopfdruck visualisieren kann. Zu den marktüblichen Funktionen gehören u. a.:

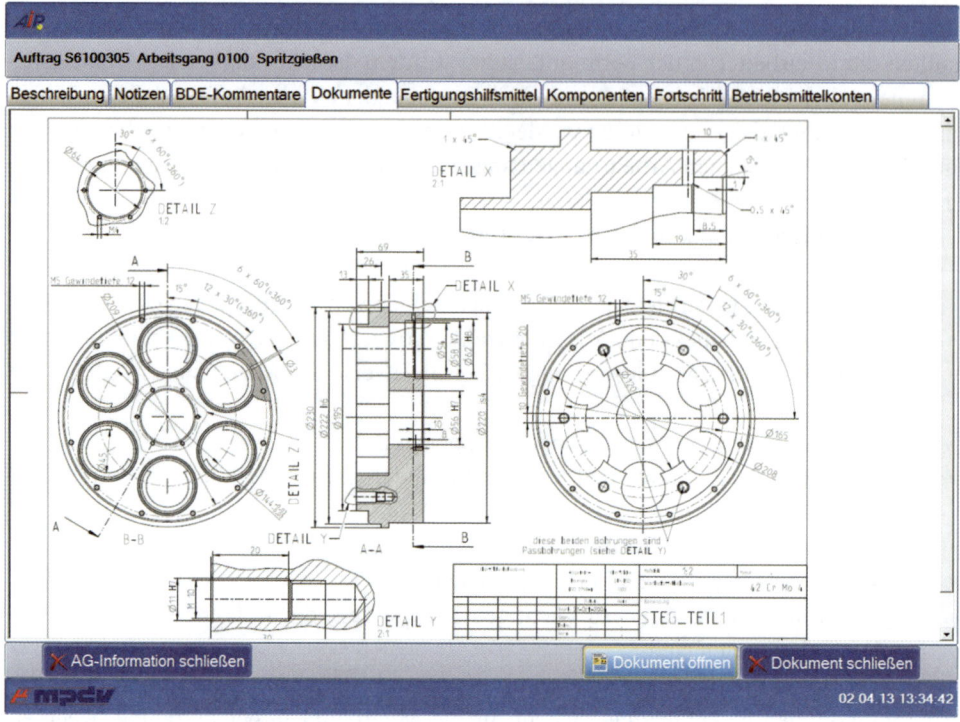

Abb. 4.9 Beispiel für begleitende Dokumente zum Arbeitsgang

- Auftragsvorrats- und Vorgabelisten in tabellarischer und grafischer Form (Abb 4.10)
- Auftragsübersicht mit vorbereiteten, laufenden, unterbrochenen und beendeten Arbeitsgängen
- aktueller Status von Arbeitsgängen und mehrstufigen Aufträgen (Abb. 4.11)
- Übersichten zum Auftragsfortschritt inkl. Restlaufzeitberechnung
- mitlaufendes Auftragscontrolling und Ermittlung der Liegezeiten
- Online-Vergleich von Sollvorgaben und Istwerten

4.1.9 BDE-Auswertungen und Statistiken

Das BDE-System wertet die erfassten Daten aus, erstellt Statistiken und liefert somit Informationen, mit denen Probleme im Fertigungsprozess erkannt und für die Produktion in
der Zukunft berücksichtigt werden können. Typischen Funktionen sind:

- Meister-Checklisten mit nachträglichen Korrekturmöglichkeiten für erfasste Daten
- Auswertungen zu auftragsbezogenen Produktions-, Stillstands- und Rüstzeiten
  (Abb. 4.12)

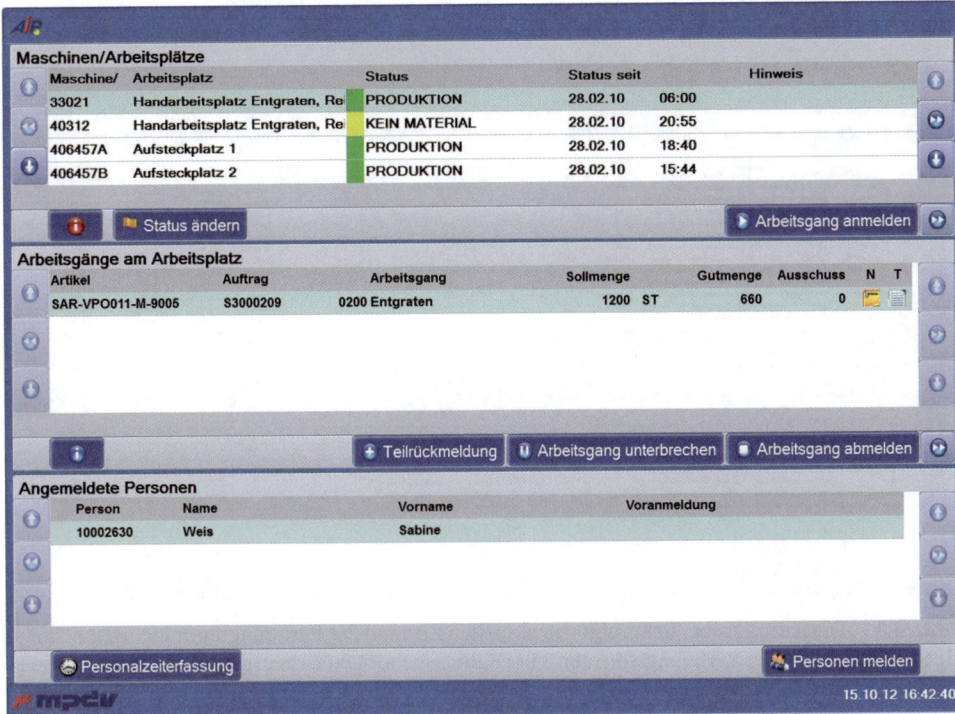

Abb. 4.10 Das Beispiel zeigt mit der Unterteilung in die Fenster Maschinen/Arbeitsplätze, Arbeitsgänge am Arbeitsplatz und angemeldete Personen eine typische Standarddarstellung am BDE-Terminal, die durch Konfiguration auf individuelle Bedürfnisse zugeschnitten

- Listen mit beendeten Aufträgen und erkannten Terminverletzungen
- Schichtprotokolle inklusive Soll-/Ist-Vergleichen zu Mengen, Zeiten und anderen Parametern
- Auftrags-, Artikel- und Ausschuss-Statistiken (Abb 4.14)
- Auftrags- und Artikelprofile mit Gegenüberstellung von Auftragsdauer, Bearbeitungs-, Produktions-, Stillstands-, und Liegezeiten
- Auswertungen zu Durchlauf-, Liege- und Transportzeiten im Vergleich zu Produktionszeiten (Abb. 4.13)
- Auswertungen zu personalbezogenen Daten wie Personalreports oder Personalschichtprotokolle
- Reports mit Darstellung der nichtproduktiven Zeiten (Gemeinkostencontrolling)
- Langzeitarchivierung von Auftragsdaten

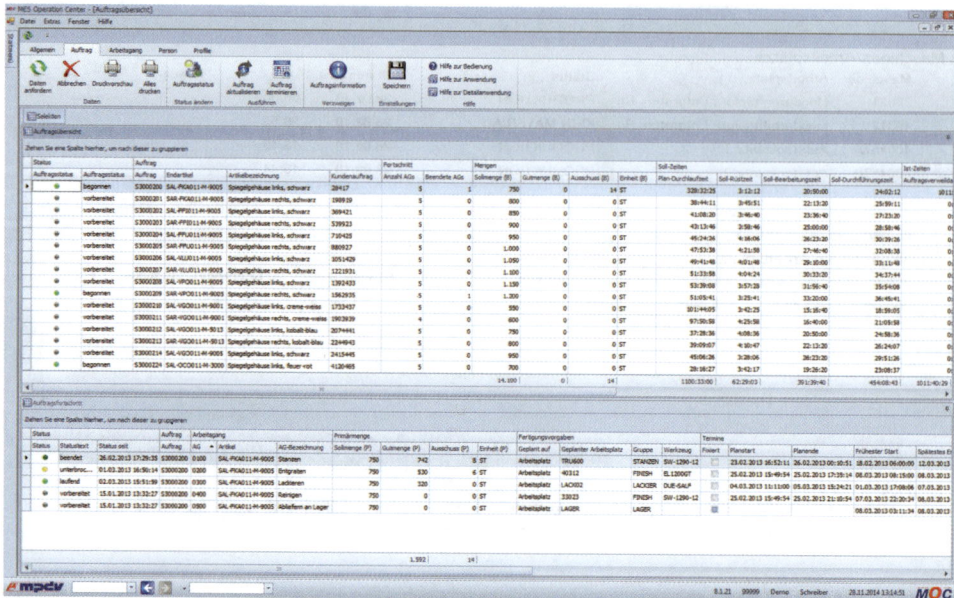

Abb. 4.11 Die Auftragsübersicht zeigt den aktuellen Zustand der Fertigungsaufträge. Bei mehrstufigen Aufträgen ist der Fertigungsfortschritt über alle zugehörigen Arbeitsgänge inkl. der produzierten Mengen und vieler weiterer Details erkennbar

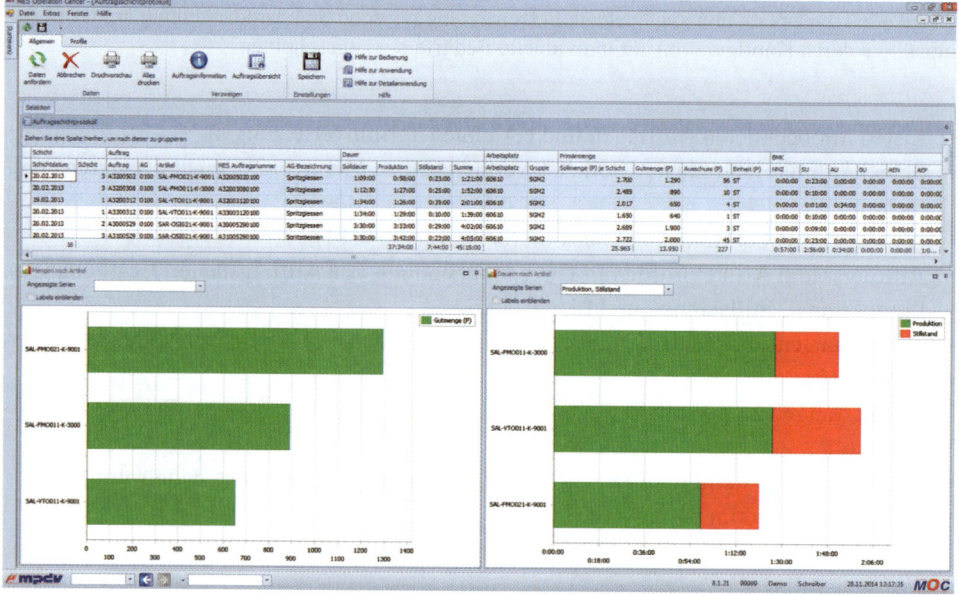

Abb. 4.12 In einem Auftragsschichtprotokoll werden die auftragsbezogenen Daten unter verschiedenen Gesichtspunkten über die betrachteten Schichten ausgewertet. Meister und Schichtführer bekommen mit Hilfe der Anwendung einen schnellen Überblick über die Aufträge

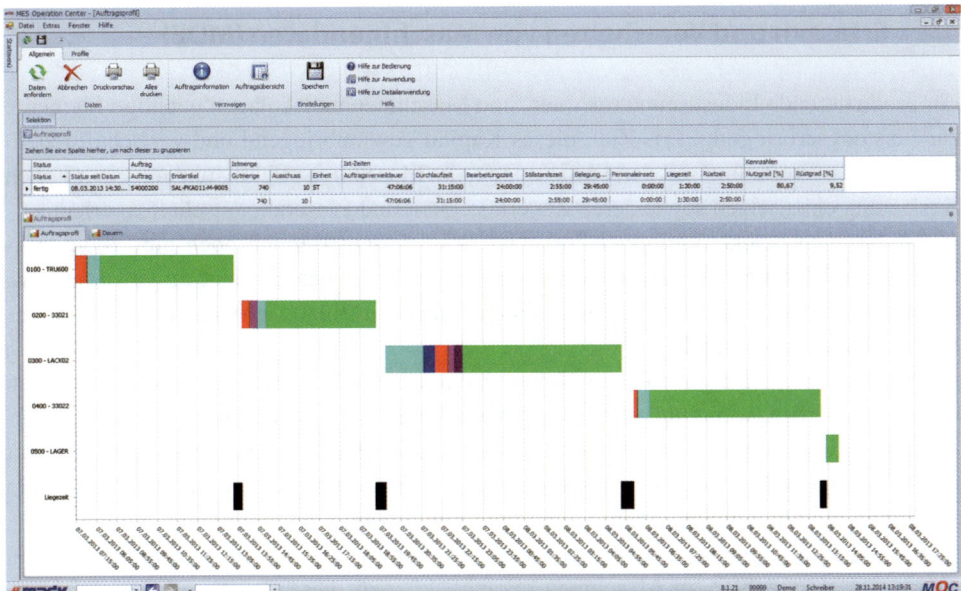

Abb. 4.13 Gantt-Chart mit Darstellung der gesamten Durchlaufzeit und der differenzierten Werte zu Produktions-, Stillstands- und Liegezeiten. Für den Nutzer ist so z. B. schnell ersichtlich, warum die Produktion eines Auftrags länger dauerte als geplant

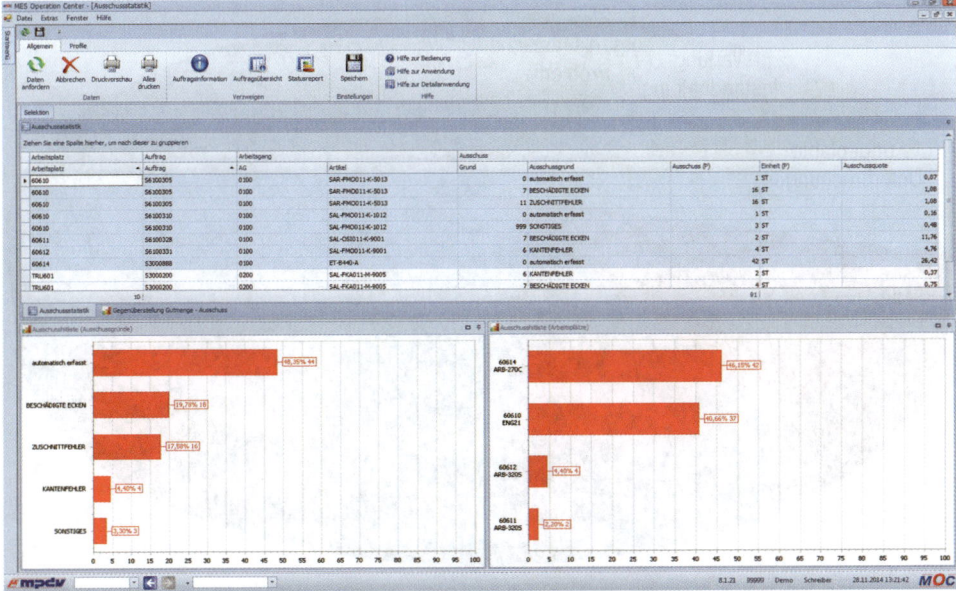

Abb. 4.14 Jeder der die Ausschussquoten verbessern will, muss im Detail wissen, wie viel und warum Ausschuss entstanden ist. Die Ausschussstatistik zeigt alle in dem gewählten Zeitraum angefallenen Daten hierzu auf

4.2 Erfassen und Verarbeiten von Maschinendaten (MDE)

Für produzierende Industrieunternehmen sind Maschinen und Anlagen wichtige Elemente zur Leistungserbringung. Das Ziel, dieses Kapital gewinnbringend und wirtschaftlich zu nutzen, ist eng verknüpft mit den Forderungen, die Maschinen effektiv und mit einer hohen Auslastung einzusetzen sowie deren Zuverlässigkeit und Einsatzbereitschaft zu erhalten.

Erfahrungen belegen, wie viel Potenzial es in diesem Bereich noch gibt: die durchschnittliche Maschinenauslastung ist in der Regel deutlicher geringer als erwartet bzw. angenommen. Ungeplante Stillstände bilden mit einem relativ großen Anteil ein hohes Verschwendungspotenzial.

Die Forderungen nach höheren Nutzungsgraden und besserer Verfügbarkeit können nur erfüllt werden, wenn über die Vorgänge an den Maschinen umfassende und reproduzierbare Informationen verfügbar sind. Systeme zur Maschinendatenerfassung, die mit relativ geringem Aufwand die Maschinendaten erfassen und nach individuellen Regeln auswerten, sind hierzu das ideale Hilfsmittel (Abb. 4.15).

Werden Störungen und Fehlentwicklungen zum Beispiel mit Unterstützung von geeigneten Kennzahlen an Maschinen erkannt, können diese umgehend beseitigt werden. Auswertungen über Störgründe zeigen Schwachstellen und damit den notwendigen Handlungsbedarf auf. Durch Auswertungen zur Effektivität können versteckte Kapazitäten identifiziert und besser genutzt werden (vgl. Kletti J, Deisenroth R (2012)).

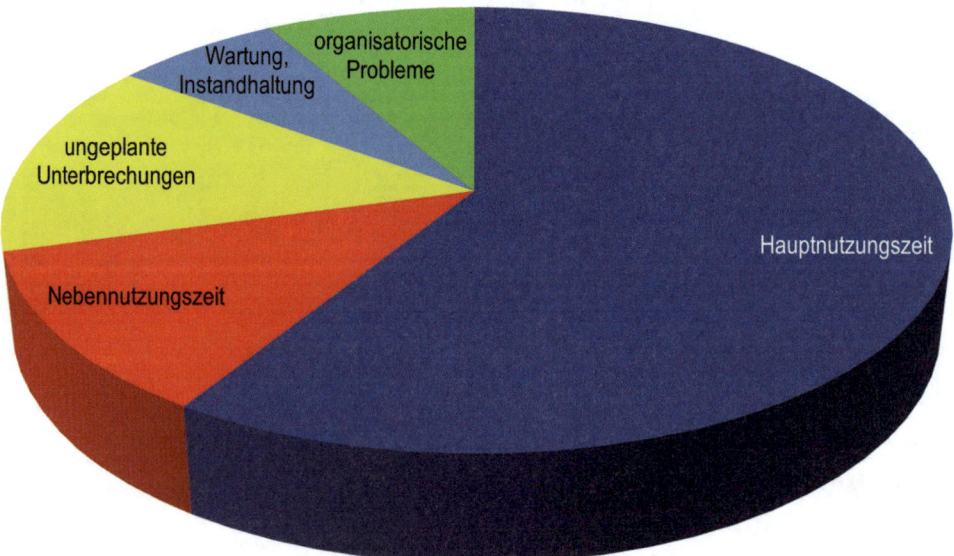

Abb. 4.15 Typische Verteilung von produktiven und unproduktiven Maschinenzeiten

4.2.1   Stammdaten anlegen und verwalten

Jeder Maschinenpark und jede Maschine oder Anlage sind durch individuelle Eigenschaften gekennzeichnet. Hinzu kommt, dass es unterschiedlichste Berechnungsmethoden für Kennzahlen gibt und diese Änderungen unterliegen. In einem zeitgemäßen System zur Maschinendatenerfassung muss es daher umfangreiche Konfigurations- und Plausibilisierungsfunktionen geben, die eine präzise Anpassung an die jeweilige Maschine und bei Bedarf auch deren Steuerung ermöglichen. So muss zwingend hinterlegbar sein, welche Daten von welchen Maschinen in welcher Form erfasst, wie Ergebnisse berechnet und wie diese dargestellt werden. Dazu muss die MDE u. a. folgende Funktionen bereitstellen:

- Maschinenstammdaten anlegen und verwalten
- Regeln für die Datenerfassung und -verbuchung
- Konfiguration von Impulszählern und Umrechnungsvorschriften der empfangenen Impulse in verschiedenartigste Mengeneinheiten wie z. B. in Stück, Laufmeter oder Gewicht
- Individuell einrichtbare Maschinenkalender (Abb. 4.16)
- Definition von Maschinenstörungen und -zuständen mit hierarchischen Strukturen und deren Zuordnung zu Störklassen
- Definition von Betriebsmittelkonten zum Verdichten der erfassten Daten aus betriebswirtschaftlicher Sicht (z. B. nach REFA-Vorgaben)
- Festlegung von Wartungsintervallen für die Instandhaltung

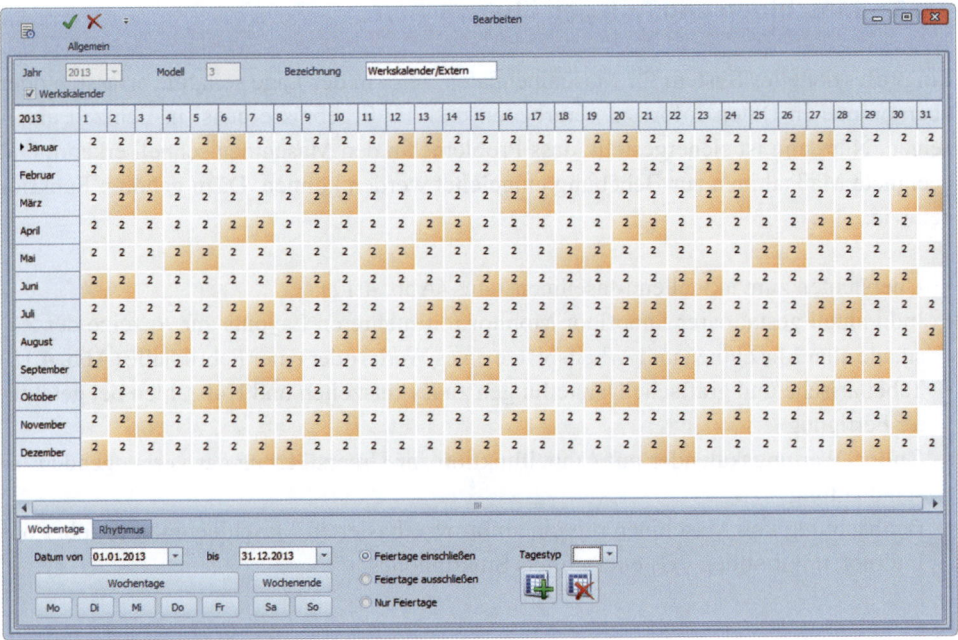

Abb. 4.16 Im Jahresmodell werden für jeden Tag die Zeiten hinterlegt, an denen die Maschinen prinzipiell verfügbar sind

4.2.2 Datenerfassen und übernehmen

In der MDE werden die Maschinendaten manuell oder automatisiert erfasst. Die manuelle Dateneingabe ist dann sinnvoll, wenn z. B. nur eine einfache Erfassung von Störgründen erfolgen soll oder die Maschinenzustände von der Maschine nicht direkt abrufbar sind. Über Störgrundtaster oder geeignete Terminals können Werker und Einrichter Maschinen- und Anlagenzustände manuell melden:

- Rüsten, Anfahren, Produktion
- organisatorische Stillstände (kein Material vorhanden, Werkzeug fehlt, Warten auf Instandhaltung)
- technische Störungen (Werkzeugprobleme, elektrische oder mechanische Störungen)

Für die automatische Datenerfassung ist von besonderem Vorteil, dass der Aufwand für manuelle Eingaben entfällt und eine Vielzahl technischer Möglichkeiten zur Verfügung steht, die Maschinen an das MES anzubinden. Alleine durch den kostengünstigen Anschluss von Sensoren in den Maschinen lassen sich Stückzahlen, Laufmeter, Maschinenzustände oder Störsignale über digitale Eingänge auf direktem Weg erfassen.

Die technisch anspruchsvollere Alternative oder Ergänzung dazu sind Datenschnittstellen, über die ein MDE-System direkt mit den Maschinen- und Anlagensteuerungen (SPS) kommuniziert, um dort gespeicherte Daten zu übernehmen.

4.2.3 Maschinen und Anlagen überwachen

Ein professionelles System für Maschinendaten muss in der Lage sein, die erfassten oder übernommenen Daten sofort zu verarbeiten und die Ergebnisse quasi in Echtzeit anzuzeigen. Nur dann ist sichergestellt, dass Probleme an den Maschinen schnell erkannt und geeignete Maßnahmen zur Behebung eingeleitet werden können. Dazu gehören Funktionen wie:

- Übersichten zum aktuellen Maschinenstatus (Abb. 4.17)
- Individuell gestaltbarer Shopfloor Monitor mit mehreren Layouts zur Anzeige der Zustände aller Maschinen und Arbeitsplätze eines Werks oder einer Fabrikhalle (Abb. 4.18)
- Tabellarische und grafische Darstellungen zu Zykluszeiten und Hubzahlen bei getakteter Fertigung
- Online-Wartungskalender mit Ampelfunktion zur Unterstützung der vorbeugenden Instandhaltung
- Beobachtung von Maschinen mit einem browserbasierten Maschinenmonitor über das Internet, mit mobilen PCs oder mittels Smartphones

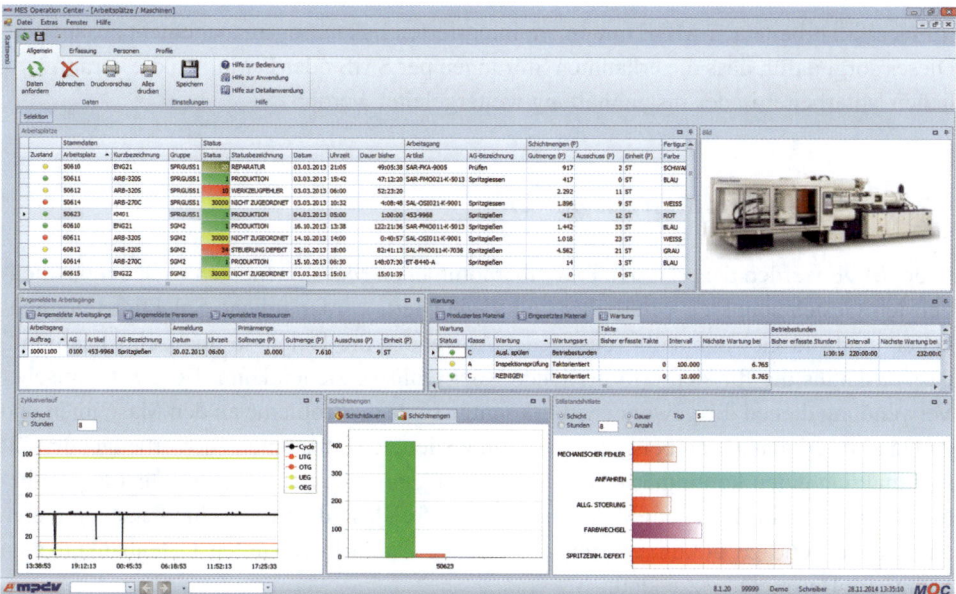

Abb. 4.17 Die Übersicht zum aktuellen Maschinenstatus bietet in Echtzeit einen kompletten Überblick über alle wesentlichen maschinenbezogenen Daten

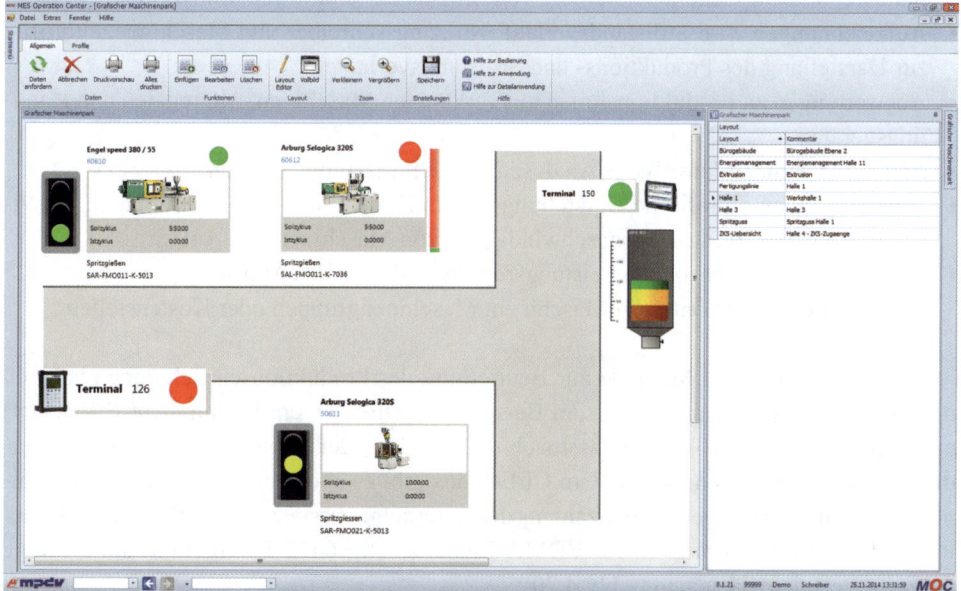

Abb. 4.18 Der sog. Shopfloor Monitor zeigt in einer symbolhaften Darstellung die Arbeitsplätze, Maschinen und Anlagen, deren Anordnung in den einzelnen Produktionsbereichen und aktuelle Informationen zu Maschinenzuständen und Produktionsstückzahlen

Im Idealfall arbeitet die MDE mit einem integrierten Eskalationsmanagement zusammen. Dieses sorgt dafür, dass die erkannten Störungen per SMS oder E-Mail an die verantwortlichen Mitarbeiter in der Instandhaltung weitergeleitet werden.

4.2.4 Maschinendaten auswerten

In der MDE werden die erfassten bzw. übernommenen Maschinendaten nach unterschiedlichsten Gesichtspunkten verarbeitet und visualisiert. Umfangreiche Selektionsmöglichkeiten sind die Gewähr dafür, dass jeder Anwender die Daten so angezeigt bekommt, dass er daraus die für sich erforderlichen Rückschlüsse ziehen kann. Bei systematischer Verwendung dienen die gewonnenen Erkenntnisse dazu, Probleme an den Maschinen und Anlagen zu erkennen und beispielsweise mit gezielten Maßnahmen zur vorbeugenden Instandhaltung einen kontinuierlichen Verbesserungsprozess zu initiieren. Für Langzeitbetrachtungen, die in Bezug auf Maschinen z. B. hilfreich sind, um Verschleißerscheinungen zu erkennen und zu dokumentieren, werden die Daten in separaten Datenbanktabellen archiviert. Beispiele hierzu sind:

- Tabellarische und grafische Auswertungen zu Stillständen, Störklassen und Betriebsmittelkonten
- Statusreports zur Gegenüberstellung von Stillstands- und Produktionszeiten
- Aufzeichnungen zum Stillstandsverlauf, Nutzungsschreiber und Maschinenzeitprofile zur Darstellung des Produktions- und Stillstandsverhaltens
- Auswertungen zu Produktionslinien mit verketteten Maschinen, Aggregaten und Handlingsgeräten
- ABC- und Minor-Major-Stops Analysen sowie Stillstands-Hitlisten
- Tabellarische und grafische Darstellungen zum Zyklus- und Hubzahlverhalten zur Visualisierung der Produktionsgeschwindigkeit von Maschinen und Anlagen
- stückzahl- und zeitbezogene Leistungsreports und -profile (Abb. 4.19)
- Langzeitarchive für Daten zu Maschinen, Maschinengruppen oder Kostenstellen

Als besonders effektive Methode zur Beurteilung der Produktionseinrichtungen hat sich der Einsatz von Kennzahlen wie zum Beispiel des OEE (Overall Equipment Efficiency) erwiesen. Über den OEE-Index lässt sich die Effizienz der gesamten Produktion in verdichteter Form bewerten. Neben dem OEE-Index gibt es noch zahlreiche weitere maschinen- und anlagenbezogene Kennzahlen, die unternehmensspezifisch definiert sind oder in standardisierter Form z. B. im VDMA Einheitsblatt 66412-1 aufgeführt sind. Einige typische Beispiele dazu sind (Abb. 4.20):

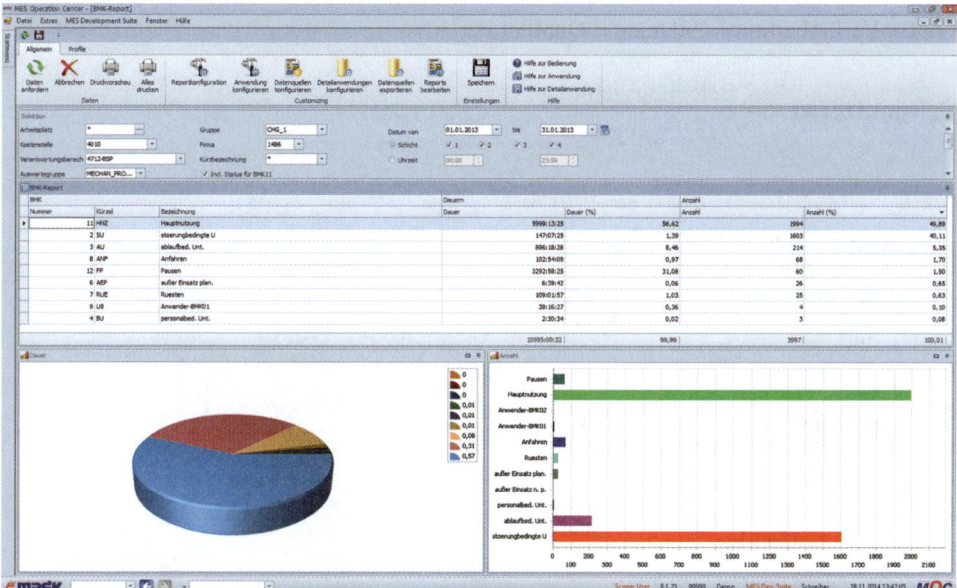

Abb. 4.19 In Reports mit individuellen Gestaltungsmöglichkeiten wird detailliert aufgezeigt, welche Störungen an Maschinen in welcher Häufigkeit und mit welchem zeitlichen Anteil aufgetreten sind

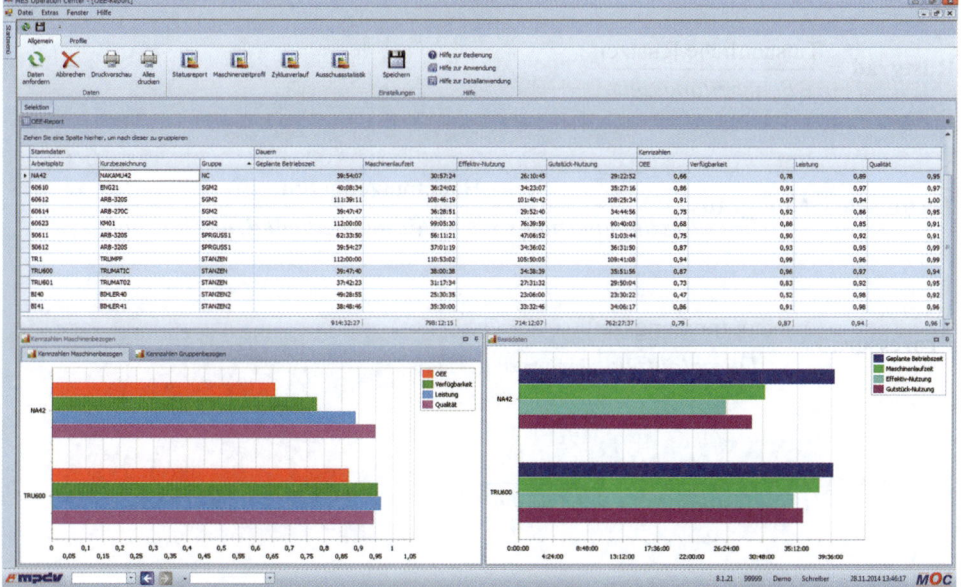

Abb. 4.20 OEE-Report mit Darstellung der Einzelfaktoren und Berechnung des OEE

OEE = Verfügbarkeit * Leistung * Qualität

$$\text{Belegnutzgrad} = \frac{Belegungszeit}{Planbelegungszeit}$$

$$\text{Nutzgrad} = \frac{Hauptnutzungszeit}{Belegungszeit}$$

$$\text{Verfügbarkeit} = \frac{Hauptnutzungszeit}{Planbelegungszeit}$$

$$\text{Leistung} = \frac{Sollzyklus}{Istzyklus}$$

$$\text{Qualität} = \frac{Gutmenge}{Produzierte\ Menge}$$

$$\text{Rüstgrad} = \frac{Tatsächliche\ Rüstzeit}{Bearbeitungszeit}$$

$$\text{Technischer Nutzgrad} = \frac{Hauptnutzungszeit}{Hauptnutzungszeit + Störungsbedingte Unterbrechung}$$

$$\text{Prozessgrad} = \frac{Hauptnutzungszeit}{Durchlaufzeit}$$

$$\text{Ausschussgrad} = \frac{Ausschussmenge}{Geplante\ Ausschussmenge}$$

4.3 Tracking & Tracing/Traceability

Für viele Unternehmen ist es eine tägliche Notwendigkeit, einen lückenlosen Nachweis zu den produzierten Artikeln über alle Stufen der Prozesskette hinweg zu führen. Damit soll die Rückverfolgbarkeit der Endprodukte bzw. ein Verwendungsnachweis für die eingesetzten Rohstoffe im Falle von Reklamationen im Sinne der Verbrauchersicherheit gewährleistet werden. Internationale Normen wie die Vorschrift 21CFR11 der FDA oder die EU-Norm 178 lassen insbesondere den Herstellern von Lebens- und Arzneimitteln wenig Spielraum. Aber auch die Produzenten von Verpackungsmaterialien oder Zulieferer von sicherheitsrelevanten Teilen, die z. B. in der Automobilindustrie Verwendung finden, sind ähnlich harten Auflagen unterworfen.

Für den lückenlosen Produktnachweis müssen alle Details bei der Produktentstehung in einem elektronischen Herstellbericht dokumentiert werden. Dazu werden bei Bedarf auch Informationen aus anderen MES-Applikationen herangezogen. Zu den einfließenden und entstehenden Losen bzw. Chargen werden beispielsweise

*   materialbeschreibende Los- und Chargenattribute (z. B. Gewicht, Herstellungsdatum)
*   verwendete Betriebsstoffe
*   eingesetzte Maschinen
*   ermittelte Prozessdaten
*   am Fertigungsprozess beteiligte Personen
*   verwendete Werkzeuge
*   Instandhaltungsdaten zu Maschinen und Werkzeugen
*   qualitätsrelevante Daten wie Messwerte, Prüfmittel etc.

gespeichert. In welcher Form die geforderten Dokumente archiviert sowie ggf. gedruckt werden und welche Daten das Produktzertifikat enthält, muss individuell festlegbar sein (Abb. 4.21).

Die Anforderungen gehen jedoch oftmals über die Dokumentation zur Entstehung eines Artikels hinaus, denn ein MES kann auch dabei helfen, den Produktionsprozess sicherer zu machen. Dazu greifen die Funktionen aktiv in die Prozesskette ein, indem Produktionsvorgänge aktiv überwacht werden und im Fehlerfall eine Prozessverriegelung stattfindet. Dazu kontrolliert das MES die Wiegewerte der Einsatzstoffe im Vergleich zu den Vorgabewerten in der Komponentenliste. Nach erfolgter Mischung wird eine eindeutige Chargennummer inkl. Chargenetikett für das Zwischenprodukt erzeugt. Wird dieses in weitere Produktionsschritte eingespeist, wird eine Plausibilitätskontrolle gegen die Stammdaten des Auftrags vorgenommen. Nur wenn das Ergebnis der Kontrolle positiv ist, kann der nächste Produktionsschritt gestartet werden.

Weitere Hilfestellungen bietet ein MES beim innerbetrieblichen Materialfluss, wenn es darum geht, Produkte, Chargen oder Lose in einem mehrstufigen Produktionsprozess zweifelsfrei identifizieren zu können. Die Anwender nutzen hier die Tracking- und Tra-

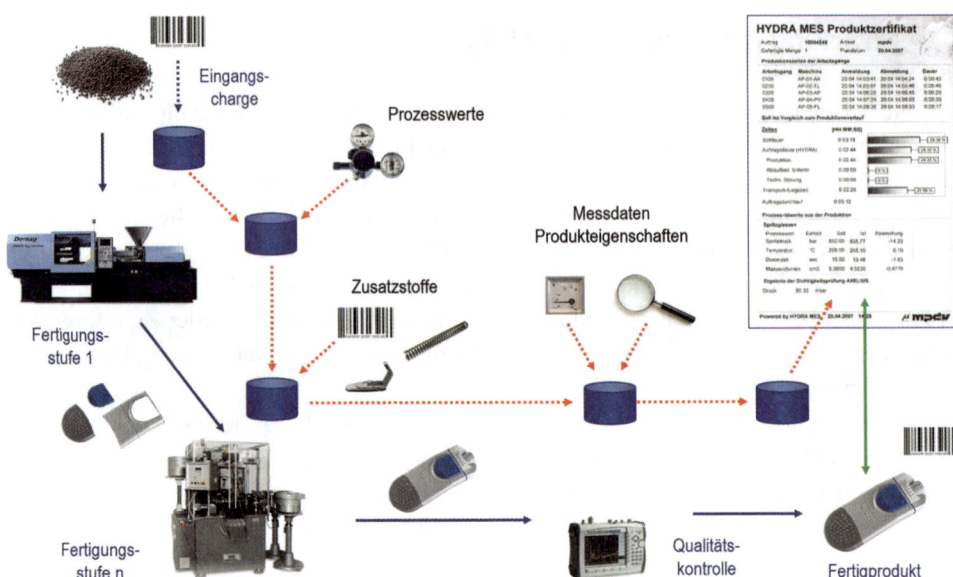

Abb. 4.21 In den elektronischen Herstellbericht fließen alle Daten aus dem Fertigungsprozess ein. In der Zeichnung ist der Materialfluss mit durchgehenden Linien und der Informationsfluss mit gepunkteten Linien gekennzeichnet

cing-Funktionalitäten z. B. in Verbindung mit RFID-Tags oder Behälteretiketten mit Barcode. Über eine eindeutige Chargen- oder Los-ID lassen sich Produkte, die beispielsweise in WIP-Lägern abgestellt wurden, jederzeit auffinden und ohne Verwechslungsgefahr dem Kunden- oder Lagerauftrag zuordnen (vgl. Kletti J, Deisenroth R (2012)).

4.3.1 Chargen- und Losdatenerfassung

Chargen- und Losdaten müssen aus ergonomischen Gründen parallel zu den Buchungen in der BDE und MDE am gleichen Terminal erfasst werden können. Dazu sollte das MES eine Reihe vorkonfigurierter Standarddialoge bieten, die jedoch wegen der Individualität und stetigen Änderung der Vorgaben durch Konfiguration auf die spezifischen Belange ausrichtbar sein müssen.

Wichtig bei der Erfassung ist, dass zur Buchung von Chargen- und Losdaten automatische Leseverfahren über Barcode-Scanner oder RFID-Lesegeräte genutzt werden. Damit wird sicher verhindert, dass fehlerhafte Daten bei der manuellen Eingabe entstehen. Natürlich sollen auch hier Plausibilitätskontrollen stattfinden, um Eingabefehler im normalen Betrieb auszuschließen (Abb. 4.22).

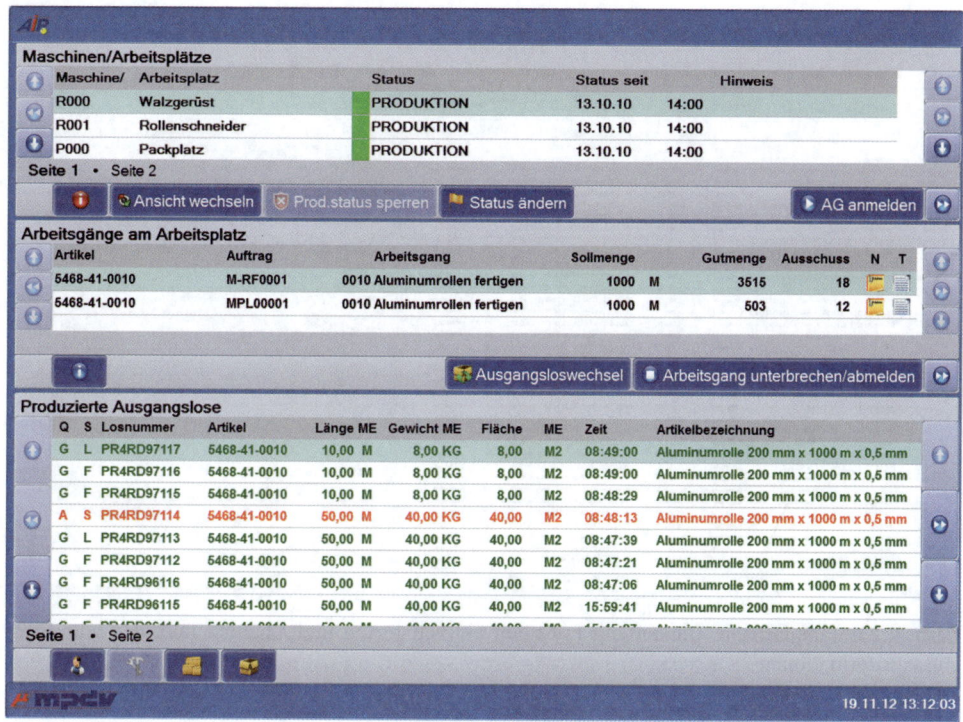

Abb. 4.22 In den *oberen* Bereichen der Erfassungsmaske sind die maschinen- und auftragsrelevanten Infos und Bedienelemente zu erkennen. Im *unter* Bereich werden die chargen- und losbezogenen Daten dargestellt, in diesem Beispiel die innerhalb des Auftrags produzierten Ausgangslose. Die Erfassungsdialoge und -funktionen werden über die Tasten im mittleren Bereich aktiviert

4.3.2 Chargen- u. Losverfolgung/Produktdokumentation

Das MES muss in der Lage sein, alle im System vorhandenen Chargen und Lose zeitnah anzuzeigen, unabhängig davon, ob sie im MES selbst erzeugt oder aus dem ERP übernommen wurden. Typische Informationen, die zu einem Los bzw. zu einer Charge geführt und angezeigt werden, sind u. a. solche zum Status, Herstell- und Verfallsdatum, Lagerort (Materialpuffer), zu Mengen, Eigenschaften sowie spezifische Los- und Chargendaten (Abb. 4.23).

Zur ergonomischen Chargen- und Losverfolgung kann das MES einen Chargenbaum erzeugen, der die Entstehung eines Produktes in grafischer Form dokumentiert (Abb. 4.24). Er kann sowohl für Betrachtungen vom Rohmaterial zum Endprodukt als auch in der umgekehrten Richtung genutzt werden (Traceability). Wird zum Beispiel ein schadhaftes Produkt beim Verbraucher entdeckt, kann rückwärts ermittelt werden, aus welchen Eingangschargen (Rohmaterial oder Halbzeuge) das Endprodukt hergestellt wurde. Danach wird vorwärts gesucht, ob und in welche weiteren Prozesse diese Eingangschargen

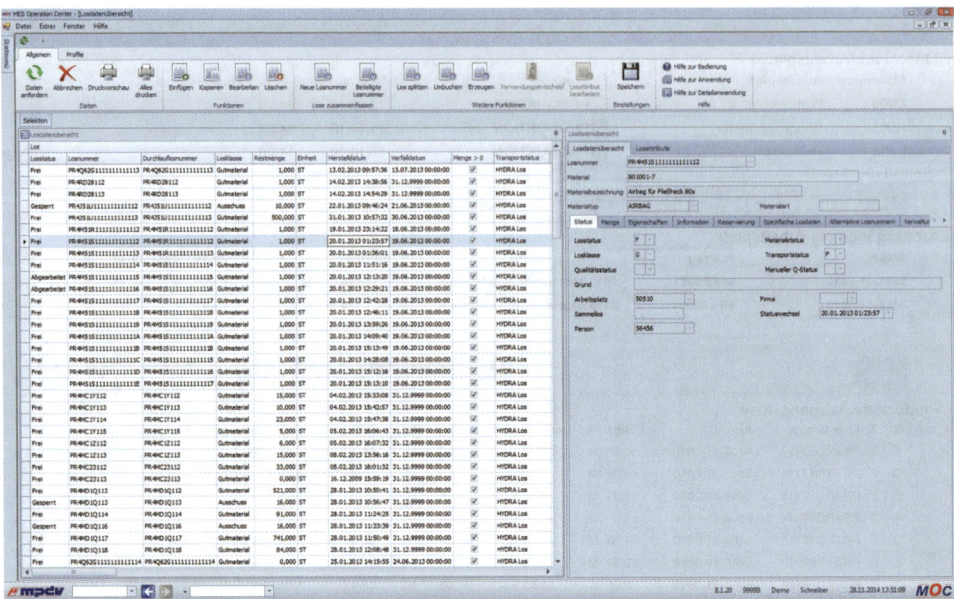

Abb. 4.23 Tabellarische Darstellung mit allen aktiven Losen und Chargen inkl. der relevanten Zusatzinformationen

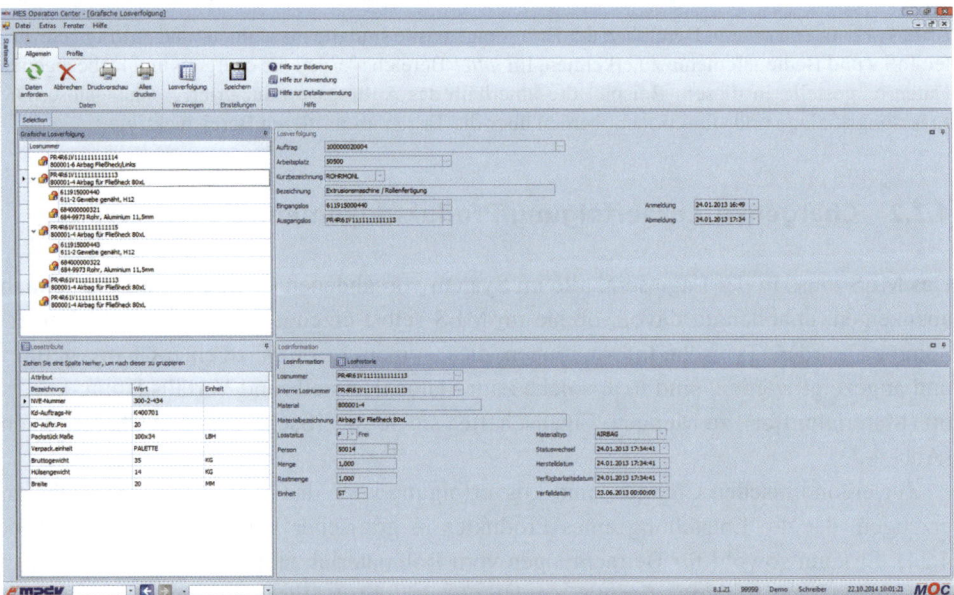

Abb. 4.24 Im grafischen Chargenbaum ist auf einen Blick erkennbar, welche Materialchargen in welche Halbfabrikate bzw. Endprodukte eingeflossen sind

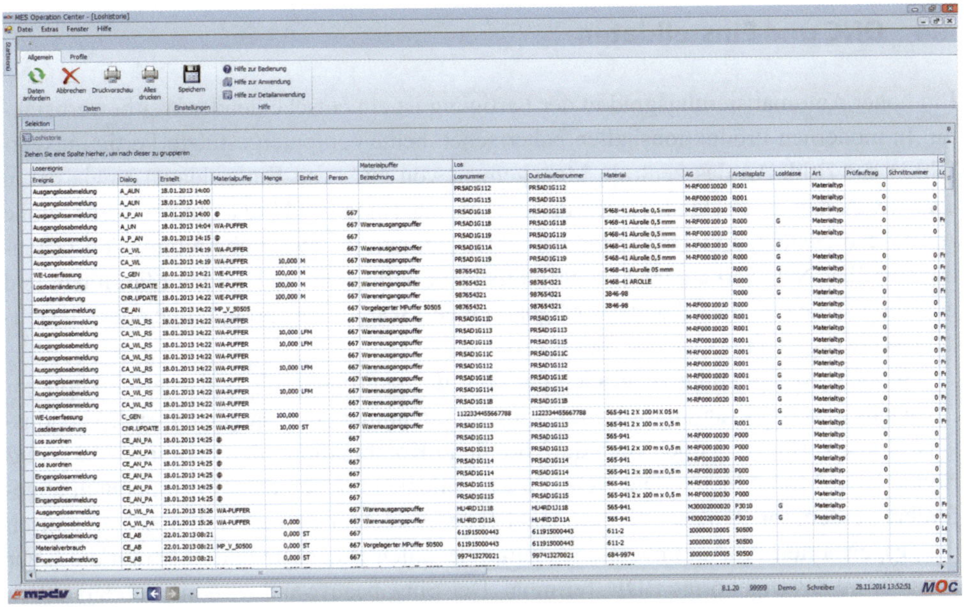

Abb. 4.25 Lückenlose Dokumentation des „Lebenslaufs" eines Loses oder einer Charge

eingeflossen sind. Damit kann ermittelt werden, welche weiteren Endprodukte präventiv ggf. über eine Rückrufaktion ausgetauscht oder repariert werden müssen.

Das MES muss alle dokumentationspflichtigen Prozesse während der Herstellung eines Produktes erfassen und archivieren. In welcher Form die Dokumentation erfolgt, hängt in den meisten Fällen von den gesetzlichen oder den individuellen Forderungen des jeweiligen Kunden ab (Abb. 4.25).

4.4   DNC und Einstelldaten

Ein hoher Automatisierungsgrad in der Fertigung ist ein entscheidender Wettbewerbsfaktor. In modernen Produktionshallen beherrschen heute computergestützte Fertigungsverfahren das Bild. An das zentrale Management von NC- und Einstelldaten sowie deren Transfer zu den unterschiedlichsten Produktionsmaschinen und Steuerungen werden hohe Ansprüche gestellt. Ein DNC-Modul (Direct Numeric Control) übernimmt den Datentransfer über Netzwerke oder Datenschnittstellen online von und zu den Maschinen und gewährleistet damit die schnelle Verfügbarkeit der Bearbeitungsprogramme oder Einstelldatensätze (vgl. Kletti J, Deisenroth R (2012)).

Ein DNC-Modul sollte zwar auch über die für derartige Tools typische Funktion zur Auswahl eines NC-Programms mittels Programmnummer oder Dateiname inkl. Versionsverwaltung verfügen, jedoch auch die Vorteile in Kombination mit einem im MES integrierten BDE-Modul bieten. Die NC- und Einstelldaten müssen dann nicht manuell angefordert werden, sondern das MES erkennt bei der Anmeldung eines Auftrages automatisch die gespeicherten Programmversionen zum relevanten Datensatz und überträgt diese zur Freigabe an das zugehörige BDE-Terminal. Der Eingabeaufwand wird hierdurch deutlich minimiert und Fehler vermieden.

4.4.1   Schnittstellen zu CAD/CAM

NC-Programme und Einstelldatensätze werden in der Regel in speziellen CAD-Programmen (Computer Aided Design) oder direkt an Maschinen im Rahmen der Erstmusterfertigung erzeugt. Daher besteht eine wichtige Aufgabe des MES darin, vorhandene Daten aus dem CAD-System oder der NC-Programmverwaltung zu übernehmen, bevor sie für die Fertigung von bestimmten Artikeln an der Maschine benötigt werden.

Das MES muss über eine Schnittstelle zur Kommunikation mit CAD-Systemen wie Unigraphics, Edgecam oder ähnlichen verfügen. Idealerweise bereitet eine an die Schnittstelle gekoppelte Funktion die Daten automatisch für die NC-Verwaltung im MES auf Basis der in den Source-Programmteilen enthaltenen Zuordnungsinformationen (z. B. Artikel-, Werkzeug- und Maschinennummer) auf. Alternativ können Steuerinformationen auch in Form einer Steuerdatei übernommen werden. In der umgekehrten Richtung sorgt die gleiche Funktion dafür, dass eine automatische Rückübertragung optimierter Programme an das CAD-System erfolgt.

4.4.2   Verwaltung der NC-Programme und Einstelldaten

Neben allgemeinen Stammdaten zu den NC-Programmen und Einstelldatensätzen müssen DNC-spezifische Daten erfasst und gepflegt werden. Dazu zählen zum Beispiel Dateibehandlungsvorschriften (Replace, Optimize, External etc.) oder Zuordnungstabellen, in denen die Nutzbarkeit von NC-Programmfamilien auf bestimmten Maschinen oder Anlagen definiert ist.

Abhängig von der existierenden IT-Infrastruktur und dem genutzten CAD- oder CAM-System werden entweder die NC-Programme bzw. Einstelldatensätze mit direktem Bezug zum zu produzierenden Artikel zur temporären Speicherung auf dem MES-Server übernommen oder es wird nur eine Information zum Speicherort in Form eines Links hinterlegt.

Der verantwortliche Mitarbeiter kann sich die Daten an seinem Arbeitsplatz ansehen, mit weiteren Informationen, wie z. B. Kommentaren anreichern und über einen Vergleichseditor eine oder mehrere NC-Dateien zur Freigabe auswählen, wenn mehrere Programmversionen zum gleichen Artikel vorliegen.

4.4.3 DNC am BDE-Terminal

Meldet der Einrichter oder Maschinenbediener einen Auftrag am BDE-Terminal an, bekommt er automatisch den freigegebenen NC-Datensatz angezeigt. Alternativ kann die Anforderung natürlich auch direkt über die Programmnummer erfolgen. Stehen mehrere NC-Programme zum Download bereit, können diese auch am BDE-Terminal über den Vergleichseditor noch einmal im Detail analysiert werden. Der Bediener gibt abschließend das NC-Programm oder die Einstellparameter seiner Wahl für den automatischen Transfer in die Maschinensteuerung frei (Abb. 4.26).

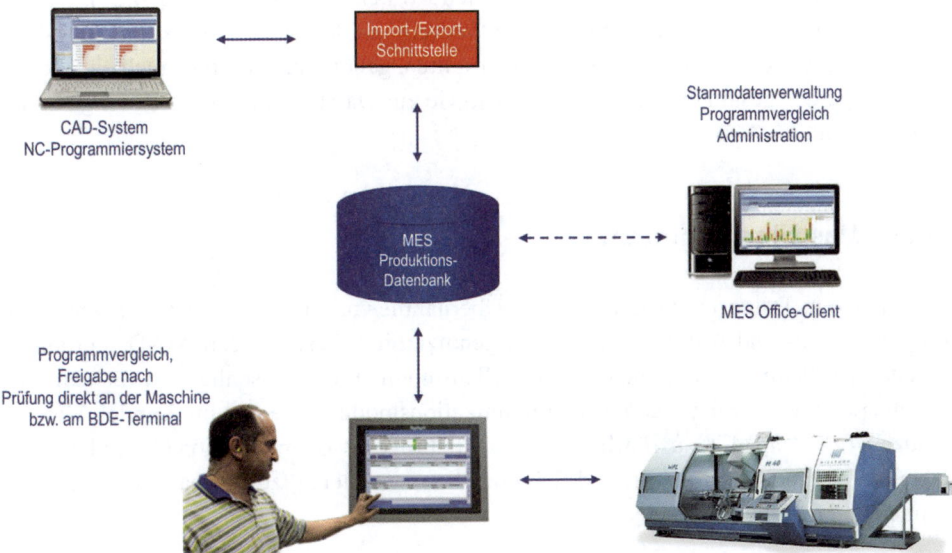

Abb. 4.26 Typischer Workflow bei Nutzung eines DNC-Moduls am Beispiel des MES HYDRA von MPDV, bei dem dieses zusammen mit der BDE in eine MES-Lösung eingebettet ist

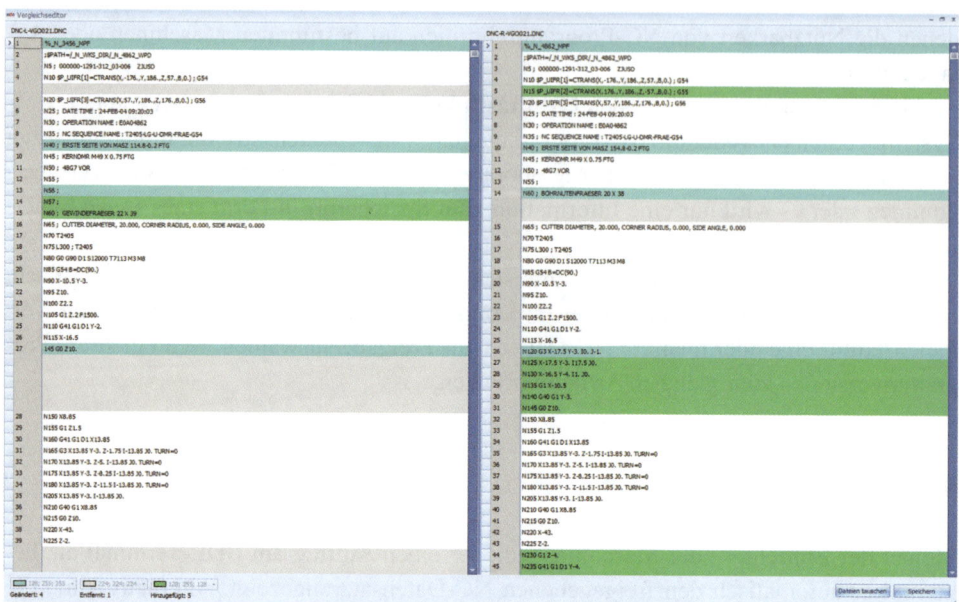

Abb. 4.27 Vergleichseditor für NC-Programme und Einstelldatensätze

Mit dem Vergleichseditor ist es möglich, an den BDE-Terminals wie auch an jedem PC-Arbeitsplatz mit DNC-Funktionen einen automatisierten Vergleich unterschiedlicher NC-Programmversionen durchzuführen, um auf diesem Weg das Programm zu finden, das am besten für die Produktion des relevanten Artikels geeignet ist (Abb. 4.27).

Zu den wichtigen DNC-Funktionen, die Werkern und Einrichtern direkt am BDE-Terminal an der Maschine zur Verfügung stehen sollten, gehört zum Beispiel auch ein Viewer zur Anzeige des gesamten NC-Programms sowie zur Darstellung von Zeichnungen oder Einrichteblättern (Abb. 4.28).

4.4.4 Maschinenschnittstellen

Werden bereits Datenschnittstellen für die Übernahme von Maschinen- oder Prozessdaten aus Maschinen- und Anlagensteuerungen genutzt, sind diese für den NC-Datentransfer erweiterbar. Natürlich sind auch Schnittstellen möglich, die ausschließlich für den NC-Datenverkehr verwendet werden. Kommunikationsmodule wie der im Kapitel Maschinendaten (vgl. Kap. 4.2) ausführlich vorgestellte Process Communication Controller dient dabei als parametrierbare Allround-Schnittstelle und unterstützt die marktüblichen Maschinen und externen Systeme.

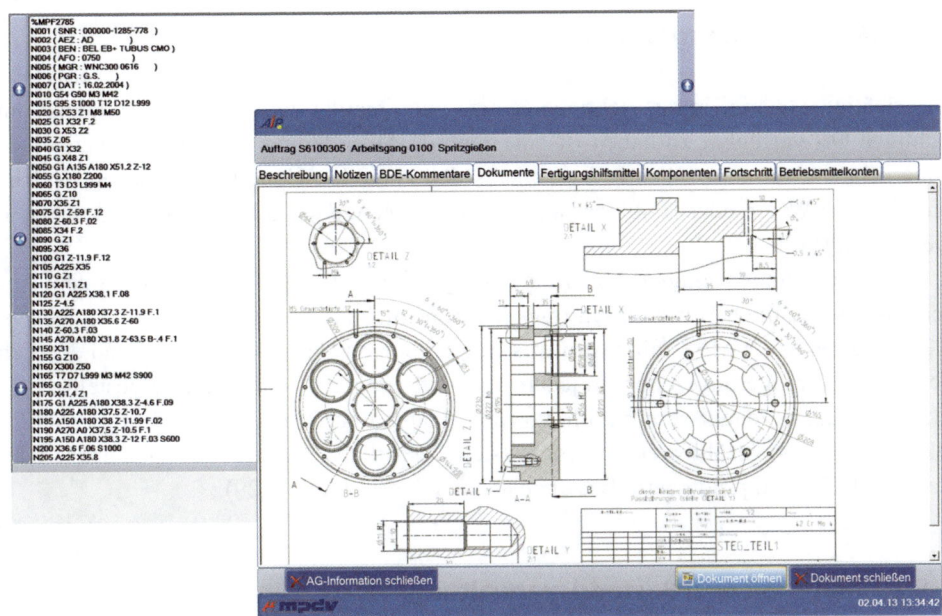

Abb. 4.28 Viewer zur Anzeige von Zeichnungen und NC-Programmen am BDE-Terminal

4.4.5 Optimierung und Upload der NC-Programme

Wird ein NC-Programm durch Optimierungen während der Produktion in seinen Parametern verändert, kann es am BDE-Terminal bei Bedarf mit zusätzlichen Kommentaren
versehen werden. Über die Upload-Funktion wird die optimierte Programmversion in der
MES-Datenbank für eine spätere Verwendung abgespeichert bzw. an das angeschlossene
NC-Verwaltungssystem weitergeleitet und im MES verlinkt.

4.5 Materialmanagement

Das richtige Material in der richtigen Menge und Qualität zum richtigen Zeitpunkt am richtigen Ort verfügbar zu haben ist eine zentrale Anforderung für jedes produzierende Unternehmen. Genauso wichtig ist es, stets den aktuellen Überblick zu haben, welche produzierten Waren oder Halbfabrikate in welcher Menge wo gelagert sind (vgl. Kletti J, Deisenroth R (2012)).

Anders als die retrograden Materialbuchungen im ERP, mit denen erst nach dem Abschluss des gesamten Fertigungsauftrags die Rohstoff- und Fertigwarenbestände gebucht werden, arbeitet ein MES mit einem wesentlich höheren Detaillierungsgrad und deutlich geringeren Verzögerungszeiten. In jedem Produktionsschritt können die hergestellten Artikel oder Halberzeugnisse mit Hilfe von sog. Materialpuffern oder WIP-Lägern (WIP = Work In Process) gezählt werden, woraus sich wesentlich genauere Aussagen über Materialverbräuche und produzierte Bestände ableiten lassen (Abb. 4.29).

4.5.1 Material- und Bestandsverwaltung

Mit Materialpuffern werden im MES WIP-Lagerplätze abgebildet, wo Rohstoffe und Halbfabrikate zwischengelagert werden (Abb. 4.30). In Summe liefern sie eine Aussage zur Höhe der Umlaufbestände. Aus logistischer Sicht geben sie Auskunft darüber, wann Bestände leerlaufen und die Beschaffung bzw. ein neuer Lagerauftrag gestartet werden

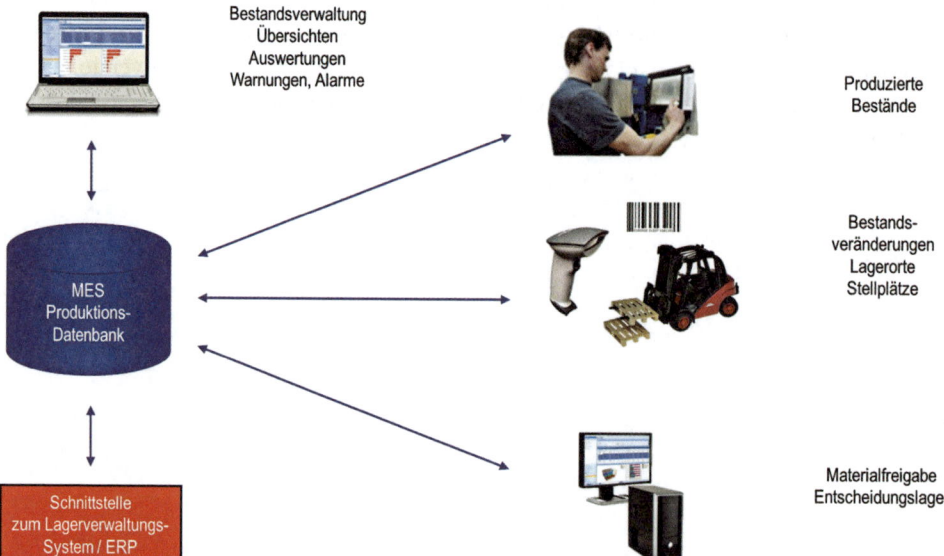

Abb. 4.29 Typische Funktionen eines MES zur Unterstützung des Materialmanagements

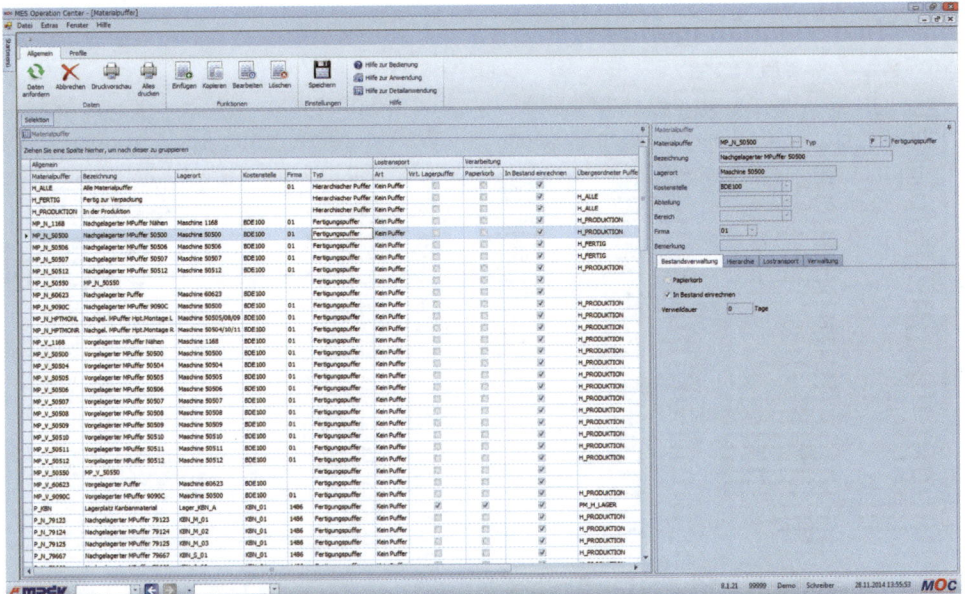

Abb. 4.30 Abbildung der Materialpuffer oder WIP-Lagerplätze und ihrer Eigenschaften

muss. Zusammen mit dem Handling von entsprechenden Papieren dienen Materialpuffer zur Unterstützung von Kanban-gestützten Prozessen.

Materialpuffer und die damit verbundenen Eigenschaften wie z. B. minimale oder maximale Bestandsgrenzen können in der Stammdatenverwaltung konfiguriert werden.

Um Material von einem Arbeitsplatz zum nächsten zu bringen, werden oftmals Ladungsträger benötigt, die als Transporteinheiten verwaltet werden. Diese können in der Stammdatenverwaltung z. B. zusammen mit weiteren Stammdaten wie Abmessung und Ladevolumen etc. konfiguriert werden.

4.5.2   Material-Monitoring

Bestandübersichten dienen dazu, den verantwortlichen Mitarbeitern stets einen Überblick darüber zu liefern, welche Arten von „Material" in welcher Menge in welchen Materialpuffern oder WIP-Lägern vorhanden sind. Zusammen mit der Materialnummer lassen sich auch Materiallose, d. h. definierte Einheiten verwalten, denen ein sog. Losstatus wie gesperrt, freigegeben, verfallen etc. zugeordnet werden kann. Damit ist bereits die Basis für eine einfache Materialflusssteuerung gelegt, da der Losstatus eine eindeutige Aussage darüber liefert, wie die jeweiligen Bestände zu behandeln sind (Abb. 4.31).

Werden die produzierten Mengen über ein Modul zur Maschinendatenerfassung oder mit kurzfristigen Eingaben direkt an der Maschine erfasst und die Materialpuffer so angelegt, dass diese den Output der Maschine repräsentieren, ist sogar eine Bestandsübersicht in Echtzeit verfügbar.

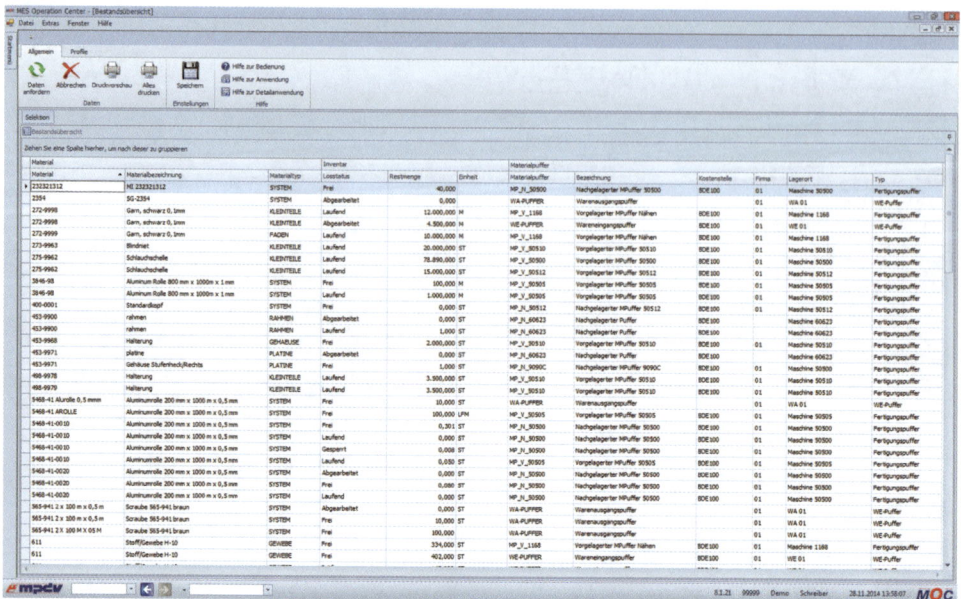

Abb. 4.31 Aktuelle Übersicht zu den angelegten Materialpuffern und den jeweils gebuchten Beständen

Eine ähnliche Funktion könnte auch für Bestandsbeobachtungen in Bezug auf Material, das in Transporteinheiten „gelagert" ist, genutzt werden. Über eine Auflistung aller Materialbuchungen wäre es außerdem möglich, eine Übersicht über alle Materialbewegungen in einem ausgewählten Zeitraum auf Knopfdruck zu geben.

Mit Hilfe einer Funktion zur Bestandsüberwachung lassen sich die Bestände in den angelegten Materialpuffern effektiv überwachen. Für jedes Material sind individuelle minimale und maximale Bestandsgrenzen definierbar. Über die Datenfelder zur Definition von Warn- und Alarmgrenzen kann das MES automatisch Alarme oder Warnungen ausgeben, die über ein nachgeschaltetes Eskalationsmanagement an die betreffenden Mitarbeiter verteilt werden (Abb. 4.33).

Wertvoll könnte auch eine Funktion sein, die aufzeigt, welche Materialmengen durch das Erreichen bzw. Überschreiten des Verfallszeitpunkts bereits verfallen sind bzw. die bis zum selektierten Enddatum verfallen werden. Auf Basis des aktuellen Bestands ist damit eine Prognose möglich, zu welchem Zeitpunkt wieviel Material verfällt (Abb. 4.32).

4.5.3 Selbstregelnder Materialfluss mit eKanban

Das Kanban-Prinzip verspricht verringerte Umlaufbestände und eine Vereinfachung der Fertigungssteuerung. Bei der modernen Variante „eKanban" werden die sog. Kanban-Karten in Papierform durch „elektronische" Kanban-Objekte ersetzt.

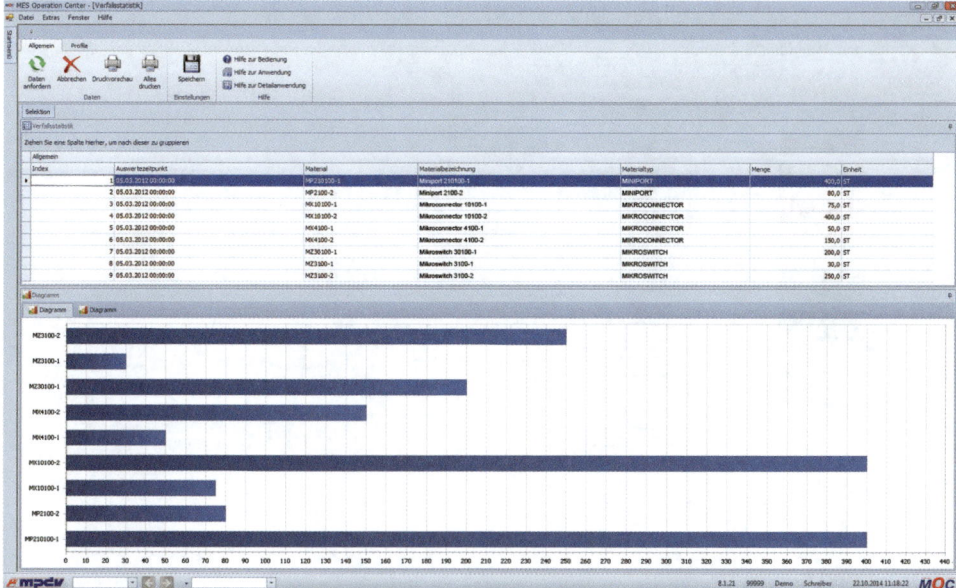

Abb. 4.32 Ermittlung der verfallenen Materialmengen im ausgewählten Zeitraum

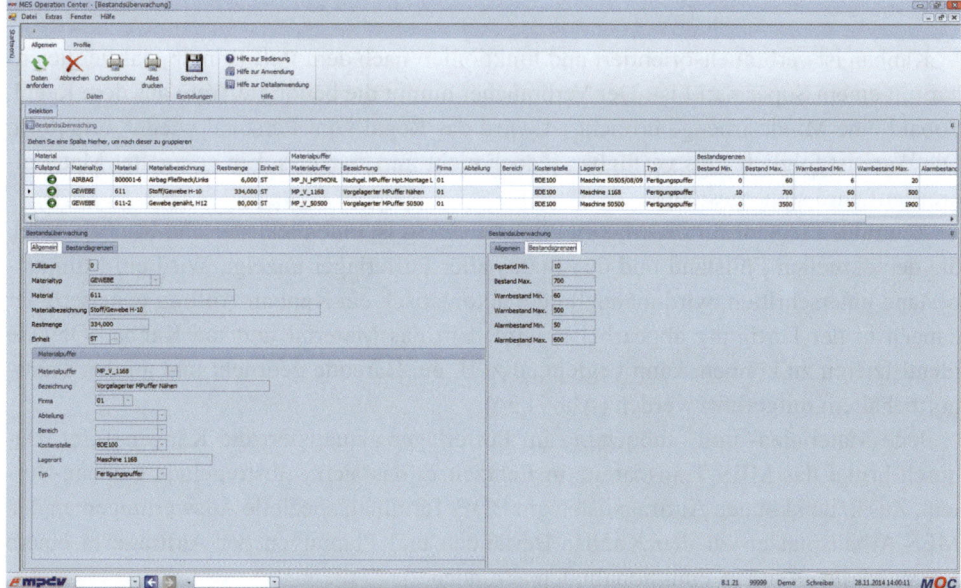

Abb. 4.33 Überwachung der Materialpuffer auf Mindest- bzw. Maximalbestände und die Definition von Warn- bzw. Alarmgrenzen

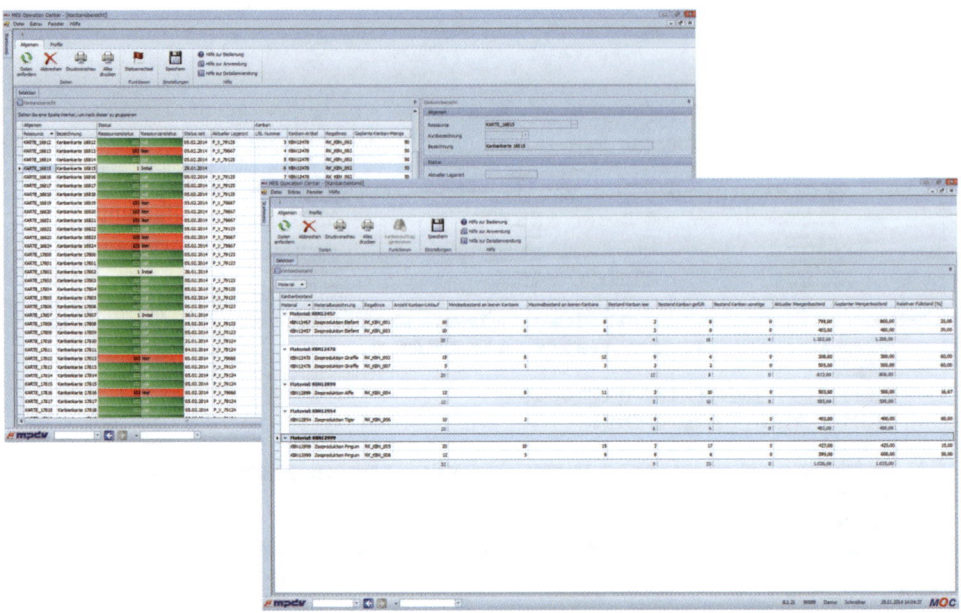

Abb. 4.34 Die Kanban-Tafel als wichtiges Element zur Überwachung der selbstregelnden Kanban-Prozesse

Kanban ist verbrauchsorientiert und funktioniert nach dem Pull-Prinzip, das vergleichbar mit einem Supermarkt ist: Der Verbraucher nimmt die benötigte Ware aus dem Regal. Sobald eine Mindestmenge erreicht ist, wird das Regal vom Personal wieder aufgefüllt. Die Ware ist folglich stets verfügbar, jedoch nicht im Überfluss. Ein geregelter Materialkreislauf wird so hergestellt.

Zentrales Element für die Materialflusssteuerung ist eine elektronische Kanban-Tafel, die den aktuellen Füllstand und den Status aller Pufferlager anzeigt. Wird ein Minimalbestand unterschritten, wird manuell oder automatisch ein Kanban-Auftrag generiert, der danach in der Fertigung abgearbeitet wird. Um das Material und die Kanban-Objekte identifizieren zu können, kann begleitend z. B. ein Barcode gedruckt und an den Transportbehältern mitgeführt werden (Abb. 4.34).

Jede Materialzu- und -abbuchung im Pufferlager aktualisiert die Kanban-Tafel. Dadurch bringt das MES Transparenz in Echtzeit in das sich selbstregelnde Kanban-System. Zusätzlich können Auftragslisten am BDE-Terminal, spezielle Auswertungen an den MES-Arbeitsplätzen zu den Kanban-Beständen und Planungen der Aufträge in einem Leitstand die eKanban-Funktionalitäten abrunden.

4.6   Feinplanung

Kostengünstiger zu produzieren und schnell auf Kundenanforderungen reagieren zu können, sind Kriterien, denen sich Fertigungsunternehmen heute stellen müssen. Die damit
einhergehenden Anforderungen an die Produktion und eine immer knapper werdende Verfügbarkeit der benötigten Ressourcen erschweren die vorausschauende Planung der Produktionsprozesse. Neben einer hohen Termintreue soll mit möglichst geringen Rüstkosten bei gleichmäßiger Kapazitätsauslastung und minimalen Umlaufbeständen gearbeitet
werden. Durch diese untereinander konkurrierenden Ziele entsteht ein Dilemma für die
Fertigungssteuerung (Abb. 4.35).

Im Gegensatz zu den planerischen, auf langfristige Horizonte bezogenen Betrachtungen auf ERP-Ebene ist die Fertigung mit der aktuellen Realität konfrontiert. Diese zeigt
sich beispielsweise in Form von

- technischen Störungen der Produktionsmittel (Maschinenstillstände etc.),
- ungeplanten Instandhaltungsaktivitäten und Reparaturen,
- Problemen mit dem eingesetzten Material und den Werkzeugen,
- geänderten Prioritäten im Produktionsprogramm,
- Auftragsänderungen durch den Kunden oder
- Ausfällen von Mitarbeitern durch Krankheit.

Planungswerkzeuge wie ERP-Systeme oder manuell bediente Stecktafeln können mit den
zur Verfügung stehenden Funktionen und der fehlenden Kenntnis zur Ist-Situation den

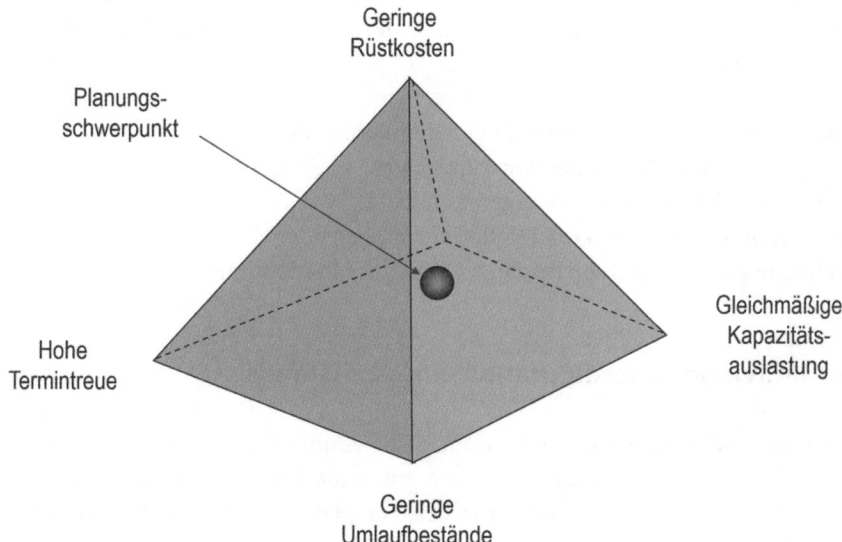

Abb. 4.35 Zielkonflikte in der Fertigung

gewachsenen Anforderungen in der Fertigung nicht gerecht werden. Ein Leitstand ist dagegen ein Werkzeug, das den Anwender bei der realitätsnahen Planung bzw. Steuerung eines optimalen Produktionsablaufes unterstützt. Für eine optimale Planung bezieht der Leitstand neben den grob terminierten Aufträgen aus dem ERP-System (frühestmöglicher Auftragsbeginn, spätmöglichstes Auftragsende etc.) auch die Ist-Daten aus der Produktion (Verfügbarkeiten der Maschinen, aktueller Produktionsfortschritt etc.) über BDE und MDE als auch Primär- und Sekundärressourcen in die Verplanung der Aufträge mit ein.

Unter den Primärressourcen versteht man die prinzipiell in der Produktion verfügbaren Kapazitäten wie z. B. Maschinen und Arbeitsplätze. Die Kapazität der Maschinen wird in den Stammdaten in Form von realistischen, leicht anpassbaren Schichtkalendern hinterlegt. Alle neben den Maschinen benötigten Produktionsmittel wie Werkzeuge, Hilfsmittel, Betriebsmittel etc. werden unter den Sekundärressourcen zusammengefasst. Auf Basis von Primär- und Sekundärressourcen, den Daten aus dem ERP-System und den Ist-Daten aus der Produktion werden die Aufträge zeitgenau Maschinengruppen, Einzelmaschinen oder Arbeitsplätzen zugeordnet (vgl. Kletti J, Deisenroth R (2012)).

In Abhängigkeit davon, ob im ERP mit fixen Materialreservierungen gearbeitet wird oder ob ein Leitstand auch in Bezug auf die Materialverfügbarkeit mehr Flexibilität für die Fertigungssteuerung bieten soll, können in die Belegungsalgorithmen natürlich auch materialbezogene Betrachtungen mit einbezogen werden.

Ein Leitstand steht in einem permanenten Datenaustausch mit der Produktionsebene. Dies ermöglicht neben einer schnellen und effektiven Verplanung von Aufträgen auch die Abbildung des aktuellen Zustands der Fertigung idealerweise in einem Gantt-Chart (Abb. 4.36). Es ist angelehnt an die klassische Plantafel und bietet dem Planer einen Rundum-Blick auf die Fertigung. Entstehende Konflikte wie Ressourcenengpässe können durch die grafische Darstellung der Produktionsprozesse frühzeitig erkannt und Eskalationen bei drohenden Terminverspätungen o. ä. in der Produktion vermieden werden. Daraus resultierende Nutzeneffekte sind:

- Verkürzung der Durchlaufzeiten durch Optimierung der Prozesse
- bessere Auslastung der Produktionskapazitäten
- Reduzierung der Umlauf- und Lagerbestände
- hohe Termintreue und exakte Liefterminzusagen oder
- Reduzierung der Rüstkosten im Zuge der Rüstwechseloptimierung.

4.6.1 Individuelle Konfiguration eines Leitstands

Um dem Anwender einen größtmöglichen Bedienkomfort zu bieten und seine spezielle Sicht auf die Fertigung abbilden zu können, muss die Möglichkeit bestehen, zahlreiche Funktionen in der Oberfläche der grafischen Feinplanung individuell zu konfigurieren. Dies bezieht sich hauptsächlich auf die sog. Plantafel, in der die Arbeitsgänge in Form von Balken dargestellt werden. Sollen weitere Details erkennbar sein, können Vorgänge wie

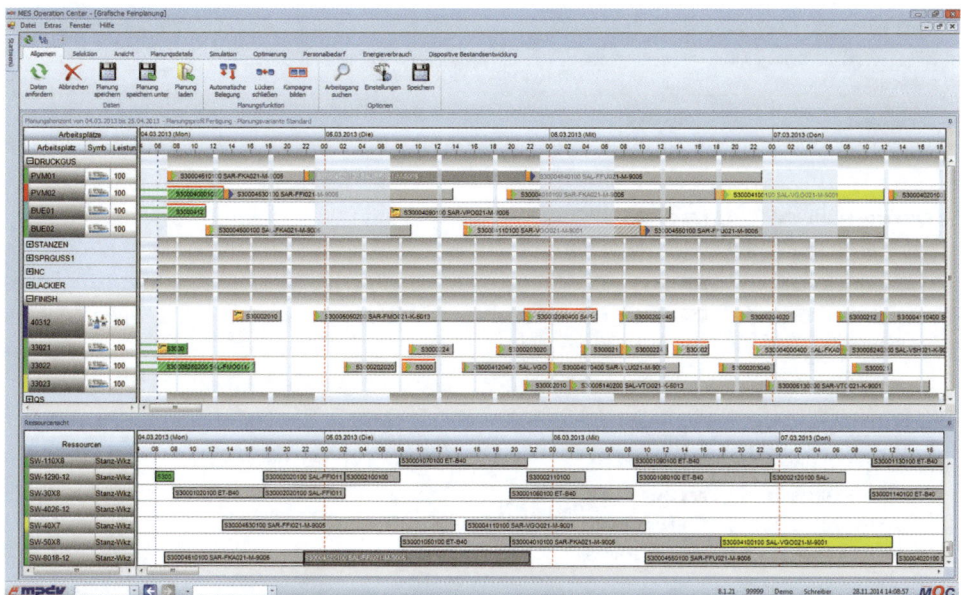

Abb. 4.36 Die Plantafel zeigt die komplette Belegungssituation für ein ausgewähltes Planungsprofil. Im *oberen* Fenster sind alle verfügbaren Maschinen bzw. Maschinengruppen und die bereits verplanten sowie die noch zu verplanenden Arbeitsgänge zu sehen. Im zugeschalteten *unteren* Fenster werden die zugehörigen Sekundärressourcen (in diesem Beispiel die Werkzeuge) angezeigt

Rüsten, Anfahren, Produktion und Abrüsten oder Zusatzinformationen z. B. zur Material-, Werkzeug- oder Personalverfügbarkeit durch unterschiedliche Farben bzw. Symbole gekennzeichnet werden.

Ausgerichtet an den Produktionsintervallen und Laufzeiten eines Auftrags bzw. Arbeitsgangs muss die Zeitskala in einer Spanne von wenigen Minuten bis hin zu mehreren Wochen eingerichtet werden können. Insbesondere bei hohem Auftragsbestand ist es hilfreich, wenn bestimmte Aufträge über farbliche Markierungen schnell erkennbar sind. Aufträge, die z. B. verspätet sind, eine besondere Priorität haben oder zum gleichen Kundenauftrag bzw. Projekt gehören, sind durch eine spezielle farbliche Kennzeichnung für den Planer schnell zu erkennen (Abb. 4.37).

Besteht eine Fertigung aus mehreren Meisterbereichen, Abteilungen oder anderen organisatorischen Einheiten, können Planungsprofile dazu genutzt werden, Gruppierungen mit individuell zugeordneten Maschinen für die Benutzer zu definieren. So kann es sinnvoll sein, dem verantwortlichen Planer für den Spritzguss nur die Spritzgießaufträge und -maschinen anzuzeigen während die Arbeitsvorbereitung ggf. alle Maschinen im Zugriff hat.

Jeder Maschine und jedem Arbeitsplatz muss ein individueller Schichtkalender für eine exakte Darstellung des Kapazitätsangebots inkl. Pausenzeiten, nicht belegten Schichten und nicht verfügbaren Zeiten, die z. B. durch vorbeugende Instandhaltung entstehen, zuzuordnen sein. Kommt es kurzfristig zu einem veränderten Kapazitätsangebot durch Son-

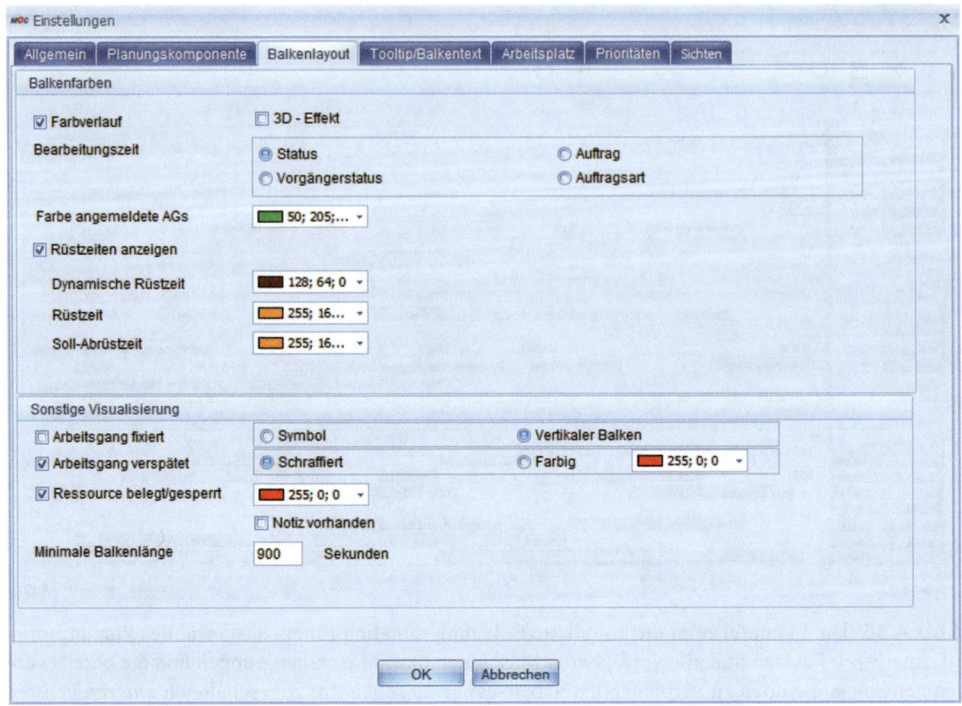

Abb. 4.37 Beispiele für individuelle Gestaltungsmöglichkeiten einer konfigurierbaren Plantafel

derschichten, Überstunden oder Personalmangel, besteht die Möglichkeit, den Standard-kalender durch individuelle Belegungs- und Schichtzeiten temporär zu ersetzen oder zu ergänzen.

Um die wichtigsten Informationen zu einem Auftrag zur Verfügung zu haben, sind in der Plantafel Dialogfenster oder sog. Tooltips hilfreich. Die Inhalte der Dialogfenster sollte der Anwender individuell festlegen können, so dass er stets die für ihn notwendigen Informationen wie Solldauer, Soll- und Ist-Rüstzeit, Sollmenge, Istmenge, Planstart und -ende sowie viele weitere angezeigt bekommt (Abb. 4.38).

4.6.2 Feinplanungs- und Belegungsfunktionen

Grundsätzlich muss der Anwender die Möglichkeit haben, die Aufträge automatisch oder manuell zu verplanen. Bei der automatischen Belegung wird unter Berücksichtigung der definierten Horizonte sowie ggf. vorhandener Restriktionen und Vorgaben der bestehende Auftragsvorrat gegen das verfügbare Kapazitätsangebot verplant. Dabei müssen vordefi-nierte Belegungsregeln anwendbar sein:

• variable Maschinenbelegung mit einstellbaren Sortierkriterien,
• zielgetriebene Belegung auf Basis gewichteter Ziele,

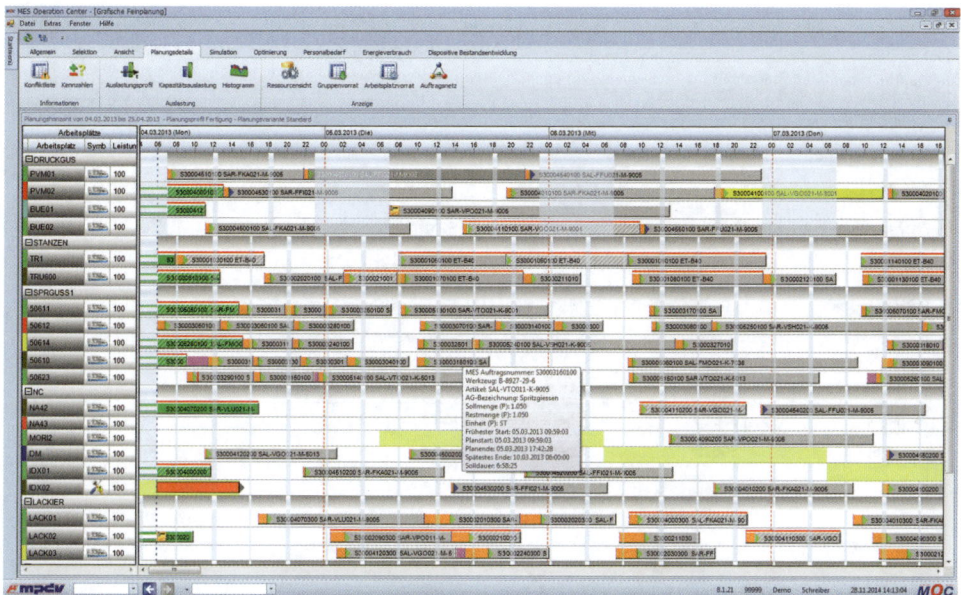

Abb. 4.38 Mit Hilfe von individuell konfigurierbaren Tooltips werden alle wichtigen Informationen überlagert zum Gantt-Chart angezeigt. Die durchscheinenden Bereiche, die man im Screenshot z. B. ganz *oben* erkennt, symbolisieren nicht vorhandene Maschinenkapazität, die in diesem Fall aus der nicht verfügbaren Nachtschicht resultiert

- regelbasierte Belegung nach Kennzahlen (z. B. kürzeste Operationszeit, geringster Rüstaufwand) oder
- Belegung nach externen Prioritäten.

Bei der manuellen Planung, die oftmals als Verfeinerung nach erfolgter automatischer Belegung stattfindet, muss das Umplanen der Aufträge durch Drag & Drop unterstützt werden. Durch die grafische Darstellung im Gantt-Chart ist für den Anwender schnell ersichtlich, welche Maschine in welchem Zeitraum Kapazitätsreserven hat und wo ein Auftrag noch einplanbar wäre. Der Anwender erhält sofort Hinweise, wenn bei der manuellen Belegung Planungskonflikte entstehen (Abb. 4.39).

Da die Produktion oftmals unvorhersehbaren Einflüssen ausgesetzt ist, entstehen Lücken in der Belegung durch stornierte und verschobene Aufträge oder Auftragsüberlappungen als Folge von Verschiebungen durch Störungen oder zu langsam laufende Maschinen. Für derartige Situationen muss ein Leitstand Automatismen bieten, die solche Situationen bereinigen helfen. Die Belegungstermine der betroffenen Arbeitsgänge werden neu berechnet und die Aufträge unter optimierten Gesichtspunkten anschließend wieder eingelastet.

Auch beim Einschieben von sog. „Chefaufträgen" hilft ein Leitstand, in dem er die bestehende Belegungssituation überprüft und Hinweise dazu gibt, ob für den bisher ungeplanten Auftrag einen Lücke besteht oder Aufträge verschoben werden müssen. Er zeigt sofort auf, welche weiteren Konsequenzen bei einer Verschiebung zu erwarten sind.

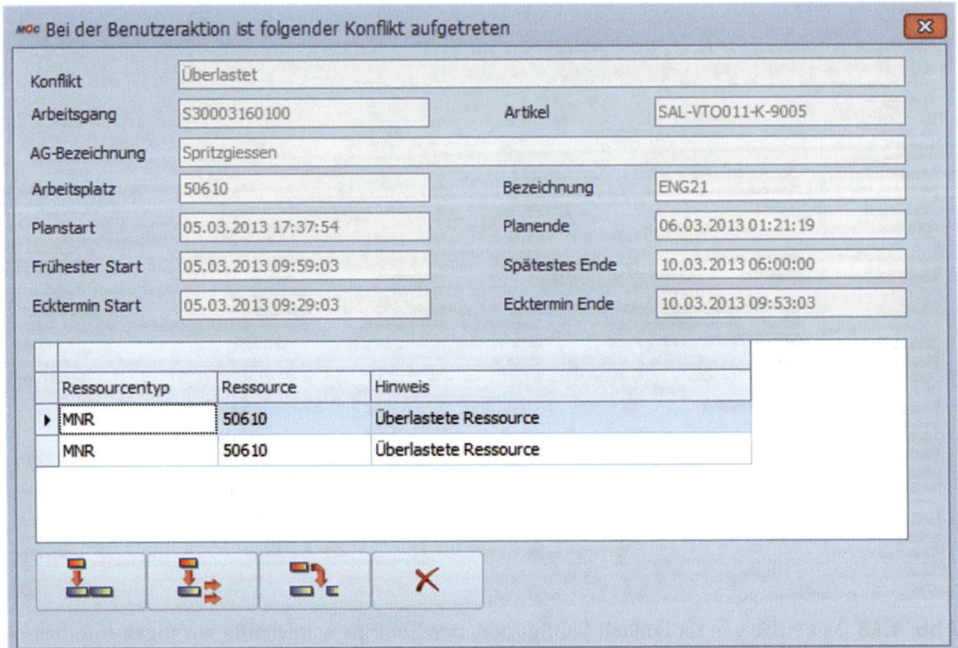

Abb. 4.39 Treten bei der manuellen Ein- oder Umplanung Konflikte auf, wird der Anwender sofort darauf hingewiesen. Über die unteren Buttons kann der Planer steuern, ob der Arbeitsgang trotz Konflikt eingelastet werden soll, ob der Leitstand die nachfolgenden Arbeitsgänge verschieben oder ob er automatisch die nächste freie Lücke suchen soll

Bei der Einlastung der Aufträge können Situationen entstehen, z. B. dass die benötigten Ressourcen nicht zur Verfügung stehen. Der Leitstand muss dann in der Lage sein, neben der bevorzugten auch alternative Fertigungsvarianten zu berücksichtigen und dem Planer zum Beispiel die Nutzung einer anderen Maschine oder eines anderen Werkzeugs vorzuschlagen (Abb. 4.40).

4.6.3 Materialverfügbarkeitsprüfungen

Anders als das zentrale Lager, dessen Bestände in der Regel nur retrograd, d. h. nach Abschluss des gesamten Produktionsauftrags aktualisiert werden, hat der Leitstand über die direkten Fortschrittsmeldungen aus der BDE eine wesentlich genauere und aktuellere Kenntnis zum verbrauchten und produzierten Material. Über die sog. WIP-Läger (WIP = Work In Progress) weiß der Leitstand zum Beispiel auch, welches Vormaterial in einem mehrstufigen Fertigungsprozess bereits produziert wurde und kann auf dieser Basis automatisch entscheiden, zu welchem Zeitpunkt der Nachfolge-Arbeitsgang gestartet werden kann.

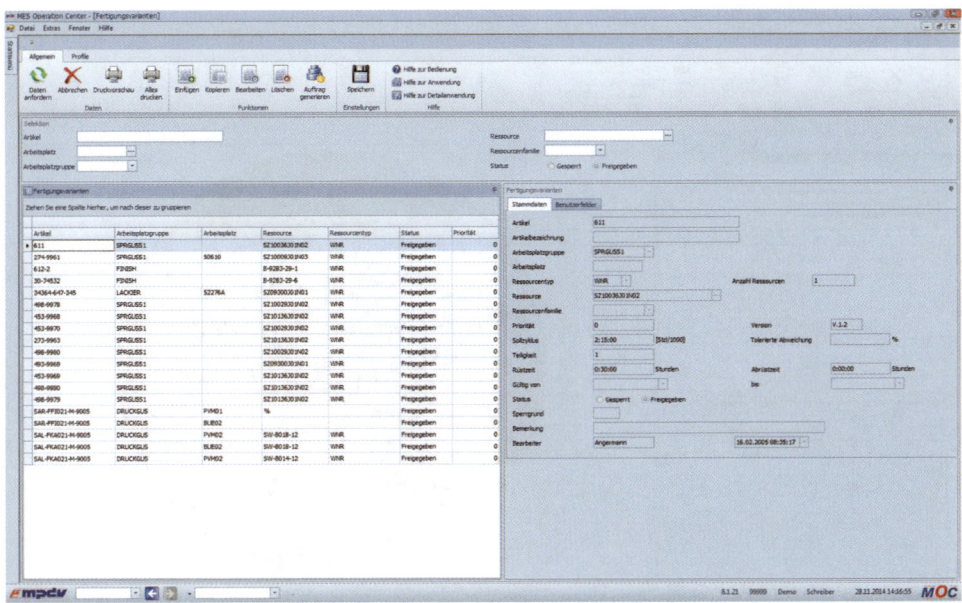

Abb. 4.40 Der Planer bekommt automatisch angezeigt, welche alternativen Fertigungsvarianten zur Produktion des Artikels zur Verfügung stehen

4.6.4   Optimierung

Nachdem eine Belegung nach den eingestellten Regeln automatisch durchgeführt und evtl. mit manuellen Eingriffen verändert wurde, liegt ggf. ein Feinplanungsergebnis vor, das nicht unbedingt den Wünschen der Planer entspricht. In solchen Fällen kann der Anwender versuchen, das gesamte Planungsszenario oder Teile davon über Optimierungsfunktionen zu verbessern. Dazu muss ein Leitstand Optimierungsalgorithmen auf Basis evolutionärer Strategien besitzen, bei denen durch Variation (unterschiedliche Gewichtung) von Einflussparametern mehrere Planungen durchgeführt und die jeweils besten Einflussparameter für eine abschließende Planung verwendet werden. Der Planer wählt hierzu die passenden, vordefinierten Basiskennzahlen für die Optimierungsvorgabe aus oder er definiert eigene Kennzahlen durch Kombination und Gewichtung der vorhandenen Basiskennzahlen. Außerdem muss er festlegen, welche Gewichtungsparameter (z. B. Bearbeitungszeit, Priorität) die Planung beeinflussen sollen und wie oft die Gewichtungsparameter variieren, d. h. wie viele Planungsiterationen durchgeführt werden sollen (Abb. 4.41).

Signifikante Einsparungseffekte ergeben sich, wenn Rüstzeiten durch eine optimierte Belegungsreihenfolge reduziert werden können. Bei der Einlastung der Arbeitsgänge müssen dann sowohl im Arbeitsplan hinterlegte statische als auch dynamische Rüstzeiten berücksichtigt werden. Die dynamischen Rüstzeiten werden auf Basis einer sog. Rüstwechselmatrix ermittelt und als zusätzliches Balkenelement am Arbeitsgang angezeigt. Wird ein Arbeitsgang eingelastet oder umgeplant, errechnet der Leitstand sofort die neuen

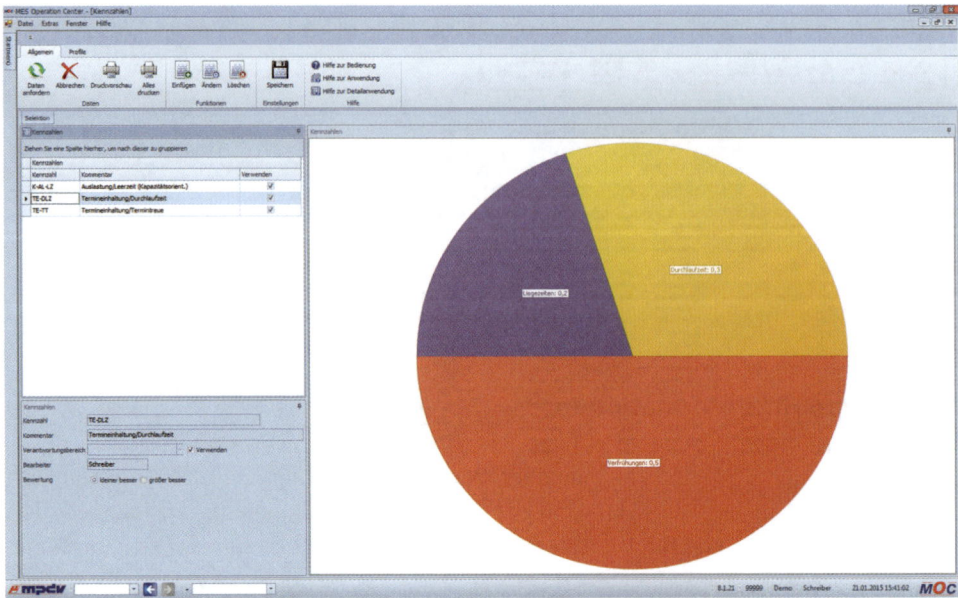

Abb. 4.41 In der Abbildung sind drei typische Beispiele für Basiskennzahlen aufgeführt. Die Tortengrafik visualisiert für die ausgewählte Basiskennzahl „Termineinhaltung/Durchlaufzeit" welche Parameter mit welcher Gewichtung die Optimierung beeinflussen

Rüstzeiten und der Planer erkennt adhoc, ob und wie sich die Rüstsituation verändert hat. Bei der automatischen Belegung kann ein Leitstand auch die anfallenden Rüstzeiten gesamthaft berücksichtigen und auf Basis der Daten in der Rüstwechselmatrix ein optimales Planungsergebnis mit den geringstmöglichen Rüstzeiten ermitteln.

4.6.5 Simulation

Ein leistungsfähiger Leitstand muss mehrere Belegungsvarianten, die durch die Anwendung unterschiedlicher Belegungsstrategien, durch Optimierungen oder einfach nur durch manuelles Variieren der Schichtmodelle und Leistungsgrade von Maschinen entstanden sind, speichern und miteinander vergleichen können. Als Ergebnis entsteht ein aussagefähiger Vergleich auf Basis von Kennzahlen wie Auslastungsgrad, Leerzeiten, Rüstaufwand, Termineinhaltung o. ä., die anhand der Planungsziele und deren Gewichtung automatisch berechnet werden (Abb. 4.42).

Liegen mehrere Simulationsergebnisse vor, vergleicht der Planer die ermittelten Kennzahlen miteinander. Er wählt die Simulation mit dem besten Planungsergebnis aus, variiert diese bei Bedarf durch manuelle Korrekturen, fixiert den auf diese Weise erzeugten, optimalen Planungsstand und gibt ihn für die Fertigung frei.

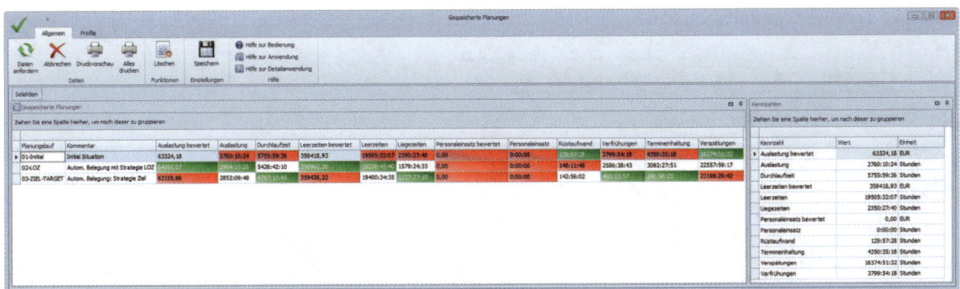

Abb. 4.42 Kennzahlen als Entscheidungsgrundlage zur Auswahl der optimalen Belegungsvariante

4.6.6 Planungsinformationen

Im Vergleich zum ERP oder zu manuellen Planungstools bringt ein Leitstand dann entscheidende Nutzenvorteile, wenn er sowohl die Planungssituation als auch aktuelle Ist-Daten so visualisiert, dass für den Anwender quasi ein 360°-Blick auf das Fertigungs- und Planungsgeschehen entsteht. Je nach Bedarf müssen Zusatzinformationen oder Details zum jeweiligen Auftrag oder zur Maschine bzw. zur Maschinengruppe in separaten Fenstern eingeblendet werden können.

Insbesondere dann, wenn sehr viele ungeplante Aufträge in der Warteschlange sind, kann eine Tabelle mit dem sog. Gruppen- bzw. Arbeitsplatzvorrat ein ideales Hilfsmittel sein. Es werden detaillierte Informationen zu den Arbeitsgängen wie z. B. frühestes Startdatum, spätestes Enddatum oder die Priorisierung angezeigt. Der Anwender kann die Tabelle individuell gestalten und beliebige Sortierungen vornehmen. Mit Drag & Drop kann der Planer die Aufträge direkt aus der Tabelle in die grafische Plantafel ziehen und sie zum gewünschten Zeitpunkt auf dem passenden Arbeitsplatz einlasten oder auf eine andere Maschine verschieben (Abb. 4.43).

Entstehen bei der Belegung Planungskonflikte in Form von überplanten Maschinen, Verletzungen der Ecktermine, mehrfach belegten Ressourcen oder anderen Problemen, werden diese in einer Konfliktliste dokumentiert. Auf diese Weise erhält der Planer gezielte Informationen, die er für eine Beurteilung der Konfliktsituationen und die Beseitigung der Produktionsengpässe benötigt (Abb. 4.44).

Im Auftragsnetz wird der Gesamtzusammenhang innerhalb eines mehrstufigen Auftrags mit den Vorgänger- und Nachfolgerbeziehungen der Arbeitsgänge grafisch dargestellt. Auch bei der Planung der einzelnen Arbeitsgänge auf Maschinen und Arbeitsplätze in unterschiedlichen Bereichen wird die Netzstruktur berücksichtigt. Wird z. B. ein Arbeitsgang verschoben und liegt dadurch der Endtermin hinter dem spät möglichsten Starttermin des Nachfolgers, wird eine Warnung ausgegeben und ein Eintrag in der Konfliktliste erzeugt. Der Planer kann auch erkennen, wieviel Puffer noch zwischen den einzelnen Arbeitsgängen als Reserve verfügbar ist. Bei Bedarf zeigen weitere Ebenen alle Aufträge und Komponenten, die zu einer übergeordneten Baugruppe oder zu einem Kundenauftrag gehören (Abb 4.45).

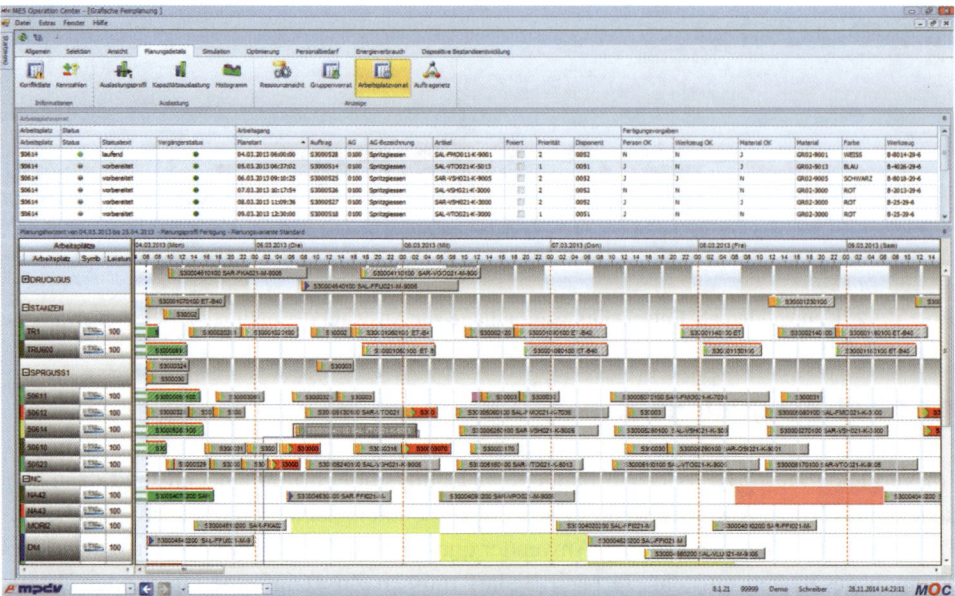

Abb. 4.43 Alle noch zu verplanenden Arbeitsgänge für eine Maschinengruppe werden in der Tabelle angezeigt. Das Gantt-Chart im unteren Teil zeigt die aktuelle Belegungssituation aller Maschinen, die zur ausgewählten Gruppe gehören

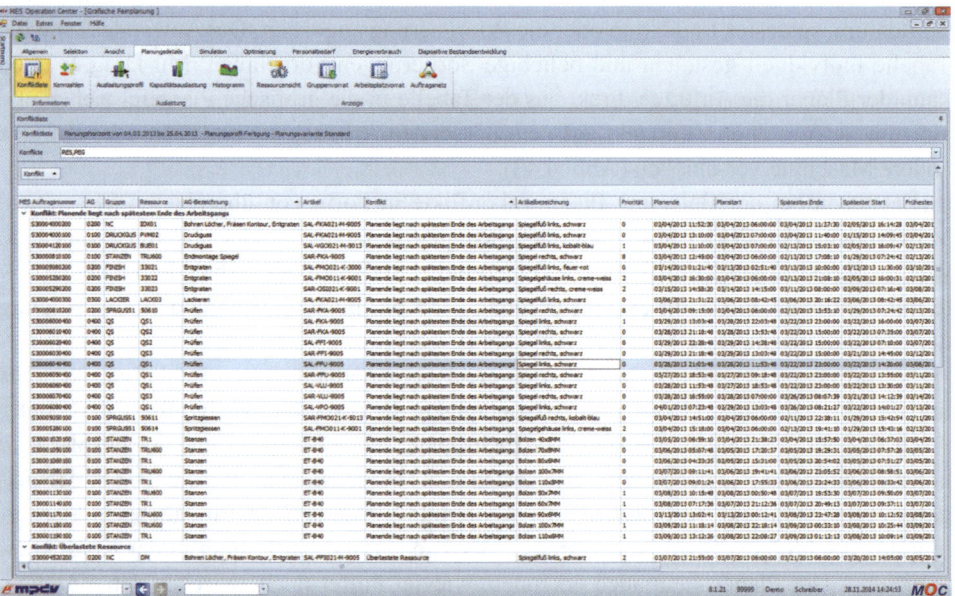

Abb. 4.44 Die Konfliktliste wird nach der Belegung erzeugt. Sie enthält die Arbeitsgänge, die aufgrund von Planungskonflikten nicht eingeplant werden konnten

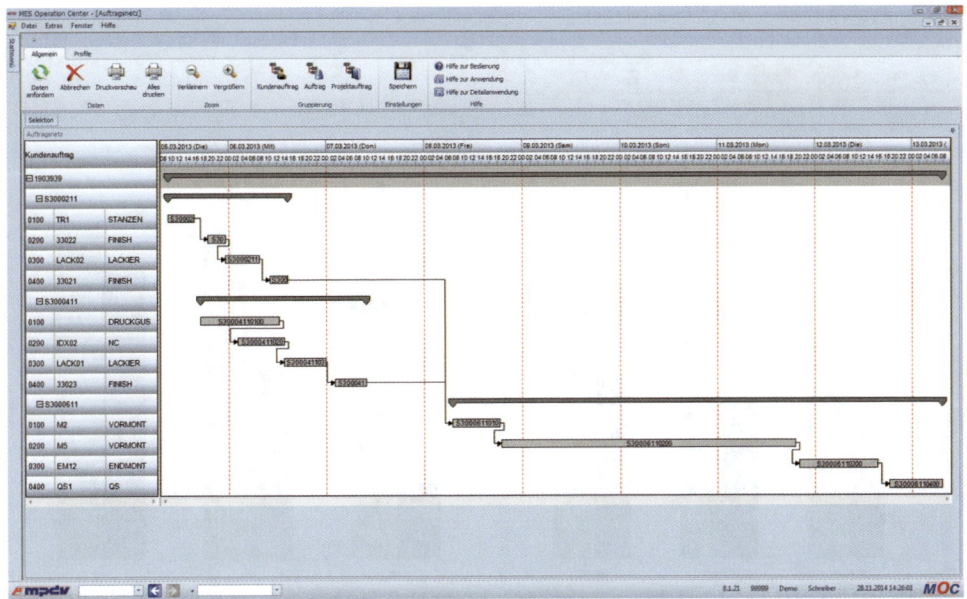

Abb. 4.45 Grafische Darstellung der Verknüpfung der Arbeitsgänge innerhalb eines Auftrags

Eine Antwort auf oft gestellte Fragen wie „Wann können wir den Kundenauftrag frühestens einplanen?", „Wie stark ist die Fertigung ausgelastet?" oder „Wo haben wir noch Lücken?" geben Auslastungsprofile und Auswertungen zur Kapazitätsauslastung.

Während im Auslastungsprofil die vorhandene Maschinenkapazität einer oder mehrerer Maschinengruppen über wählbare Zeiträume (Tage, Wochen oder Monate) in kumulierter Form der bereits belegten gegenüber gestellt wird, zeigt die Kapazitätsauslastung das Verhältnis von vorhandener zu belegter Maschinenkapazität für eine Maschine über wählbare Zeiträume im Detail (Abb. 4.46).

Für den Fertigungssteuerer ist mit Hilfe des sog. Kapazitätsgebirges in Form eines Histogramms für die aktuelle Situation auf einen Blick erkennbar, wieviel Maschinenkapazität zur Verfügung steht (rote Linie in der Abb. 4.47), wieviel davon bereits durch verplante Aufträge belegt ist (grüne Flächen) und wieviel noch für Aufträge im Vorrat benötigt wird (blaue Flächen). Die rot markierten Flächen zeigen die Zeitbereiche an, in denen die Maschinen mit Aufträgen belegt wurden, die verfügbare Kapazität aber bereits ausgelastet ist.

Ist erkennbar, dass die vom ERP vorgegeben Aufträge mit der vorhandenen Produktionskapazität nicht in vollem Umfang abzuarbeiten sind, kann der Fertigungssteuerer die Splittingfunktionen nutzen. Mit derartigen Tools werden Arbeitsgänge in Bezug auf die zu produzierenden Mengen in mehrere Teile gesplittet und wahlweise sequenziell mit zeitlichem Versatz auf die gleiche Maschine (die Folge sind Teillieferungen) oder zeitgleich parallel auf mehrere Maschinen eingelastet.

Um schnell auf Planungskonflikte oder andere kritische Situationen reagieren zu können (reaktive Fertigungssteuerung), muss ein MES über Mechanismen im Leitstand ver-

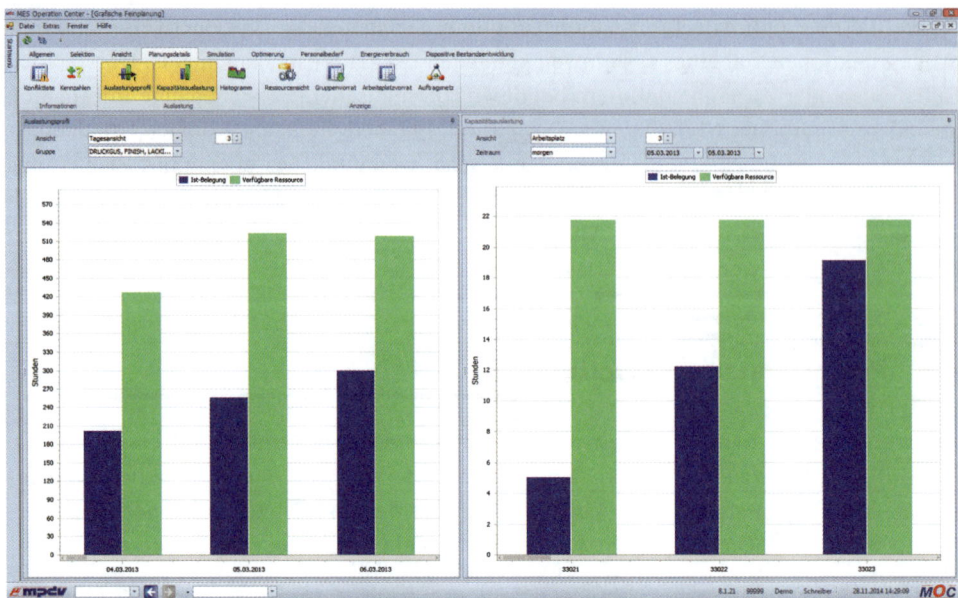

Abb. 4.46 Vergleiche zwischen verfügbarer und bereits belegter Kapazität

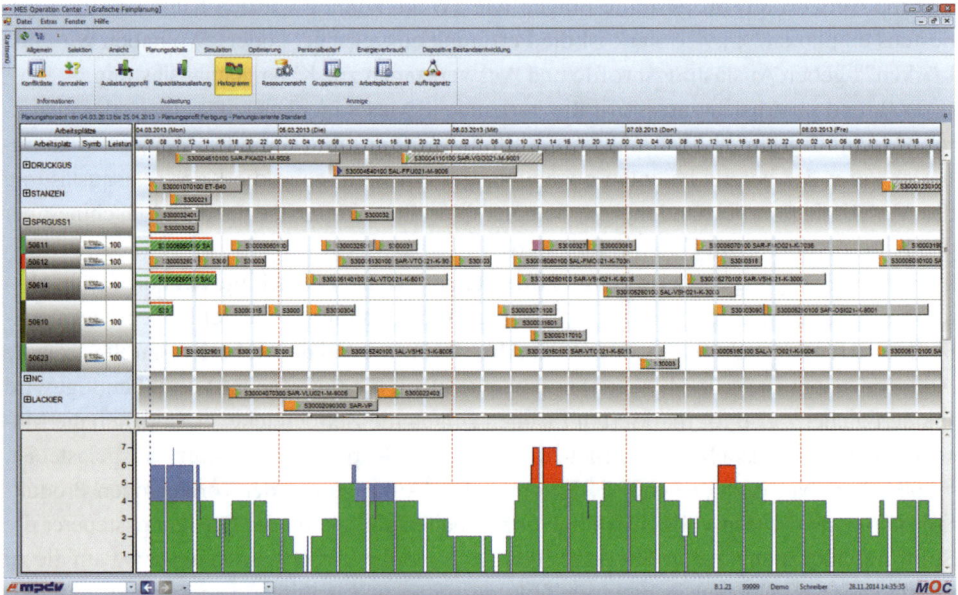

Abb. 4.47 Grafische Darstellung zur Auslastung der Maschinenkapazitäten

fügen, die eine optimale Informationsverteilung sicherstellen. Typischerweise sind derartige Funktionen Teil eines systemweit genutzten Eskalationsmanagements. Dort werden Situationen oder Zustände definiert, bei deren automatischem Erkennen eine Information an andere Mitarbeiter weitergeleitet werden soll. In einem Leitstand könnten Eskalationsmeldungen zum Beispiel dann versendet werden, wenn eine Verletzung des Plantermins erkannt wurde, ein Arbeitsgang auf eine andere Maschine verschoben wurde oder durch die verzögerte Abarbeitung eines Vorgängerarbeitsgangs der Nachfolger nicht zur geplanten Zeit begonnen werden kann.

4.7 Prozessdatenverarbeitung

Anspruchsvolle Produkte entstehen meist in komplexen Fertigungsprozessen, die ein Höchstmaß an Präzision erfordern. Das Einhalten der vorgegebenen Produktionsparameter und das Führen statistischer Auswertungen mit dem Ziel einer kontinuierlichen Verbesserung sind der Garant für eine hohe Produktqualität und niedrige Ausschusszahlen.

Während die kontinuierliche Regelung der Produktionsparameter und Prozesswerte sowie deren Aufzeichnung heute auch oft von modernen Maschinen- und Anlagensteuerungen übernommen werden kann, bietet ein MES Funktionen, die weit darüber hinausgehen. Durch die vollständige Integration aller MES-Anwendungen auf Basis einer zentralen Datenbank können korrelative Betrachtungen zu anderen Daten vorgenommen werden. Aus dem Vergleich von Daten zu Aufträgen, Artikeln, Materialchargen oder Werkzeugen und den Prozesswerten ergeben sich wertvolle Ansätze für die Optimierung der Produktion (vgl. Kletti J, Deisenroth R (2012)).

Ein besonders wirkungsvoller Integrationsaspekt ergibt sich dann, wenn die Prozesswerte nicht nur zur Prozessregelung sondern auch gleichzeitig als Input für eine mitlaufende Qualitätskontrolle und für die Dokumentation der Daten dienen, die für einen lückenlosen Produktnachweis benötigt werden (Traceability) (Abb. 4.48).

4.7.1 Stammdaten zur Prozessdatenverarbeitung

Die Definition aller zu erfassenden Prozessparameter wird in einem sog. Merkmalskatalog vorgenommen: z. B. physikalische Einheit des Messwerts, Formeln zur Berechnung des Parameters aus dem eingelesenen Wert, Messintervalle, untere und obere Toleranz- sowie Prozessgrenzen.

Durch die Zuweisung sogenannter logischer Kanäle wird festgelegt, auf welchem Weg die Daten ins System kommen. Zudem wird hier konfiguriert, wie die Verletzung von Toleranz- und Eingriffsgrenzen protokolliert und zum Beispiel in Form von Alarmen signalisiert wird. Dabei erhalten die Datensätze ein Gültigkeitsdatum, was die Versionierbarkeit von Erfassungs- und Berechnungsvorschriften möglich macht (Abb. 4.49).

Abb. 4.48 Prinzipielles Funktionsschema einer MES-Applikation zur Prozessdatenverarbeitung

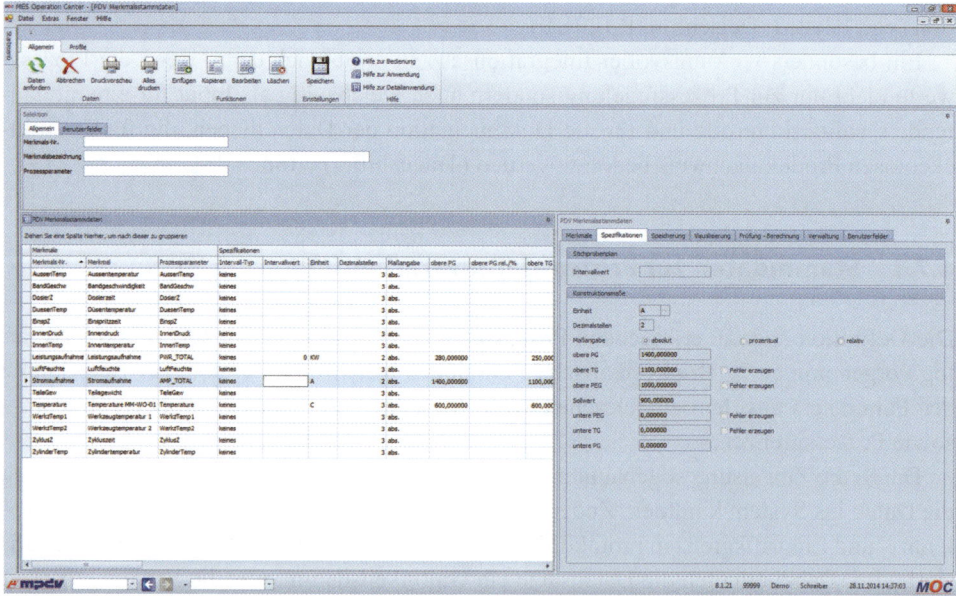

Abb. 4.49 Anlegen und Verwalten der Prozessgrößen und Prozessmerkmale

4.7.2   Online-Visualisierung der Prozessdaten

Abhängig von den konkreten Anforderungen müssen die erfassten und verarbeiteten Prozessdaten in unterschiedlicher Form visualisiert werden. Dies geschieht wahlweise direkt an den BDE-Terminals, auf Großbildschirmen in der Fertigung oder auf den Büro-PCs der Mitarbeiter, die für die Prozesssteuerung verantwortlich sind. Ein Prozessmonitor zeigt dazu alle ausgewählten Prozessparameter für eine Maschine oder Anlage in Form von Zeigern oder Balken an. Neben dem aktuellen Messwert sind in solchen Darstellungen auch die hinterlegten Grenzwerte sichtbar, sodass man auf einen Blick erkennen kann, ob sich der Prozess innerhalb des gewünschten Bereichs bewegt oder ob eine Aktion erforderlich ist, weil sich die aktuellen Werte außerhalb der Eingriffs- oder Toleranzgrenzen befinden (Abb. 4.50).

4.7.3   Analysen und Auswertungen

Das MES muss in der Lage sein, die erfassten oder übernommenen Prozessdaten über beliebig lange Zeiträume in einer Datenbank zu speichern, um diese bei Bedarf zu analysieren, Rückschlüsse auf das Prozessverhalten zu ziehen und die Analyseergebnisse im Sinne der Prozessoptimierung zu nutzen. Auch hier spielt der integrative Charakter des MES eine große Rolle, denn erst in der korrelativen Betrachtung beispielsweise zu maschinen- oder chargenbezogenen Daten werden die wirklichen Problemverursacher sichtbar.

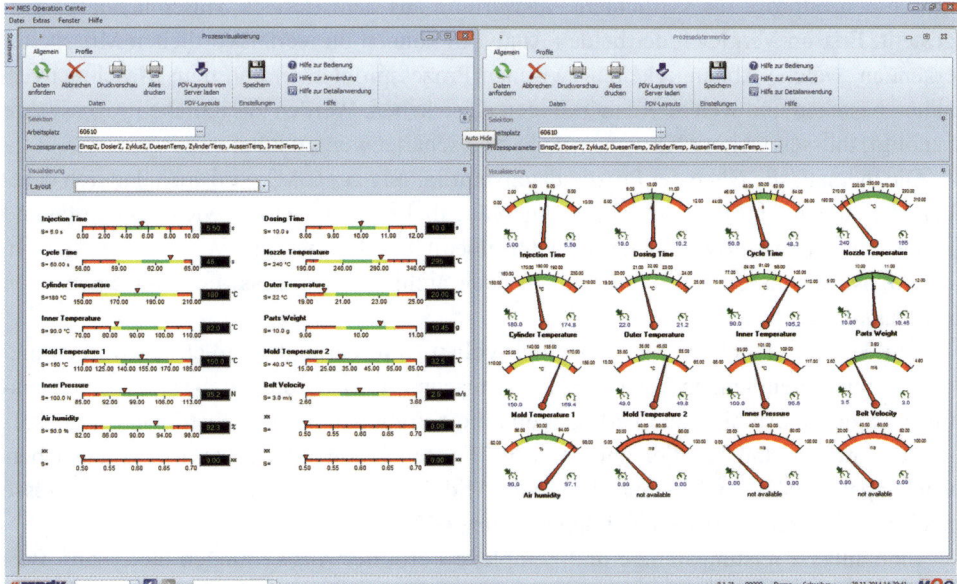

Abb. 4.50 Prozessmonitor zur Anzeige aktueller Messwerte in Form von Zeiger- oder Balkengrafiken

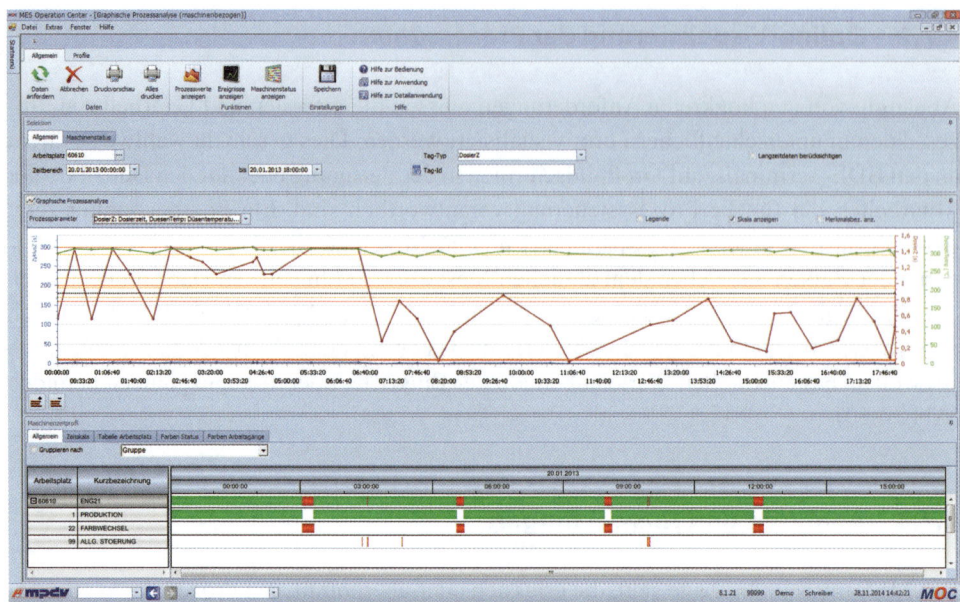

Abb. 4.51 Grafische Prozessanalyse – im Beispiel mit zugeschalteter Darstellung der Maschinen-störungen für korrelative Betrachtungen

Ein typisches Beispiel für derartige Auswertungen ist die sog. Grafische Prozessana-lyse. In Abb. 4.51 werden im oberen Bereich ausgewählte Prozessdaten als Analogspur inkl. der hinterlegten Eingriffs- und Toleranzgrenzen angezeigt. Im unteren Teil ist das Maschinenzeitprofil als verdichtete Auswertung aus dem Bereich Maschinendaten dar-gestellt. Erst im Vergleich der beiden Analysen können die verantwortlichen Mitarbeiter erkennen, welche Abhängigkeiten zwischen Prozessproblemen und dem Maschinenver-halten bestehen und welche Auswirkungen diese haben. Werden zusätzliche Prozesswerte benötigt, müssen weitere Kurvenverläufe zugeschaltet werden können.

Die thematische Nähe der Prozessdatenverarbeitung zur CAQ wird auch dadurch deut-lich, dass die in der Qualitätssicherung gebräuchlichen Analysetools wie Regelkarten und Fehlerschwerpunktauswertungen in unterschiedlichen Formen zur Verfügung stehen. In die Analysen müssen selbstverständlich auch archivierte Prozesswerte mit einbezogen werden können.

Um den individuellen, meist anspruchsvollen Anforderungen gerecht zu werden und die großen Datenmengen beherrschbar zu machen, müssen die Analysetools über leis-tungsfähige Filterfunktionen verfügen und die Kombination unterschiedlicher Regelkar-ten, Diagramme und Tabellen unterstützen. Die Regelkarten sollten darüber hinaus Über-wachungsfunktionen wie Trend, Run oder Middle Third beinhalten, damit die Prozesse noch besser kontrolliert werden können (Abb. 4.52).

Eine äußerst leistungsfähige und komplexe Form der Auswertungen bietet zum Bei-spiel die Fehlerschwerpunktanalyse. Hier werden Daten dargestellt, die als Ergebnis der Ausschussmeldungen innerhalb der BDE entstanden sind und die offen legen, welche Einflüsse Prozessstörungen auf die Produktqualität haben (Abb. 4.53).

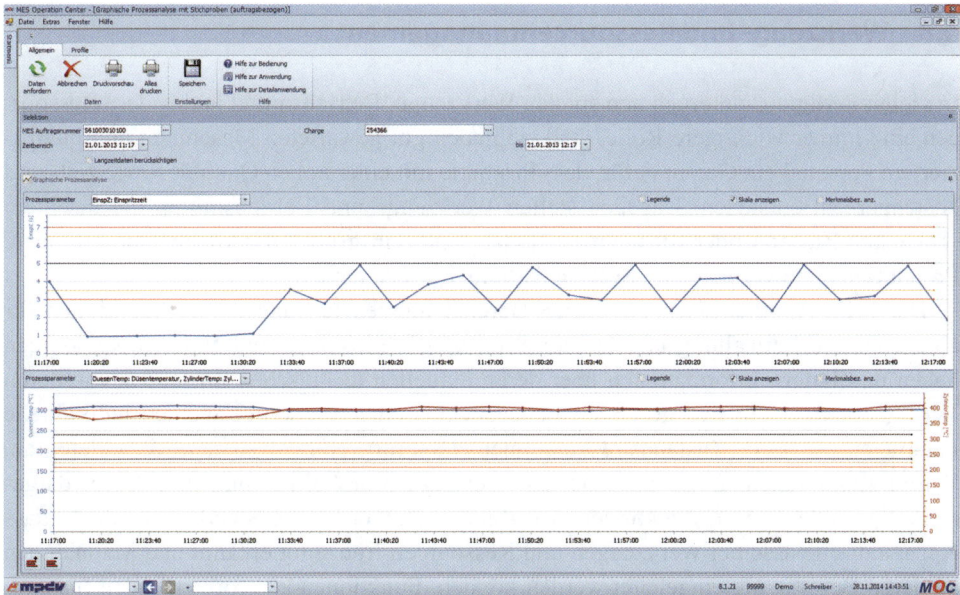

Abb. 4.52 Regelkarte zur Analyse ausgewählter Prozessparameter

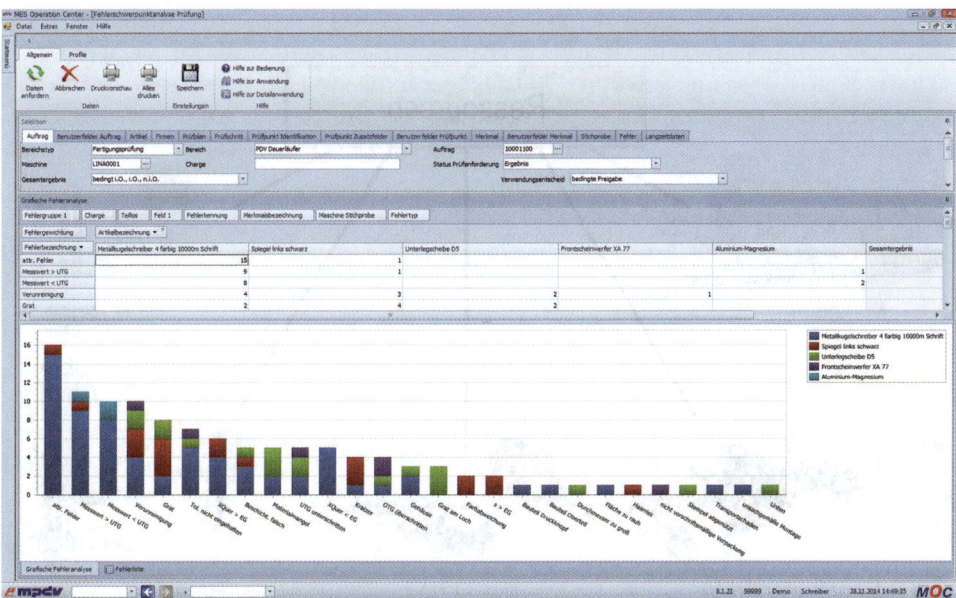

Abb. 4.53 Fehlerschwerpunktanalyse zur Auswertung von Prozessstörungen

4.8 Werkzeug- und Ressourcenmanagement

In vielen Fertigungsunternehmen spielen Werkzeuge, Betriebsmittel und andere Ressourcen eine immer wichtigere Rolle, sind sie neben gut gewarteten Maschinen und qualifiziertem Personal ein Garant dafür, dass Produkte mit einer hohen Qualität sowie zeit- und kostengerecht entstehen. Dagegen stellen Werkzeuge und Betriebsmittel, die in einem schlechten Zustand oder oft nicht verfügbar sind, ein großes Risiko für eine effiziente Produktion ohne vermeidbare Stillstands- und Wartezeiten dar.

Die MES-Applikationen für diesen Bereich müssen leistungsfähige Funktionen für eine effektive Verwaltung und Organisation von Werkzeugen und anderen Ressourcen haben und liefern Informationen über deren aktuellen technischen Zustand sowie deren Verfügbarkeiten. Für den gesamten Lebenszyklus einer Ressource werden individuelle Parameter wie z. B. Zustandsinformationen, Lagerort, Nutzungsdauer, Verschleißgrad, Wartungsaktivitäten, Einsatzhistorie usw. verfolgt, protokolliert und transparent dargestellt. Spezielle Planungsfunktionen in Verbindung mit einem Leitstand sorgen dafür, dass Kapazitätsengpässe bei Werkzeugen und Ressourcen frühzeitig erkannt und Maßnahmen zu deren Beseitigung eingeleitet werden können. Funktionen zur vorbeugenden Instandhaltung sollten das Leistungsspektrum abrunden und dazu beitragen, dass aufwändige, manuell geführte und fehlerbehaftete Werkzeugbücher der Vergangenheit angehören (Abb. 4.54).

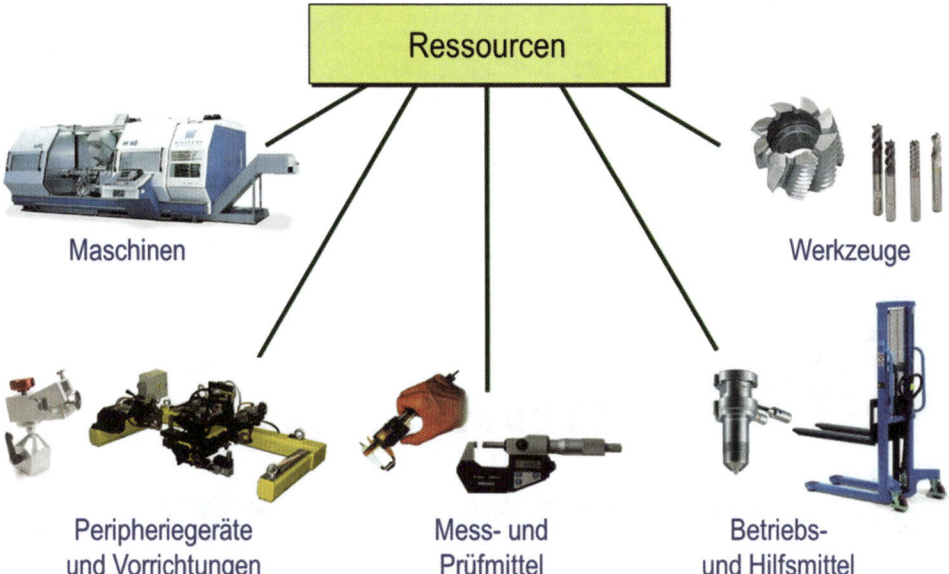

Abb. 4.54 Zeitgemäße MES-Applikationen behandeln nicht nur Werkzeuge, sondern alle Ressourcen, die direkt oder indirekt an der Fertigung beteiligt sind

Wie bei den anderen MES-Applikationen bietet die integrierte Arbeitsweise des Werk-
zeug- und Ressourcenmanagements enorme Nutzeffekte für die Werker und Einrichter sowie die Mitarbeiter im Werkzeugbau, in der Fertigungssteuerung und Arbeitsvorbereitung.
Wird zum Beispiel bei der Auftragsanmeldung am BDE-Terminal die Werkzeugnummer
gleich mit verbucht, werden alle Daten wie Stückzahlen, Hübe oder Takte sowie Produk-
tions- und Stillstandzeiten, die auf den Auftrag ohnehin erfasst werden, gleichzeitig den
genutzten Werkzeugen zugeordnet. Bei der Feinplanung im Leitstand kann parallel zur
Prüfung der Maschinenverfügbarkeit auch ein Check stattfinden, ob die benötigten Betriebsmittel und Werkzeuge vorhanden und einsatzbereit sind. Über derartige Funktionen
ist beispielsweise auch erkennbar, dass während der Auftragsbearbeitungszeit das War-
tungsintervall eines Werkzeugs erreicht wird und alternative Planungsszenarien sinnvoll
oder gar notwendig sind. Im Sinne eines lückenlosen Produktnachweises können neben
den anderen qualitätsrelevanten Parametern auch Werkzeugdaten in Dokumente wie elektronische Herstellberichte oder Chargenprotokolle mit aufgenommen werden, um den
360°-Blick auf alle an der Fertigung beteiligten Vorgänge zu unterstützen (vgl. Kletti J,
Deisenroth R (2012)).

4.8.1   Stammdaten für Werkzeuge und Ressourcen

In den Stammdaten können Werte hinterlegt werden, die einerseits Werkzeuge, Betriebsmittel, oder Mess- und Prüfmittel als eigene Ressourcenfamilie charakterisieren und andererseits dazu dienen, die speziellen Erfassungs- und Verarbeitungsservices im MES zu
steuern. Dazu gehören zum Beispiel Felder wie die Teiligkeit bei Mehrfachwerkzeugen,
der Lagerort oder auch Wartungsaktivitäten für die vorbeugende Instandhaltung sowie
der aktuelle Ressourcenstatus (z. B. freigegeben, gesperrt, ausgemustert, inaktiv oder
optimiert). Mehrteilige Werkzeuge können mittels Stückliste als Paket verwaltet werden
(Abb. 4.55).
    Wie auch in den anderen MES-Anwendungsbereichen gibt es branchenspezifische An-
forderungen, die das MES abbilden muss. Als Beispiel seien hierzu der Kunststoffspritz-
guss oder die Metallumformung erwähnt. Hier muss das MES eine sog. Nestverwaltung
bieten, bei der einzelne Nester von Mehrfachwerkzeugen freigegeben oder gesperrt werden können. Bei der Berechnung der produzierten Stückzahlen über Maschinentakte oder
Hübe sind dann die jeweils aktuellen Daten aus der Nestverwaltung automatisch zu berücksichtigen.
    Außerdem muss das MES umfangreiche Konfigurationsmöglichkeiten bieten, um Situ-
ationen und Zustände komfortabel abzubilden oder auch zu verändern, wenn zum Beispiel
ein Teil eines zusammengesetzten Werkzeugs ausgetauscht werden muss. Sollen derartige
Ressourcen bei der Feinplanung eines Arbeitsgangs im Leitstand berücksichtigt werden,
erfolgt die Verfügbarkeitsprüfung gegen alle Elemente der Stückliste. Ebenso werden in
der BDE oder MDE erfasste Daten auf alle Einzelteile des Gesamtwerkzeugs verbucht.

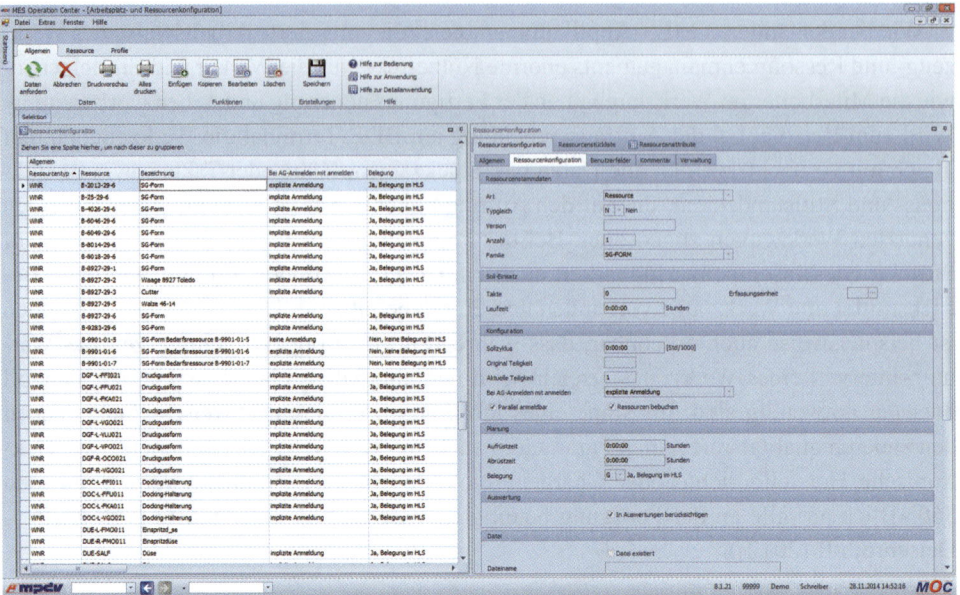

Abb. 4.55 In den Stammdaten müssen sich Werkzeuge und Ressourcen detailliert beschreiben lassen

4.8.2 Der Wartungskalender

Ein zentrales Tool für den Werkzeugbau und die Instandhaltung ist der Wartungskalender, in dem sich beliebig viele Aktivitäten für Werkzeuge und andere Ressourcen hinterlegen lassen, die im Rahmen der vorbeugenden Instandhaltung und Wartung durchgeführt werden müssen. Die Definition der Wartungsintervalle erfolgt takt-, hub- bzw. zyklusorientiert, über die Anzahl der Betriebsstunden oder durch fest vorgegebene Zeiträume. In entsprechenden Auswertungen kann der Anwender auf einen Blick erkennen, bei welchen Ressourcen Wartungsaktivitäten anstehen und welche Tätigkeiten durchgeführt werden müssen. Überschreitungen des Wartungsintervalls werden automatisch signalisiert (Abb. 4.56). Bei Nutzung eines hinterlegten Eskalationsmanagements kann eine entsprechende Meldung zum Beispiel als SMS oder E-Mail an die Verantwortlichen weitergeleitet werden.

Idealerweise können aus den Aktivitäten im Wartungskalender direkt Instandhaltungsaufträge erzeugt werden, die auch in einem Leitstand verplant und in der BDE mit Zeiten bebucht werden können.

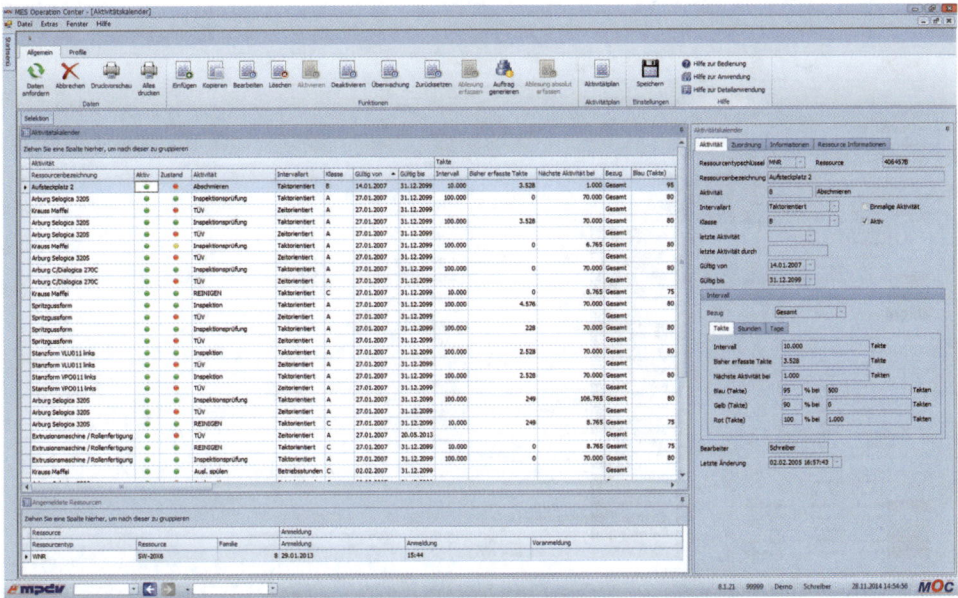

Abb. 4.56 Der Wartungskalender als zentrales Tool für die Instandhaltung

4.8.3 Aktuelle Informationen zu Ressourcen

Neben dem Wartungskalender sollte das MES auch Übersichten bieten, die den involvierten Mitarbeitern aktuelle Informationen zu Werkzeugen und Ressourcen auf Knopfdruck anzeigen. Derartige Übersichten müssen unter anderem Auskunft über den Status der Werkzeuge und Ressourcen (z. B. freigegeben, gesperrt; ggf. mit Sperrgrund), den aktuellen Lagerort, bereits gebuchte Mengen und den aktuellen Arbeitsgang inklusive der Maschine, auf der gerade produziert wird, geben.

Durch die gesteigerte Transparenz können Wartungs- und Instandhaltungsarbeiten optimal geplant und bei Bedarf vorbeugend durchgeführt werden. Der komplette Werkzeugbestand kann umfassend und effizient verwaltet werden – auch über mehrere Standorte hinweg. Das zeitraubende Suchen von Werkzeugen und die aufwändige manuelle Informationsbeschaffung sollten dann der Vergangenheit angehören. Die Nutzung nicht oder schlecht gewarteter Werkzeuge wird vermieden und somit die Wahrscheinlichkeit gesenkt, dass Maschinen wegen Werkzeugbruch oder durch fehlerhafte Werkzeuge stillstehen. Mit gut gewarteten Werkzeugen hingegen reduziert sich mit großer Wahrscheinlichkeit die Produktion von kostspieligem Ausschuss.

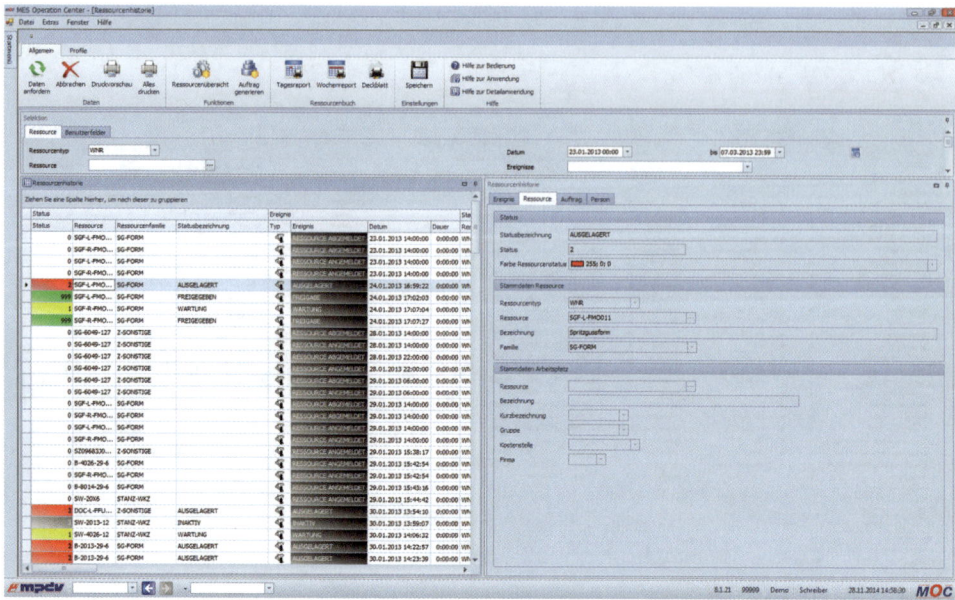

Abb. 4.57 Der komplette Lebenslauf eines Werkzeugs, dargestellt in der sog. Ressourcenhistorie

4.8.4 Analysen, Reports und Archivierung

Nachdem die erfassten Daten zu Werkzeugen und Ressourcen über die hinterlegten Verarbeitungsvorschriften aufbereitet wurden, stehen sie in verschiedenen Formen als Analysen, Reports und in verdichteten Archiven zur Verfügung.

In Auswertungen zum Werkzeug- und Ressourceneinsatz ist beispielsweise der komplette Lebenslauf mit allen erfassten Daten wie Mengen (Takte, Hübe, Schuss) und Zeiten, die zu Werkzeugen und Ressourcen innerhalb des selektierten Zeitraums verbucht wurden inkl. wichtiger Stammdaten im Detail aufgelistet.

Eine weitere typische Anwendung ist das „Werkzeugbuch", das in vielen Unternehmen auch heute noch in Papierform manuell geführt wird. Die „elektronische" Version übernimmt die Dokumentation aller relevanten Daten im Sinne einer chronologischen Aufzeichnung und generiert individuell konfigurierbare Reports, die bei Bedarf auf einem Drucker in der gewünschten Form ausgedruckt werden können (Abb. 4.57).

4.8.5 Planungsfunktionen

Besonders wirksame Synergieeffekte und Nutzenvorteile ergeben sich dann, wenn Funktionen aus dem Werkzeug- und Ressourcenmanagement in Verbindung mit der Feinplanung in einem Leitstand einsetzt werden. In dieser Kombination prüft der Leitstand bei

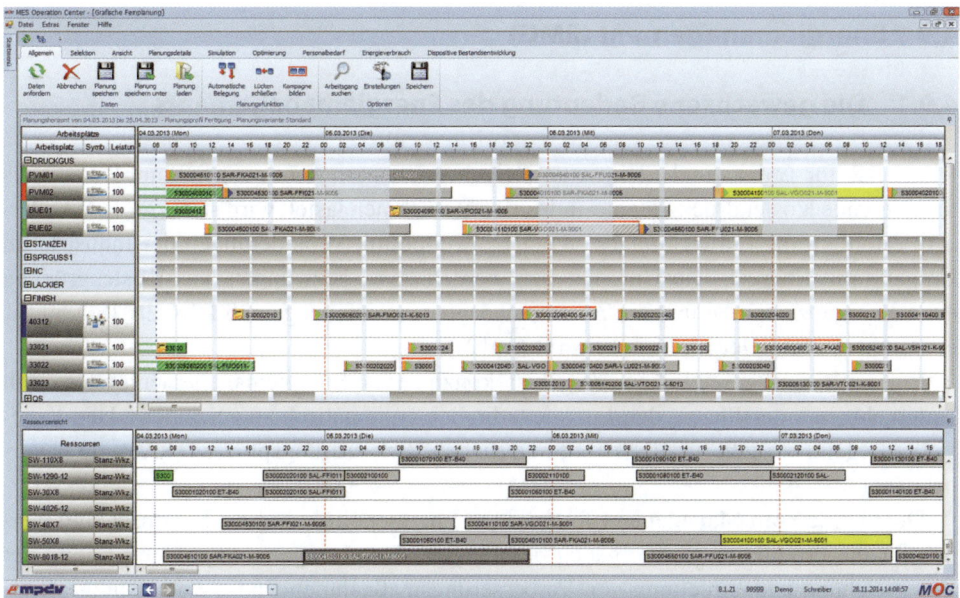

Abb. 4.58 Gantt-Chart mit den feingeplanten Arbeitsgängen (*oberer* Teil des Screenshots) und den benötigten Werkzeugen bzw. Ressourcen (*unteres* Fenster)

der Belegung der Maschinen mit den fein zu planenden Arbeitsgängen, ob das hinterlegte Werkzeug im vorgesehenen Zeitraum verfügbar ist oder nicht. Dabei werden alle Parameter des Werkzeugs, das auch aus mehreren Teilen über die Stückliste definiert sein kann, überprüft. Wenn also zum Beispiel während der errechneten Produktionszeit die Fälligkeit einer Wartungsaktivität aufgrund des erreichten Zeitintervalls oder der maximal möglichen Takte bzw. Hübe erkannt wird, sollte der Leitstand automatisch entsprechend der eingestellten Algorithmen reagieren. In der Regel wird in derartigen Fällen keine Belegung durchgeführt und der betroffene Arbeitsgang in die Konfliktliste eingetragen (Abb. 4.58).

Der Fertigungssteuerer oder Meister, der die Feinplanung vornimmt, sieht über die nachfolgend illustrierte Funktion sofort, ob es Doppelbelegungen oder Überschneidungen bei Werkzeugen bzw. Ressourcen gibt und welche Arbeitsgänge betroffen sind. Wenn es Belegungskonflikte gibt, die zum Beispiel aus Maschinenstörungen und damit einhergehenden Verspätungen gegenüber dem Plantermin resultieren, kann der Planer andere Szenarien mit ggf. verfügbaren Alternativwerkzeugen durchspielen.

4.9 Energiemanagement (EMG)

4.9.1 Die gewachsene Bedeutung des Energiemanagements

Die Preise für Erdgas und Elektrizität steigen seit Jahren kontinuierlich an. Der daraus resultierende Kostendruck, der auf Industrieunternehmen lastet, wird stetig größer. Außerdem erfordern die Entwicklungen in der Umweltpolitik Veränderungen der Industrie im Umgang mit Energie. Die Unternehmen werden quasi gezwungen, aus Kostengründen aktiv Energie zu sparen und ein Energiemanagementsystems gemäß DIN EN ISO 50001 einzuführen (vgl. Kletti J, Deisenroth R (2012)).

Ein nach den gesetzlichen Vorgaben konzipiertes Energiemanagementsystem soll Unternehmen unterstützen, den Energieverbrauch systematisch zu verringern. Der dargestellte Regelkreis steht für einen kontinuierlichen Verbesserungsprozess (KVP) im Unternehmen (Abb. 4.59).

Durch eine vom Management festgesetzte Energiepolitik und deren Umsetzung werden für die Produktion Sollvorgaben beschlossen. Durch regelmäßige Überprüfung der Zielerreichung und Einleitung von Verbesserungsmaßnahmen findet eine ständige Optimierung statt. Weitergehende Planungen, um bessere Energieverbrauchswerte zu erzielen, schließen den Kreis.

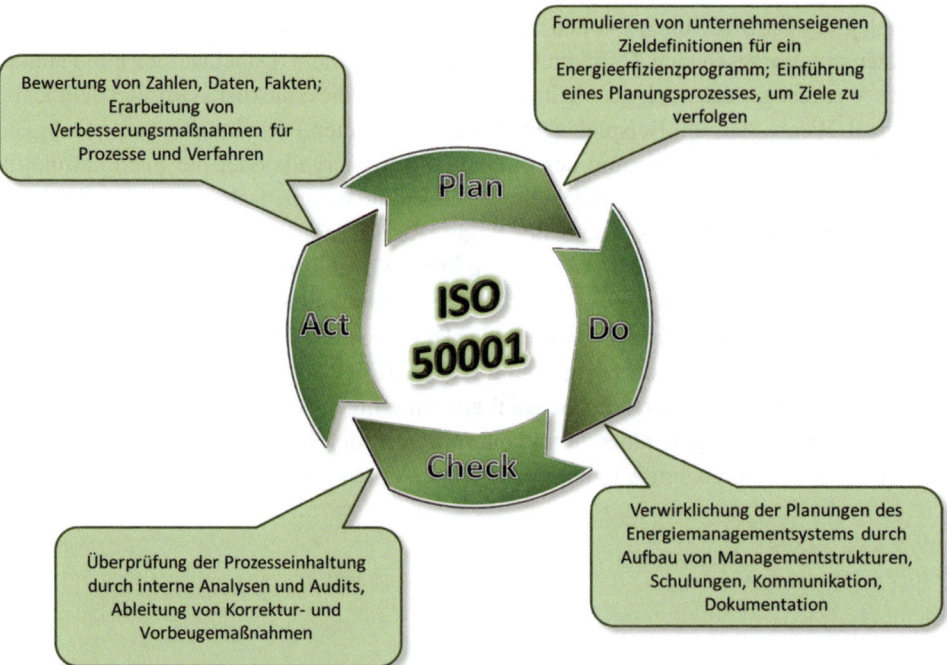

Abb. 4.59 Regelkreis zur Unterstützung eines kontinuierlichen Verbesserungsprozesses

4.9.2 Energiemanagement mit MES

Um den Regelkreis mit vertretbarem Aufwand in der Praxis umzusetzen, ist wirksame Unterstützung durch IT-Systeme erforderlich. Eine ideale Plattform sind Manufacturing Execution Systeme, da sie die erforderlichen Informationen erfassen und Hintergründe für Energieverschwendungen offen legen können. Dabei bieten MES-Systeme in puncto Energiesparen grundsätzlich drei Hebel:

- Über die umfassende Datenerfassung an den Produktionseinrichtungen lassen sich zwischen dem Energieverbrauch und weiteren Daten aus dem Fertigungsprozess Zusammenhänge herstellen, die dann die verursachergerechte Zusatzinformation über Energieverschwendungen liefern.
- Bei der Feinplanung der Produktionsaufträge lassen sich kostenintensive Lastspitzen oder das Erreichen von Energiekontingenten bereits im Voraus erkennen. Durch eine Umplanung der Aufträge können derartige Situationen vermieden werden.
- Der Energieverbrauch lässt sich indirekt senken, zum Beispiel über geringere Ausschussquoten und damit oftmals verbundene Nacharbeit oder eine bessere Feinplanung zum Verringern von Liege- und Durchlaufzeiten.

4.9.3 Erfassung von Energiedaten

In vielen Unternehmen sind Maschinen und Anlagen bereits mit Energiezählern ausgestattet, die über eine Datenschnittstelle zur Übertragung der gespeicherten Zählerstände verfügen. Hier muss das MES entsprechende Standardschnittstellen wie zum Beispiel M-Bus zur Kommunikation mit den Messeinrichtungen anbieten. Außerdem besteht eine relativ einfache und kostengünstige Möglichkeit, den Stromverbrauch über Stromwandler oder die S0-Schnittstelle aufzunehmen und über eine Peripheriebaugruppe in die Datenbank einzuspeisen. Zusätzlich muss das MES auch Funktionen anbieten, die eine manuelle, über Ablesepläne gesteuerte Erfassung der Zählerstände mittels mobilen Terminals ermöglichen (Abb. 4.60).

4.9.4 Stammdaten zum Energiemanagement

Um Energieverbräuche an Maschinen erfassen zu können, müssen physikalische oder logische Zähler inkl. Verrechnungsvorschriften definiert werden. Neben Messeinrichtungen für Elektroenergie gehören dazu auch solche für Wärmemenge, Wasser oder Gas. Das MES muss über eine Zählerverwaltung verfügen, die sowohl eine automatische als auch manuelle Datenaufnahme mit Unterstützung durch Erfassungspläne und Korrekturfunktionen ermöglicht.

Durch die hierarchische Zuordnung von Zählern zu Organisationseinheiten lassen sich individuelle Strukturen als Basis für eine verursachergerechte Energieabrechnung definieren (Abb. 4.61).

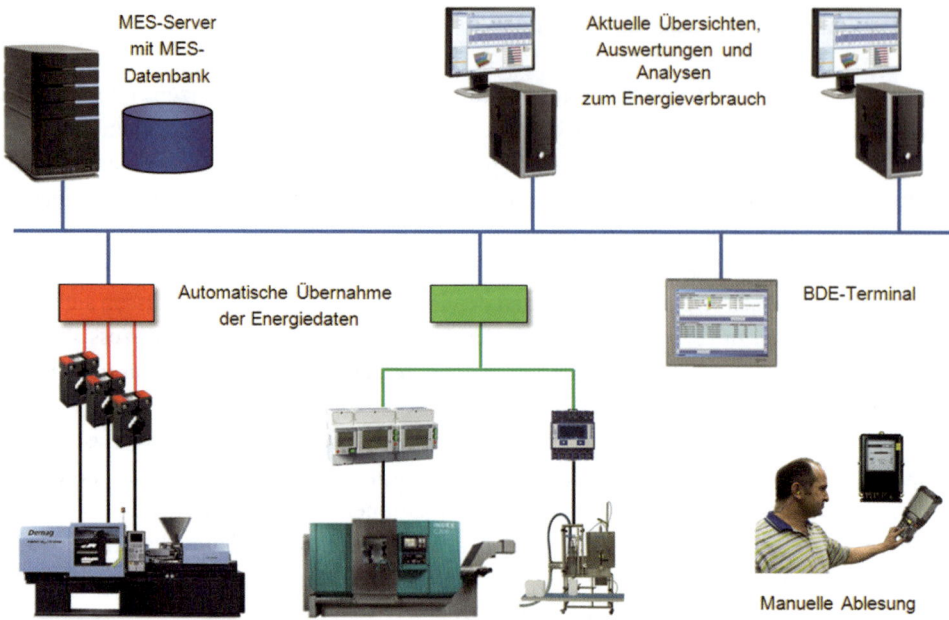

Abb. 4.60 Systemarchitektur zur Realisierung des Energiemanagements im MES

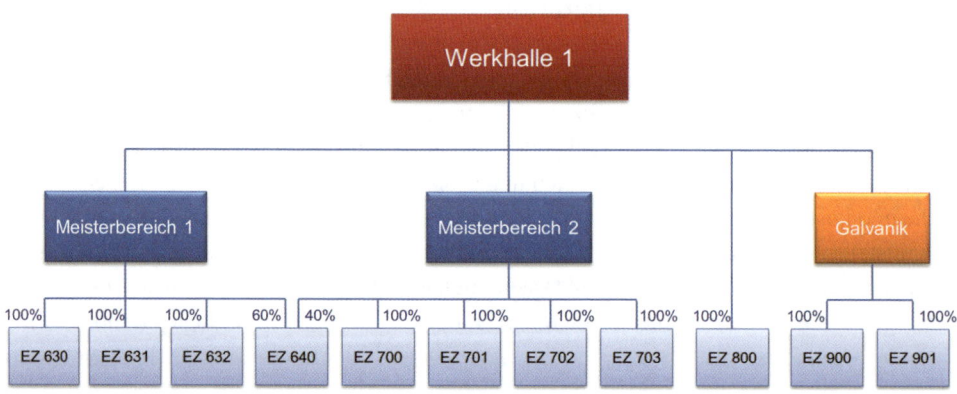

Abb. 4.61 Beispiel für die hierarchische Zuordnung von Energiezählern und Berechnung von summarischen Energieverbräuchen für eine Werkhalle

4.9.5 Aktuelle Übersichten zu den Energiedaten

Über Funktionen, die oft als Energiemonitor bezeichnet werden, erhält man auf Knopfdruck einen aktuellen Überblick zu allen physikalischen und logischen Zählern mit den aktuell gemessenen oder errechneten Verbrauchswerten (Abb. 4.62). Neben der Ansicht der physikalischen Zählerstandorte in einem grafischen Layout sind auch aktuelle Zählerstandsanzeigen zu Energieverbrauch und Leistung der Maschinen darstellbar. Die aufgenommenen Daten werden nicht nur in Form von Summenwerten visualisiert, sondern es wird auch deren zeitlicher Verlauf aufgezeigt. Zusätzlich können Eingriffs- oder Toleranzgrenzen defi-

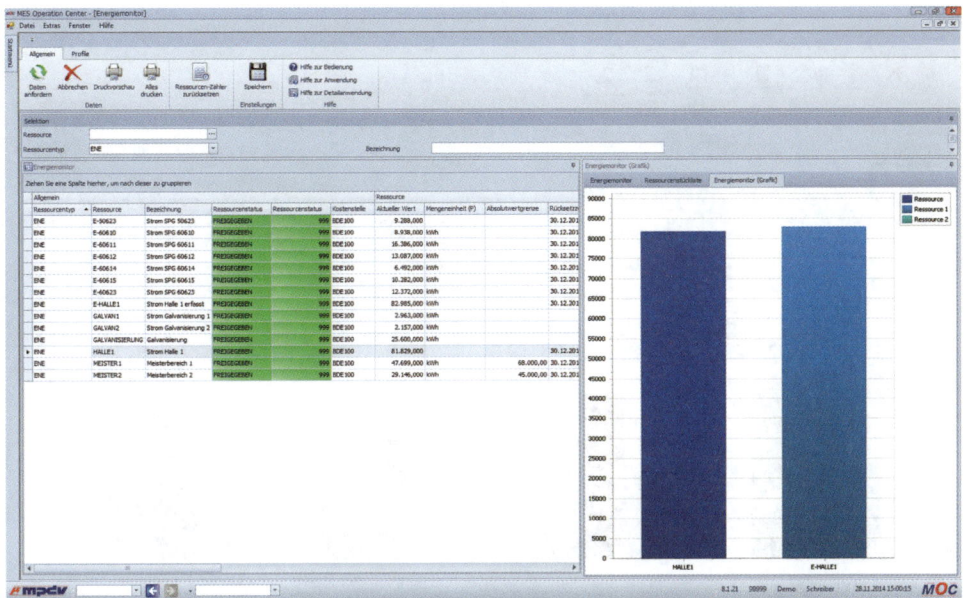

Abb. 4.62 Beispiel für einen Energiemonitor zur Anzeige von aktuellen Verbrauchswerten

niert und die Leistungswerte permanent auf die Einhaltung der Grenzen überwacht werden. Durch die Visualisierung der Verläufe werden Trends deutlich und die Verantwortlichen können reagieren, bevor eine Problemsituation eintritt. So können Maschinen in Standby oder periphere Verbraucher wie Klimaanlagen bei Lastspitzen kurzfristig abgeschaltet werden.

4.9.6   Auswertungen und Analysen zum Energieverbrauch

Die gezielte Analyse der Energieverbräuche ist eine wichtige Voraussetzung dafür, dass die energetisch richtigen Entscheidungen in der Produktion getroffen werden. Durch summarische Anzeigen der Verbräuche über frei wählbare Zeiträume und ein zeitlich orientiertes Verbrauchsprofil stehen dem Anwender alle nötigen Informationen zur Verfügung. So kann man erkennen, ob sich der Verbrauch einer Maschine über den Beobachtungszeitraum hinweg verändert hat und Gegenmaßnahmen eingeleitet werden müssen. Die Abrechnung der Energieverbräuche ist tagesgenau möglich. Dadurch ist ein regelmäßiger Abschluss eines Abrechnungszeitraums mit der dazugehörigen Kostenaufstellung mit vergleichbaren Werten durchführbar (Abb. 4.63).

Detaillierte Analysen zum zeitlichen Verlauf des Energiebedarfs lässt die grafische Prozessanalyse inkl. Betrachtungen zu Grenzwertverletzungen zu. Auch an dieser Stelle bringt der ressourcenübergreifende Integrationsgedanke Nutzenvorteile für den Anwender: über weitere zuschaltbare Kurven, die zum Beispiel den Verlauf von Prozesswerten oder Qualitätsparametern aufzeigen, lassen sich korrelative Rückschlüsse zum Energieverbrauch ziehen.

Bei Bedarf werden auch Energieeffizienzkennzahlen zur besseren Vergleichbarkeit der Produktionseinrichtungen errechnet. Daraus abgeleitete Planungsstrategien helfen, die

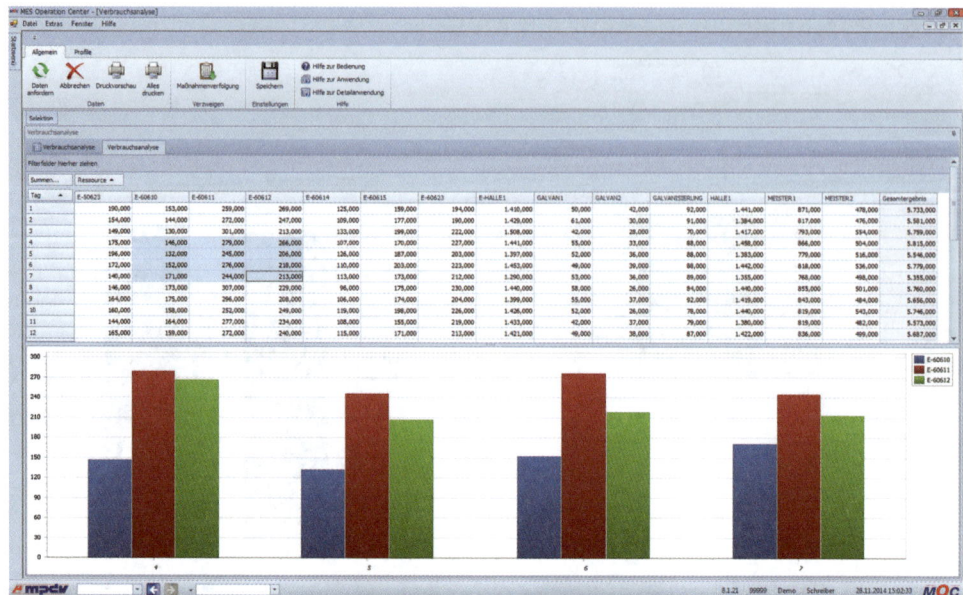

Abb. 4.63 In der Verbrauchsanalyse werden die Energiedaten ausgewertet und als Entscheidungs-grundlage für verbrauchsmindernde Maßnahmen verwendet

Energieeffizienz systematisch zu verbessern. So werden zum Beispiel Maschinen mit der besseren Energiebilanz bei der Belegung mit Fertigungsaufträgen gegenüber Anlagen mit höherem Energieverbrauch bevorzugt (Abb. 4.64).

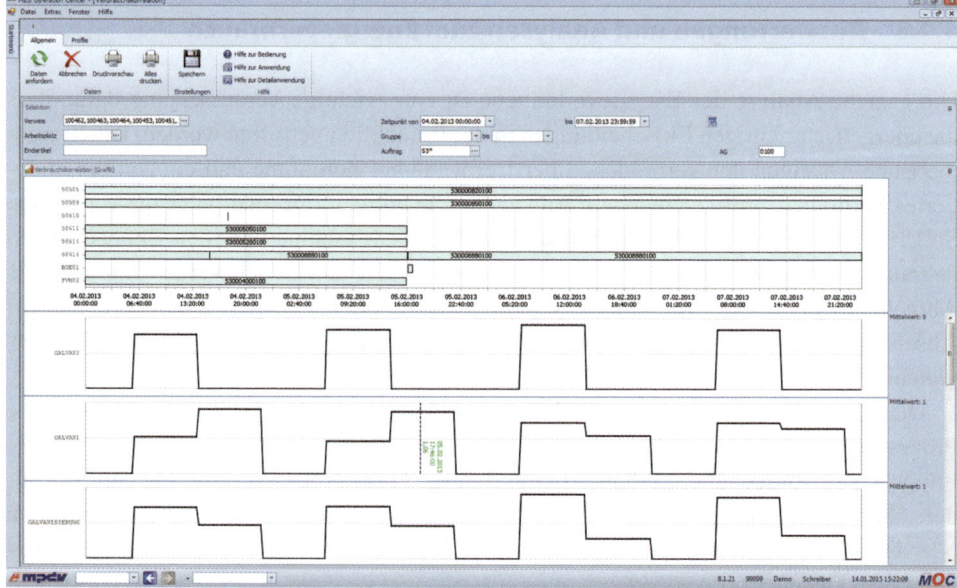

Abb. 4.64 In der Korrelativen Lastentwicklung werden die Verbräuche den jeweiligen Arbeits-gängen gegenübergestellt. Daraus lassen sich besonders energieintensive Arbeitsschritte erkennen

4.10   Personalmanagement mit MES

4.10.1   Überblick

Personal ist eine wichtige, wenn nicht sogar „die wichtigste Ressource" in einem Fertigungsunternehmen. In einem stark vernetzt arbeitenden Produktionsumfeld wird es immer wichtiger, nicht nur Anlagen, Maschinen, Material, Aufträge und Betriebsmittel, sondern auch im besonderen Maße die Personalkapazitäten in die Planungen und Optimierungen einzubeziehen. Die Personalkapazitäten und deren Einsatz in der Fertigung effektiv und flexibel zu verplanen, ist eine Aufgabe für das MES, die zunehmend an Bedeutung gewinnt.

Die steigende Wertigkeit der „Ressource" Personal im Fertigungsprozess wird u. a. durch folgende Randbedingungen beeinflusst:

- Da die Lohn- und Lohnnebenkosten in den traditionellen Industrieländern sehr hoch sind, haben sie einen großen Einfluss auf die Produktionskosten. Durch den allgemeinen Trend zur Globalisierung und die wirtschaftliche Öffnung vieler Staaten stehen die Mitarbeiter an den Hochlohnländern in direkter Konkurrenz zu Mitarbeitern in Ländern mit geringerem Lohnniveau. Um diesen Standortnachteil auszugleichen, muss das Personal möglichst effektiv eingesetzt werden.
- Der Einsatz hoch entwickelter und spezialisierter Maschinen erfordert eine gleichermaßen hohe Qualifikation des Bedienpersonals. Daraus ergibt sich die steigende Notwendigkeit, die Mitarbeiter permanent weiterzuentwickeln und auf Basis ihrer Fähigkeiten und ihres Wissens, d. h. qualifikationsgerecht einzusetzen.
- In einem zunehmend komplexer werdenden Arbeitsumfeld erbringen die Mitarbeiter dann die erwartete Leistung, wenn sie motiviert sind und bei der Erfüllung ihrer täglichen Aufgaben wirkungsvoll unterstützt werden. Dies gilt nicht nur für die Unterstützung durch den Vorgesetzten, sondern sie müssen auch das Gefühl haben, dass sie durch technische Hilfsmittel oder IT-Systeme nicht behindert, sondern von zeitaufwendigen, unproduktiven Nebentätigkeiten entlastet werden.

Hinzu kommt, dass die Flexibilisierung der Arbeitszeit und die leistungsbezogene Entlohnung ist in vielen Unternehmen bereits alltägliche Realität ist. Leistungsfähige Systeme zur Personaleinsatzplanung, Zeiterfassung, Zeitwirtschaft und Leistungslohnermittlung sind jedoch unabdingbare Notwendigkeit, um die Flexibilisierungspläne wirkungsvoll umsetzen zu können.

Neben der nahtlosen Integration des Personalbereichs in ein MES ist es genauso wichtig, die Elemente, die das Personalmanagement betreffen, miteinander zu verbinden. Die redundante Verwaltung von Personalstammdaten wird dadurch ebenso vermieden, wie das aufwändige, manuelle Abgleichen von Anwesenheits- und Lohnscheinzeiten. Das nachfolgende Schaubild zeigt die Beziehungen zwischen den einzelnen Elementen auf, die in das Thema „Personalmanagement" involviert sind.

Die Personalzeiterfassung liefert die Basisdaten, auf denen die Zeitwirtschaft und Personaleinsatzplanung (PEP) aufbauen. Die PEP muss stets Kenntnis darüber haben, welche

Zutrittskontrolle   Personalzeitwirtschaft   Leistungs-/ Prämienlohnermittlung

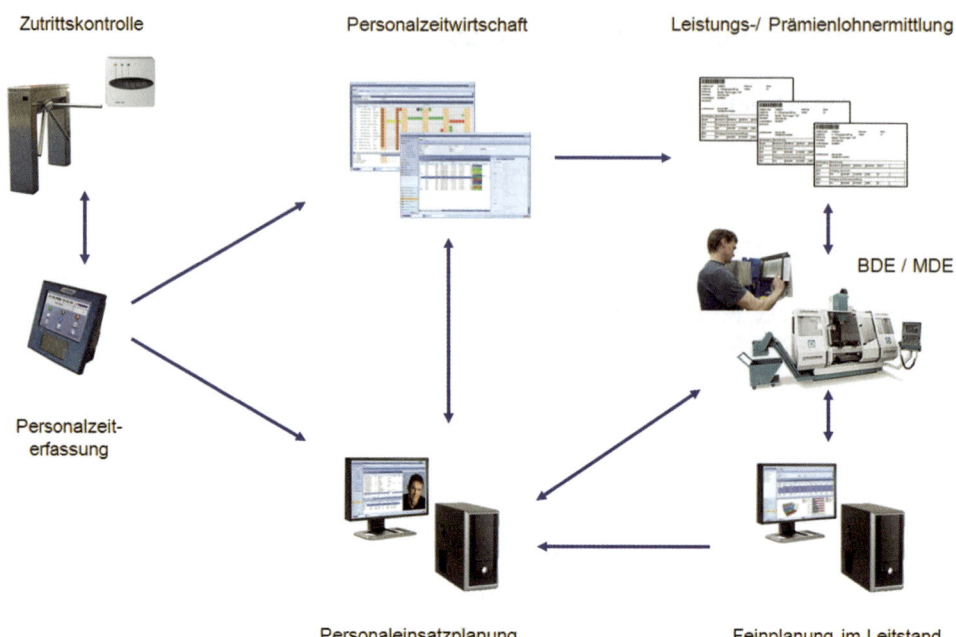

Personalzeit-
erfassung

BDE / MDE

Personaleinsatzplanung   Feinplanung im Leitstand

Abb. 4.65 Verknüpfung der MES-Applikationen aus Sicht des Personalmanagements

Personen mit welcher Qualifikation zu einem bestimmten Zeitpunkt anwesend sind, um diese Maschinen und Arbeitsplätzen gezielt zuordnen zu können. Andererseits muss die PEP natürlich den echten Personalbedarf, der sich aus der Planung im Leitstand oder den Maschinenkapazitäten in der MDE ergibt, kennen (Abb. 4.65).

Die Zeitwirtschaft hingegen verarbeitet die erfassten Kommt-/Geht-Zeiten und gleicht diese an den hinterlegten Schichtkalendern sowie Lohnartenmodellen ab. Die generierten Daten fließen in die Leistungslohnermittlung ein. Je nach Prämienlohnvereinbarung kommen dazu noch erfasste Mengen und Zeiten aus der MDE und Vorgabezeiten aus der BDE hinzu. Die Zutrittskontrolle, die in diesem Zusammenhang eher als nützliches Add-on zu sehen ist, tauscht ihre Daten zu den Zutrittsberechtigungen bzw. Ist-Daten mit der Zeiterfassung aus (vgl. Kletti J, Deisenroth R (2012)).

4.10.2 Stammdaten

Im versionierbaren, d. h. zeitlich eingrenzbarem Personalstamm werden alle personenbezogenen Daten zentral gespeichert, die in den MES-Applikationen benötigt werden. Jedes Unternehmen kann für sich entscheiden, ob die Stammdaten im MES angelegt und gepflegt oder ob sie von einem Personalverwaltungs- bzw. einem Lohn-/Gehaltssystem übernommen und bei Bedarf im MES ergänzt werden. Entsprechende notwendige Schnittstellen zu den gängigen Systemen wie SAP HR, PAISY, DATEV, P&I werden dabei als vorhanden vorausgesetzt.

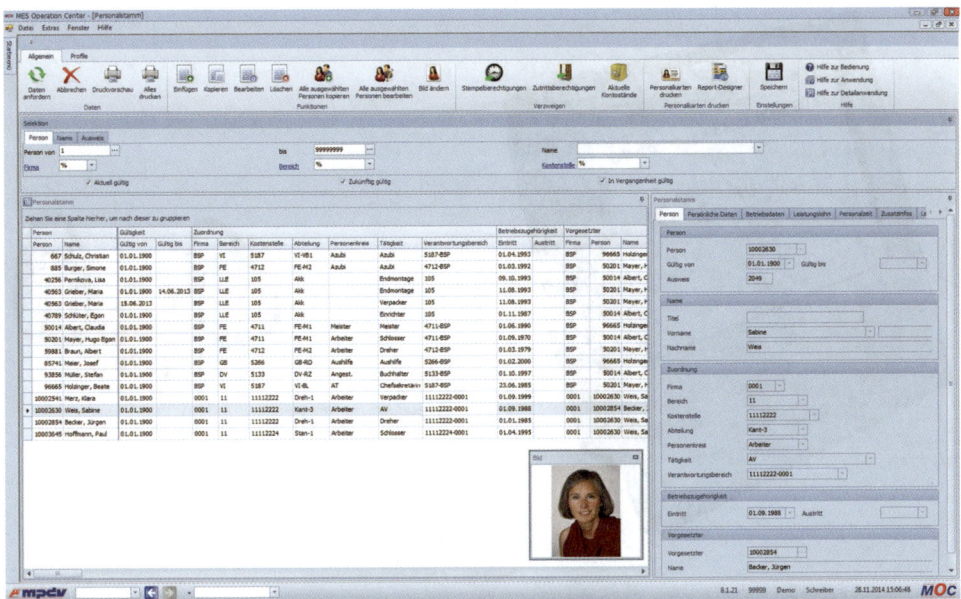

Abb. 4.66 Die Personalstammdaten zu allen Mitarbeitern im Überblick (Tabelle *links*) und in der Detaildarstellung auch für alle anderen MES-Applikationen (*rechte* Seite)

Aus dem sog. Personalstammblatt heraus lassen sich die benötigten Funktionen wie das Verwalten der Schichtkalender inkl. Fehl- und Urlaubszeiten, das Hinterlegen von Qualifikationsmerkmalen, das Eintragen von Zutrittsberechtigungen oder das Verwalten von lohnrelevanten Parametern aktivieren. Wichtig ist, dass alle Personalstammfunktionen nur für die berechtigten Mitarbeiter freigegeben sind und alle Veränderungen an den Daten nachvollziehbar protokolliert werden (Abb. 4.66).

4.10.3 Personalzeiterfassung (PZE)

Als Ersatz für die früheren Stempeluhren werden heute in der Regel die Kommt-/Geht- sowie die Pausenstempelungen der Mitarbeiter an PZE-Terminals erfasst, die an geeigneten Stellen im Unternehmen positioniert sind. Alternativ oder ergänzend dazu bieten Browser-basierte Lösungen die Möglichkeit, die Zeitbuchungen über mobile Geräte wie Smartphones oder Tablet-PCs oder über PCs mit Internetverbindung vorzunehmen (Abb. 4.67).

Zur Identifikation der Mitarbeiter sind Ausweise oder Schlüsselanhänger nutzbar, die mit den gängigen Identverfahren wie Barcode, LEGIC, MIFARE oder HITAG arbeiten.

Zusätzlich können auch Gründe für verspäteten Arbeitsbeginn und verfrühtes Ende der Arbeitszeit wie Dienstreisen oder Arztbesuch gemeldet werden. Aktuelle Informationen über den Resturlaub und Zeitguthaben oder die Stempelungen der letzten Tage sind am Terminal abrufbar. Außerdem sollte auch die Möglichkeit bestehen, den Mitarbeitern

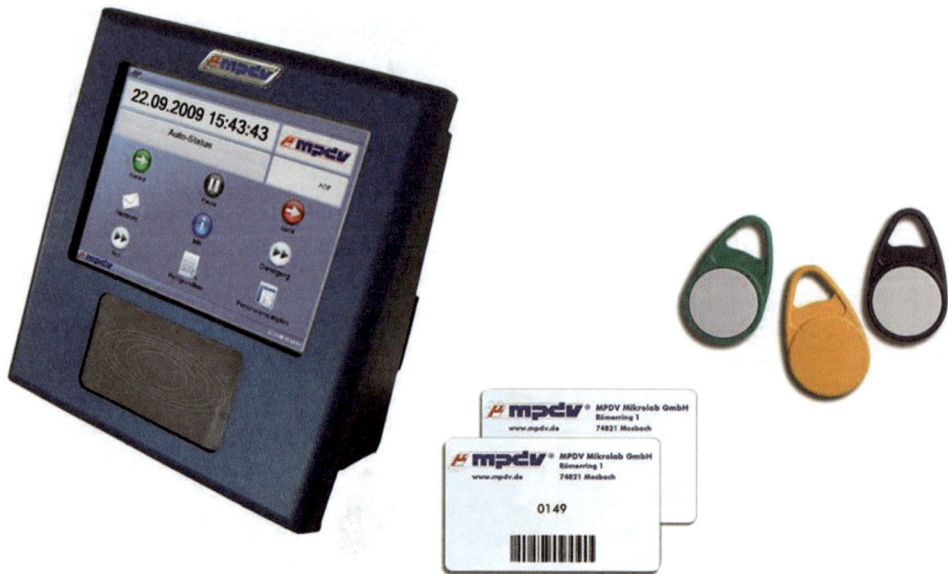

Abb. 4.67 Beispiel für ein typisches PC-basiertes PZE-Terminal, das mit Ausweislesern für verschiedene Identverfahren ausgestattet werden kann

Nachrichten, wie die Urlaubsgenehmigung oder die Erinnerung an die Bescheinigung für den Arztbesuch, an das Terminal zu senden und diese beispielsweise bei einer Kommt-Stempelung anzuzeigen.

Die Zeiterfassung wird durch diverse Funktionen komplettiert, die zum einen die Ergebnisse aus der PZE z. B. in Form von Stempellisten visualisieren und zum anderen dazu dienen, Korrekturen an fehlerhaften Stempelungen vorzunehmen bzw. vergessene Buchungen nachzutragen. Eine besonders wertvolle Funktion steht mit der sog. An-/Abwesenheitsübersicht zur Verfügung. Hier werden alle in der PZE geführten Personen aufgelistet. Durch ein Ampelsystem ist auf einen Blick erkennbar, ob und seit wann eine Person anwesend ist oder ob sie ungeplant bzw. geplant abwesend ist. Im Falle von Abwesenheit können weitere Details wie z. B. der Grund (Urlaub, Krankheit, Dienstgang etc.) und das voraussichtliche Ende der Abwesenheit eingeblendet werden (Abb. 4.68).

4.10.4 Personalzeitwirtschaft

Aufgabe der Zeitwirtschaft ist es, die Netto-Arbeitszeit durch Rundung der Stempelungen und Verrechnung der Pausen zu ermitteln sowie Konten zu Urlaub, Gleitzeit oder Flexzeit zu führen. Über den Abgleich mit der im Arbeitszeitmodell hinterlegten Sollzeit errechnet sich die eventuell vorhandene Mehr- oder Minderarbeit.

In der Personalzeitwirtschaft werden die erfassten Zeitstempelungen an den hinterlegten Zeitmodellen abgeglichen und auf Basis der definierten Verrechnungsvorschrif-

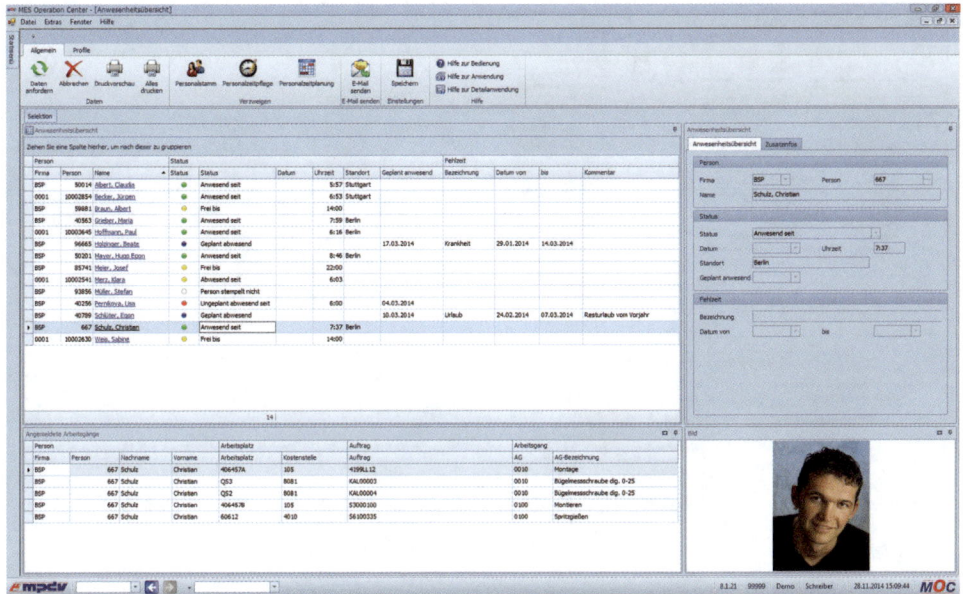

Abb. 4.68 Anwesenheitsübersicht zum schnellen Überblick, welche Personen an- oder abwesend sind

ten verarbeitet. Im Ergebnis entstehen Zeiten, die Lohnarten (Grundlohn, Überstunden mit Zuschlag, Nachtschichtzuschlag etc.) und Zeitkonten (Urlaub, Überstunden, Flexzeit, Gleitzeit …) zugeordnet werden. Die ermittelten Daten werden zum Monatsende an das Lohnabrechnungssystem weitergegeben. Ein Zusatznutzen ergibt sich, wenn mit einem integrierten Workflow-Management Abläufe wie die Beantragung von Urlaub oder die Korrektur fehlerhafter Stempelungen papierlos unterstützt werden. Darüber hinaus zeigen aktuelle Übersichten an- und abwesende Mitarbeiter, die Entwicklung der Arbeitszeit und Statistiken zu Fehlzeiten (Abb. 4.69).

Zeitwirtschaft im MES- oder ERP- bzw. HR-System? Während die Zeiterfassung fester Bestandteil eines MES-Systems ist, kann die Zeitwirtschaft auch im ERP oder Lohnbuchhaltungssystem angesiedelt sein. Der Vorteil dieses Ansatzes liegt darin, dass keine Schnittstelle zur Lohnabrechnung benötigt wird und eine einfache Integration zur Finanzbuchhaltung und zum Controlling besteht. Demgegenüber stehen die Vorteile der Nutzung der Zeitwirtschaft im MES-System:

- Die ermittelte Netto-Anwesenheitszeit kann den in der BDE gemeldeten Auftragszeiten gegenübergestellt werden. Dieser Abgleich ist wichtig, um sicherzustellen, dass die gesamte Arbeitszeit des Mitarbeiters in der BDE erfasst wurde, da diese Daten für das Controlling oder eine Leistungsentlohnung benötigt werden.
- Die Durchführung der Zeitwirtschaft im MES-System ermöglicht die Erfassung von Fehlzeiten, die Korrektur fehlerhafter Stempelungen und die Genehmigung von Über-

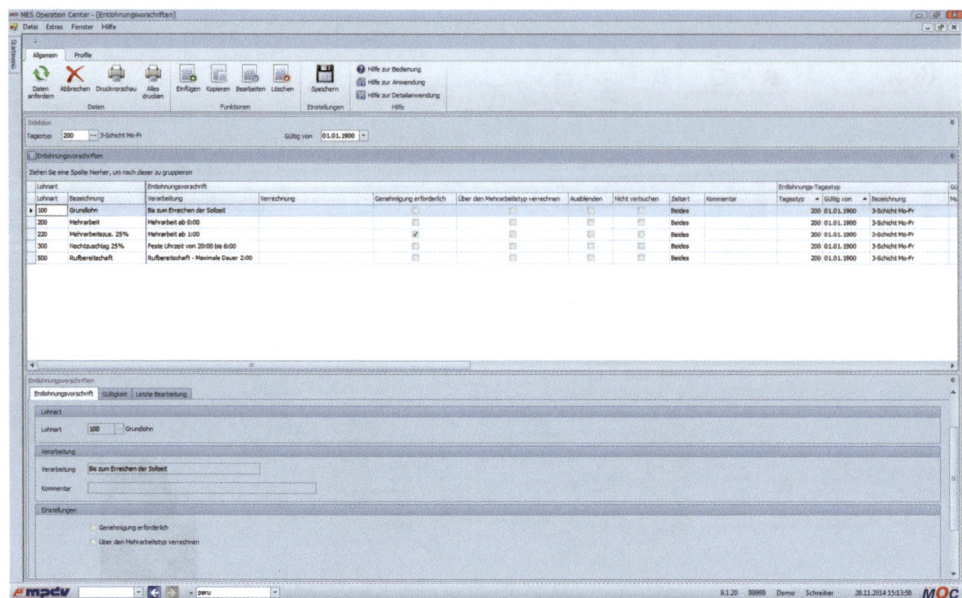

Abb. 4.69 Entlohnungsvorschriften mit Angaben, welche Lohnarten für welche Zeiten gebucht werden

stunden dezentral durch den Meister in der ihm beispielsweise aus der BDE bekannten Oberfläche.

- Für eine praxisgerechte Personaleinsatzplanung ist es erforderlich, dass die geplanten Arbeitszeiten der Mitarbeiter im MES-System im Sinne von verfügbaren Personalka-pazitäten, ggf. ergänzt durch Qualifikationsmerkmale, hinterlegt sind. Damit ist es bei-spielsweise möglich, bei der Planung der Aufträge im Leitstand die Ressource Personal zu berücksichtigen.
- Während die Lohnbuchhaltungssysteme eine standardisierte Schnittstelle zur Übergabe der Monatslohnarten besitzen, müssen Schnittstellen zur Übernahme der geleisteten Arbeitszeiten aus dem Zeitwirtschaftssystem für den Abgleich mit der BDE und der geplanten Arbeits- und Fehlzeiten für die Personaleinsatzplanung meistens projektspe-zifisch realisiert werden.

Beispiele für HR-Systeme, die eine Zeitwirtschaft beinhalten, sind SAP-HR oder PAISY. Bei beiden muss die Entscheidung getroffen werden, ob das MES-System als Subsystem zur Erfassung der Stempelungen eingesetzt wird oder ob die Zeitwirtschaft im MES-Sys-tem zum Einsatz kommt. Für beide Alternativen muss ein MES entsprechende Schnitt-stellen zur Verfügung stellen.

Flexibilisierung der Arbeitszeit Die stetig steigenden Forderungen nach strikter Orien-tierung an den Wünschen der Kunden zwingt Fertigungsunternehmen dazu, sich intern wesentlich flexibler aufzustellen als noch vor Jahren. Kurze Lieferzeiten und konjunk-

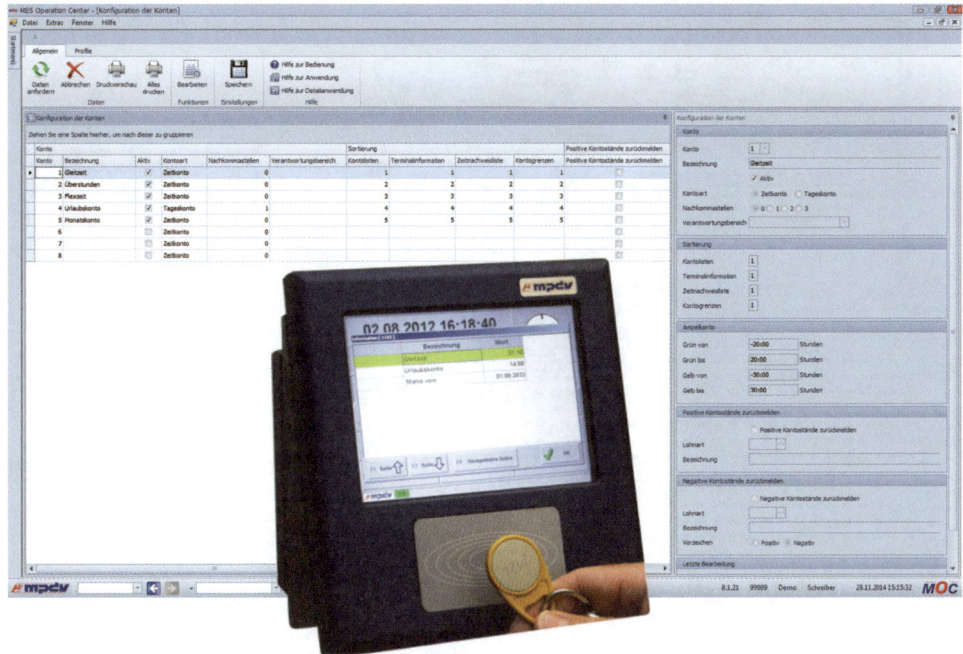

Abb. 4.70 Konfiguration von speziellen Zeitkonten und deren Anzeige für die Mitarbeiter am PZE-Terminal

turelle oder jahreszeitlich bedingte Schwankungen im Auftragseingang führen zu einer wechselnden Auslastung in der Fertigung und sorgen für einen stark schwankenden Bedarf an Produktionskapazitäten und Arbeitskräften. Diese neuen Herausforderungen kann ein Unternehmen nur dann erfolgreich meistern, wenn es eine adäquate Flexibilisierung der Arbeitszeit durchsetzen kann und auf eine Personalabrechnung bzw. -planung zurück greifen kann, die höchsten Ansprüchen an einen flexiblen Personaleinsatz genügt.

Eine wirkungsvolle Möglichkeit, dieser Anforderung zu begegnen, ist die Einführung von Zeitkonten. Unabhängig davon, ob die Mitarbeiter die Bewegungen ihres Zeitkontos aufgrund des Arbeitsanfalls selbst entscheiden oder ob der Auf- und Abbau des Kontos vom Unternehmen gesteuert wird, bietet es die Möglichkeit, den Einsatz von Arbeitskräften an den Bedarf anzupassen (Abb. 4.70).

Demzufolge werden in der Regel unterschiedliche Konten benötigt. Wenn der Mitarbeiter den Verlauf des Kontos selbstverantwortlich bestimmt, spricht man von einem Gleitzeitkonto. Ein Flexzeitkonto nutzen Unternehmen, um ihrerseits Mehr- und Minderarbeit zu steuern. Bei saisonal schwankendem Auftragseingang kann über ein Jahreskonto gesteuert werden, dass sich die Arbeitszeit auf Jahressicht ausgleicht. Ein über eine längere Zeit anhaltend hoher Bedarf an zusätzlicher Arbeitsleistung kann über ein Lebensarbeitszeitkonto abgebildet werden (Abb. 4.71).

Erforderliche Mehrarbeit kann vor oder nach der regulären Arbeitszeit geleistet werden. In Unternehmen, die wegen einer erforderlichen hohen Maschinenauslastung bereits

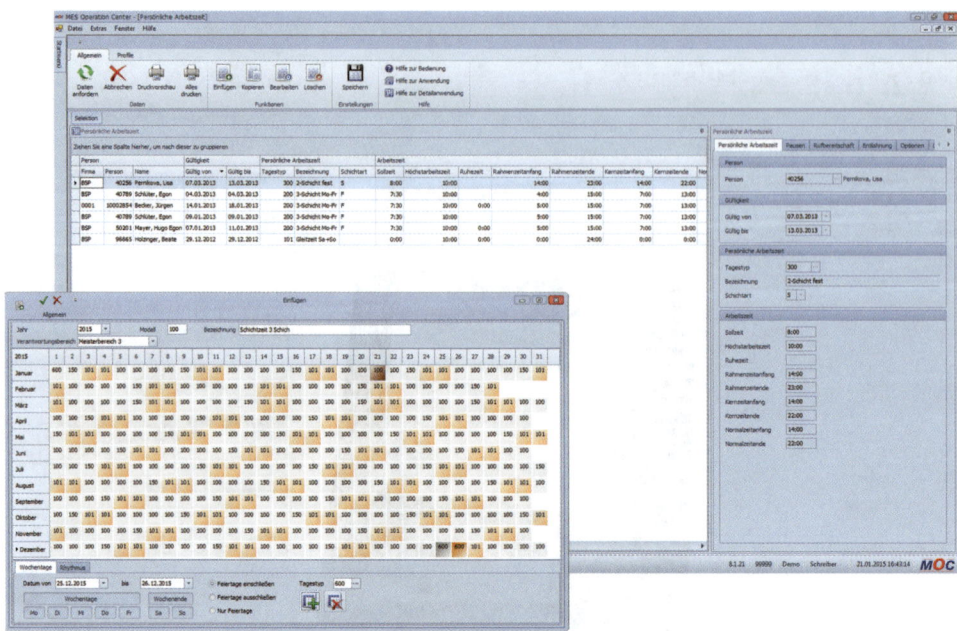

Abb. 4.71 Abbildung von flexiblen Arbeitszeitmodellen auf Tages- und Jahresbasis sowie deren Zusammenfassung im Jahreskalender

in drei Schichten arbeiten, können zusätzliche Schichten am Wochenende eingeplant werden.

Aber auch im Dreischichtbetrieb besteht die Möglichkeit, gleitende Arbeitszeiten einzuführen. Entscheidend für die Produktion ist nicht immer, dass die Mitarbeiter ihre Arbeitszeit zu bestimmten Uhrzeiten pünktlich beginnen und beenden, sondern dass genügend Personal zur Bedienung der Maschinen anwesend ist. Mit einer gleitenden Schichtübergabe, bei der sich die Mitarbeiter bzgl. der Ablösung absprechen, kann sowohl den Anforderungen des Unternehmens, als auch den Wünschen der Mitarbeiter entsprochen werden.

Sind die entsprechenden Zeitmodelle und Fehlzeiten mit den Mitarbeitern abgestimmt und in der Zeitwirtschaft hinterlegt worden, können diese Daten als Basis für die Personal- und Schichtplanung als Vorstufe für eine leistungsfähige Personaleinsatzplanung dienen. Sie ersetzen damit händisch geführte Schichtkalender, die mit einem hohen Aufwand und geringer Änderungsfreundlichkeit in EXCEL oder anderen Programmen oder gar manuell bedienten Magnet- oder Stecktafeln gepflegt werden.

Die erfassten und bewerteten Zeiten werden in der Zeitwirtschaft in unterschiedlichster Form aufbereitet und visualisiert. Zu den typischen Auswertungen gehören unter anderem Tages-, Monats- und Jahresauswertungen zu Zeitkonten und Lohnarten, Schicht- und Personaleinsatzpläne, Fehlzeitenübersichten, Stempellisten und -archive oder individuell konfigurierbare Zeitnachweislisten und -archive (Abb. 4.72 und 4.73).

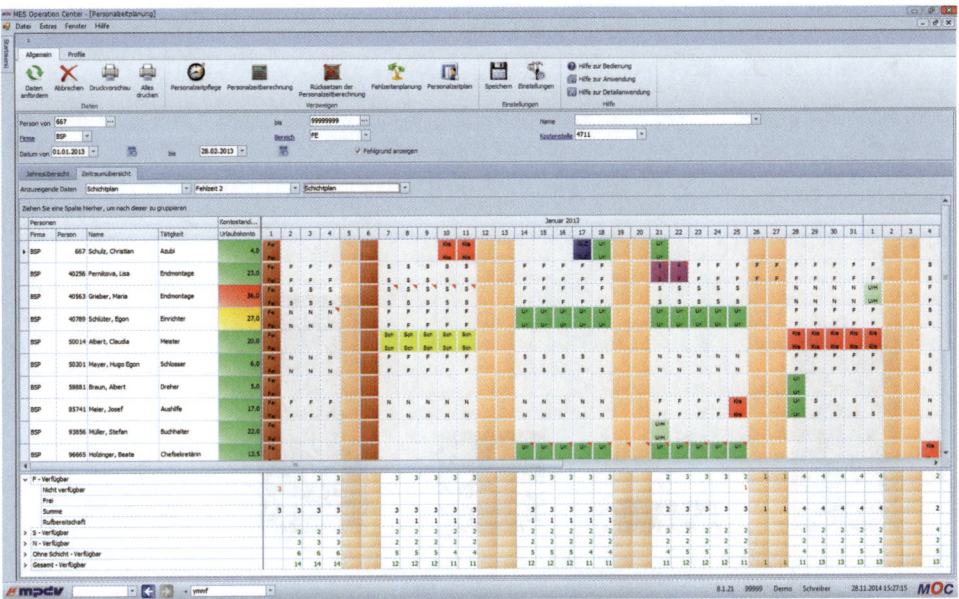

Abb. 4.72 Übersicht zur Schichtplanung und Angaben zur summarischen Schichtstärke

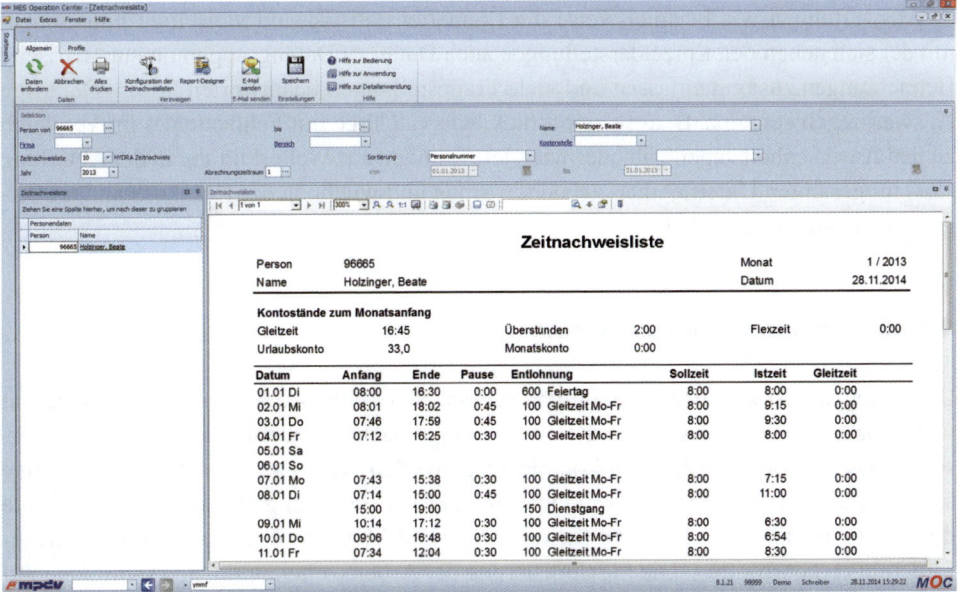

Abb. 4.73 Übersicht der gestempelten und verbuchten Zeiten eines Monats in der Zeitnachweisliste

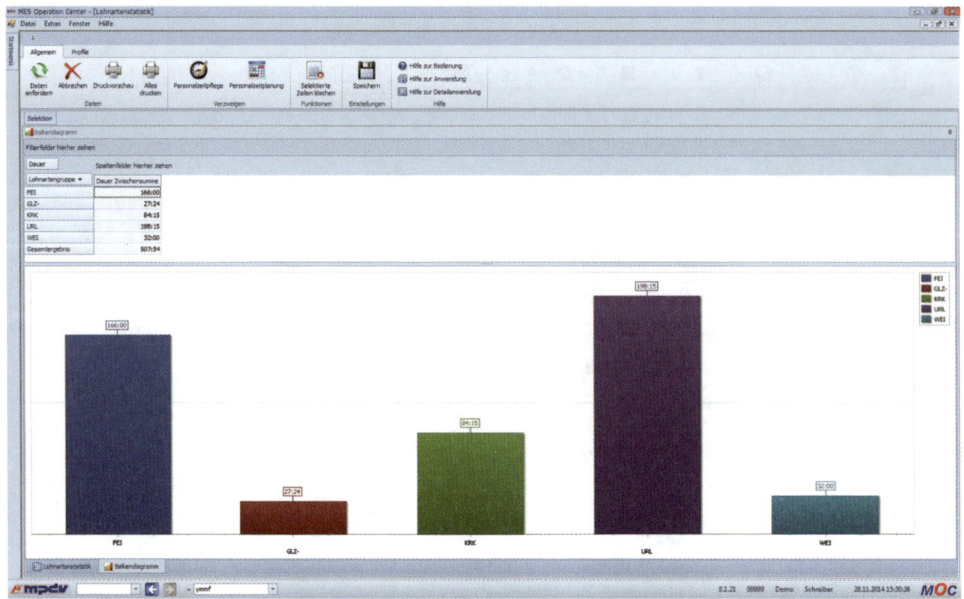

Abb. 4.74 Individuell definierbare Auswertungen mit hoher Aussagekraft auf der Basis von Lohnarten

Auswertungen wie beispielsweise die Lohnartenstatistik sind vielseitige Funktionen, mit der sich neben den Einzeldarstellungen auch Daten zu Datengruppen für summarische Betrachtungen zusammenfassen und viele Fragestellungen beantworten lassen. Derartige Auswertungen zeigen z. B. auf Knopfdruck, wie viel Tage mit Fehlzeiten es im Vergleich zu den Anwesenheitstagen gab oder wie viele Stunden auf Weiterbildung in der Abteilung bzw. im gesamten Unternehmen gebucht wurden und wie hoch der Krankenstand im vergangenen Quartal war (Abb. 4.74).

4.10.5 Personaleinsatzplanung (PEP)

Die zwingend erforderliche Flexibilität bei der Abarbeitung der Fertigungsaufträge hat nicht nur die Fertigungssteuerung schwieriger gemacht, sondern auch das Thema Personaleinsatzplanung ist deutlich komplexer geworden. War es früher damit getan, eine ausreichende Anzahl Mitarbeiter in einer Schicht zur Verfügung zu haben, werden heute die Personalverantwortlichen, die Schichtführer und Meister mit wesentlich höheren Anforderungen konfrontiert. Die Flexibilisierung der Arbeitszeiten wirkt sich signifikant auf die Komplexität bei der Personaleinsatzplanung aus.

Eine moderne Personaleinsatzplanung muss sich auf der einen Seite daran orientieren, welche Personalbedarfe durch die abzuarbeitenden Aufträge oder zu belegenden Arbeitsplätze entstehen. Andererseits muss sie aber auch die reale Verfügbarkeit der Mitarbeiter und deren Qualifikation berücksichtigen (Abb. 4.75).

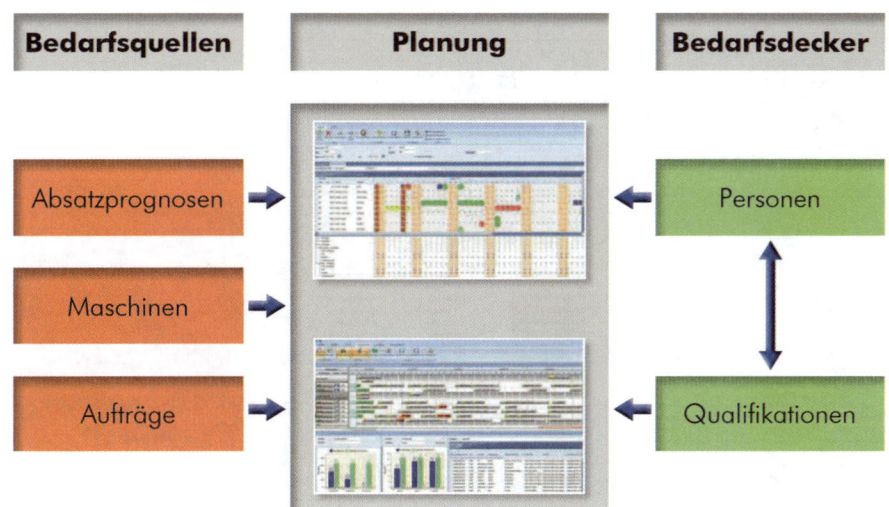

Abb. 4.75 Wirkungsprinzip der Personaleinsatzplanung

Verwaltungsfunktionen und Stammdaten Die Personaleinsatzplanung verwendet den Personalstamm und die Schichtkalender, die auch von anderen gegebenenfalls im Einsatz befindlichen MES-Modulen genutzt werden. Je nach Anforderung können die vorhandenen Stammblätter durch weitere Daten ergänzt werden. Dazu gehören beispielsweise Qualifikationsmerkmale wie Maschinenführerschein, Einrichter oder Qualitätsbeauftragter, die insbesondere in einer hochspezialisierten Fertigung mit modernen Maschinen und hohen Qualitätsansprüchen eine wichtige Rolle spielen. Hierdurch kann die Personaleinsatzplanung beim Zuordnen der Mitarbeiter zu Arbeitsplätzen und Fertigungsaufträgen prüfen, ob die Person über die notwendige Qualifikation verfügt. Auch Aspekte des Arbeitsschutzes lassen sich bei der Prüfung im Sinne von Unterweisungen zur sicheren Maschinenbedienung berücksichtigen (Abb. 4.76).

Zu den zwingend notwendigen Basisdaten für die Personaleinsatzplanung zählen die Informationen zur Verfügbarkeit der Mitarbeiter. Genauso wie beim Personalstamm greift die PEP idealerweise auf die Stempelungen, Schichtmodelle und die Fehlzeitenplanung zu, die in Personalzeiterfassung bzw. -zeitwirtschaft genutzt werden. Damit haben die Schichtplaner nicht nur die Information, welche Mitarbeiter theoretisch anwesend sein sollen, sondern sie wissen auch, wer tatsächlich anwesend ist.

Als Werkzeug zur Visualisierung der Plandaten aus den Schichtmodellen stehen dem Schichtplaner in der PEP Funktionen wie Jahresübersichten und Personalzeitpläne zur Verfügung, die bereits im Kapitel Zeitwirtschaft erwähnt wurden. Hier müssen sowohl Schichten als auch Fehlzeiten geplant werden können.

Personalbedarf und Personalbelegung Zur Ermittlung des Personalbedarfs gibt es unterschiedliche Ansätze, die sich für Fertigungsunternehmen auf zwei Varianten einschränken lassen:

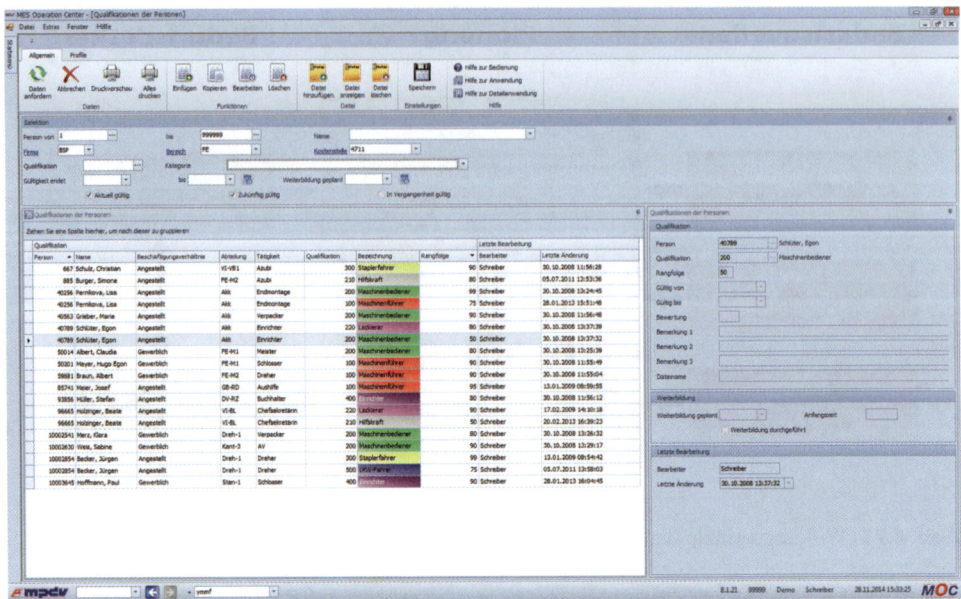

Abb. 4.76 Tabelle mit Mitarbeitern im jeweiligen Verantwortungsbereich und deren Qualifikationen. Müssen Qualifikationen z. B. durch erneute Prüfungen bestätigt werden, kann ein Gültigkeitszeitraum angegeben werden. Die Rangfolge der Qualifikationen gibt die Prioritäten bei der automatischen Einplanung der Mitarbeiter vor

Personalbedarf nach Arbeitsaufkommen Bei manchen Fertigungsunternehmen unterliegt die „Auftragslast" starken Schwankungen, die z. B. durch saisonale oder kundenbedingte Einflüsse entstehen. Hier bietet es sich an, den Personalbedarf auf Basis der aktuell eingeplanten Arbeitsgänge zu ermitteln. Im Planungstool wird dazu neben den eingelasteten Aufträgen auch der auftragsbezogene Personalbedarf angezeigt. Beim Ein- und Umplanen der Aufträge erkennt der Planer jederzeit, ob für das neue Szenario genügend Personalkapazitäten zur Verfügung stehen (Abb. 4.77).

Zuordnung von Personal zu Arbeitsplätzen In Produktionsbetrieben, in denen ein Maschinenpark relativ gleichmäßig ausgelastet ist, ordnet der Schichtplaner die Mitarbeiter mit voller oder anteiliger Schichtkapazität den Arbeitsplätzen zu. Werden Mitarbeiter z. B. für das Einrichten nur zeitweise benötigt oder bei Mehrmaschinenbedienung wird das jeweilige Stundenvolumen (z. B. 2 von 8 h) zugewiesen. Die Zuordnung der Mitarbeiter auf Maschinen und Arbeitsplätze kann manuell via Drag & Drop oder automatisch erfolgen. Bei der automatischen Planung werden alle Personen unter Berücksichtigung der in den Stammdaten festgelegten Qualifikationen und der Verfügbarkeiten der Mitarbeiter auf den Arbeitsplätzen eingeplant (Abb. 4.78).

Auswertungen zur Personaleinsatzplanung Neben den oben gezeigten Werkzeugen in grafischer Form muss die Personaleinsatzplanung auch Auswertungen zur Verfügung

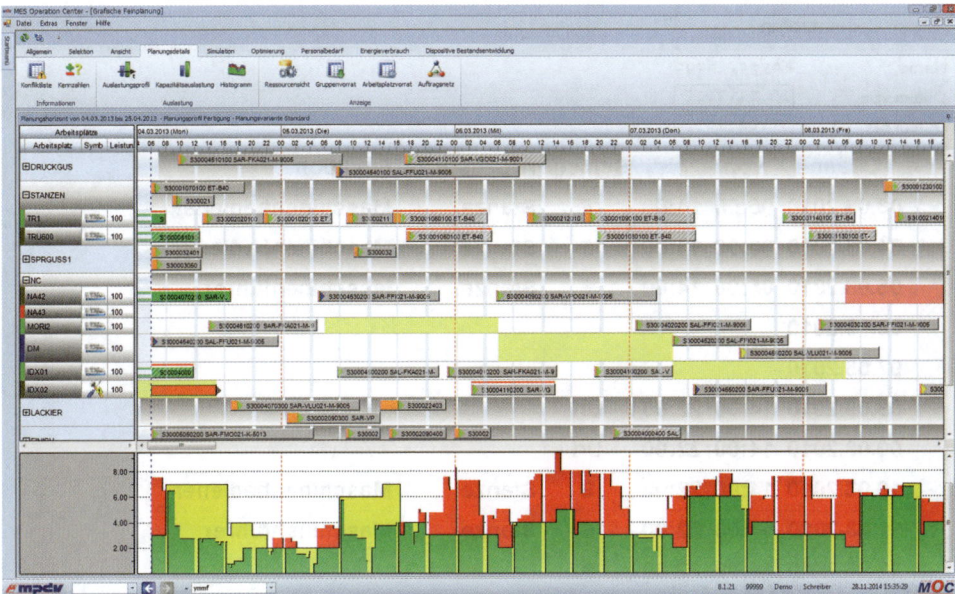

Abb. 4.77 Gegenüberstellung von Personalbedarf und Personalverfügbarkeit im Planungstool. Die grünen Bereiche zeigen, dass in diesen Zeiträumen ausreichend Personal zur Verfügung steht, während die gelben Bereiche eine Personalüberdeckung symbolisieren. In den roten Zeitbereichen ist nicht genügend Personalkapazität vorhanden

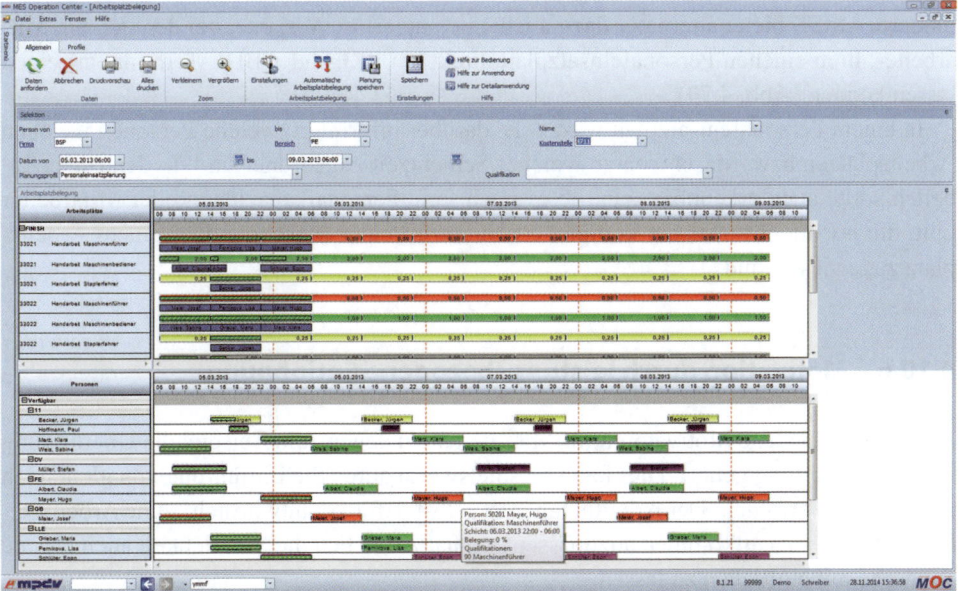

Abb. 4.78 Interaktives Gantt-Chart zur Zuordnung von Personen zu Maschinen und Arbeitsplätzen

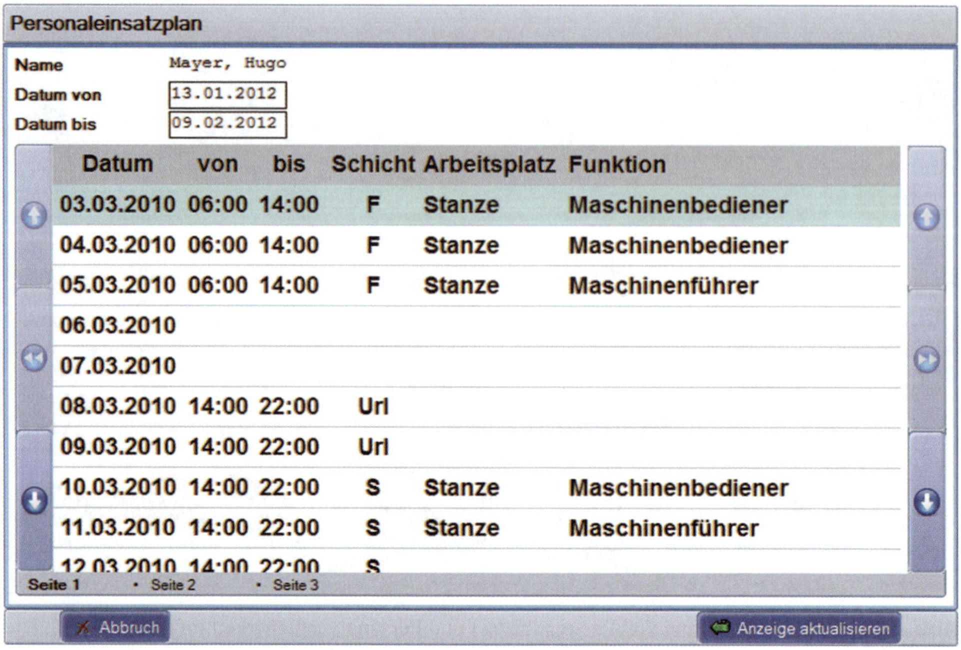

Abb. 4.79 Persönlicher Personaleinsatzplan, den jeder Mitarbeiter an einem PZE- oder BDE-Terminal abrufen kann

stellen, die in Tabellenformat ausgedruckt zur Information der Mitarbeiter dienen. Ein modernes MES bietet alternativ dazu auch eine papierlose Variante, bei der sich die Mitarbeiter ihren eigenen Personaleinsatzplan direkt am PZE- oder BDE-Terminal anzeigen lassen können (Abb. 4.79).

In einem Personaleinsatzplan wird z. B. darüber informiert, welche Personen welchen Arbeitsplätzen bzw. Maschinen zu welcher Schichtzeit zugeordnet sind. In derartigen Tabellen sollte auch erkennbar sein, ob es noch freie Personalkapazitäten oder Mitarbeiter gibt, die noch nicht über die komplette Schichtzeit einer Maschine oder einem Arbeitsplatz zugewiesen sind.

4.10.6 Motivation durch leistungsbezogene Entlohnung

Es gibt verschiedene Motivatoren für Mitarbeiter, zu denen zum Beispiel die Übertragung von Verantwortung gehört. Dies kann beispielsweise durch die Einführung von gleitenden Arbeitszeiten erfolgen: Der Arbeitnehmer ist selbst dafür verantwortlich, seine Arbeitszeiten an das Arbeitsaufkommen anzupassen und hat zusätzlich die Möglichkeit auch private Wünsche mit einfließen zu lassen.

Auch die Entlohnung kann auch als Motivationsfaktor für die Mitarbeiter eingesetzt werden. Anhand bestimmter Vorgaben, die mit den erreichten Leistungen ins Verhältnis gesetzt werden, kann beispielsweise ein prozentualer Leistungsgrad ermittelt werden, der die Höhe einer Prämie bestimmt.

Während früher eher der Einzelakkord eingesetzt wurde, stehen heute Gruppenprämien bei vielen Firmen im Vordergrund. Ein Vorteil der Leistungsentlohnung auf Gruppenbasis liegt darin, dass bei diesem Ansatz die Zusammenarbeit der Mitarbeiter gefördert wird. Zusätzlich besteht die Möglichkeit, auch Mitarbeiter wie Vorarbeiter oder Staplerfahrer, die nicht direkt am Fertigungsprozess beteiligt sind, in die Prämie mit einzubeziehen.

Durch die komplexen tariflichen Rahmenvereinbarungen und die daraus resultierenden individuellen Vorschriften zur Verarbeitung der lohnrelevanten Daten, werden hohe Anforderungen an die Flexibilität eines Leistungs- bzw. Prämienlohnsystems gestellt. Durch vielfältige Konfigurationsmöglichkeiten muss ein System die Abbildung unterschiedlichster Lohnformen wie Prämienlohn (Mengenprämien, Qualitätsprämien, Nutzungsprämien, Ersparnisprämien, Terminprämien) oder Leistungslohn (Akkordlohn, Zeitlohn, Gemeinkostenlohn) gewährleisten.

Alle lohnrelevanten Daten, die aus den Buchungen in der BDE und MDE entstehen, werden in einem Leistungs-/Prämienlohnmodul papierlos und schnittstellenfrei in Form von elektronischen Lohnscheinen aufgenommen und verarbeitet. Individuelle Berechnungsalgorithmen sorgen dafür, dass die Daten nach unterschiedlichsten Kriterien ausgewertet und transparent dargestellt werden können. Wichtig ist, dass die berechneten Ergebnisse jederzeit nachvollziehbar sind. Jeder Mitarbeiter muss zeitnah Informationen über seine eigene Leistung erhalten, damit er durch seinen persönlichen Einsatz aktiv auf sein Entgelt Einfluss nehmen kann. Hieraus entstehen positive Effekte für die Motivation und Mitarbeiterzufriedenheit. Weitere Vorteile werden auch durch eine bessere Ausnutzung und Schonung der Betriebsmittel sowie eine verbesserte Qualität und Termintreue erzielt. Mit entsprechenden Auswertungen stehen wichtige Kennzahlen für die Unternehmensführung zur Verfügung (Abb. 4.80).

Stammdaten und Datenpflege Das Leistungs-/Prämienlohnmodul innerhalb des MES verwendet die Personalstammdaten und Lohnartendefinitionen, die in der Personalzeiterfassung und -zeitwirtschaft bereits genutzt werden. Grundlegende Einstellungen regeln die prinzipielle Verarbeitung der Daten und Berechnung der Lohnarten.

Durch umfangreiche Plausibilitätskontrollen muss sichergestellt sein, dass ggf. vorhandene Lücken oder Fehler in den Ursprungsdatensätzen automatisch erkannt werden, bevor sie zu falschen Lohnberechnungen führen (z. B. vergessene bzw. lückenhafte Stempelungen oder Auftragsstammdaten, in denen der Vorgabewert für die Stückzeit fehlt). Damit die Daten für den Mitarbeiter und dessen Vorgesetzten nachvollziehbar sind, werden in Beleglisten und Lohnscheinübersichten alle leistungslohnrelevanten Buchungen und die vom System erzeugten elektronischen Lohnscheine inkl. deren Detaildaten angezeigt.

Mitunter kommt es vor, dass der Mitarbeiter durch ihn nicht zu beeinflussende Ereignisse seine Ziele nicht erreichen kann (zum Beispiel Wartezeiten, die aus fehlendem Material oder Werkzeug resultieren). In solchen Fällen muss der Vorgesetzte mit entsprechender Berechtigung und Begründung die Möglichkeit haben, durch die Vergabe von Zu-

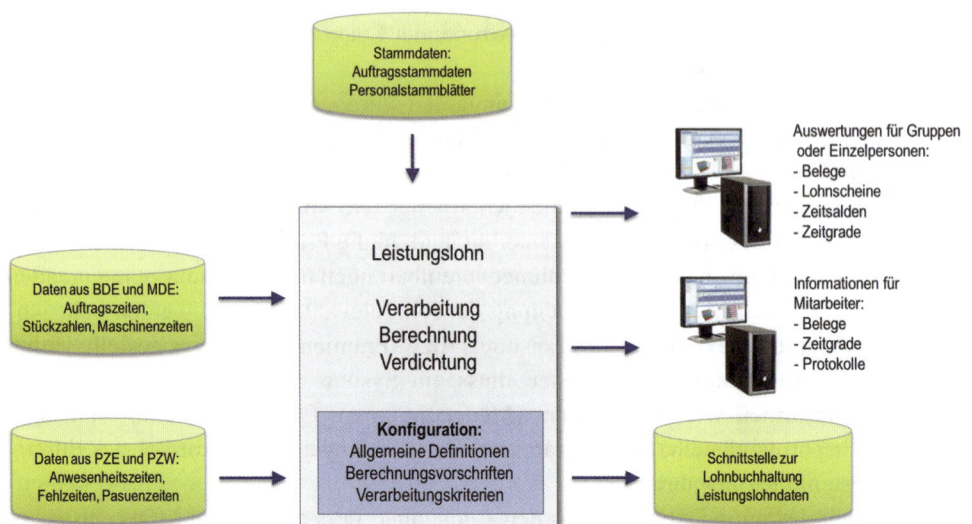

Abb. 4.80 Prinzipielle Arbeitsweise und Funktionen eines Moduls zur Leistungs- und Prämienlohnermittlung am Beispiel des MES HYDRA

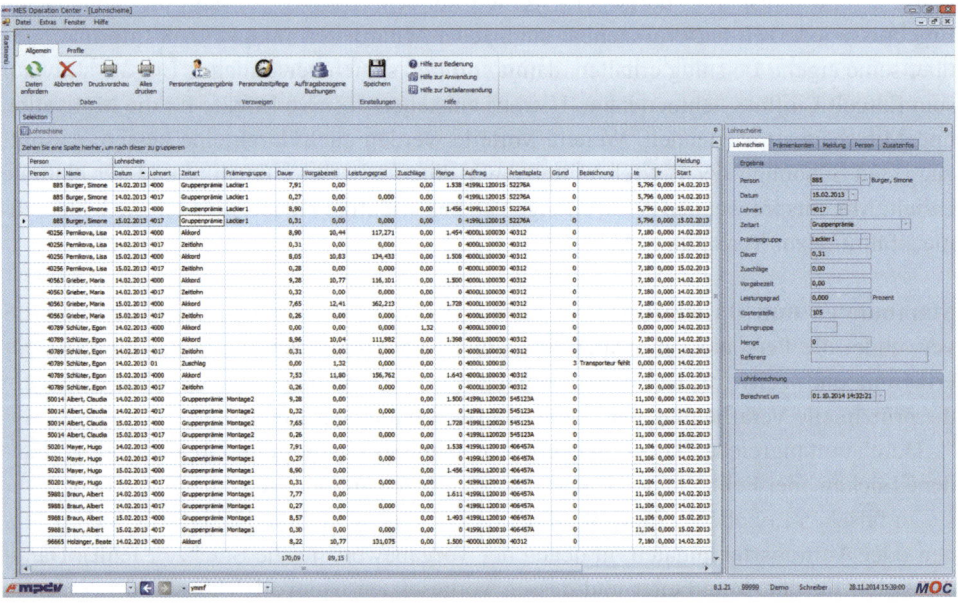

Abb. 4.81 Übersicht mit den erzeugten Lohnscheinen, vergebenen Zu-/Abschlägen und ggf. Buchungen aus der Personalzeitwirtschaft

schlägen und Abschlägen das Ergebnis zu korrigieren. Dadurch wird sichergestellt, dass die richtigen Daten in das Lohn- und Gehaltssystem über eine Schnittstelle gelangen und jeder Mitarbeiter das verdiente Entgelt erhält (Abb. 4.81).

Berechnungs- und Bewertungsfunktionen Je nach Komplexität der Leistungs-/Prämienlohnvereinbarungen werden unterschiedlichste Funktionen benötigt, um die individuellen, firmenspezifischen Anforderungen abzudecken. Im einfachsten Fall kann über die Lohnartenbestimmung ein allgemeingültiges Regelwerk aus Vorschriften aufgebaut werden, das definiert, für welche Zeitanteile in den Lohnscheinen welche Lohnart zugeordnet wird. Zudem muss hinterlegt werden können, welche Zeiten und Mengen in die Berechnung des Leistungsgrads einfließen.

Für komplexere Anwendungen sind umfangreichere Berechnungsalgorithmen erforderlich. Idealerweise sind Formeln und Berechnungsregeln auf Basis einfach zu erlernender Tools zu hinterlegen, ohne dass in die System-Programmierung eingegriffen werden muss. Wenn bereits Vorlagen für typische Berechnungsvorschriften zur Verfügung stehen, erleichtert dies die Abbildung eigener Regeln.

In vielen Fertigungsunternehmen steht zudem nicht mehr die Bemessung des Einzelnen sondern der Gruppengedanke im Vordergrund. Hier muss ein Leistungs-/Prämienlohnmodul im MES die Möglichkeit bieten, einzelne Mitarbeiter statischen oder dynamischen Prämiengruppen zuzuordnen und damit die Realität in der Fertigung sowie den Gruppenbewertungsgedanken abzubilden.

Auswertungen zum Leistungs-/Prämienlohn Ein zeitgemäßes MES muss in der Lage sein, die leistungs- und prämienbezogenen Daten unter Beachtung gängiger Datenschutzrichtlinien nach unterschiedlichen Kriterien auszuwerten und transparent darzustellen. Damit können die berechneten Ergebnisse jederzeit nachvollzogen werden. Der einzelne Mitarbeiter erhält zeitnah Informationen über seine eigene Leistung und kann durch persönlichen Einsatz aktiv auf sein Entgelt Einfluss nehmen. Hieraus entstehen positive Effekte für die Motivation und Mitarbeiterzufriedenheit. Zudem eignen sich attraktive grafische Auswertungen sehr gut zur Veröffentlichung der Gruppenergebnisse, in denen beispielsweise die pro Arbeitstag erbrachten Leistungen von Prämiengruppen zusammengefasst werden. Auch für Betrachtungen zur Leistungsentwicklung von Prämiengruppen über ausgewählte Zeiträume hinweg sollten entsprechende Charts verfügbar sein (Abb. 4.82).

4.10.7 Sicherheit im Fertigungsunternehmen

Das gestiegene Sicherheitsbewusstsein und äußere Zwänge wie die neuen Zoll- und Sicherheitsmaßnahmen (Zertifizierung zum Authorized Economic Operator (AEO)) führen dazu, dass immer mehr Unternehmen die Ein- und Ausgänge des Firmengeländes sowie sensible Bereiche innerhalb der Gebäude nicht mehr nur mit herkömmlichen Schließanlagen verriegeln. Stattdessen setzen sie auf moderne Zutrittskontrollsysteme (ZKS), die Zugänge nicht nur öffnen oder verriegeln, sondern auch überwachen, Alarme auslösen und die Zutritte bzw. Zutrittsversuche protokollieren.

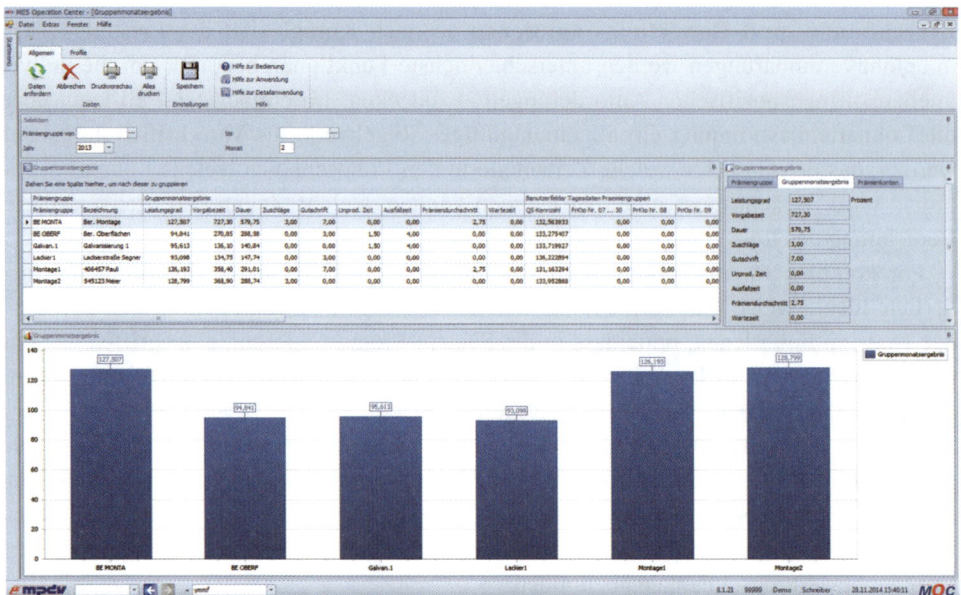

Abb. 4.82 Monatsergebnisse von verschiedenen Prämiengruppen in tabellarischer und grafischer Darstellung

Im Vergleich zu herkömmlichen Schließanlagen bieten elektronische Zutrittskontrollsysteme einige Vorteile, die für eine Integration im MES sprechen:

- Ein ZKS ermöglicht die Vergabe zeitlicher Berechtigungen. Damit kann beispielsweise gesteuert werden, dass bestimmte Mitarbeiter nur zu den Arbeitszeiten an Wochentagen Zutritt bekommen, während andere Mitarbeiter rund um die Uhr und eventuell auch am Wochenende Zugang zu ihrem Arbeitsplatz haben.
- Bei einer Schließanlage führt ein verlorener Schlüssel oft zum Austausch der gesamten Anlage, während im Zutrittskontrollsystem der verlorene Ausweis seine Berechtigungen durch Zuordnung eines neuen Ausweises verliert.
- Die Prüfung der Berechtigungen für bestimmte Räume, Hallen und Lagerbereiche und die Protokollierung der Zutritte erhöht den Diebstahlschutz. Auch in Bezug auf Werksspionage ist es sinnvoll zu definieren, welche Mitarbeiter und Besucher welche Bereiche betreten dürfen.
- In Hochsicherheitsbereichen besteht die Anforderung, den Schlüssel vor Missbrauch zu schützen. Hier ist es möglich, die Identität des Mitarbeiters durch einen zusätzlichen Pincode oder durch biometrische Merkmale (beispielsweise ein Fingerabdruck) zu verifizieren.

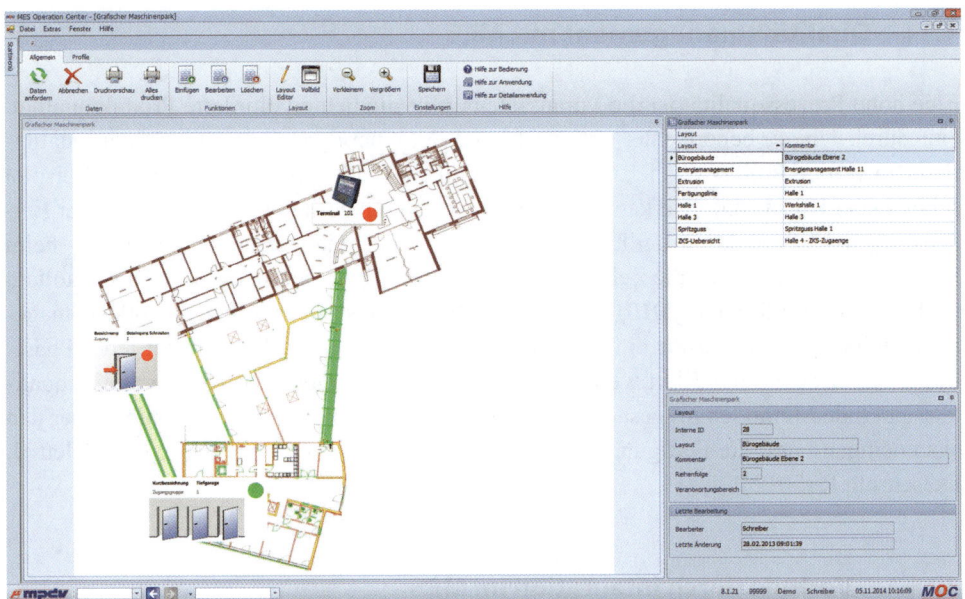

Abb. 4.83 Der Sicherheitsleitstand hilft insbesondere in großen Unternehmen mit lokal verteilten Gebäuden, einen schnellen Überblick über den aktuellen Status der Ein-/Ausgänge zu bekommen

- Im Katastrophenfall ist es erforderlich, eine Liste aller Mitarbeiter verfügbar zu haben, die auf dem Firmengelände sind. Damit kann man feststellen, welche Mitarbeiter nicht an den Sammelstellen angekommen sind.
- Über ein integriertes Eskalationsmanagement besteht die Möglichkeit, Alarme bzgl. unerlaubt geöffnete Türen oder Sabotageversuche an den Zutrittslesern direkt an die zuständigen Mitarbeiter weiterzuleiten.

Die erfassten Daten muss das Zutrittskontrollsystem in unterschiedlichsten Ausprägungen auswerten und darstellen, um die teilweise recht anspruchsvollen Anforderungen abzudecken, die aus den allgemeinen Regeln zur Werkssicherheit oder speziellen Auflagen des Werksschutzes resultieren. Dazu zählen zum Beispiel Zutrittsprotokolle mit Auflistung aller protokollierten Zutritte sowie Zutrittsversuche, Übersichten mit allen registrierten Alarmen und Störungen im ausgewählten Zeitraum, Protokoll zu allen Änderungen, die an den Zutrittsberechtigungen vorgenommen wurden oder Raumzonenübersichten mit der Auflistung aller Personen, die sich in den definierten Raumzonen aufhalten. Eine besonders übersichtliche Darstellung bietet ein sog. Sicherheitsleitstand, in dem alle Zugänge inkl. Alarm- und Störungsmeldungen grafisch visualisiert werden (Abb. 4.83).

4.11   Qualitätsmanagement mit MES

Eine hohe Prozessqualität ist die Voraussetzung für die heute geforderte Produktqualität. Nur durch fähige, beherrschte, optimierte und dokumentierte Prozesse können qualitativ hochwertige Produkte gefertigt werden. Wird ein Fehler frühzeitig, also zum Beispiel schon in der Konstruktion, erkannt, entstehen wesentlich geringere Kosten als bei der Entdeckung in der Produktion, der Endkontrolle oder – noch unangenehmer und teurer – beim Kunden. Dies wird durch die Zehnerregel der Fehlerkosten eindrucksvoll veranschaulicht (vgl. Schmitt R, Pfeifer T (2010)). Nach dieser Erfahrungsregel aus dem Qualitätsmanagement steigen die Kosten für die Verhütung und Behebung von Fehlern mit jeder Phase, in der sie zu spät aufgedeckt werden um den Faktor 10. Ziel muss es daher sein, qualitätssichernde Methoden im gesamten Prozessablauf, d. h. von der Konstruktion, über den Wareneingang und die Fertigung bis hin zum Warenausgang zu etablieren (vgl. Kletti J, Deisenroth R (2012)).

4.11.1   Vorteile durch Integration im MES

Die Qualitätssicherung (QS) war und ist auch heute in vielen Fertigungsunternehmen noch immer ein selbständiger Bereich. Die historisch bedingte Trennung zwischen der Qualitätssicherung und dem Fertigungsmanagement hat oft zu einer inhomogenen Systemlandschaft und zu getrennter Behandlung von eigentlich zusammen gehörenden Prozessen geführt. So werden Fertigungs- und Prüfaufträge separat angemeldet oder die Datenerfassung zu Produktionsfehlern und Ausschuss erfolgt nicht selten redundant in unterschiedlichen Systemen. Hinzu kommt, dass sich zwei verschiedene Systeme nur mit hohem Aufwand über Schnittstellen integrieren lassen. Aufwändig und fehlerträchtig ist auch die unnötige Konfrontation der Anwender mit zwei unterschiedlich zu bedienenden Systemen.

Ein nach aktuellen Markterfordernissen konzipiertes MES sieht die Qualitätssicherung dagegen als integralen Bestandteil des Fertigungsmanagements, sodass die oben erwähnten Nachteile vermieden und die Akzeptanz bei den Anwendern deutlich gesteigert wird. Im Idealfall wird jeder Mitarbeiter z. B. im Rahmen der Werkerselbstprüfung in die Qualitätssicherungsprozesse einbezogen. Auf diesem Weg entsteht eine Art „mitlaufende" Qualitätssicherung, bei der ein Trend zu höherem Ausschuss durch Probleme mit den Maschinen, Werkzeugen oder dem Material bereits im Ansatz erkannt wird und fehlerhafte Produkte gar nicht erst entstehen.

Nur durch den Einsatz eines übergreifenden MES sind praxisgerechte Auswertungen und Analysen mit dem erforderlichen Informationsgehalt zu allen an der Fertigung beteiligten Ressourcen und den Prozessen gesamthaft verfügbar. Erst unter Einbeziehung aller fertigungsbezogenen Informationen – dazu gehören insbesondere auch Maschinen- und Prozessdaten – ist die Einleitung effizienter Maßnahmen zur Fehlervermeidung und Prozessoptimierung möglich.

4.11.2   Anwendungsbereiche eines modernen QS-Systems

Ein modernes, integriertes MES bietet umfassende Funktionalitäten, mit denen Produkt-und Prozessdaten entlang der gesamten Wertschöpfungskette vom Wareneingang bis hin zum fertigen Produkt erfasst und ausgewertet werden können. Die Ergebnisse dienen dazu, Fehler in den Prozessen zu erkennen, deren Ursachen zu ermitteln, Maßnahmen zur Beseitigung der Fehler festzulegen und die Ergebnisse nach der Umsetzung zu kontrollieren. Das MES unterstützt damit einen Regelkreis, der auf eine stetige Prozessverbesserung ausgerichtet ist, der es aber auch erlaubt, kurzfristig auf Qualitätsprobleme und Fehler reagieren zu können.

Zu den Einzeldisziplinen des Qualitätsmanagements zählen nicht mehr nur Applikationen wie

- Erstmusterprüfung
- FMEA
- Fertigungsprüfung inkl. SPC
- Produktionslenkungsplan
- Wareneingangs- und Warenausgangsprüfung
- Reklamationsmanagement
- Prüfmittelmanagement und
- Lieferantenbewertung

sondern auch weitere Anwendungsprogramme wie Tracking/Tracing (siehe Kap. 4.3) oder die Prozessdatenverarbeitung (siehe Kap. 4.7). Sie alle werden dazu genutzt, den Anwendern ein übergreifendes System auf Basis lückenlos erfasster und elektronisch gespeicherter Produktions- und Prüfdaten zur Verfügung zu stellen.

Die Qualitätssicherung beginnt mit einer inhaltlich vollständigen und transparenten Qualitätsplanung. Mit ihr wird der Grundstein dafür gelegt, dass jedes Unternehmen seinen Kunden nachweisen kann, dass sowohl der eigene Fertigungsprozess als auch die Lieferanten die Anforderungen zu Funktion und Qualität erfüllen. Das MES unterstützt den Anwender bei der systematischen und rechtzeitigen Vorbereitung und Planung aller Maßnahmen, die zum Erreichen einer Leistung erforderlich sind, die den Kunden zufrieden stellen. Bei richtiger Anwendung helfen die QS-Funktionen Fertigungsunternehmen in entscheidendem Maße dabei, die Anforderungen zu erfüllen, die in gängigen Qualitätsnormen wie ISO 9001, TS 16949, FDA CFR 21 Part 11 oder anderen definiert sind.

4.11.3   Übergreifende QS-Funktionen

Wie in den bereits beschriebenen MES-Bereichen für das Fertigungs- und Personalmanagement gibt es auch im Qualitätsbereich Funktionen, die – sofern eine unternehmensweit gültige Systematik angewendet wurde – übergreifend von den oben genannten QS-Applikationen in allen Abteilungen genutzt werden können.

Qualitätsstammdaten eines MES Als Grundlage für die Planung und Durchführung qualitätssichernder Maßnahmen muss ein MES über Funktionen verfügen, mit denen Basisdaten definiert und verwaltet werden. Hierzu zählen beispielsweise Fehlerarten und -orte, Fehlerursachen und Verursacher, Maßnahmen und Kostenarten.

Idealerweise können diese Daten in einer hierarchischen Struktur abgelegt werden. Dies ist die Voraussetzung dafür, dass über Auswertungen auf der obersten Ebene Fehlerschwerpunkte zunächst global erkennbar sind und diese anschließend mit der notwendigen Granularität im Drill-Down-Verfahren detailliert werden.

Mit dem Einsatz eines übergreifenden MES entstehen bereits bei der Anlage und Verwaltung der Basisdaten entsprechende Synergieeffekte. Es entfällt die doppelte Pflege gleichartiger Daten in einem separaten BDE- und CAQ-System (Computer Aided Quality Assurance) bzw. die aufwändige Synchronisation der Daten über Schnittstellen. Unter anderem können folgende qualitätsrelevante Basisdaten im MES zentral, d. h. für alle MES-Funktionen gemeinsam, verwaltet werden:

- Einheiten
- Arbeitsplätze
- Prüfplätze
- Fehlerarten
- Ausschussgründe
- Kostenarten
- Personen inkl. Qualifikationen oder
- Ressourcen (Maschinen, Werkzeuge, Prüfmittel etc.).

Prüfplanung als Fundament der Qualitätssicherung Für jede Prüfung, egal ob diese im Wareneingang, in der Fertigung, im Warenausgang oder im Rahmen von Maschinenfähigkeitsuntersuchungen stattfindet, müssen Merkmale definiert werden, mit deren Hilfe die Einhaltung der Qualitätsanforderungen kontrolliert wird. Für jedes Merkmal sind Prüfmittel, Tätigkeiten und entsprechende Spezifikationen festzulegen.

Idealerweise werden alle unternehmensweit erforderlichen Merkmale in der Prüfplanung an zentraler Stelle im MES angelegt und verwaltet. Durch die Möglichkeit, Prozess- und Produktmerkmale gleichzeitig zu verwenden, stehen dem MES für Auswertungen, Zertifikate und Regelkreise alle qualitätsrelevanten Daten übergreifend zur Verfügung.

Bereits während der Konstruktion wird klar, welche Merkmale eines Produkts qualitätsrelevant sind. Durch die Integration einer FMEA in das MES können die dort definierten Merkmale direkt übernommen werden. Alternativ kann die Übernahme von Merkmalen auch über das Auslesen von CAD-Zeichnungen erfolgen. In beiden Fällen wird eine doppelte und fehleranfällige Dateneingabe vermieden (Abb. 4.84).

Beinhaltet das MES auch eine Erstmusterprüfung, wird der Anwender beim Import der zugehörigen Merkmale in die Prüfpläne unterstützt. Alle relevanten Einstellungen werden übernommen und können optional bearbeitet werden. Auch dies reduziert den Planungsaufwand und verhindert Fehler, die beim manuellen Anlegen von Qualitätsmerkmalen auftreten können.

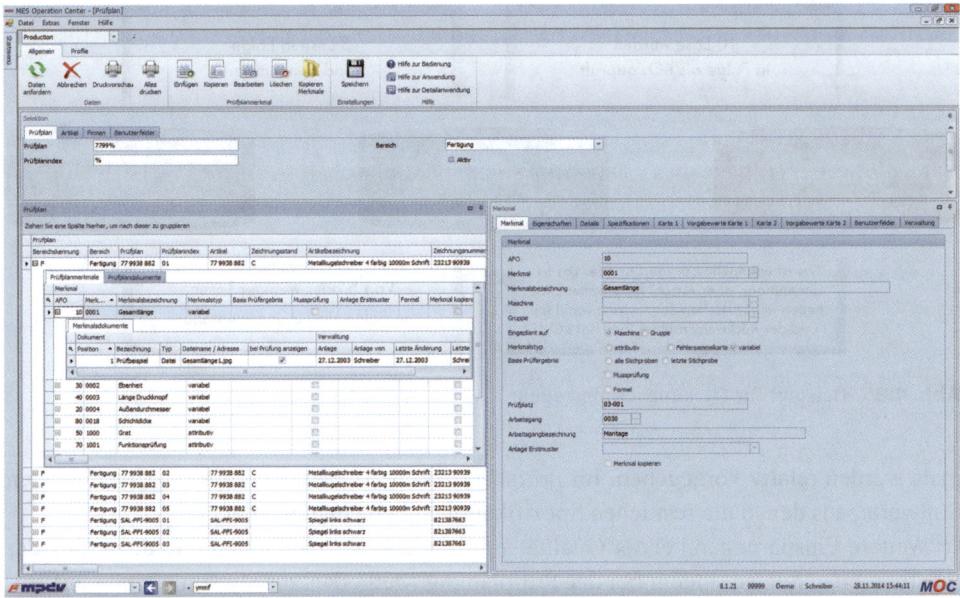

Abb. 4.84 In den Prüfplänen werden alle relevanten Daten für die Prüfung des zu produzierenden Artikels zusammengeführt

Die für jeden zu fertigenden Artikel, für Artikelgruppen, Arbeitsgänge, Kunden, Lieferanten etc. zutreffenden Merkmale werden im nächsten Schritt nun den jeweils relevanten Prüfplänen zugeordnet. Dazu gehört auch die Zuweisung der zu verwendenden Prüfmittel bzw. Prüfmittelgruppen.

Ein weiterer Synergieeffekt entsteht bei einer im MES integrierten CAQ dadurch, dass für die Prüfplanung in der Fertigung bereits alle produktionsspezifischen Daten wie Arbeitspläne, Auftragsstrukturen oder Stücklisten zur Verfügung stehen. Durch einen Vergleich der Arbeitspläne mit den bereits vorhandenen Prüfplänen kann das MES lange vor der eigentlichen Produktion Defizite in der Prüfplanung wie z. B. fehlende oder unvollständige Prüfpläne aufdecken.

Besondere Anforderungen an die Prüfplanung stellt die Variantenfertigung, bei der nahezu gleichartige Produkte hergestellt werden, die sich nur in Details unterscheiden. Müssten für jedes Produkt separate Prüfpläne gepflegt werden, würde dies zu einem enormen Aufwand führen. Wesentlich flexibler und weniger aufwändig arbeitet man hier stattdessen mit Familien- bzw. Gruppenprüfplänen in Kombination mit sogenannten Spezifikationslisten. Der Inhalt eines Prüfplans kann sich dadurch auf die Auflistung der zu prüfenden Merkmale ohne die Angabe von Spezifikationen beschränken. In einer separaten Liste werden für alle zu produzierenden Produktvarianten dann lediglich die spezifischen Ausprägungen festgelegt.

Alternativ kann die Verwendung von Konfigurationsmerkmalen zum Einsatz kommen. Dabei wird in der Prüfplanung zu jedem Merkmal festgelegt, wie sich die Spezifikationen aus den Konstruktionsmaßen ergeben. Die Toleranz- und Plausibilitätsgrenzen des Merk-

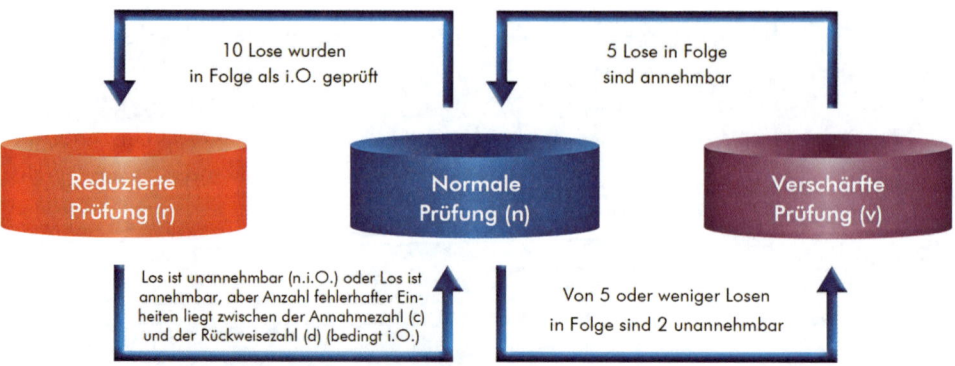

Abb. 4.85 Beispiel für Dynamisierungsregeln

mals werden relativ vorgegeben. Im Prüfschritt selbst stehen dann die zu verwendenden Sollwerte, aus denen die restlichen Spezifikationen berechnet werden.

Weitere Einsparungen bei der Qualitätsprüfung lassen sich durch die Reduzierung der Prüffrequenz erzielen, indem bei der Prüfplanung Methoden zur Dynamisierung auf Basis von Erfahrungswerten zum Einsatz kommen. Diese Funktionen werden hauptsächlich bei der Wareneingangsprüfung genutzt. Für eine Dynamisierung muss im Vorfeld geplant werden, nach welchen Regeln sie erfolgen soll. Neben der Verwendung gebräuchlicher Normen (ISO 2859, ISO 3951 etc.) stellt das MES dem Prüfplaner Mittel zur Verfügung, um eigene Regelwerke zu erstellen (Abb. 4.85).

Natürlich kann eine dynamisierte Prüfung auch in der Fertigung angewendet werden, um beispielsweise das Prüfintervall nach dem Auftreten eines Fehlers zur Überprüfung der Wirksamkeit einer Korrekturmaßnahme temporär zu erhöhen.

Um den Forderungen nach einer lückenlosen Dokumentation aller qualitätsrelevanten Daten über die gesamte Wertschöpfungskette nachzukommen, besteht für den Anwender eines MES auch die Möglichkeit, einen übergreifenden **Control-Plan** zu verwenden. Dieser umfasst alle Planungsdaten der Produktherstellung und die Daten der zugehörigen Prüfpläne.

Alle Änderungen an den Prüfplänen müssen nachvollziehbar dokumentiert werden. Aus diesem Grund werden alle relevanten Daten (Control-Plan, Prüfpläne, Spezifikationslisteneinträge, etc.) vom MES mit Versionsnummern und Änderungsgründen versehen. Das Freigeben und Aktivieren eines Versionsstandes stellt sicher, dass nur die jeweils aktuelle Version verwendet wird und ausschließlich berechtigte Personen Modifikationen in den Produktionsprozess übergeben. Außerdem können Änderungen im Vorfeld geplant und gezielt zu einem festen Zeitpunkt aktiviert werden. Durch die Verwendung der Versionsverwaltung wird automatisch dokumentiert, wann, warum und von wem Veränderungen durchgeführt wurden. Diese Daten stellt das MES für Recherchen z. B. im Teilelebenslauf zur Verfügung.

Verwaltung und Planung der Prüfmittel Ähnlich wie der Planung des Materials, der Werkzeuge und anderer Betriebsmittel ist auch dem zielgerichteten Einsatz der Prüfmittel ein hoher Stellenwert zuzuordnen, da ohne die benötigten Prüfmittel keine Qualitätsprüfungen durchgeführt und im Extremfall Produkte nicht produziert werden können. Da Prüfmittel dem Verschleiß unterliegen, ist deren Einsatz nur dann zuverlässig, wenn diese fähig sind, also den Prozessvorgaben entsprechen. Um die Fähigkeit sicherzustellen, müssen in regelmäßigen Abständen Untersuchungen nach bestimmten Normen durchgeführt werden. Daraus ergibt sich wiederum die Aufgabe, dass vor dem produktiven Einsatz Tätigkeiten, Mittel und Termine zur Sicherstellung der Prüfmittelfähigkeit definiert werden müssen.

Durch den Einsatz eines MES können die Möglichkeiten eines effizienten Prüfmittelmanagements voll ausgeschöpft werden. Im Rahmen der Qualitätsplanung wird für Prüfmittelfähigkeitsuntersuchungen definiert, welche Merkmale mit welchen Ressourcen nach welchen Spezifikationen kontrolliert werden. Je nachdem, welche Norm zugrunde liegt, muss im Vorfeld festgelegt werden, anhand welcher statistischen Kennwerte (Wiederholbarkeit/Messmittelstreuung, Vergleichbarkeit/Prüferstreuung, Wiederholbarkeit/Vergleichbarkeit, Streuung von Teil zu Teil und Gesamtstreuung) der Fähigkeitsnachweis erfolgen muss.

Durch den Einsatz des Prüfmittelmanagements innerhalb eines MES wird die Planung von Fähigkeitsuntersuchungen wesentlich vereinfacht, indem Prüfmittel ähnlich wie andere Ressourcen (Werkzeuge, Hilfsmittel …) verwaltet und die erfassten Ist-Daten ausgewertet werden. Ähnlich wie bei der Werkzeugverwaltung wird für die Kalibrierplanung festgelegt, in welchen Intervallen Kalibrierungen anstehen. Dabei können neben Zeit- auch Stückintervalle verwendet werden. Bei Ermittlung der Fälligkeit nach Stückintervallen werden die aus der Messwerterfassung vorliegenden Informationen über verwendete Prüfmittel benutzt. Durch das Einrichten von Vorwarnzeiten können die Zeitpuffer von der ersten Benachrichtigung bis zur Fälligkeit der Kalibrierung individuell definiert und in der Folge Störungen im Produktionsablauf durch nicht verfügbare Prüfmittel vermieden werden (Abb. 4.86).

Sollte ein Messmittel während des Einsatzes fällig werden, so wird der Prüfer direkt benachrichtigt. Eine weitere Verwendung des fälligen Prüfmittels wird optional unterbunden. Durch die Integration des Prüfmittelmanagements können Messmittel bei Bedarf vor Ort kalibriert werden. Diese Handhabung ist vorwiegend bei unbeweglichen Prüfmitteln, wie zum Beispiel Messmaschinen sinnvoll.

Effektive und sichere Erfassung der Prüfdaten Abhängig davon, ob die CAQ-Funktionen im MES in Verbindung mit der BDE oder losgelöst von ihr genutzt werden, ruft der Werker oder Prüfer die Prüfanforderungen mit Anmeldung des Fertigungsauftrags automatisch oder über die Prüfanforderungsnummer an einem BDE-Terminal bzw. Prüfplatz auf. Vollkommen anders als bei der papiergestützten Q-Datenerfassung bekommt der Werker im Idealfall alle notwendigen Informationen in elektronischer Form angezeigt (Abb. 4.87).

Die Zuverlässigkeit und Sicherheit der qualitätsrelevanten Messungen kann signifikant erhöht werden, wenn das MES den Prüfenden automatisch auf die Fälligkeit einer Prüfung hinweist. Dies geschieht zum Beispiel dann, wenn das Stichprobenintervall erreicht oder die Zeit bis zur nächsten Prüfung verstrichen ist.

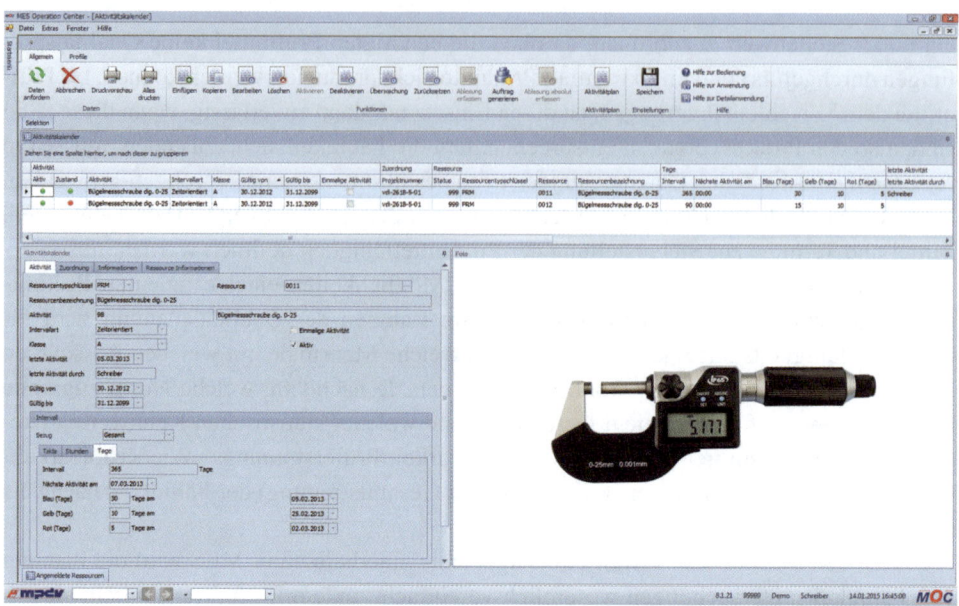

Abb. 4.86 Kalibrierkalender für Prüfmittel

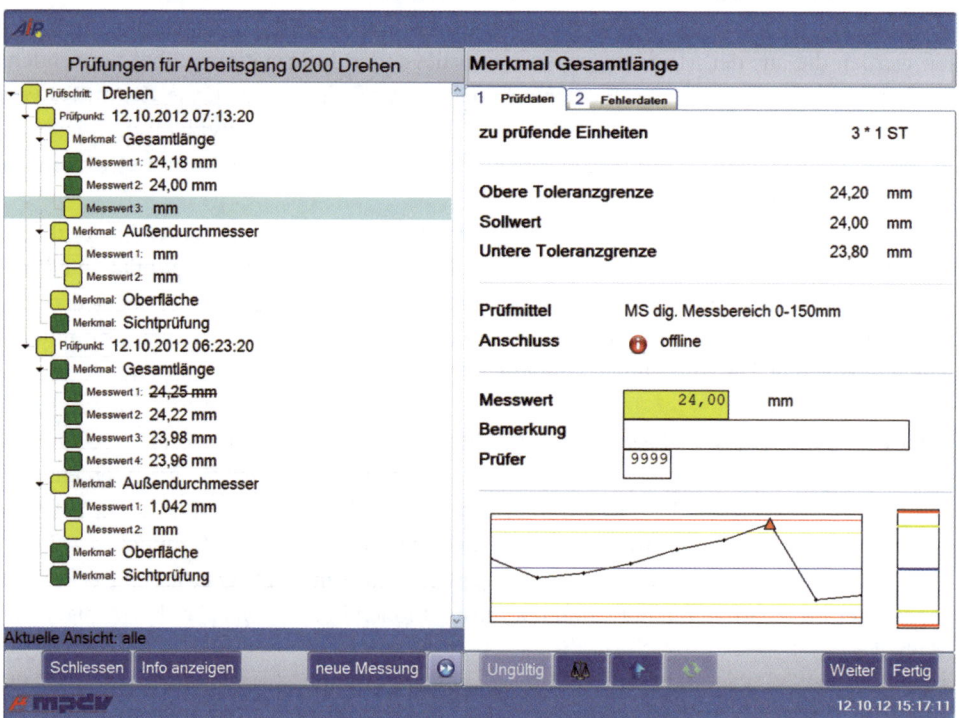

Abb. 4.87 Bedienoberfläche mit einem Beispiel für die Erfassung von variablen Merkmalen (Messdaten) inklusive der Anzeige von Prüfergebnissen

Der Prüfende sollte durch die einzelnen Prüfschritte über individuell gestaltbare Dialoge geführt werden und Hinweise zur Korrektur bekommen, wenn über Plausibilitätskontrollen fehlerhafte Eingaben erkannt wurden. Durch die eindeutige und sichere Bedienerführung ist dann ausgeschlossen, dass Prüfungen vergessen oder mit falschen Daten abgeschlossen werden.

Zusätzliche Effektivitäts- und Ergonomie-Effekte sind erzielbar, wenn die Datenerfassung über direkt angeschlossene Messgeräte wie Messschieber, Bügelmessschrauben, Messmaschinen o. ä. automatisiert wird. Hierzu muss das MES über die erforderlichen konfigurierbaren Datenschnittstellen verfügen.

Neben der Eingabe oder Übernahme von Messwerten zu Prüfmerkmalen muss ein MES auch etablierte Verfahren zur Erfassung und Auswertung von attributiven Prüfungen über sog. Fehlersammelkarten zur Verfügung stellen. Über individuell zusammengestellte hinterlegte Fehlerkataloge wählt der Prüfende den jeweiligen Fehlergrund aus und sorgt damit bereits während der laufenden Produktion dafür, dass Korrekturen vorgenommen werden, wenn zum Beispiel zu viel Ausschuss wegen Problemen mit dem verwendeten Werkzeug produziert wird (Abb. 4.88).

Auswertung der Prüfergebnisse Um einen Regelkreis zur Verbesserung der Prozessqualität aufbauen zu können, werden die Messwerte und Prüfdaten entsprechend aufbe-

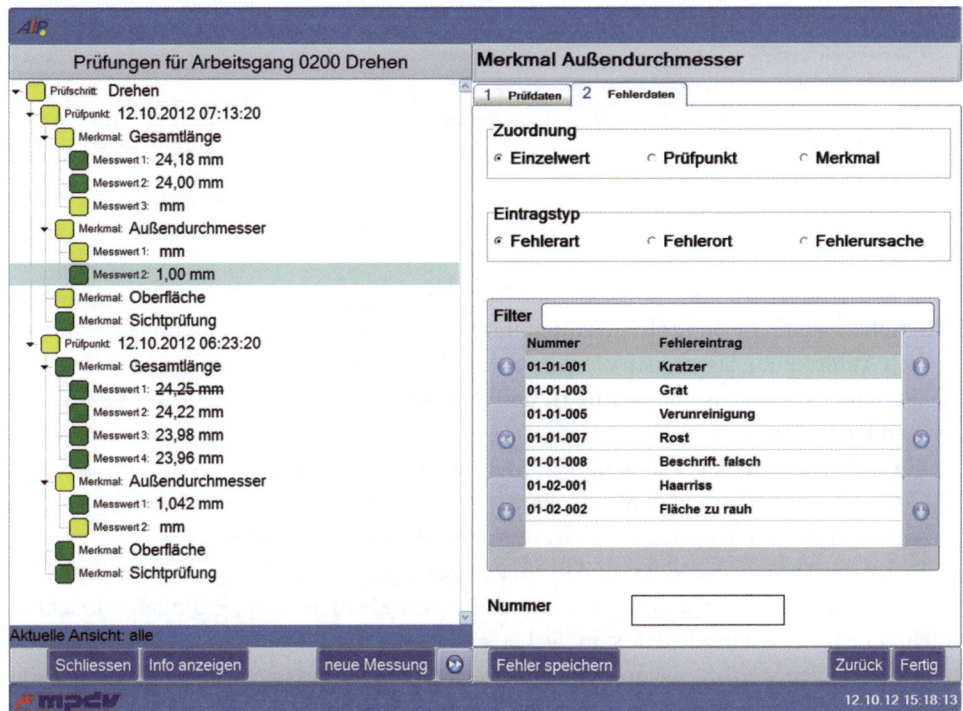

Abb. 4.88 Bedienerdialog mit einem Beispiel für die Erfassung von attributiven Merkmalen aus dem Fehlerkatalog (Fehlersammelkarte)

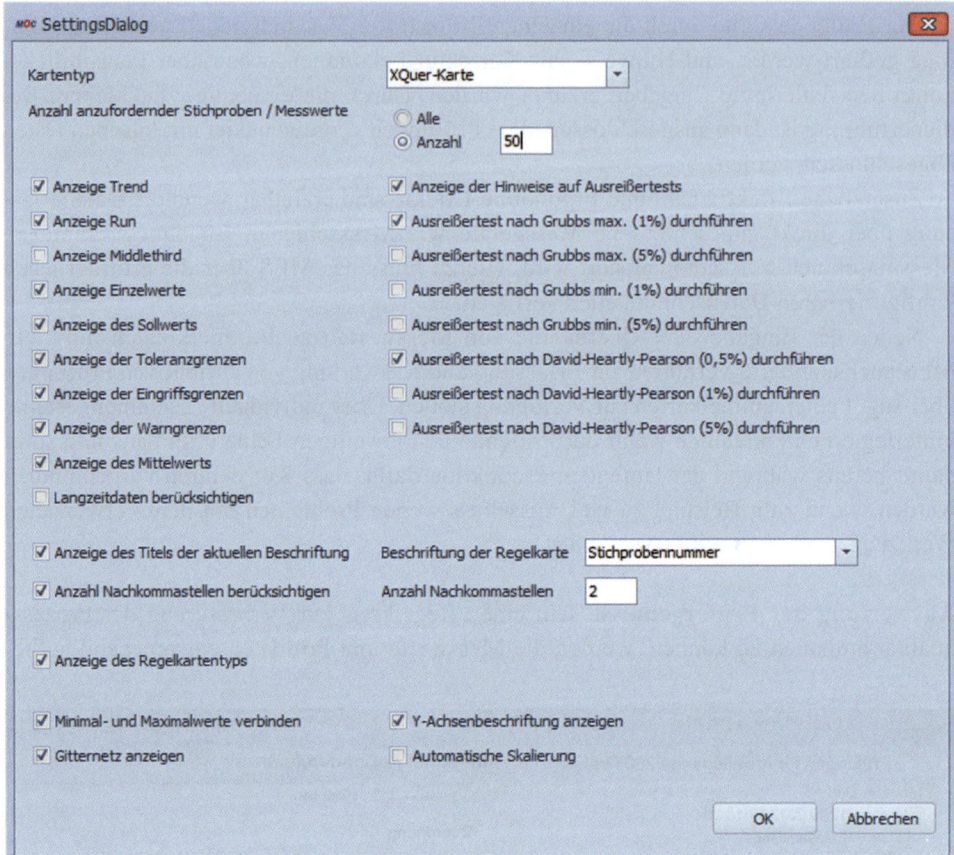

Abb. 4.89 Mit Hilfe umfangreicher Parametereinstellungen müssen Regelkarten so konfiguriert werden können, dass sie dem Anwender die Daten in der gewünschten Form präsentieren

reitet und visualisiert. Hierfür muss ein MES über gängige Methoden zur Visualisierung z. B. mittels standardisierter Regelkarten inkl. leistungsfähiger Filterfunktionen verfügen. Je nach Anforderung lassen sich die relevanten Datenbereiche (z. B. Auswertung für einen bestimmten Arbeitsgang) herausfiltern und unterschiedlichste Darstellungen konfigurieren und kombinieren.

Für die Visualisierung von variablen Merkmalen sollten die Typen Xq-Karte, s-Karte, R-Karte, Einzelwertkarte und Mediankarte verfügbar sein. Attributive Merkmale werden in Form von p-Karten, np-Karten, c-Karten und u-Karten abgebildet.

Damit die Analyse der Mess- und Prüfdaten gezielte Resultate liefert, müssen innerhalb der Regelkarten viele Selektionsparameter wie Auftrag/Arbeitsgang, Prüfplan, Prüfschritt, Stichprobe u.v.a.m. auswählbar sein. Dabei können auch archivierte Daten in die Auswertung einbezogen werden, wenn Langzeitbetrachtungen langfristige Trends aufzeigen sollen oder Qualitätsnachweise zu früher produzierten Artikeln gefordert werden (Abb. 4.89 und 4.90).

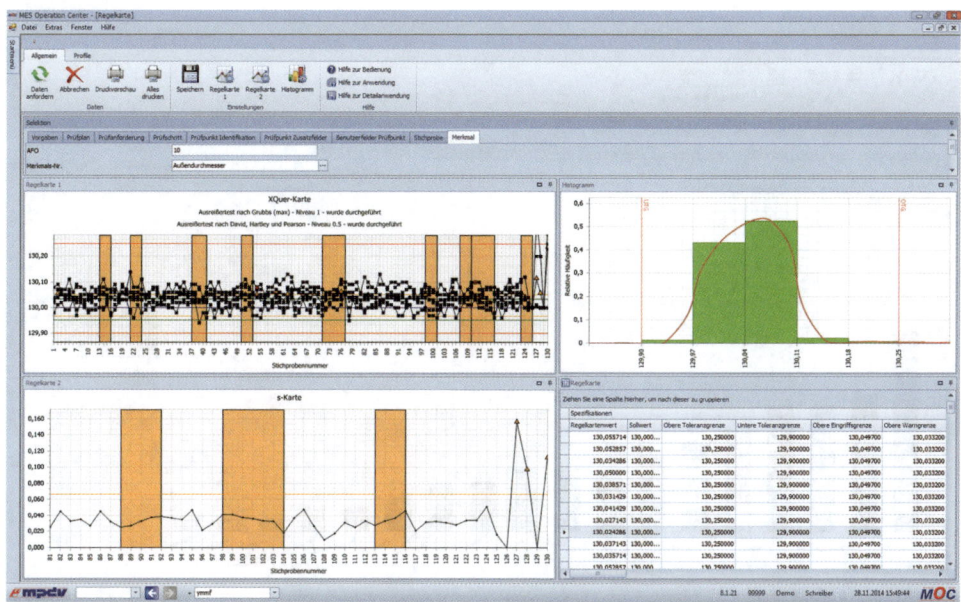

Abb. 4.90 Beispiel für eine individuell gestaltete Auswertung in Form von unterschiedlichen Regelkarten, eines Histogramms und einer Tabelle mit Auflistung der einzelnen Messwerte

Die Regelkarten sollten die Überwachungsfunktionen Trend, Run und MiddleThird beinhalten, mit denen ein Prozess noch besser kontrolliert werden kann als über die Regelkarte allein. Mit der Anzeige des Trends wird ein über mehrere Stichproben ansteigender bzw. abfallender Prozessverlauf visualisiert. Der „Trend" zeigt, wo der Prozess über mehrere Stichproben hinweg ober- oder unterhalb des Mittel- oder des Sollwerts verläuft. Ein „Run" wird erkannt, wenn eine vordefinierte Anzahl aufeinanderfolgender Werte oberhalb des Mittelwerts liegen. Ein „MiddleThird" liegt vor, wenn in dem betrachteten Regelkartenausschnitt statistisch auffällig viele oder auffällig wenige Werte im mittleren Drittel des Bereichs zwischen den Eingriffsgrenzen liegen.

Mit der Fehlerschwerpunktanalyse bietet ein modernes MES eine weitere typische Auswertung für die QS-Abteilung und andere Unternehmensbereiche. Hier erfolgt die Auswertung nach Fehlerart, Fehlerort und Fehlerursache sowie die Darstellung der Fehlerartenverteilung (Häufigkeit) je Artikel, bezogen auf einen zuvor gefilterten Zeitraum. Auf Basis solcher Analysen können die Kernbereiche ermittelt werden, in denen die Einleitung von qualitätsverbessernden Maßnahmen erforderlich ist (Abb. 4.91).

Bei derartigen Auswertungen, bei denen große Datenmengen analysiert werden müssen, bieten Pivot-Funktionen entscheidende Vorteile. So muss das MES verschiedene Möglichkeiten der Zusammenfassungen der Quelldaten mit ergänzender Detailfilterung anbieten und die Analyse der Daten durch eine interaktive Darstellungsweise in verschiedenen Formaten und mit unterschiedlichen Berechnungsmethoden zulassen.

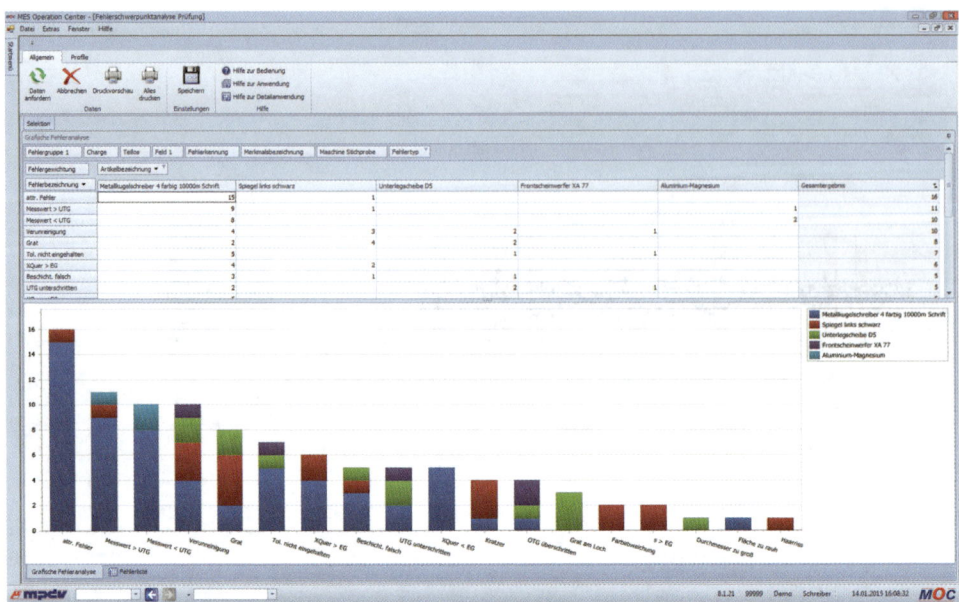

Abb. 4.91 Mit Hilfe der Pivot-Funktionen in der Fehlerschwerpunktanalyse können Auswertungen auf große Datenbestände vom Anwender selbst in übersichtlicher Form gestaltet werden

Erstellung von 8D-Reports, Berichten und Zertifikaten Die Ergebnisse qualitätsrelevanter Prozesse und Prüfungen gelten als Qualitätsbeleg und werden in vielen Fällen zusammen mit den Fertigprodukten an den Kunden auf dessen Forderung in Papier- und/oder elektronischer Form ausgeliefert. Dokumente wie Prüfzeugnisse oder kundenspezifische Zertifikate sind derart vielfältig, dass sich diese mit wirtschaftlich vertretbarem Aufwand nicht mehr ohne Systemunterstützung erstellen und verwalten lassen. Da Kunden in den meisten Fällen individuelle Vorgaben zur Gestaltung und zum Inhalt der Dokumente machen, kommt hier der variablen Gestaltbarkeit und einfachen Änderbarkeit der Formulare eine besondere Bedeutung zu. Wenn das MES Standardfunktionen aus MS-Office nutzt, ist der Anwender davor geschützt, dass zu viel Aufwand für das Erstellen individueller Formulare mittels Reportgeneratoren oder ähnlichen Tools entsteht.

Von Vorteil ist es, wenn das MES bereits über eine Sammlung von Dokumentvorlagen für Standardformulare wie z. B. 8D-Reports verfügt, die bei Bedarf nach entsprechender Schulung vom Anwender selbst hinsichtlich Inhalt und Design modifiziert werden können (Abb. 4.92).

Workflow- und Eskalations-Management Qualitätsrelevante Abläufe und Prozesse können wesentlich effektiver, transparenter und sicherer verfolgt bzw. abgearbeitet werden, wenn sie durch ein integriertes Workflowmanagement unterstützt werden. Mit Workflows kann man sicherstellen, dass alle notwendigen Schritte eines Prozesses von den verantwortlichen Mitarbeitern durchlaufen werden und jeder „auf Knopfdruck" über die Historie sowie den aktuellen Stand innerhalb eines Workflows informiert ist. Ein typisches

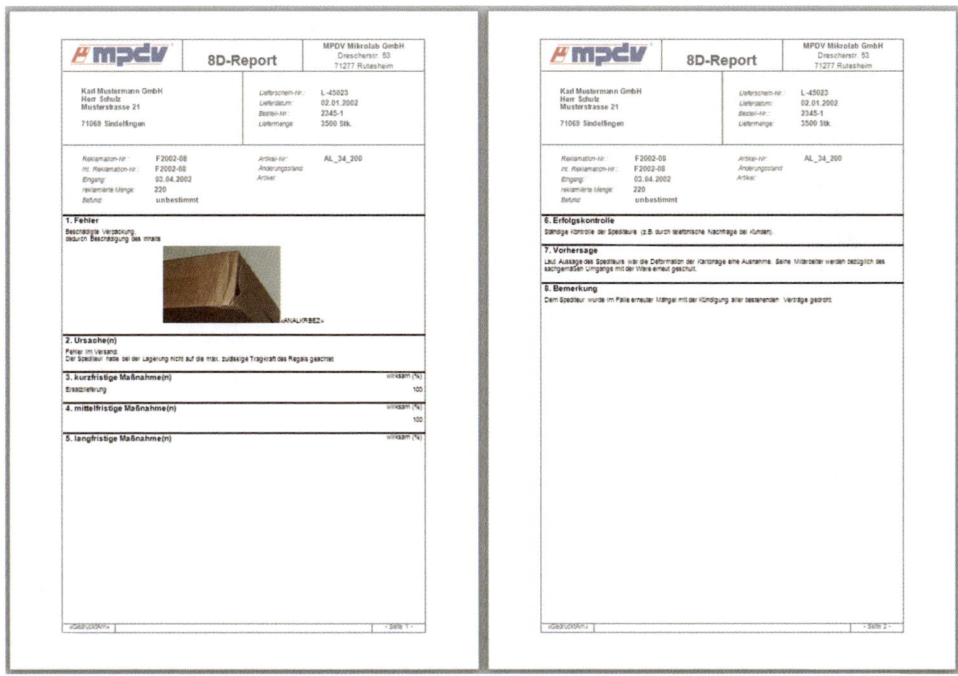

Abb. 4.92 Individuell gestaltbares Formular für einen typischen 8D-Report

Beispiel sind interne oder externe Reklamationen, die anhand von hinterlegten Workflows gezielter und sicherer bearbeitet werden können (vgl. Kap. 5.2).

Hierbei werden Aufgaben und Entscheidungen grafisch so angeordnet, dass der Prozessablauf eindeutig abgebildet wird. Neben der intuitiven Erstellung solcher Workflows kann in der entstehenden Grafik auch auf einen Blick erkannt werden, an welcher Stelle der Prozess aktuell steht und welche Aktion bzw. Entscheidung als nächstes kommt bzw. zuvor durchlaufen wurde.

Die Unterstützung durch Workflows kann mit dem Implementieren von Eskalationen inklusive einer proaktiven Benachrichtigung der verantwortlichen Personen per SMS oder E-Mail noch intensiviert werden. Wurden vorher definierte Schritte eines Workflows durchlaufen oder wurde die Abarbeitung verzögert oder gar unterbrochen, werden diese Eskalationen automatisch ausgelöst (Abb. 4.93).

In Kombination mit dem Eskalationsmanagement wird die Nutzung von Workflows zu einem flexiblen und mächtigen Tool zur zielgerichteten und dokumentierten Benachrichtigung und Aufgabenverteilung. Damit ergeben sich kurze Informationswege zwischen Schichtführern, Maschinenbedienern, Prüfern und den Qualitätsverantwortlichen. Die integrierte Terminüberwachung unterstützt die Anwender dabei, wichtige Tätigkeiten nicht aus den Augen zu verlieren.

Mit Hilfe der workflowbasierten Prozesssteuerung lassen sich firmeninterne Prozesse transparent und in jeder erdenklichen Form abbilden. Mit der Krankmeldung eines Mitarbeiters des QS-Labors wird beispielsweise der Vorgesetzte informiert, bei welchen

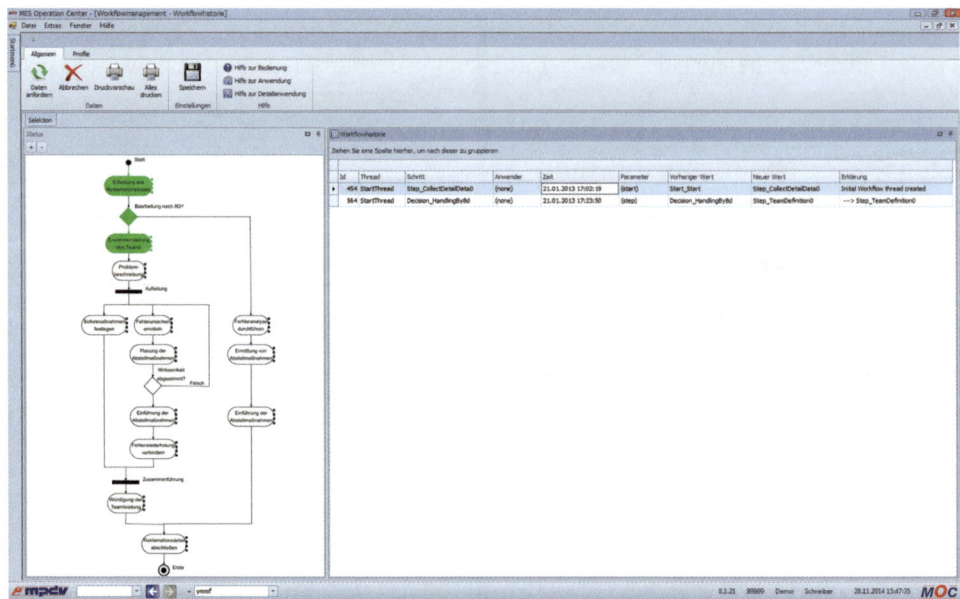

Abb. 4.93 Beispiel für eine Workflow-gestützte Reklamationsbearbeitung

Aufträgen durch den Ausfall Prüfungen gefährdet sind. Als Konsequenz daraus könnten in der Personalplanung die anstehenden Aufgaben auf andere Mitarbeiter mit gleicher Qualifikation verteilt werden.

4.11.4 Präventive Fehlervermeidung mit FMEA

Mit Hilfe der Fehlermerkmals- und einfluss-Analyse (FMEA) werden bereits während der Konstruktion eines Produktes sowie in den nachfolgenden Fertigungsprozessen potentielle Mängel erforscht. Nach deren Erkennung müssen geeignete Maßnahmen definiert werden, um die Mängel zu eliminieren oder, wenn dies nicht möglich ist, zumindest zu minimieren. Diese Methode zur präventiven Fehlervermeidung gilt als die kostengünstigste Art der Schwachstellenbeseitigung.

Elementarer Bestandteil einer FMEA sind die Funktionen zur Erstellung von Fehler- und Funktionsnetzen. Sie stellen die Ursache und die Wirkung in Beziehung zueinander.

Durch die ergänzende Beurteilung der Fehler hinsichtlich ihrer Wahrscheinlichkeit des Auftretens, der Bedeutung und der Entdeckung ergeben sich entsprechende Risikoprioritätszahlen, die zur Bewertung herangezogen werden. Das Ergebnis hieraus bildet eine wichtige Grundlage für die eigentliche Prüfplanung. Durch die Risikobewertung wird bereits im Vorfeld ersichtlich, welche Merkmale während der Produktion mit welcher Intensität geprüft werden müssen.

Durch den Einsatz einer FMEA im Rahmen eines MES können die hier erfassten Daten effektiv und dauerhaft zur weiteren Verarbeitung in der Prüfplanung genutzt werden.

4.11.5 Wareneingangsprüfung

In den Fertigungsprozess dürfen nur die Rohstoffe und Produkte einfließen, die den definierten Anforderungen entsprechen. Mit einer systematischen Wareneingangsprüfung werden Qualitätsprobleme der Lieferanten erkannt, bevor sich diese in der eigenen Fertigung fortsetzen.

Um die Kosten für die Prüfung der Wareneingänge zu minimieren, können flexible Dynamisierungsverfahren eingesetzt werden, die auf die Prüfhistorie zu Artikeln und Lieferanten zurückgreifen. Darauf basierend werden nur dann Prüfungen vorgeschlagen, wenn diese auch wirklich erforderlich sind.

Die Wareneingangsprüfung kann mit einem übergeordneten ERP-System einen bidirektionalen Workflow aufbauen. Bei Warenanlieferungen übergibt das ERP dem MES Daten wie Lieferscheinnummer, Lieferdatum, Artikel, Chargen- oder Losinformationen und die gelieferte Menge für prüfpflichtige Artikel, worauf die das MES hierzu automatisch den Prüfschritt generiert (Abb. 4.94).

Nach der Wareneingangsprüfung wird der Prüfentscheid dem ERP-System übergeben. Prüfmerkmale, die zu einer n.i.O.-Prüfung geführt haben, werden mit den Prüfergebnissen

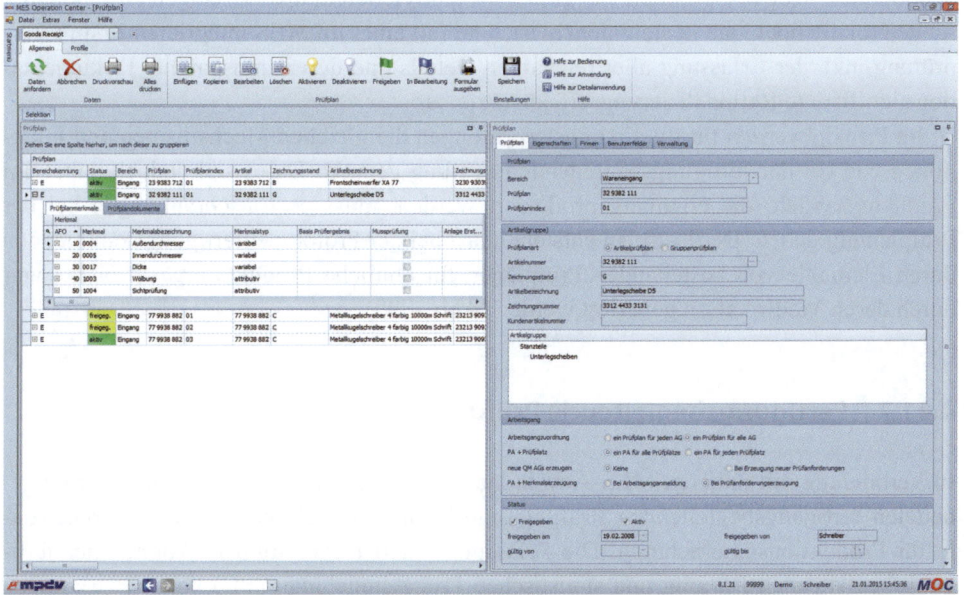

Abb. 4.94 Prüfplan mit Regeln zur Dynamisierung des Prüfumfangs

an das Reklamationsmanagement weitergeleitet, das automatisiert einen Mängelbericht für den Lieferanten generiert.

Bei der Prüfplanung für den Wareneingang werden die gleichen Funktionen genutzt, die auch für die fertigungsbegleitende Prüfung und die anderen MES-Module Anwendung finden. Eine Besonderheit stellt die bereits im Kapitel Prüfplanung (vgl. Kap. 4.11.3) beschriebene Dynamisierung dar. Dabei ist wählbar, ob die Dynamisierung auf merkmal- oder losbezogene Prüfumfänge angewendet wird.

Bei der Erstellung von eigenen Stichprobenentnahmeplänen werden die Standardwerte Stichprobenumfang, Annahmezahl (Anzahl von Fehlern, welche für ein i.O.-Prüfergebnis noch zulässig ist), Rückweisezahl (Anzahl von Fehlern, ab welchen das Prüfergebnis n.i.O. ist, d. h. das Los zurückzuweisen ist) und k-Faktor als Grenzwert für die Annahme oder Rückweisung bzw. i.O.- oder n.i.O.-Prüfergebnis-Einstufung berücksichtigt.

4.11.6   Erstmusterprüfung

Mit der Erstbemusterung werden die Produkt- und Qualitätsmerkmale eines Artikels vor der Serienlieferung definiert und zwischen Kunden und Lieferanten abgestimmt. Damit werden die Qualitätsrisiken und -kosten für beide Seiten minimiert. Besonders Automobilhersteller stellen mit Erstmusterprüfungen die Einhaltung Ihrer Normen (VDA, QS9000, PPAP) und damit die Qualität ihrer Lieferungen sicher.

Da der Aufwand zur Erstellung und Bearbeitung von Erstmusterprüfberichten auf konventionellem Weg insbesondere bei großer Produktvielfalt und kurzfristigen Produktänderungen relativ hoch und kostenintensiv ist, sind mit einer im MES integrieren Erstmusterprüfung inkl. der Erfassung aller relevanten Details und deren transparente Dokumentation signifikante Rationalisierungseffekte erzielbar.

Im Prinzip werden für die Erstmusterprüfungen die gleichen Mechanismen und Funktionen wie bei der fertigungsbegleitenden Prüfung genutzt. Da es sich jedoch dabei um Produkte handelt, die erstmalig produziert werden, muss es Einschränkungen bei der Prüfplanung geben. Der Prüfplan entsteht quasi bei der Prototypenfertigung, kann jedoch durch Elemente von bestehenden Prüfplänen für ähnliche Produkte ergänzt oder sogar durch deren Modifikation generiert werden (Abb. 4.95).

4.11.7   Fertigungsbegleitende Prüfung

In Verbindung mit anderen MES-Anwendungen ergeben sich beim Einsatz einer eingebetteten fertigungsbegleitenden Prüfung signifikante Nutzeffekte und Einsparpotenziale für Produktionsunternehmen. Die Erfassungs- und Informationsfunktionen der fertigungsbegleitenden Prüfung und statistischen Prozessregelung (SPC) können zusammen mit anderen MES-Applikation wie BDE, MDE auf den gleichen PC-basierten Terminals mit ähnlichen Bedienerdialogen genutzt werden. Damit sind keine separaten Prüfplätze

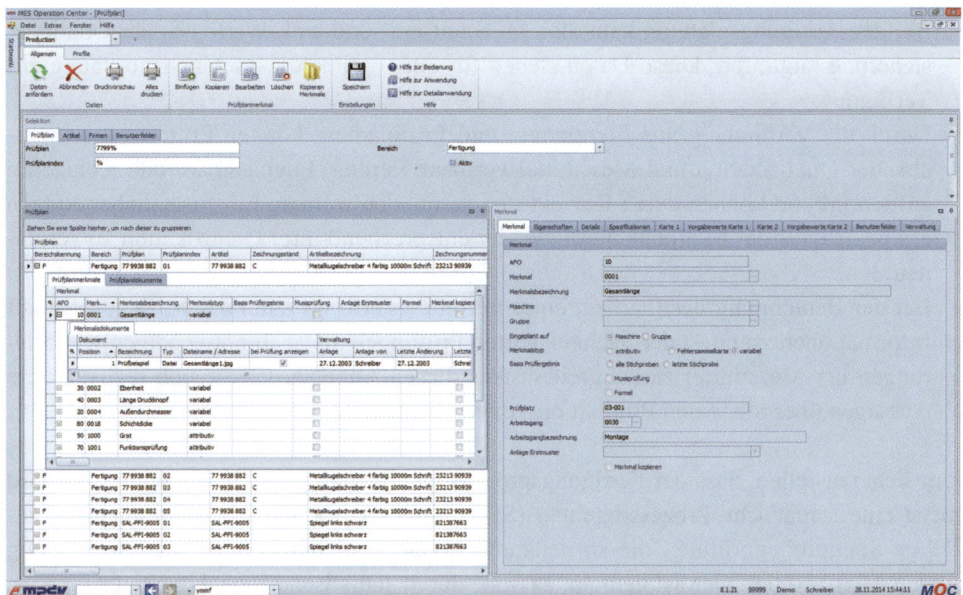

Abb. 4.95 Während der Prototypenfertigung werden Prüfschritte definiert, die anschließend in einen Prüfplan aufgenommen werden

erforderlich, werden Wegezeiten vermieden und eine gesamtheitliche Betrachtung der Herstellprozesse ermöglicht.

Auch durch die Tatsache, dass die Qualitätsplanung für die Fertigungsprozesse Bestandteil eines MES ist, ergeben sich Nutzeneffekte und Vorteile von denen nachfolgend einige beispielhaft erläutert werden sollen:

- Vor der Freigabe eines Fertigungsauftrags kontrolliert das MES, ob für den Artikel und/ oder Kunden Reklamationen vorliegen. Wenn ja, wird der Fertigungsplaner auf diesen Umstand hingewiesen. In weiteren Recherchen (zum Beispiel einer Analyse, ob die Fehlerursache mit der verplanten Maschine zusammenhängt) kann eine Entscheidung getroffen werden, ob der Fertigungsauftrag wie geplant freigegeben werden soll.
- Vor der Freigabe von Fertigungsaufträgen auf bestimmten Maschinen testet das MES, ob für den Prozess durch die Qualitätssicherung eine entsprechende Maschinenfähigkeit nachgewiesen wurde. Ist dies nicht der Fall, kann entweder der Fertigungsauftrag an dieser Maschine nicht freigegeben werden oder es wird eine entsprechende Maschinenfähigkeitsprüfung veranlasst.
- Vor der Freigabe eines Fertigungsauftrags wird durch das MES geprüft, ob bei dem zu fertigenden Artikel eine Erstmusterfreigabe des Kunden vorliegt. Ist dies nicht der Fall, kann der Fertigungsauftrag ggf. nicht freigegeben werden oder es wird eine Erstmusterfreigabe eingeholt oder es wird eine entsprechende Erstmusterprüfung veranlasst.

- Bei der Fertigungsplanung kann das MES auf cm- und cmk-Werte aus der Qualitäts-sicherung zugreifen. Diese Daten stehen für eine optimale Maschinenzuordnung zur Verfügung.
- Durch die Verbindung aus Fertigungs- und Prüfplanung können Prüfer mit entspre-chender Qualifikation und Messmittel verplant werden. Engpässe werden rechtzeitig aufgezeigt und können durch Korrekturen vermieden werden. Ein zusätzlicher Nutzen ergibt sich aus der Möglichkeit, die Prüfer entsprechend ihrer Qualifikation zu verpla-nen.
- Bei der Berechnung der Laufzeit eines Fertigungsauftrags kann das MES sowohl auf Informationen zu ein- oder nachgelagerten Prüfungen als auch notwendigen Kalibrie-rungen der Messmittel zurückgreifen. Aus diesen Angaben lassen sich realistischere Aussagen über die realen Produktionszeiten ableiten.

Um sicherzustellen, dass der Fertigungsprozess qualitätsfähig und beherrschbar ist, wird meist eine statistische Prozessregelung (SPC) eingesetzt. Alternativ kann auch die zu-fällige Stichprobenprüfung, die so genannte Annahmestichprobenprüfung, Anwendung finden. Beiden Methoden ist gemein, dass sie durch statistische Berechnungen Aussagen über die aktuelle Qualitätslage des Fertigungsprozesses liefern. Diese können verwen-det werden, um im Bedarfsfall mit Hilfe von Fehleranalysen und den daraus abgeleiteten Korrektur- und Abstellmaßnahmen den Produktionsprozess direkt zu beeinflussen. Die Prüfungen bilden damit die Grundlage für Regelkreise, die einen abgeschlossenen Wir-kungsablauf darstellen, um innerhalb eines Prozesses ein Qualitätsprodukt zu erzeugen.

Durch den systemunterstützten Zusammenhang zwischen Fertigung und Qualitätsprü-fung werden automatisch Beziehungen der erfassten Daten zueinander hergestellt. Dies wiederum ist von Vorteil, wenn in der Fertigungssteuerung eine Auftragsverfolgung mit Bezug zu qualitätsrelevanten Ereignissen erfolgen muss. Außerdem ist es sehr leicht mög-lich, die Qualitätsdaten über eine Selektion zum Auftrag/Arbeitsgang auszuwerten.

Die Ergebnisse der Qualitätsprüfung können dabei nachfolgende Arbeitsgänge beein-flussen. So kann zum Beispiel bei mangelhaften Merkmalen ein Nacharbeitsschritt er-forderlich werden. Ebenso kann der Prüfentscheid Auswirkungen auf die Verwendung der entstandenen Halb- oder Fertigprodukte haben (Abb. 4.96).

Weitere Vorteile, die durch die Integration von Fertigungs- und Qualitätsmanagement in einem MES entstehen, sind nachfolgend aufgelistet:

- Gut- und Ausschussmengen werden einheitlich zurückgemeldet und bewertet, unab-hängig davon, ob die Klassifizierung fertigungs- oder qualitätsbegründet erfolgte.
- In Übersichten und Reports können gleichzeitig der Auftragsfortschritt und entspre-chend die Auftragsqualität visualisiert werden.
- Bei der fertigungsnahen Datenerfassung an der Maschine sind alle relevanten Daten auf einen Blick ersichtlich. Neben den aktuellen Stückzahlen werden auch Informationen über anstehende Prüfungen und aufgetretene Grenzwertverletzungen visualisiert. Der Anwender wird durch farblich hervorgehobene Anzeigen auf qualitätskritische Infor-mationen gezielt hingewiesen.

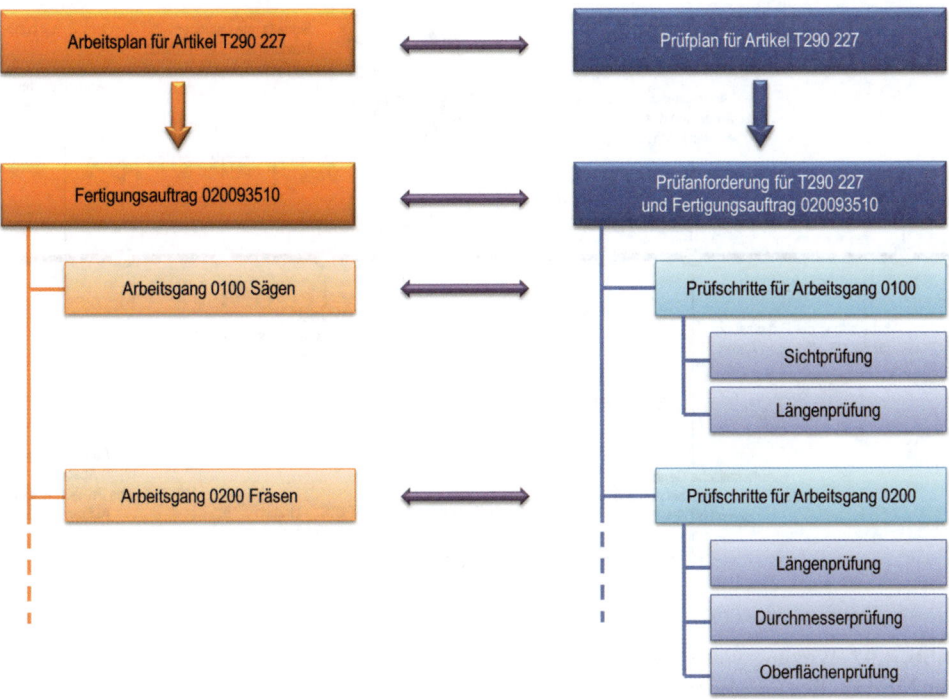

Abb. 4.96 Logischer Zusammenhang zwischen Fertigungsprozess und Qualitätsprüfung. Aus den Prüfplänen erzeugt das MES automatisch die relevanten Prüfschritte, die neben den Daten zu den durchzuführenden Prüfungen auch die sog. Prüfpunkte enthalten

- Auch bei der intervallgesteuerten Prüfung stehen alle Auftragsdaten direkt und ohne Umwege zur Verfügung. Mit dem direkten Zugriff auf die Produktionsmengen ergeben sich produktionsnahe Stückintervalle.
- Bei Zeitintervallen kann die Berücksichtigung des Maschinenstatus zum Aussetzen der Prüfung führen. Damit werden realistische Zeitintervalle erreicht, welche bei getrennter Auftrags-, Maschinen- und Qualitätsdatenerfassung so nicht realisierbar wären (Abb. 4.97).
- Eine entsprechende Anbindung vorausgesetzt, kann bei einer Verschlechterung der Qualitätslage Einfluss auf die Maschine ausgeübt werden. Wird zum Beispiel bei einer automatisierten Qualitätsprüfung eine Eingriffsgrenze verletzt, kann dies zum Maschinenstillstand führen.

Identisch zu anderen MES-Anwendungsbereichen verfolgt auch die fertigungsbegleitende Prüfung den Ansatz, den verantwortlichen Mitarbeitern so zeitnah wie möglich Informationen zur Beurteilung der aktuellen Situation zur Verfügung zu stellen und ihnen damit die Möglichkeit zu geben, schnell und gezielt auf Fehlentwicklungen zu reagieren. In diesem Kontext bietet das MES mit speziellen Darstellungen direkt an den Maschinen und Arbeitsplätzen den Echtzeit-Blick auf die erfassten Messwerte und Prüfdaten. Auch hier sind unterschiedliche Darstellungsvarianten in Form von Regelkarten einstellbar, wobei

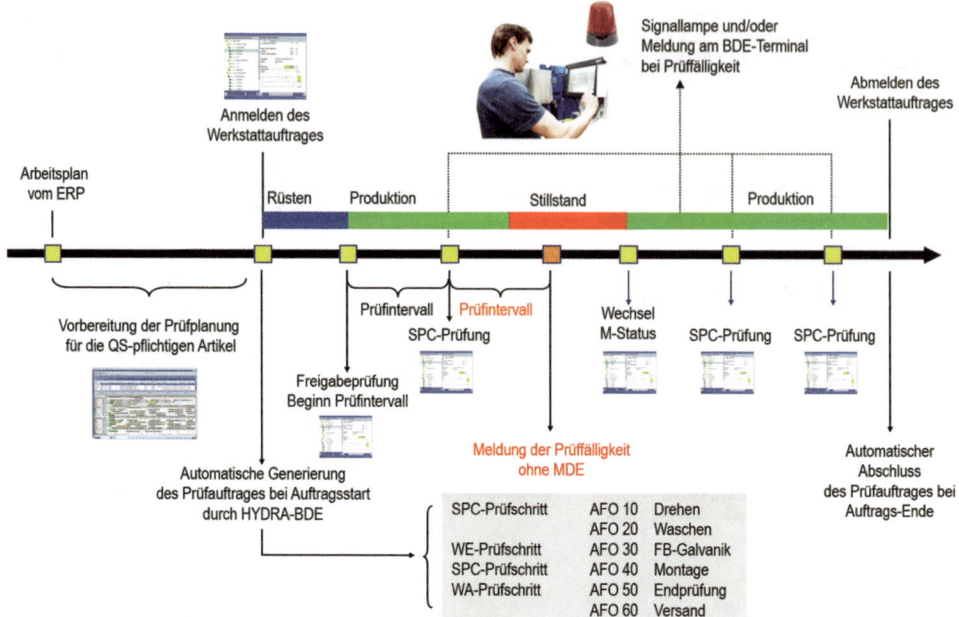

Abb. 4.97 Wirkungsvolles Zusammenspiel von BDE-, MDE- und CAQ-Funktionen im integrierten MES am Beispiel der Werkerselbstprüfung

auf dieser Ebene der Urwertkarte mit einer detaillierten Verlaufsdarstellung eine besondere Bedeutung zukommt (Abb. 4.98).

4.11.8 Transparentes Reklamationsmanagement

Ein gutes Reklamationsmanagement ist nicht nur eine wichtige Voraussetzung für eine reibungslose Zusammenarbeit zwischen Lieferanten und Kunden, sondern diese CAQ-Anwendung ist auch als innerbetriebliches Instrument zur Prozessoptimierung nutzbar.

Zur Behandlung von Beschwerden und Fehlern ist eine gezielte und systematische Weiterleitung der jeweiligen Aktivitäten notwendig. Hier unterstützt das MES bei der Verwaltung und Steuerung von internen und externen Reklamationen. Für die ermittelten Fehler und die Beseitigung der Ursachen werden Maßnahmen sowie Termine und Zuständigkeiten festgelegt. Über ein Eskalationsmanagement kann der Verantwortliche einer Maßnahme automatisch, rechtzeitig und in der passenden Form per E-Mail oder SMS benachrichtigt werden.

Neben den Pflegefunktionen zur Anlage und Bearbeitung der bereits beschriebenen allgemeinen Stammdaten verfügt das Reklamationsmanagement über erweiterte Möglichkeiten, zum Beispiel zur Unterscheidung verschiedener Reklamationsarten. Durch die Aufteilung in allgemeine Reklamationsdaten (Reklamationskopf) und Details zum reklamierten Artikel (Reklamationsdetail), wird eine Strukturierung der Informationen erreicht. Dies ermöglicht auch die Anlage von beliebig vielen Reklamationsdetails zu einer Rekla-

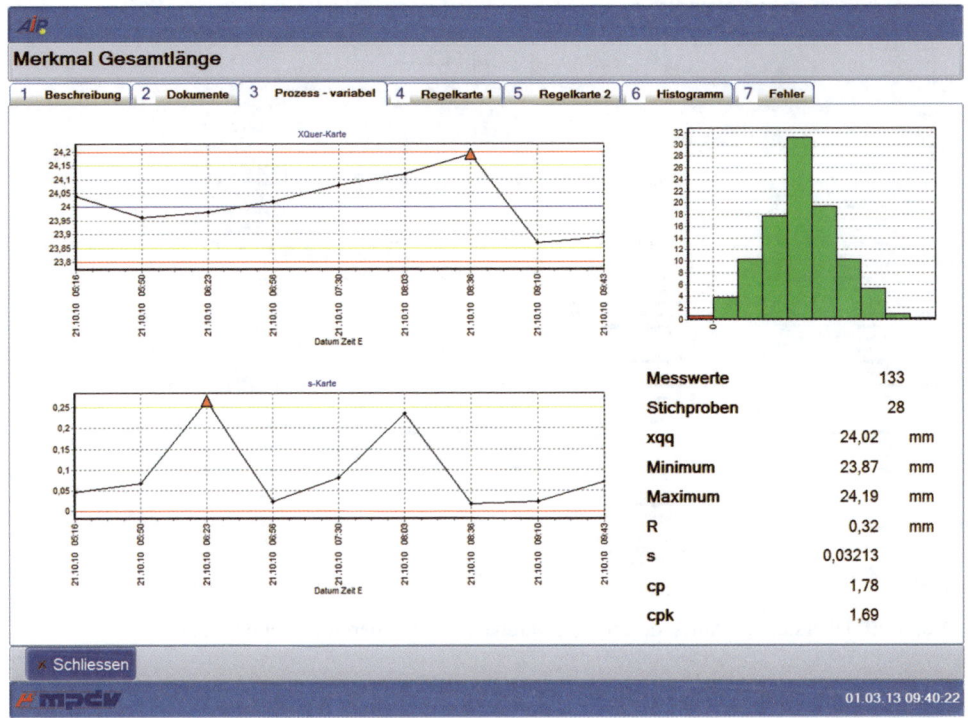

Abb. 4.98 Echtzeitinformationen und statistische Werte in der Darstellung an BDE-Terminals und Prüfplätzen

mation. Werden z. B. verschiedene Seriennummern zum selben Artikel reklamiert, kann damit eine Detailanalyse je Seriennummer erfolgen.

Während des gesamten Produktionsprozesses können jederzeit Maßnahmen ergriffen werden, die zur Abarbeitung und zukünftigen Vermeidung von Reklamationen notwendig sind. Bei der Erfassung der Reklamationen ordnet der Anwender unterschiedliche Maßnahmenarten wie Sofort-, langfristige oder Abstellmaßnahmen im Sinne eines aktiven Maßnahmenmanagements zu (Abb. 4.99).

Um im Rahmen der Reklamationsverfolgung zielgerichtet vorgehen zu können, kennt ein MES unterschiedliche Reklamationsstatus wie zum Beispiel „erfasst", „in Bearbeitung" oder „abgeschlossen". Eine weitere Kategorisierung erfolgt über die Vergabe von Befunden wie „gerechtfertigt" (anerkannt), „ungerechtfertigt" (abgelehnt), „Kulanz", „Garantie" oder ähnliche. Selbstverständlich besitzt auch jede Maßnahme einen Status (z. B. offen, gesichtet, in Bearbeitung, abgeschlossen). Zusammen mit der Einteilung in verschiedene Maßnahmenarten erlaubt dies eine differenzierte Bearbeitung von Reklamationen.

Da im Reklamationsmanagement oft spezielle Sichtweisen darzustellen sind, muss dieses Modul spezielle Auswertungen anbieten, die z. B. monetäre Betrachtungen zulassen und eine betriebswirtschaftliche Sichtweise abbilden (Abb. 4.100).

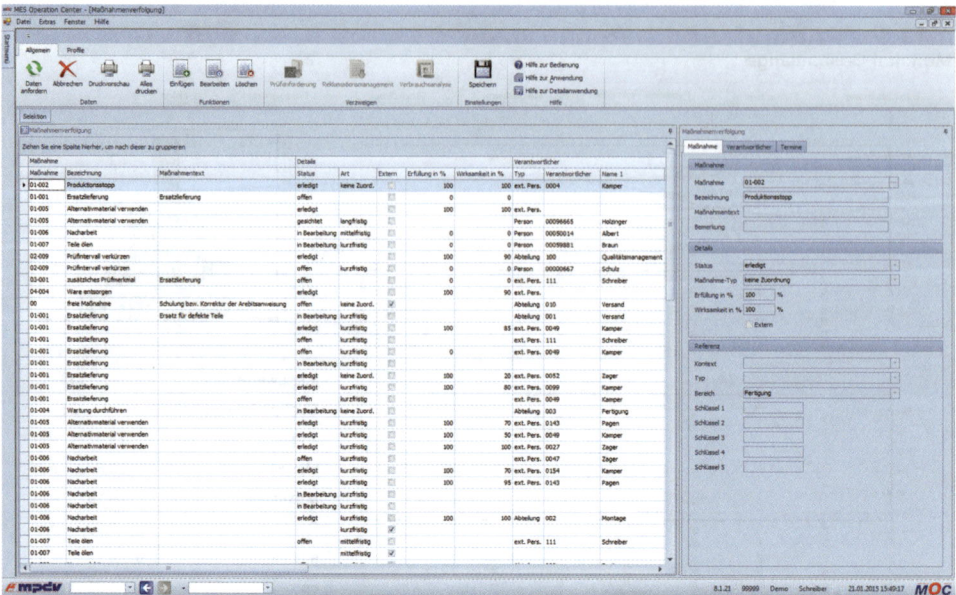

Abb. 4.99 Übersicht mit allen definierten Maßnahmen und deren aktuellen Status

Abb. 4.100 Summarische Zusammenfassung der Reklamationskosten, die je Kunde entstanden sind

4.11.9 Prüfungen im Warenausgang

Die Warenausgangsprüfung kann in direktem Zusammenhang oder sogar als Fortsetzung
der fertigungsbegleitenden Prüfung eingeordnet werden. In diesem Fall wird oftmals nur
ein zusätzlicher Prüfschritt für die Warenausgangsprüfung mit in den Prüfplan der Fertigungsprüfung mit aufgenommen. Natürlich ist es denkbar, einen eigenen Prüfschritt für
die Warenausgangsprüfung zu generieren.

Wenn vom Kunden gefordert, werden als Output der Warenausgangsprüfung entsprechende Dokumente erstellt, in der die in gemeinsamer Abstimmung definierten Daten dargestellt sind. Da jeder Kunde individuelle Forderungen bzgl. Inhalt und Aussehen der
Prüfdokumente hat, sollte das MES über leistungsfähige Tools zur Gestaltung der kundenspezifischen Dokumente verfügen.

4.11.10 Lieferantenbewertung und Bewertungsmanagement

Die Qualität der in die Produktion einfließenden Materialien hat gerade in Bezug auf die
steigende Spezialisierung und die Verringerung der Fertigungstiefe einen großen Einfluss
auf die Qualität der Produkte. Um im Einkauf geeignete Lieferanten selektieren zu können, müssen effektive Methoden zu deren Beurteilung angewandt werden. Eine dieser
Methoden ist die Lieferantenbewertung. Hier werden alle zu den Lieferanten bekannten
Einzelfaktoren, eventuell ergänzt durch subjektive Kriterien, zusammengeführt und es
werden daraus Kennzahlen zur Bewertung errechnet (Abb. 4.101).

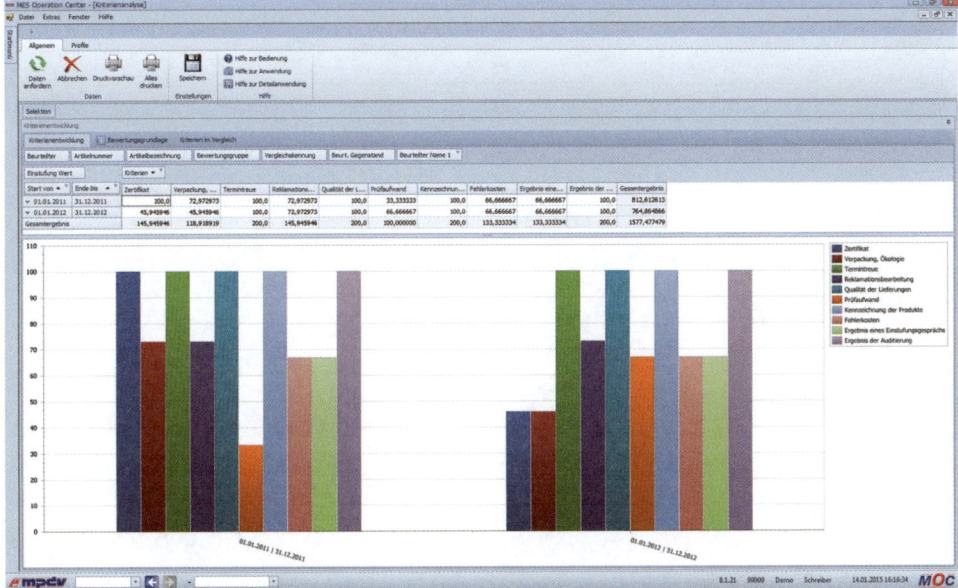

Abb. 4.101 Grafische Aufbereitung der Ergebnisse zur Lieferantenbewertung

Um die Lieferantenbewertung im MES durchführen zu können, müssen vorher die zugehörigen Kriterien in Form von Bewertungskatalogen definiert bzw. vom ERP-System übernommen werden. In den Katalogen können verschiedene Bewertungsblöcke in einer frei definierbaren Hierarchie festgelegt werden. Dabei kann z. B. eine Unterteilung in die Kategorien ‚subjektiv' und ‚automatisch ermittelbar' erfolgen. Während die subjektiven Kriterien manuell beurteilt werden müssen, beziehen die automatisch ermittelbaren ihr Ergebnis direkt aus dem Datenpool des MES.

Sowohl die Bewertungskriterien als auch deren Blöcke können unterschiedlich gewichtet werden. Aus der aktuellen Einstufung eines Kriteriums und dessen Gewichtung ergibt sich die Einstufung des Blocks. Das Lieferantenergebnis berechnet sich aus den Bewertungen und Gewichtungen der zugehörigen Blöcke.

Auch bei den Bewertungskatalogen verwendet das MES die schon aus der Prüfplanung bekannte Versionisierung und Aktivierung. Damit wird auch in diesem Bereich sichergestellt, dass alle Änderungen an den Planungsgrundlagen lückenlos dokumentiert werden.

Literatur

Kletti J, Deisenroth R (2012) MES-Kompendium. Springer Vieweg Verlag, Heidelberg
Schmitt R, Pfeifer T (2010) Qualitätsmanagement: Strategien, Methoden, Techniken. Carl Hanser
    Verlag, München Wien

Moderne Instrumente des Informationsmanagements

5

Jürgen Kletti

Einzelne Aufgaben eines Manufacturing Execution Systems sind von derart zentraler Bedeutung für ein durchgängiges Informationsmanagement in der Fertigung und auch im Unternehmen, dass diesen hier ein eigenes Kapitel gewidmet werden soll. Es geht dabei um wichtige Instrumente, die in keinem modernen Fertigungsunternehmen fehlen sollten.

5.1 Manufacturing Cockpit auf dem Weg zur Manufacturing Excellence

Um langfristig effizient produzieren zu können und dabei die eigene Wettbewerbsfähigkeit zu sichern bzw. auszubauen, benötigen Produktionsunternehmen eine belastbare Datenbasis für weitreichende Management Entscheidungen. Die hohe Kunst besteht dabei darin, aus vielen Daten (Big Data) aussagekräftige und verwertbare Informationen (Smart Data) zu generieren. Ein übergreifendes System wie beispielsweise ein Manufacturing Cockpit, welches Daten aus MES-Systemen und anderen Datenquellen zusammenführt, unterstützt bei der Auswahl und Aufbereitung relevanter Informationen. Wichtig ist dabei eine zielgruppengerechte Auswertung und Darstellung.

Nutzgrad, OEE, Ausschussrate und Mitarbeiterproduktivität – das alles sind Kennzahlen, mit denen ein Unternehmen die Effizienz der eigenen Fertigung bewerten kann. Aber welche sind die richtigen Kennzahlen? Was ist zu tun, wenn eine Kennzahl nicht das gewünschte Ziel erreicht? Und vor allem: Sind die Datenquellen zur Berechnung der Kennzahlen zuverlässig? Manager und Mitarbeiter in allen Unternehmensebenen brau-

J. Kletti (✉)
MPDV Mikrolab GmbH, Mosbach, Deutschland
E-Mail: info@mpdv.com

© Springer-Verlag Berlin Heidelberg 2015
J. Kletti (Hrsg.), *MES – Manufacturing Execution System,*
DOI 10.1007/978-3-662-46902-6_5

chen belastbare Informationen in Form von Kennzahlen und Auswertungen, um darauf basierende Entscheidungen zu treffen und geeignete Maßnahmen einzuleiten. Nur wer über den aktuellen Wissensstand und die zugrundeliegenden Zusammenhänge verfügt, hat auch die Möglichkeit, gezielt in den Prozess einzugreifen. Dabei ist zu berücksichtigen, dass jede Entscheidungsebene dafür die jeweils passenden Kennzahlen und Auswertungen benötigt. Ein Manufacturing Cockpit hat sich als sinnvolles Werkzeug zur übergreifenden Darstellung solcher Informationen erwiesen.

Jedem das Seine

Die Auswahl an zur Verfügung stehenden Kennzahlen ist sehr umfangreich, daher müssen diese Führungsinstrumente gezielt ausgewählt werden, um an der richtigen Stelle für die richtige Zielgruppe die entscheidenden Informationen zu liefern. Den Werker in der Produktion interessieren beispielsweise wirtschaftliche Daten in der Regel nicht, er möchte dagegen Informationen zu der von ihm erbrachten Leistung oder dem produzierten Ausschuss, weil er nur diese Werte direkt beeinflussen kann. Das Management hingegen interessiert sich für übergeordnete Kennzahlen, aus denen sich die aktuelle Produktivität und weiterführend die Wettbewerbsfähigkeit ablesen lassen. Die Unternehmensziele werden somit über Kennzahlen auf Abteilungen, Arbeitsbereiche und Zielgruppen heruntergebrochen.

Auf diese Weise entsteht zur Erreichung der Unternehmensziele ein Regelkreis, der auf jeden Unternehmensbereich angewendet werden kann. Verlässliche Kennzahlen stehen für einen kontinuierlichen Verbesserungsprozess zur Verfügung. Ein Manufacturing Cockpit erhöht die Transparenz in der Fertigung und leistet somit einen wesentlichen Beitrag beim Aufbau und der Nutzung von leistungsfähigen Prozessregelkreisen. (siehe Abb. 5.1)

Ursache und Wirkung

Nackte Kennzahlen alleine helfen jedoch noch nicht, nachhaltige Entscheidungen zu treffen. Es kommt zudem auf eine passende Darstellung und vor allem die Kenntnis der Zusammenhänge an. Hierzu ein Beispiel: Bemerkt ein Fertigungsleiter einen Rückgang des OEE (Overall Equipment Effectiveness), so kann dies wegen der Berechnung dieser Kennzahl unterschiedliche Ursachen haben. Dazu ist ein Blick auf die Formel zum OEE nötig: Verfügbarkeit * Qualität * Leistung. Ein sinkender OEE kann also im Wesentlichen drei Ursachen haben: weniger Verfügbarkeit (also häufige Maschinenstillstände und somit weniger Hauptnutzungszeit als geplant), schlechtere Qualität (also mehr Ausschuss) oder weniger Leistung (also im Schnitt längere Zykluszeiten als geplant). MES-Systeme stellen komplexe Zusammenhänge dieser Art meist durch Diagramme summarisch und für die einzelnen Faktoren dar (siehe Abb. 5.2). Somit bekommt der Verantwortliche sehr schnell einen Überblick, welche Ursachen tatsächlich zur aktuellen Situation geführt haben; er kann kurzfristig und angemessen reagieren.

Kennzahlen im Regelkreis der Fertigungssteuerung

Definition von
Unternehmenszielen

Einleiten von Maßnahmen
bei Sollabweichungen

Verdichten der Messwerte, Auswerten
und Überwachen der Kennzahlen

Ableitung von Kennzahlen
und Messgrößen

Erfassen
der Istwerte im MES

Abb. 5.1 Mit Kennzahlen werden Unternehmensziele auf alle Ebenen heruntergebrochen

Die Kennzahl OEE sowie deren Bestandteile dienen dabei einerseits der Kontrolle der Zielerreichung und andererseits der Vergleichbarkeit von Maschinen, Abteilungen oder Werken untereinander. Hierbei ist darauf zu achten, dass die Basisdaten zur Berechnung des OEE jeweils identisch sind.

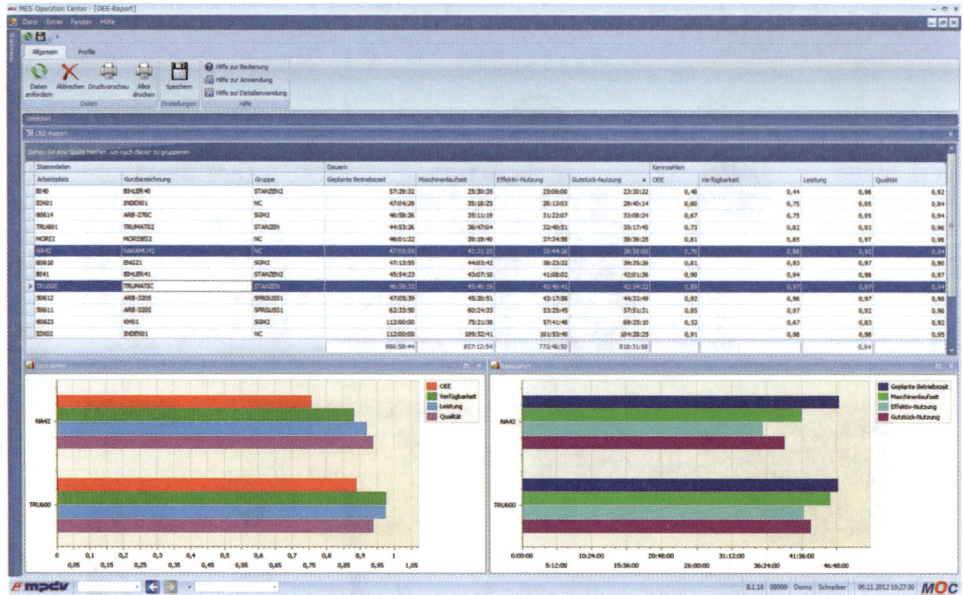

Abb. 5.2 OEE-Auswertung im MES-System HYDRA

Wichtige Kriterien für Kennzahlen

Für eine konsistente Kommunikation über alle Unternehmensebenen müssen die jeweils genutzten Kennzahlen auf einer gemeinsamen Datenbasis aufbauen. Die mit einem MES erfassten Daten (z. B. Produktionsmengen) werden daher verdichtet, mit anderen Daten kombiniert und zielgruppengerecht als Kennzahlen angezeigt. So sieht der Werker direkt die produzierte Menge und sein Meister den OEE, der daraus und aus anderen Daten berechnet wurde. Zudem ist die Aktualität der ausgewerteten Informationen von großer Bedeutung. Dabei ist zu beachten, dass manche Kennzahlen einen aktuellen Zustand abbilden und andere einen fest definierten Zeitraum betrachten. Zeitraumbezogene Kennzahlen sind in der Regel erst nach Ablauf des jeweiligen Intervalls aussagekräftig (z. B. Verfügbarkeit), wohingegen Echtzeitkennzahlen zu einem beliebigen Zeitpunkt betrachtet werden können (z. B. Qualitätsrate).

Wichtige Merkmale einer Kennzahl

- Aktualität
- Nachvollziehbarkeit
- Konsistenz
- Eindeutigkeit
- Vergleichbarkeit

Ansichtssache

Je nach Anwendungsbereich empfiehlt sich auch die Nutzung unterschiedlicher MES-Anwendungen zur Darstellung von Kennzahlen. In der Regel bietet ein MES hierfür einen

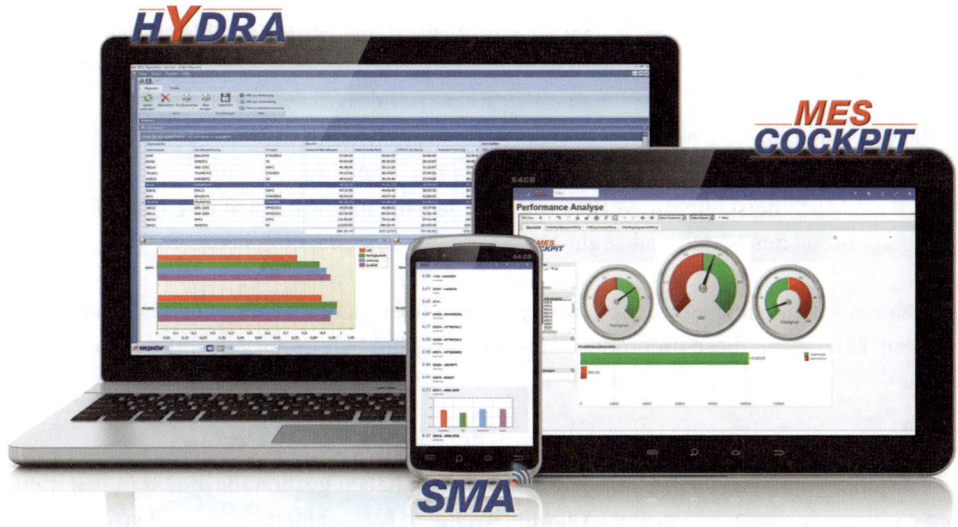

Abb. 5.3 Verschiedene MES-Anwendungen zur Visualisierung von Kennzahlen

Office Client mit detaillierten Auswertungen von beispielsweise Ausschussquote, Prozessfähigkeit (Cp) oder Mitarbeiterproduktivität an. Für den mobilen Einsatz direkt in der Fertigung und den schnellen Überblick über Nutzgrade sowie Produktionsstillstände sind MES-Anwendungen auf einem Smartphone oder Tablet-PC die passende Lösung (siehe Abb. 5.3). Ein Manufacturing Cockpit dagegen ermöglicht eine übergreifende und langfristige Planung und Beobachtung im Management: Hierzu bieten sich sowohl zeitliche Betrachtungen von Beleggrad- und Rüstgraden als auch Vergleiche unterschiedlicher Abteilungen bzw. Werke an.

Idealerweise verfügt ein Manufacturing Cockpit über einen flexiblen Web-Client. Dieser wird ohne Zusatzinstallation über einen Internetbrowser aufgerufen. Damit lässt sich das Cockpit auch in bestehende oder neu aufzubauende Unternehmensportale integrieren. Jeder Anwender kann sich sein eigenes Cockpit je nach benötigten Daten und Auswertungen individuell zusammenstellen und für die spätere Wiederverwendung abspeichern.

Übergreifende Datenkorrelation
Ein Manufacturing Cockpit greift auf importierte Daten aus verschiedenen Datenbanken zu und generiert daraus aussagekräftige Kennzahlen. Beispielsweise können Daten aus einem MES, einem Lagerverwaltungssystem, einem ERP oder einer Archiv-Datenbank kombiniert und gemeinsam dargestellt werden. Die Korrelation dieser Daten eröffnet dem Benutzer des Manufacturing Cockpits einen übergreifenden Blick auf seine Produktion. So ist zum Beispiel eine ständig mitlaufende, finanzielle Bewertung von Ausschuss möglich, indem die im MES erfassten und klassifizierten Mengen mit den Material-relevanten Daten aus dem ERP-System verknüpft werden.

Ein Manufacturing Cockpit grenzt sich im Wesentlichen durch zwei Eigenschaften von einem MES ab:

- Das Manufacturing Cockpit ist ein reines Auswertungstool, wohingegen ein MES auch Daten erfasst bzw. über Funktionen zur Fertigungssteuerung verfügt.
- Wo ein MES meist nur ein Werk betrachtet, da kann das Manufacturing Cockpit werksübergreifend auswerten und sogar Daten anderer Systeme einbinden.

Mit einem Manufacturing Cockpit können Daten über mehrere Jahre hinweg ausgewertet werden, auch wenn diese im produktiven MES-System bereits ausgelagert oder archiviert sind.

Kennzahlen im Fertigungsumfeld

Die Erfahrungen aus vielen Optimierungsprojekten haben gezeigt, dass sich in den meisten Fertigungsunternehmen eine Auswahl weniger Kennzahlen bewährt. Dazu gehören unter anderem:

- Nutzgrad
- Rüstgrad
- Leistungsgrad
- Maschinenbelegung
- Personalbelegung
- Ausschussquote
- Ausbringquote
- Overall Equipment Effectiveness (OEE) inkl. Leistung, Qualität und Verfügbarkeit

Diese Kennzahlen sind im VDMA-Einheitsblatt 66.412 eindeutig definiert und erfüllen so die Kriterien der Standardisierung und Vergleichbarkeit.

Kennzahlen setzen sich immer mehr als wichtiges Instrument zur Messung des Erfolges durch. Daher unterstützt ein Manufacturing Cockpit als übergreifendes Auswertetool sowohl das Management als auch die Fertigungssteuerung. Dabei ist eine flexible Darstellung von enormer Bedeutung. Idealerweise können weitere Auswertungskriterien (z. B. Werke, Aufträge, Zeitachsen) nach Bedarf hinzugefügt und neue Kennzahlen selbst definiert werden. Eine mögliche Funktionsaufteilung in einzelne Module wäre folgende:

Shopfloor Information

Mithilfe des Moduls Shopfloor Information kann ein Benutzer vielfältige Echtzeit-Daten abrufen und sich diese anzeigen lassen. Sinnvolle Anwendungen sind ein Kennzahlenmonitor, eine Übersicht zu Arbeitsplätzen und Maschinen (siehe Abb. 5.4), eine Auflistung der Ansprechpartner (siehe Abb. 5.5) und die Meldeliste, welche anstehende und laufende Wartungs- und Instandhaltungsaktivitäten enthält. Damit bekommt das Manufacturing Cockpit quasi ein Fenster direkt in die Fertigung.

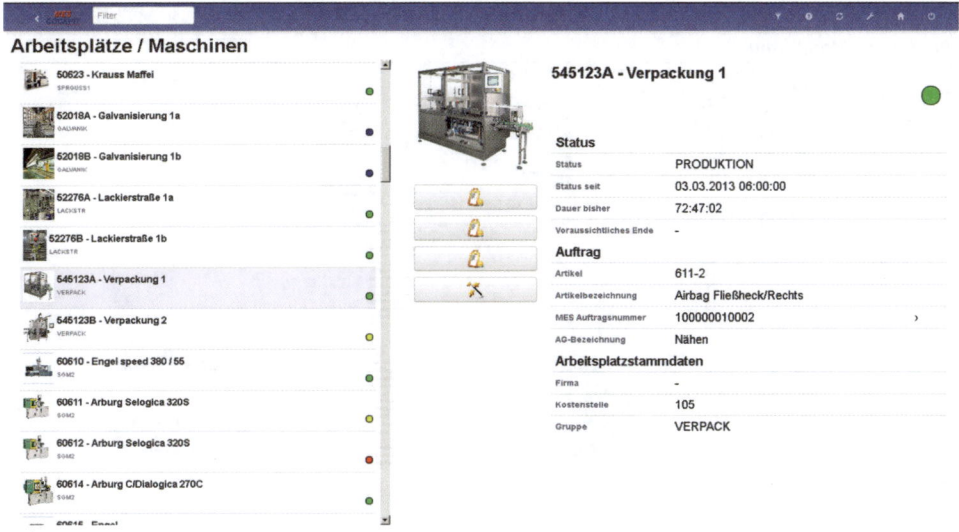

Abb. 5.4 Übersicht aller Maschinen und Arbeitsplätze

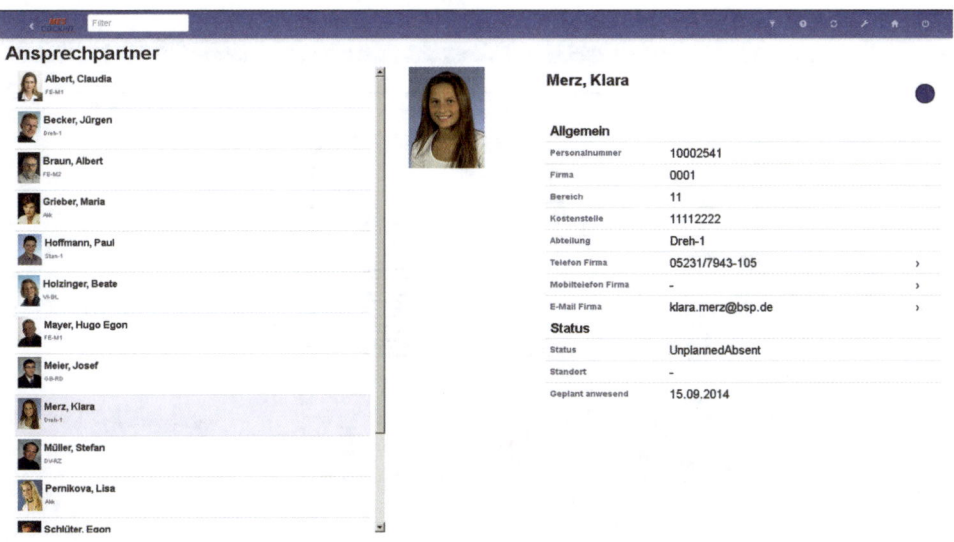

Abb. 5.5 Ansprechpartner im Manufacturing Cockpit

Production Monitoring

Das Production Monitoring bietet eine mandantenübergreifende Anzeige von Statusinformationen und Kennzahlen zu Arbeitsplätzen, Aufträgen (siehe Abb. 5.6), Stillstandsgründen (siehe Abb. 5.7), uvm. Sowohl für Meister aber auch für Fertigungsleiter
ergänzen diese Auswertungen die Daten aus einem MES um weitere Selektionskriterien
und Betrachtungswinkel. Beispielsweise können hier Auswertungen auch je Artikel oder
je Kunde angezeigt werden, wohingegen ein MES überwiegend auftragsorientiert arbeitet.

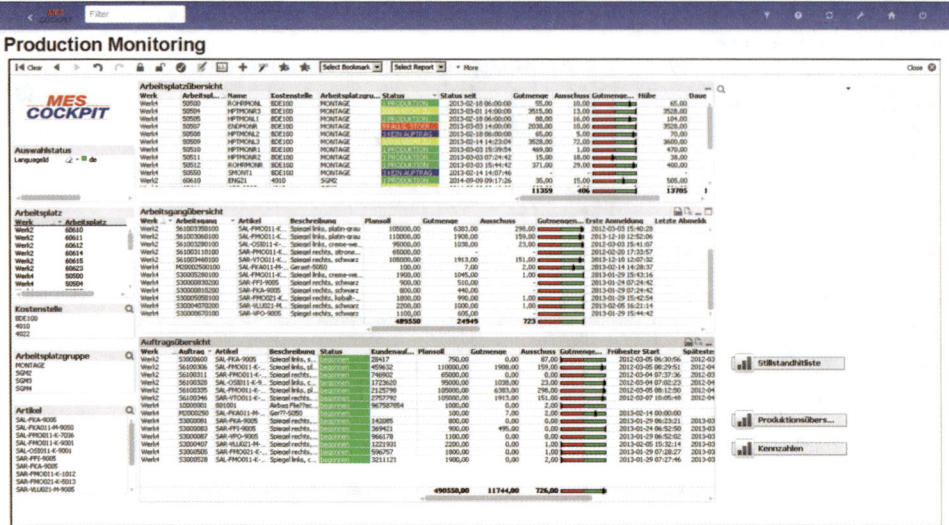

Abb. 5.6 Auftragsübersicht

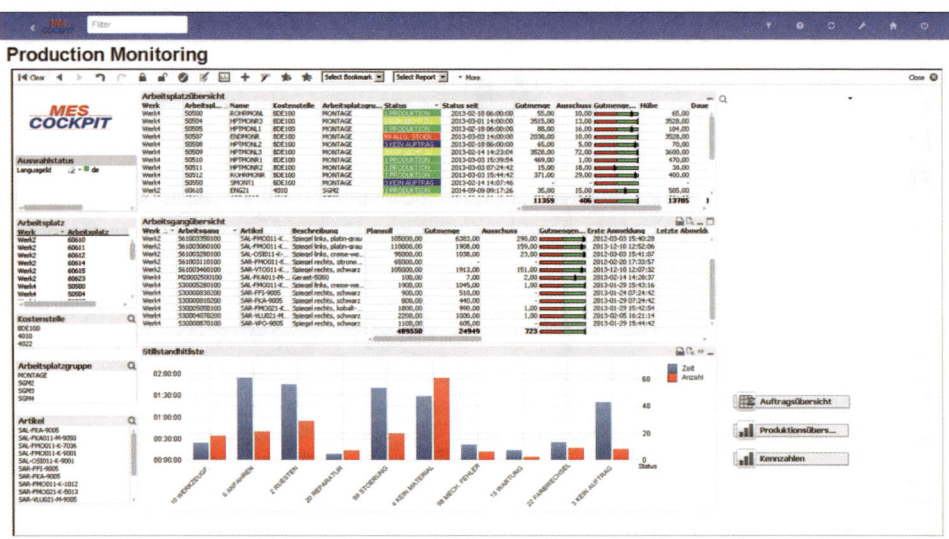

Abb. 5.7 Übergreifende Stillstandshitliste

Performance Analyse

Die Performance Analyse zeigt mandantenübergreifende Kennzahlen im Zeitverlauf (siehe Abb. 5.8) bzw. nach den verschiedenen Auswertekriterien (z. B. Arbeitsplatz, Werk, …) auf flexible Art und Weise. Praktisch sind auch übersichtliche Tachografiken (siehe

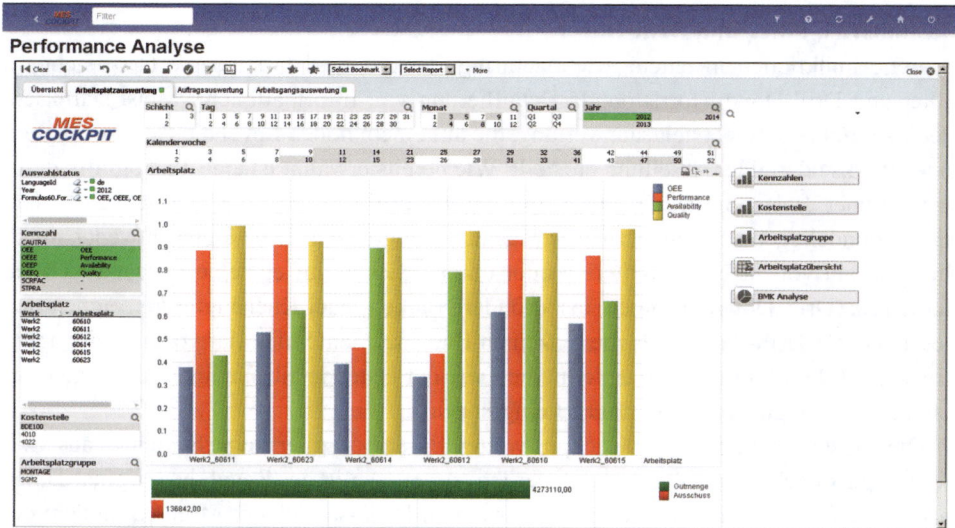

Abb. 5.8 OEE-Auswertung mit zeitlichem Verlauf

Abb. 5.9 Kennzahlen der aktuellen Schicht als Tachografik

Abb. 5.9). Hierzu können sowohl Maschinen inkl. Darstellung der aktuellen Schicht als auch Aufträge und Arbeitsgänge ausgewertet werden. Der Vergleich von verschiedenen Werken ist mit einem MES-System in der Regel nur schwer möglich, da oftmals jedes Werk ein eigenes MES-System betreibt.

Dashboards, Filter und Drill-Down

Zentrale Funktionen in einem Manufacturing Cockpit sind Dashboards (Übersichten), Filter und Drill-Down (fortlaufende Detaillierung von Informationen). Meist startet ein Benutzer mit einer Übersichtsauswertung, die auf einem hohen Level die Gesamtsituation eines Werks oder einer Abteilung darstellt. Wie bereits erwähnt ist eine Tachografik dafür gut geeignet. Basierend darauf muss ein Manufacturing Cockpit die Möglichkeit bieten, die zugrundeliegenden Daten zu filtern bzw. einzugrenzen. Dies kann entweder durch die Auswahl von Selektionskriterien oder durch Klicken auf einzelne Datenbereiche in der Grafik (Drill-Down) erfolgen. Insbesondere Balken- oder Kuchengrafiken eignen sich besonders für Drill-Downs, da die einzelnen Datensegmente hier klar voneinander abgegrenzt sind. Je weiter der Anwender in die Tiefe der Datendetails navigiert, desto genauer kann er eine mögliche Unstimmigkeit eingrenzen.

Die meisten Manufacturing Cockpits werten Daten bis auf einzelne Schichten aus. Soll ein Ereignis noch weiter eingegrenzt werden, so müssen in der Regel die Original-Daten aus dem erfassenden MES herangezogen werden. Dies ist auch der Moment, in dem der Fokus von der langfristigen Optimierung hin zur Fehlersuche wechselt. Eine konkrete Fehlersuche ist Aufgabe eines MES-Systems. Um diesen Wechsel möglichst einfach zu gestalten, sind standardisierte Schnittstellen zwischen MES und Manufacturing Cockpit von großem Vorteil.

Alles auf einen Blick

In Summe ist ein Manufacturing Cockpit die optimale Lösung zur Steigerung der Transparenz: Neben den Daten aus dem MES können andere Systeme als Quelle hinzugezogen werden, um daraus beliebige Kennzahlen zu generieren – auch standortübergreifend. Insbesondere durch die vielfältigen grafischen Auswertefunktionen ist ein Manufacturing Cockpit eine gute Ergänzung zum MES, um die Zielerreichung in der Produktion und der dazugehörigen Prozesse auf einen Blick zu erfassen. Kurzum, ein Manufacturing Cockpit bietet den 360°-Blick auf die Fertigung.

5.2 Eskalations- und Workflowmanagement

Das Denken in Prozessen hält immer mehr Einzug in Unternehmen. Mit der Einführung von Qualitätsmanagementsystemen (ISO 9001) werden beispielsweise die Prozesse eines Unternehmens überdacht, definiert und aufgezeichnet. Gerade in der Fertigung ist es wichtig, Arbeitsabläufe festzulegen, um diese über verschiedene Abteilungen hinweg zu vereinheitlichen und im nächsten Schritt automatisieren zu können. Dadurch soll sichergestellt werden, dass einzelne Prozessschritte in jeder Abteilung nach dem gleichen standardisierten Ablauf abgearbeitet werden. Dieser Vorgang spielt heute bei der Qualitätssicherung und damit bei der Einhaltung von Normen und Vorgaben von Kunden eine maßgebliche Rolle. Diese müssen bei Lieferantenaudits oder beispielsweise bei der Validierung nach FDA (Food and Drug Administration) nachgewiesen werden.

Die einzelnen Prozessschritte definieren hierbei Aufgaben oder Entscheidungen die den weiteren Prozess bestimmen oder lenken. Zur Unterstützung des Prozessablaufs wird IT in Form eines Workflowmanagements eingesetzt. Darin werden die Arbeitsabläufe hinterlegt und können auch jederzeit angepasst werden. Weitere Ziele sind neben der Vereinheitlichung der Prozesse und Schaffung einer hohen Prozessqualität, Kostenersparnis durch Erhöhung von Transparenz und Information.

Ein weiterer wichtiger Aspekt in der Fertigung ist, dass auftretende Abweichungen im Produktionsprozess möglichst automatisch erkannt und vom MES „gemeldet" werden. Die auftretenden Abweichungen können ganz unterschiedlicher Natur sein. Hier einige Beispiele:

- Störung an einer Maschine, die automatisch erkannt wird
- Die prognostizierte Fertigstellung eines Auftrags verspätet sich
- Zur Reparatur einer Maschine wird ein Techniker benötigt
- Material an einem Arbeitsplatz fehlt
- Die Reparatur einer Maschine dauert länger als geplant
- Die Qualität des hergestellten Produktes an einer Maschine wird schlechter
- Durch Krankheit fehlt Personal

Diese Ereignisse treten an ganz unterschiedlichen Stellen in der Fertigung auf und können Einfluss auf Prozesse an wiederum ganz anderen Stellen haben. So führt z. B. ein Maschinenstillstand in der Stanzerei nach geraumer Zeit zum Stillstand des Montagebandes, weil dort das Material fehlt.

Eine Funktion die gewährleistet, dass Ereignisse erkannt und nach bestimmten Regeln weitergeleitet werden, wird im MES „Eskalationsmanagement" genannt. Idealerweise ist an das Eskalationsmanagement das Workflowmanagement angeschlossen. Dadurch wird dem Anwender die Möglichkeit gegeben, innerhalb der Verarbeitung von Eskalationen automatisiert Workflows anzustoßen.

Ein solches Tool im MES sollte über folgende Funktionen verfügen (vgl. dazu auch Anwendungsbeispiel „Maschinenstörung/Werkzeugbruch" in Kap. 3.4.1):

- Einfache Individualisierung, in dem Workflow-Aufgaben exakt auf den Bedarf angepasst werden können. Die Workflows können mit einem grafischen Workflow-Designer erstellt und angepasst werden. Abläufe können so zielgerichtet gelenkt, genormt und dokumentiert werden (vgl. Abb. 5.10).
- Steuerung und Analyse des Reklamationsmanagements mit einer mehrdimensionalen Reklamationsanalyse, gestützt durch das Eskalations- und Workflowmanagement. (vgl. Abb. 5.11)
- Aktives Informieren und Steuerung nachgelagerter Prozesse und Aufgaben. (vgl. Abb. 5.12)

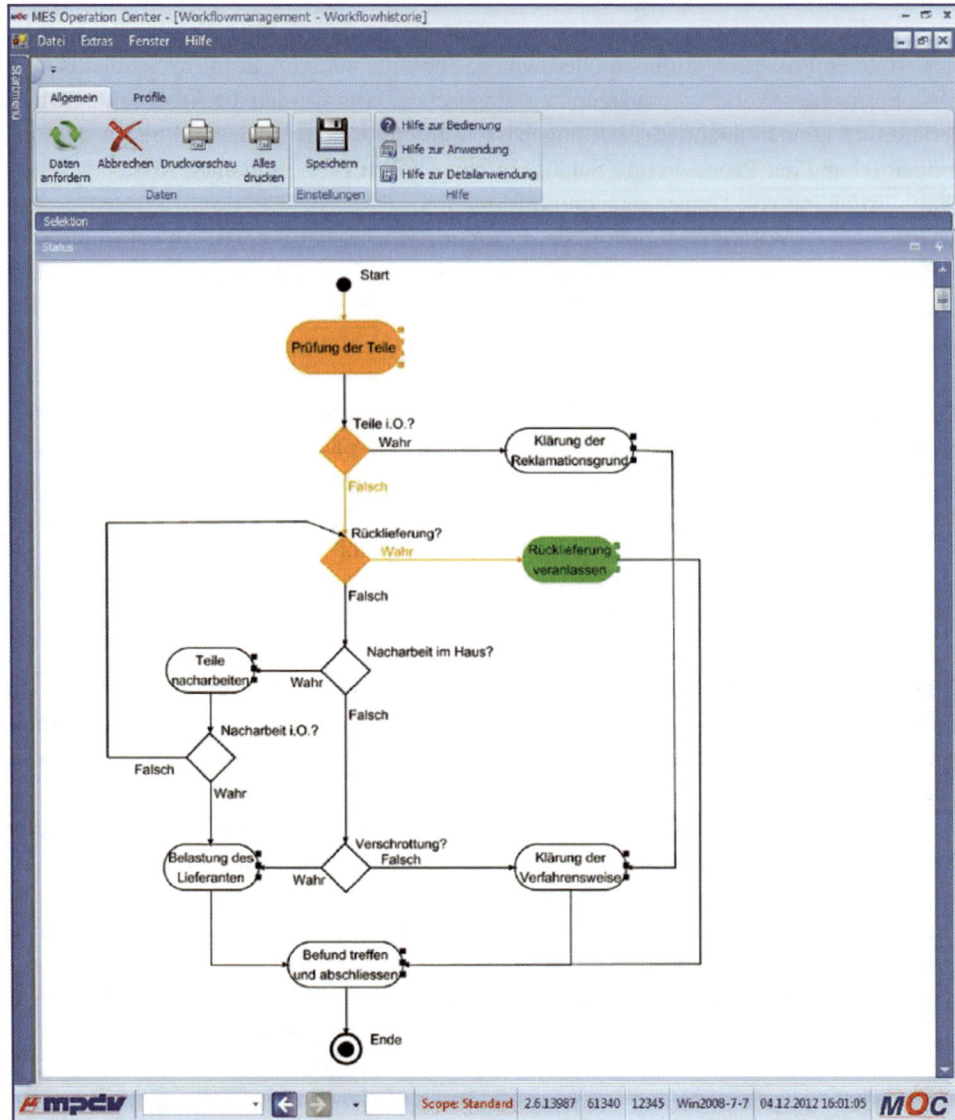

Abb. 5.10 Workflowhistorie mit farblicher Kennzeichnung

- Automatische Workflowanlage mit dem Auftreten definierter Standardereignisse und Erstellung spezifischer Workflows, die in Abhängigkeit von konfigurierbaren Parametern MES-Prozesse anstoßen. (vgl. Abb. 5.13)
- Definition von Aufgaben innerhalb eines Workflowschritts mit Terminsetzung und aktivem Informieren (z. B. per E-Mail), Warnung bei anstehender Terminüberschreitung, Vertreterregelung und optionale Generierung einer Aufgabe bei (möglicher) Überschreitung der Fälligkeit. (Abb. 5.14)

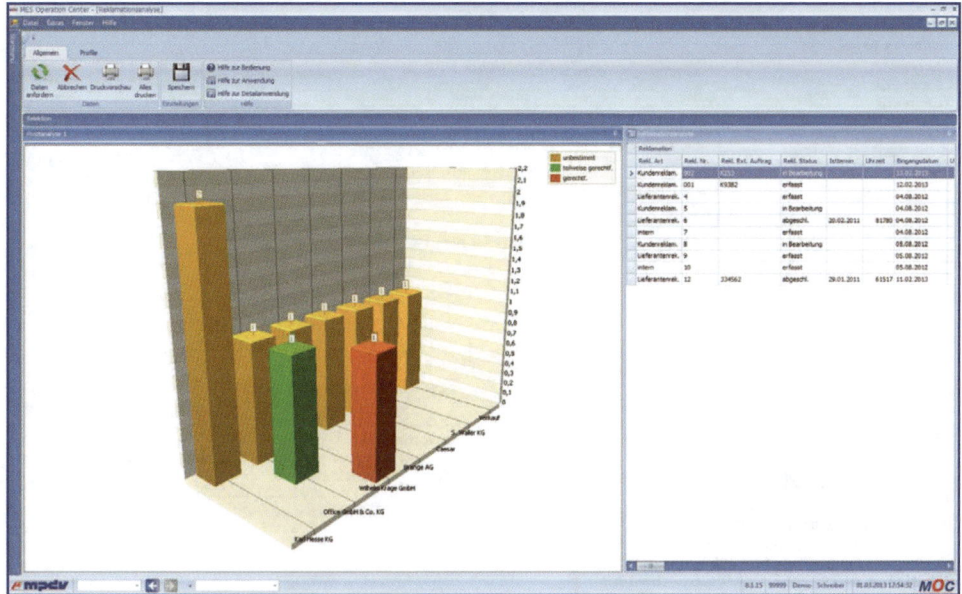

Abb. 5.11 mehrdimensionale Reklamationsanalyse

Abb. 5.12 Kommunikationswege des Eskalations- und Informationsmanagements

- Bearbeitung und Erledigung von Aufgaben mit möglicher automatischer Aktivierung des nächsten Prozessschrittes in Abhängigkeit der Ergebnisse. Workflowprozesse in Abhängigkeit unterschiedlicher Funktionsbereiche (Abb. 5.15).
- Grafische und tabellarische Darstellung des historischen Prozessablaufs und Visualisierung der bisherigen Bearbeitung des Workflows auf Aufgabenebene (Abb. 5.16).

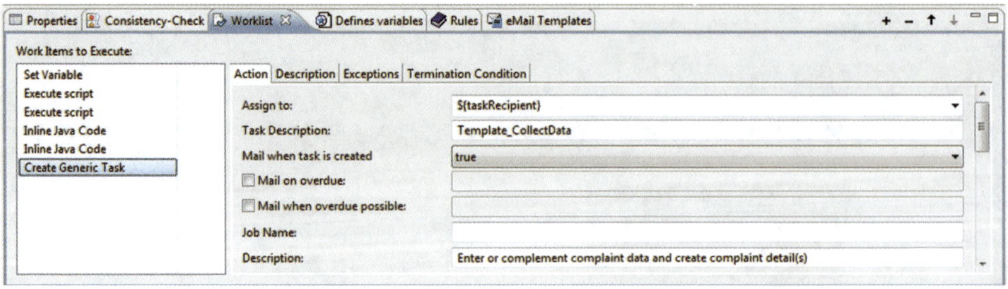

Abb. 5.13 Anlage von Workflows

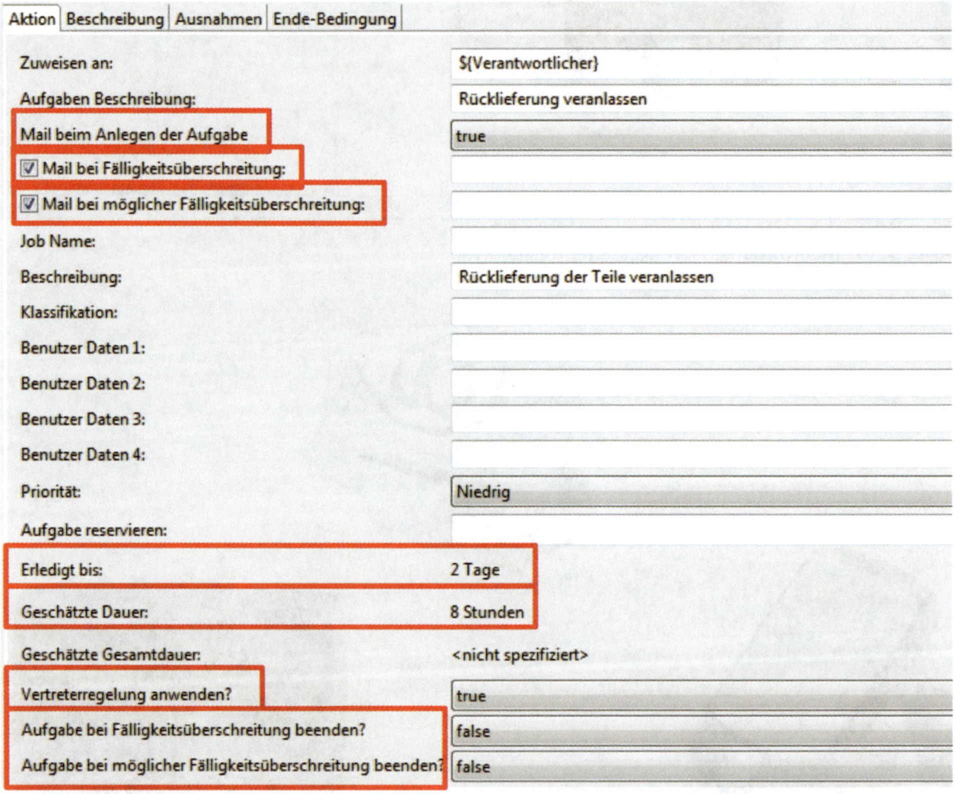

Abb. 5.14 Konfiguration von Workflows

5.3 Smarte MES-Anwendungen auf mobilen Endgeräten

Smartphones und Tablet PCs erobern den Markt und sind vor allem in der Generation Y die neuen Clients. E-Mails, Surfen oder Spielen, diese Generation ist selbst dafür lieber online, mobil und flexibel. Der Wandel im Markt der Endgeräte scheint unaufhaltsam (vgl. Abb. 5.17).

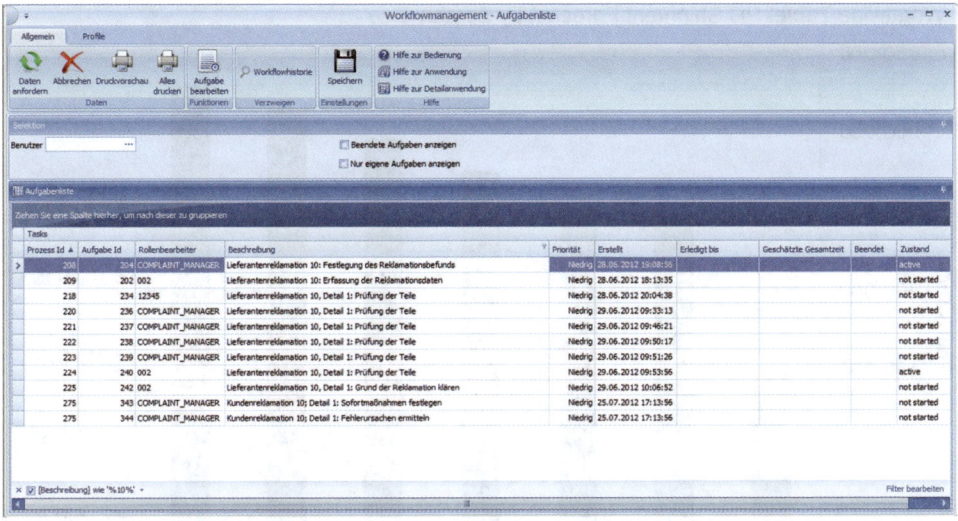

Abb. 5.15 Festlegung von Prozessschritten

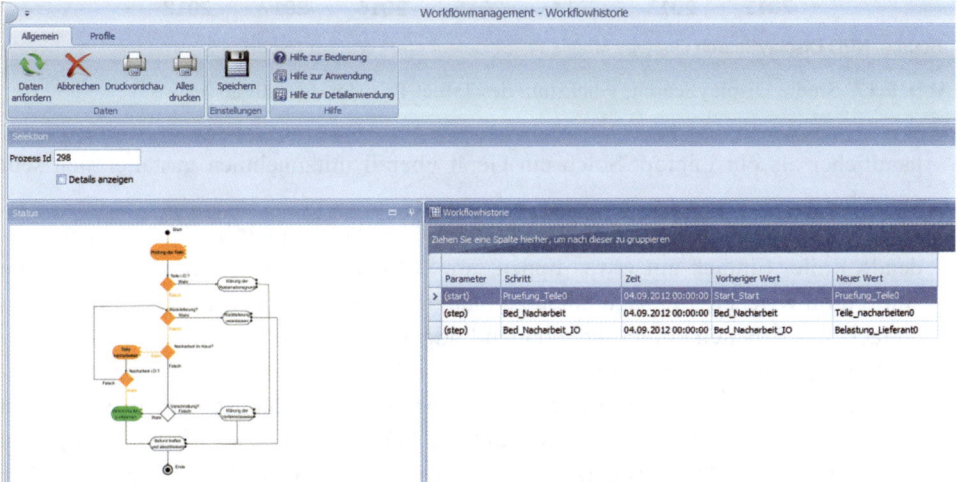

Abb. 5.16 grafische und tabellarische Darstellung eines aktiven Workflows

Diese Entwicklung wirkt sich auch in der Arbeitswelt aus: Die neue Arbeitnehmerge-
neration ist es gewohnt, mit Smartphones und Tablets umzugehen und baut diese auch in
den Arbeitsalltag ein. Folglich bringt die neue technologische Entwicklung der mobilen
Endgeräte neue Aspekte in die Arbeitswelt:

1. **Zugriff auf die eigenen Daten, jederzeit und überall:** Dabei spielt gerade das Handling eine große Rolle. Das Smartphone hat man stets in der Tasche. Ein Tablet ist noch

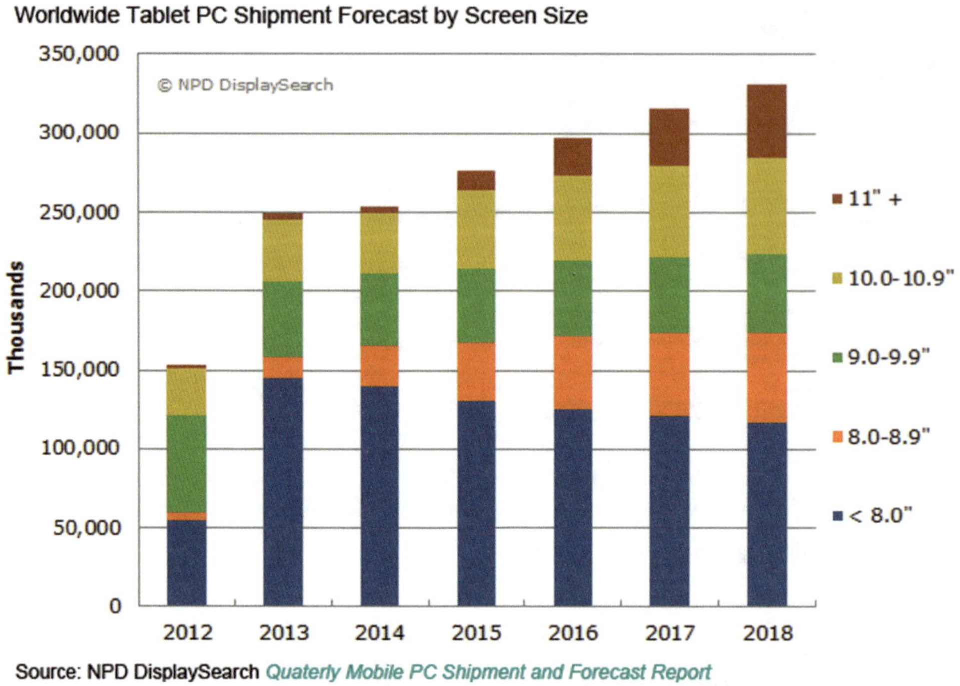

Worldwide Tablet PC Shipment Forecast by Screen Size

Source: NPD DisplaySearch *Quaterly Mobile PC Shipment and Forecast Report*

Abb. 5.17 Studie DisplaySearch: Wachstum des Tablet-PC-Marktes hält an

handlicher als ein Laptop. Solch ein Gerät überall mitzunehmen gestaltet sich sehr einfach.

2. **Intuitive Bedienkonzepte:** Die Touchscreen-Oberfläche spielt hierbei eine entscheidende Rolle. Einfach auf etwas tippen, um Details dazu anzuzeigen oder über den Bildschirm wischen, um nach unten zu blättern. Diese selbsterklärende Usability vereinfacht das Arbeiten mit diesen mobilen Endgeräten erheblich.

3. **Taskorientierung:** Der Anwender möchte die Informationen so aufbereitet bekommen, dass nur das Notwendigste für den aktuellen Anwendungsfall vorliegt. Dies ist auch bedingt durch die Größeneinschränkung beim Display. Der Platz muss optimal mit den benötigten Daten genutzt werden. Die Informationsflut wird eingedämmt. Der Anwender konzentriert sich nur auf die entscheidenden Informationen.

Betrachtet man nun eine Fertigungshalle, so können diese Vorteile auch in einer Produktion genutzt werden. Bislang hatte der Werker eine Station an seiner Maschine, ein fest installiertes Terminal, an dem er sich an- und abmelden kann. Ist dieser Mitarbeiter nun an einer großen Linie beschäftigt, muss er immer an seinen Arbeitsplatz zurückkehren, um Meldungen einzutragen. Alternativ werden mehrere Shopfloor-Clients an der Linie platziert. Mit einem Tablet oder Smartphone hat er sein mobiles Endgerät stets dabei. Ein Meister, der seine gesamte Maschinengruppe im Blick haben muss, kann so einfach schnell die gewünschten Daten zu den einzelnen Maschinen abfragen. Informationen abrufen oder Arbeitsgänge anmelden ist an jeder Stelle in der Produktion möglich.

Die intuitive Bedienung vereinfacht die Navigation durch die Anwendung. Erhält ein Produktionsleiter beispielsweise den OEE für seinen kompletten Maschinenpark, so kann er über ein Tippen auf die Maschinengruppe und anschließend auf eine einzelne Maschine nur hierfür den OEE betrachten. Dieser Drill-Down funktioniert gerade bei Mobile Devices sehr komfortabel und zeitsparend.

Die Taskorientierung ist ein weiterer Faktor. Applikationen für Mobile Devices werden so konstruiert, dass nur die wichtigsten Daten angezeigt werden. Ein Werker möchte an einer Maschine eine Aktion durchführen. Er muss dazu die Daten seiner Maschine sehen und komfortabel den Status wechseln oder einen Arbeitsgang anmelden können. Der Meister hingegen braucht keine Meldedialoge, er möchte die Übersicht zu den aktuell laufenden Arbeitsgängen seiner Maschinengruppe erhalten. Die Anwendungen sind also auf die Zielgruppe und den aktuellen Anwendungsfall abgestimmt.

Die Tools müssen einfach sein und den User bei der Arbeit optimal unterstützen. Daher müssen Applikationen identifiziert werden, die einerseits mobil sinnvoll einsetzbar sind, andererseits müssen sie so realisierbar sein, dass sie die Rahmenbedingungen mobiler Endgeräte nicht überreizen.

Nachfolgend werden zuerst die Grundlagen beschrieben, die für Administration, anmeldung oder auch Berechtigungen beachtet werden müssen. Anschließend werden mögliche Anwendungsbeispiele dargelegt.

5.3.1   Technischer Rahmen

Die Administration der mobilen Anwendungen muss in einem MES berücksichtigt werden. Diese kann im Office Client abgebildet sein. Die vom Benutzer gewünschten Einstellungen für die Anwendungen müssen folglich am mobilen Client unterstützt werden.

Auch auf einem Mobile Device muss sichergestellt sein, dass sich nur registrierte Benutzer anmelden können. Zudem muss auch hier das Berechtigungskonzept des MES greifen: Ein Meister soll schließlich nur seinen zugehörigen Verantwortungsbereich sehen können. Das bedeutet, dass die Mobile Devices auf die Daten des MES zugreifen und die benötigten Positionen abfragen müssen. Ein weiterer Punkt bei Mobile Devices sind die Betriebssysteme: Für mobile Endgeräte gibt es spezielle Betriebssysteme, die auf die Anforderungen eines Smartphones oder Tablet-PCs abgestimmt sind. Daher kann nicht einfach das vorhandene System auf die mobilen Endgeräte überführt werden. Das MES sollte somit mindestens die größten Anbieter bedienen (Android von Google; iOS von Apple; Windows Phone von Microsoft).

5.3.2   Beispielanwendungen für die Fertigung

Fertigungsmonitor
Der Meister oder Fertigungsleiter steht in der Produktion. Er begutachtet gerade eine Maschine. Beispielweise ist gerade eine Störung aufgetreten und er möchte dazu die aktuellen

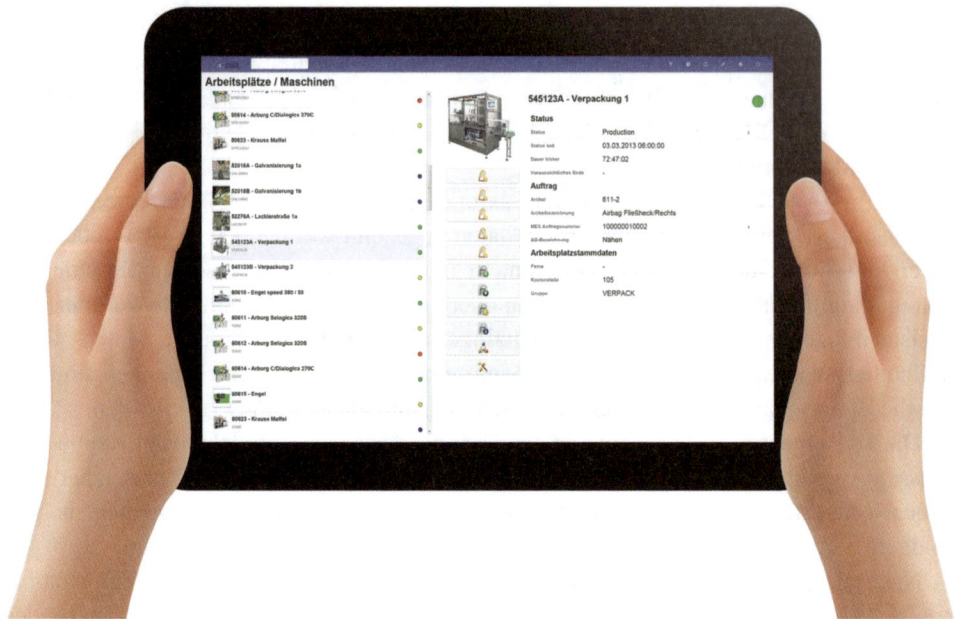

Abb. 5.18 Eine Maschinenübersicht am Tablet

Informationen erhalten. Dafür müssen ihm die Daten schnell und mit geringem Aufwand direkt an der Maschine zur Verfügung gestellt werden.

Entweder erhält der Anwender beim Öffnen der App eine Liste mit den Maschinen seines Verantwortungsbereichs oder er hat direkt Zugriff auf eine Maschine.

In der Liste werden alle ihm zugeordneten Maschinen angezeigt, beispielsweise mit aktuellem Status, angemeldetem Arbeitsgang und der angemeldeten Person. Über diese Liste kann der Nutzer durch das Tippen auf eine Maschine diese auswählen. Alternativ können an den Maschinen AutoID-Komponenten wie beispielsweise Barcodes angebracht werden. Durch einen Scan über die Kamera des Mobile Device wird die Maschine erkannt und direkt aufgerufen. Für diese Maschine können dann Detailinformationen wie der Name, der Hersteller, der angemeldete Arbeitsgang, der aktuelle Status oder auch die Störungen der aktuellen Schicht angezeigt werden (vgl. Abb. 5.18). Zudem können auch die Aufträge dargestellt werden. Für die jeweils ausgewählte Maschine ist auch der Auftragsfortschritt ersichtlich, also eine Übersicht zu Soll- und Istmenge.

Mobile Fertigungssteuerung
Für Fertigungssteuerung, Arbeitsvorbereitung oder Meister kann es durchaus sinnvoll sein, sich einen Überblick zur aktuellen Planung zu verschaffen. Angenommen, ein Werkzeug bricht und muss getauscht werden oder für den anstehenden Auftrag steht aktuell kein Material mehr zur Verfügung. Über eine Tabelle kann er sich die geplanten Aufträge auf dieser Maschine mit Planzeit, Ist- und Sollmenge oder benötigtem Werkzeug anschauen. Anhand der Artikel, Farben oder benötigten Werkzeuge kann er sodann in der Rüstwechselliste vergleichen, wie lange die Umrüstvorgänge dauern. Dies kann auch

visuell in der Auftragsliste dargestellt werden. Dadurch erhält der Anwender am Ort des Geschehens direkt neben der Maschine alle nötigen Informationen, um zu entscheiden, welcher Auftrag als nächstes gefertigt werden soll.

Mobiles Materialmanagement
Um die Materialbestände und den Materialfluss immer im Blick zu haben, ist das mobile Materialmanagement gerade für Meister und Werker gut geeignet. Auch der Werker kann damit mobil Wareneingangslose erfassen und diese auch ihren Lagerplätzen zuordnen. Das Ganze funktioniert natürlich auch bei Umbuchungen. Ein Los kann gleichsam gesperrt und wieder freigegeben werden. Anschließend kann sich der Anwender eine Übersicht zu den Materialbeständen selektiert nach Artikel oder Lagerplatz anzeigen lassen. Auch hier funktioniert der Drill Down:Klickt der Werker auf ein spezifisches Los, so kann er zur Detailansicht springen und weitere Information dazu ansehen. Diese Option ist ebenfalls über eine Auto-ID Komponente möglich, indem ein Barcode über die Kamera des Geräts erfasst wird. Ist im MES ein Transportmanagement integriert, so kann der Werker nach Auftragsabschluss einen Transportauftrag erstellen und das produzierte Material an den gewünschten Ort transportieren lassen.

Wartung und Instandhaltung auf Mobile Devices
Gerade für Mitarbeiter in der Instandhaltung oder im Werkzeugbau ist es von Vorteil, flexibel und ortsunabhängig auf Störungen und Maschinenausfälle reagieren zu können. Ist ein Instandhalter in der Fertigungshalle unterwegs, spart es Zeit, wenn er auf seinem Smartphone eine aktuelle Störung angezeigt bekommt und direkt dorthin gehen kann. Auch wenn kein akuter Zwischenfall ansteht, kann er an Ort und Stelle seinen Instandhaltungsplan abrufen. Ist er dann an der entsprechenden Maschine, kann er den Auftrag anmelden und nach Durchführung der Wartung wieder abmelden. Als Überblick hat er auch jederzeit Zugriff auf einen Kalender, der alle Wartungsintervalle und die aktuellen Zustände und die Fälligkeit der nächsten Aktivität wiedergibt.

5.3.3 Beispielanwendungen für das Qualitätsmanagement

Mobiles Reklamationsmanagement
In einer Fertigung, in der mit großen, unhandlichen Materialien gearbeitet wird, ist das mobile Reklamationsmanagement optimal einzusetzen. Stellt man sich riesige Coils vor, die im Wareneingang oder an der Maschine auf ihre Qualität untersucht werden müssen, gestaltet es sich sehr komfortabel, mit dem Prüfgerät zum Material zu gelangen. Wird vor Ort dann ein Reklamationsfall festgestellt, kann direkt über die im Mobile Device integrierte Kamera ein Bild gemacht und der Reklamation zugeordnet werden (vgl. Abb. 5.19). Das bedeutet im Umkehrschluss, der Prüfer muss mobil die Reklamation erfassen und ablegen können. Zudem hat er Zugriff auf die Liste aller Reklamationen seines Zuständigkeitsbereichs mit Status und Befund. Ist ein Workflowprozess hinterlegt, kann der Anwender den aktuellen Stand des Workflows abrufen. Muss er Rücksprache halten oder will

Abb. 5.19 Reklamationserfassung mit Fehlerbildaufnahme

er Informationen weitergeben, kann er den zuständigen Mitarbeiter direkt kontaktieren. Das kann sinnvoll sein, wenn das zu reklamierende Material intern in einer anderen Halle produziert wurde.

Der mobile Prüfplatz

Um Prüfungen in der Fertigung schneller abwickeln zu können, kann der Prüfplatz nun vom Prüfer überall hin mitgenommen werden. Die Prüfungen erscheinen auf dem Mobile Device. Der Prüfer wird vor Ort Schritt für Schritt durch die Prüfung geleitet. Er erfasst die Messwerte oder die Anzahl der fehlerhaften Teile. Prüfdokumente können direkt am Tablet angezeigt werden. Er schließt die Prüfung direkt an der Maschine ab. Danach kann er zur nächsten Prüfung gehen. Der mobile Prüfplatz kommt direkt zum Artikel, das spart Zeit und Aufwand im Fertigungsprozess.

Fehlermonitoring

Der Produktionsleiter oder Meister steht neben einer Maschine und sieht den überquellenden Ausschussbehälter. Daher möchte er ad hoc die Entwicklung der Fehler und deren Gründe an dieser Maschine abrufen. Er kann sich dadurch ein Bild machen, um sich daraufhin mit dem Werker oder Qualitätsprüfer austauschen zu können. Um die Daten gezielt einzugrenzen, kann er nach Artikel, Maschine oder Zeitraum selektieren. Die Fehlerverteilung je Maschine oder Artikel ist ebenso ersichtlich wie die Entwicklung spezifischer Fehler. Eine grafische Aufbereitung der Fehleranalyse veranschaulicht dem Anwender den Entwicklungsverlauf. Dies bildet eine gute Grundlage, um direkt an der Maschine mit Werker und Prüfer über die Entwicklung zu sprechen und aktiv dagegen steuern zu können.

5.3.4   Beispielanwendungen für das Personalwesen

Mobile Personalzeiterfassung
Der Werker kommt morgens bei der Arbeit an, zückt sein Smartphone und prüft, auf welche Maschine er eingeplant wurde. An der Maschine angekommen, stempelt er ein und beginnt zu arbeiten. Dieses Szenario ist ebenso denkbar wie der Vertriebsmitarbeiter, der stempelt, sobald er sich zu Hause in sein Auto setzt, um eine Dienstreise anzutreten. Oder der Produktionsleiter, der an einen anderen Standort zur Besprechung fährt und den Dienstgang im Wagen stempelt. Wurde eine Buchung vergessen, kann diese auch über das Mobile Device korrigiert werden. Der Werker kommt nach Hause und seine Familie ist dabei, den nächsten Urlaub zu planen. Er zückt sofort sein Smartphone, um zu prüfen, wie viele Überstunden und Urlaubstage er offen hat.

Schicht- und Fehlzeitenplanung auf dem mobilen Endgerät
Zu Hause wird die Urlaubsplanung fortgeführt. Der Werker konnte nun prüfen, ob er noch 10 Tage Urlaub offen hat. Auf dem Tablet öffnet er nun den Überblick zu seinen Fehlzeiten in einer Jahreskalenderdarstellung. Hier kann der Anwender seine Fehlzeit beantragen. Auch Dienstreisen, Weiterbildungen oder Gleitzeitanträge kann er darüber stellen. Außerdem muss er nach Rücksprache mit seiner Frau die Kinder in zwei Wochen Nachmittags von der Schule abholen. Daher sichtet er seinen Schichtplan und beantragt gleich einen Schichtwechsel in die Frühschicht für die besprochene Woche.

Personalüberblick
Der Produktionsleiter ist in Halle 1. Kurz nacheinander fallen zwei Maschinen aus. Auf beiden laufen dringende Aufträge, es ist aktuell aber nur ein Instandhalter vor Ort. Auf seinem Smartphone checkt er in der Anwesenheitsübersicht, welche Instandhalter in anderen Hallen bereits verfügbar sind. Er filtert dafür nach der Abteilung Instandhaltung. Drei Mitarbeiter haben Urlaub, in Halle 5 sind allerdings zwei Instandhalter anwesend. Er tippt den ersten der beiden an und wählt seine Nummer. Der Instandhalter wird zu Halle 1 beordert, der Produktionsleiter wählt daraufhin die Detailansicht des Mitarbeiters und sieht seinen direkten Vorgesetzten. Er sendet diesem über die Funktion in der Übersicht eine E-Mail, dass sein Mitarbeiter für die nächste Stunde bei ihm beschäftigt sein wird.
Im Personalüberblick sollte es folglich möglich sein, die Mitarbeiter zu sichten, deren Anwesenheitsstatus abzufragen und auch bei Bedarf direkt mit ihnen Kontakt aufzunehmen (vgl. Abb. 5.20).

Monitoring der Zutrittskontrolle
In einem Produktionsbetrieb gibt es oftmals Zutrittskontrollsysteme. Das kann für bestimmte Bereiche gelten, wie z. B. für Reinräume, oder auch für den gesamten Fertigungsbereich. Für Sicherheitspersonal, das immer wieder Kontrollrunden auf dem Gelände dreht, oder den Produktionsleiter, der einen Überblick über die gesamte Fertigung haben

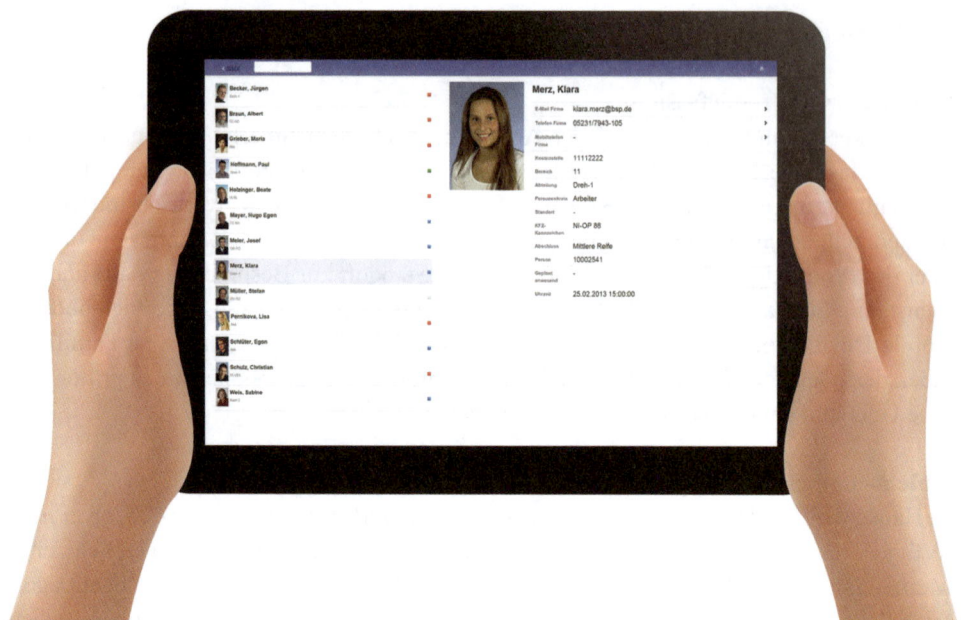

Abb. 5.20 Die Personalübersicht auf einem Tablet-PC

muss, ist eine mobile Abfrage der Status zur Zutrittskontrolle sinnvoll. Wenn der Zuständige auf dem Gelände unterwegs ist, kann er jederzeit die Status prüfen. Zudem bekommt er Meldung, wenn Alarme oder Störungen auftreten und kann sofort darauf reagieren.

5.3.5 Übergreifende Anwendungsbeispiele

Kennzahlenmonitor

Kennzahlen sind wichtige Indikatoren, um die Entwicklung der Fertigung mit vergleichbaren Werten zu belegen. Interessant sind Kennzahlen sowohl für die Geschäftsleitung als auch für Controller, Produktionsleiter, Qualitätsbeauftragte, die Personalabteilung oder den Meister. Die Geschäftsleitung ist auf dem Weg zum Meeting mit dem Produktionsleiter von Halle 2. Kurz davor kann sie sich die Kennzahlen von Halle 1 und 2 im Vergleich auf dem Tablet anzeigen lassen. Die Personalabteilung kann die Entwicklung des Krankenstands in der Fertigung analysieren und mit dem Meister direkt in der Fertigung darüber sprechen. Der Produktionsleiter hat die Option, in der Produktion nach dem Rechten zu sehen und anhand der aktuellen Kennzahlen bei den jeweiligen Maschinenführern Rücksprache zu halten.

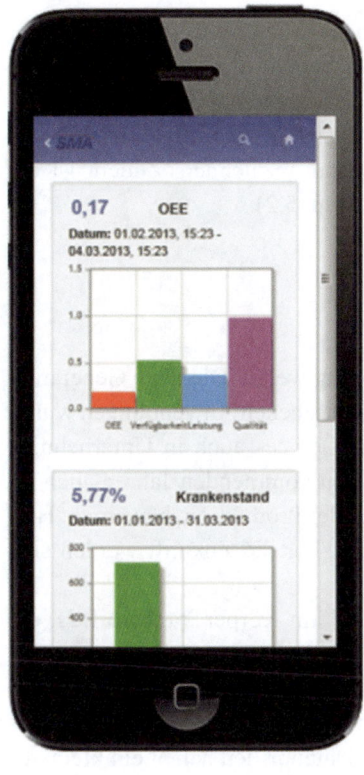
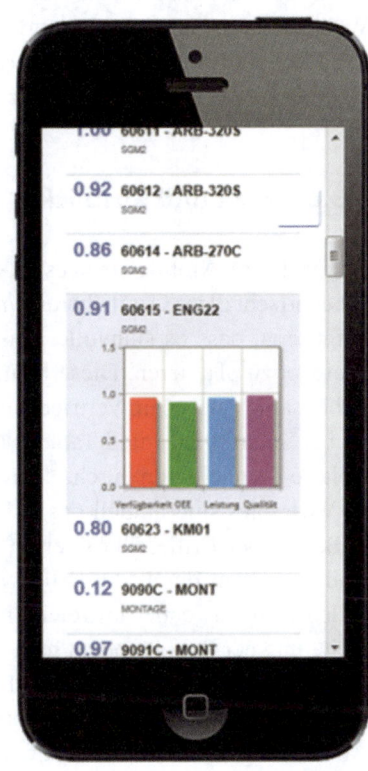

Abb. 5.21 Drill Down auf einem Smartphone

Tabellarisch und grafisch werden die wichtigsten Kennzahlen wie der OEE inklusive der Bestandteile Verfügbarkeit, Leistung und Qualität, der Nutzgrad und die produzierten Mengen (Gutmenge, Ausschuss) angezeigt. Über einen Drill-Down gelangt man beispielweise vom OEE der Maschinengruppe zum OEE einer einzelnen Maschine und erhält dazu mehr Detailinformationen (vgl. Abb. 5.21).

Gerade für den Qualitätsbereich sind die Berechnung von Fehlerraten oder der Ausschussquote interessant. Für die Abteilung Human Ressources kann auch der Krankenstand oder die Personalentwicklung abgerufen werden.

Eskalationsmanagement

Eine Eskalation ist ein Alarm, der bei einem festgelegten Ereignis ausgelöst wird. Eine Eskalation kann bei einem Werkzeugbruch ausgelöst werden. Ebenso, wenn in einem Ofen in der Fertigung die Temperatur einen festgelegten Wert überschreitet. Im MES wird festgelegt, welcher Anwenderkreis bei einer Eskalation benachrichtigt werden muss. Egal wo sich der jeweilige Ansprechpartner aktuell befindet, er erhält die Nachricht über die Eskalation und kann direkt reagieren. Zum einen ist die Weiterleitung möglich, z. B. bei Werkzeugbruch an einen Instandhalter. Zum anderen kann sich der Anwender auch direkt zur Eskalation begeben, diese bearbeiten und anschließend abzeichnen. Zudem ist ein Überblick über die aktuellen Eskalationen möglich (vgl. Kap. 5.2).

5.3.6   Fazit und Ausblick

Der Markt für Mobile Devices ist groß und wächst beständig weiter. Die neue Generation Y beherrscht diese Geräte bereits intuitiv. Anhand der beschriebenen Anwendungen wurde aufgezeigt, dass es sinnvolle Beispiele gibt, um Mobile Devices auch in Unternehmen geeignet zu platzieren. Diese Kombination wird sich in den kommenden Jahren auch im Arbeitsalltag, sei es im Vertrieb, auf Montage oder eben in der Produktion, bewähren. Hier ist bei Smartphones und Tablet-PCs jedoch nicht Schluss. Für die Zukunft werden sich weitere Technologien durchsetzen.

Wearables sind aktuell das Schlagwort. Wearables sind am Körper tragbare PCs, die z. B. in einer Brille, Uhr oder an der Kleidung integriert sein können. Die Datenbrillen sind vor allem durch die Brille von Google – Google Glass – bekannt geworden. Sie sollen dem Anwender hilfreiche Informationen zur gesehenen Umwelt geben. Diese Erweiterung der Realität nennt man „Augmented Reality". Datenbrillen haben ein kleineres Display als Smartphones, unterscheiden sich in der Usability: Es gibt keinen Touchscreen und die Anwendungen müssen somit anders aufgebaut werden. Doch auch hierbei gibt es Anwendungsszenarien, die in der Produktion sehr hilfreich sein können. Ein Instandhalter bekommt eine auftretende Störung sofort auf der Datenbrille angezeigt. Ein Meister lässt sich die gewünschten Kennzahlen zu seiner Maschinengruppe regelmäßig im Display einblenden. Ein Werker arbeitet an einer großen Linie und bekommt auf der Datenbrille angezeigt, dass am anderen Ende kein Material mehr vorhanden ist. Gerade in lauten Umgebungen und in weitläufigen Hallen ist eine Datenbrille eine gelungene Bereicherung (vgl. Abb. 5.22).

Zu den Wearables zählen beispielsweise auch Smart Watches. Man trägt die Smart Watch wie eine normale Uhr. Sie besitzt ein Display, auf dem die Informationen angezeigt werden und verfügt auch über Touch-Bedienung. Es sind Ausstattungskomponenten wie GPS, NFC und Bluetooth möglich. Zudem sind viele Uhren wasserfest und damit ideal für den Einsatz in rauen Umgebungen gerüstet. Auch für die Datenuhren sind Anwendungsszenarien denkbar: Der Werker kommt bei Schichtbeginn in die Fertigung. Über NFC kann er mit der Uhr stempeln und sich auch an der Maschine anmelden. Tritt eine Störung auf, wird sie sofort auf der Uhr angezeigt.

Abb. 5.22 Datenbrille in der Produktion

Dadurch zeigt sich, dass neue Technologien auch für Geschäftsanwendungen anwendbar sind, selbst in einer Fertigung.

Literatur

Whitepaper „Management Support – Mit Kennzahlen die Produktion im Griff".
    http://www.whitepaper.mpdv.de

IT-Struktur und MES

6

Jürgen Kletti

In einem Fertigungsbetrieb entsteht eine Fülle an Daten, die erfasst, gespeichert und zu Informationen aufbereitet werden müssen. Dabei müssen die Informationsbedarfe, die in dieser Produktion entstehen, passend gedeckt werden: Ein Werker benötigt Informationen zu seinem aktuell laufenden Auftrag und möchte sehen, welche Aufträge nachfolgend anstehen. Zudem benötigt er Materialstücklisten und muss angezeigt bekommen, wann Qualitätskontrollen durchgeführt werden müssen. Ein Meister, der sich auch in der Produktion direkt aufhält, hat jedoch ganz andere Informationsbedarfe: Er benötigt eine Übersicht zu seiner Schicht, die Qualifikationen der anwesenden Mitarbeiter und den Krankheitsstand oder auch die aktuellen Maschinenstörungen. Ein Geschäftsführer oder auch Produktionsleiter möchte auf einen Blick sehen, ob alles im grünen Bereich ist oder wo es hakt. Das kann anhand von Kennzahlen wie dem OEE oder der Mitarbeiterproduktivität und dem Belegnutzgrad abgelesen werden.

Daraus lässt sich schließen, dass Informationsbedarfe in der Fertigung mit verschiedener Ausprägung entstehen. Die Daten aus den unterschiedlichsten Quellen müssen in einem MES verwaltet und gespeichert werden, um die Bedarfe decken zu können. Um dieses Vorgehen in einem MES abbilden zu können, müssen auch strukturell und IT-technisch die Voraussetzungen geschaffen werden, um die Informationen übernehmen, verwalten und an geeigneter Stelle bereitstellen zu können.

Diese Anforderungen an IT-basierte Systeme im Fertigungsumfeld können unter anderem auch Auswirkungen auf die Systemstruktur haben. Ein modernes MES-System muss sowohl einen Standard bieten als auch auf die individuellen Bedingungen variabel einstellbar sein und eine reibungslose Kommunikation mit Systemen sowohl in der

J. Kletti (✉)
MPDV Mikrolab GmbH, Mosbach, Deutschland
E-Mail: info@mpdv.com

© Springer-Verlag Berlin Heidelberg 2015
J. Kletti (Hrsg.), *MES – Manufacturing Execution System*,
DOI 10.1007/978-3-662-46902-6_6

Fertigungs- als auch in der Managementebene gewährleisten. Beim Systemdesign müssen daher folgende wesentliche Anforderungen berücksichtigt werden (Kletti und Deisenroth 2012):

- Berücksichtigung von marktüblichen MES- und IT-Standards (Normen, Betriebssysteme, Datenbanken …)
- hohe Verfügbarkeit und Datensicherheit
- Individuelle Benutzer- und Berechtigungskonzepte
- Abbildung einer Standard-Software auf höchstem technischen Niveau
- einfache Anpassbarkeit der Standardmodule sowohl auf die Prozesse als auch die funktionalen Anforderungen des Anwenders
- Modularer Aufbau, um auf die funktionalen Anforderungen des Anwenders anpassbar zu sein (Ausbaufähigkeit)
- vollständige Abbildung der Daten, die über alle Prozesse in der Fertigung hinweg entstehen (horizontale Integration)
- Kommunikation mit angrenzenden Systemen wie ERP, Maschinen- und Anlagensteuerungen oder Subsystemen (vertikale Integration)

Dieses Kapitel beschreibt das Softwaredesign eines modernen MES-Systems als Standardsystem mit Individualisierungs- und Erweiterungsmöglichkeiten, den Umgang mit Normen und Standards sowie den technischen Aufbau eines MES-Systems mit seinen Komponenten. Der Leser erhält einen Überblick der technischen Bestandteile eines MES und wird somit in die Lage versetzt, MES-Systeme nach ihrer Leistungsfähigkeit und Flexibilität auszuwählen und zu bewerten.

Zum Abschluss dieses Kapitels wird an Praxisbeispielen die Notwendigkeit der beschriebenen Strukturen, Mechanismen und Technologien verdeutlicht. Dazu werden die Beispiele aus Kap. 3.4 aufgegriffen.

6.1 Software-Design und Softwarearchitektur

Software in Produktionsbetrieben hat sich über die letzten Jahrzehnte immer weiter entwickelt. Wurden zu Beginn nur reine Betriebsdaten wie Mengen und Produktionszeiten erfasst, so verlangte der Markt immer mehr nach Systemen, um den Informationsbedarf der Anwender flächendeckend in der Fertigung darzustellen. Zudem entwickelten sich auch die Anlagen und Maschinen weiter, was heute zu einer hohen IT-Dichte auf der Maschinen- und Automatisierungsebene geführt hat. Zum einen fördert das die Automatisierung der Fertigung, da eine Übernahme an Daten aus und auch eine Weitergabe von Daten an andere Systeme dadurch wesentlich vereinfacht wird. Zum anderen wurde deutlich, dass zur Auswertung und Verarbeitung der Daten auch weitere Software für die Produktion benötigt wird.

Im Zuge dieser Evolution wurden aufgrund der Komplexität von Produktionsbetrieben zuerst Insellösungen entwickelt, die einzelne Themengebiete abdeckten. Neben den genannten BDE-Systemen waren dies beispielsweise Systeme zur Unterstützung des Qualitätsmanagements (Computer-Aided-Quality Assurance – CAQ) oder auch Systeme rund um das Thema Zeiterfassung und Personal. Dabei bringt diese historisch bedingte Trennung unnötige Nachteile mit sich: Daten werden in allen Systemen gepflegt, zumeist auch noch redundant. Der Anwender arbeitet an vielen verschiedenen Systemen, muss also mehrere Lösungen handhaben können. Beides kostet Zeit, birgt Mehraufwand für Datenpflege oder Einarbeitung ins System. Das alles verringert die Akzeptanz beim Anwender. Wird eine integrierte MES-Lösung in der Fertigung eingesetzt, so hat die Produktion eine zentrale Software. Zum einen nutzt der Anwender nur noch eine Lösung, was die Akzeptanz steigert. Zum anderen werden auch die Daten nur noch in ein System eingegeben und zentral verwaltet, was den Administrationsaufwand minimiert. Stammdaten zu allen Bereichen werden nur noch in einem System gehalten: zu Fertigung, Qualität und Personal. Durch die zentrale Datenbasis und die Integration aller Funktionalitäten der zuvor genutzten Insellösungen im MES sind auch keine Schnittstellen zwischen verschiedenen Lösungen mehr nötig (Abb. 6.1).

Durch das zentrale System hat der Anwender Zugriff auf alle gespeicherten Daten. Diese können verdichtet und ausgewertet werden. Die Korrelation der Daten ermöglicht es, in einem MES die gesamte Bandbreite einer Produktion zu erfassen und diese in ein

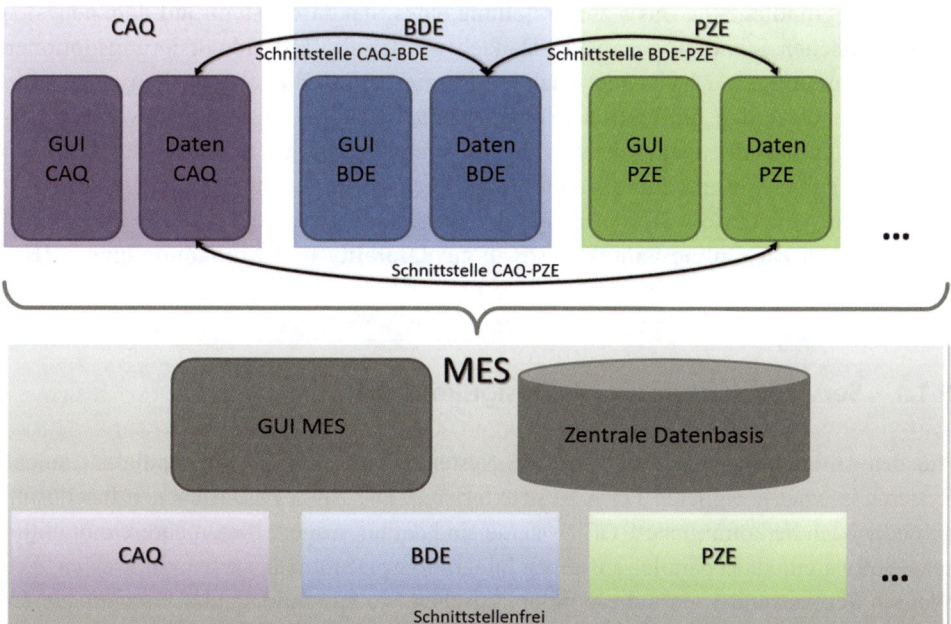

Abb. 6.1 MES als zentrales System

Verhältnis zu setzen. Das MES weiß nicht nur, welche Aufträge gerade auf welcher Maschine laufen, welche Person an der Maschine angemeldet ist und welche Materialcharge gerade verbraucht wird. Es verknüpft alle Daten, die ohne MES bei Insellösungen nur in den monolithischen Systemen zu finden waren. Somit kann sowohl adhoc als auch im Nachhinein ausgewertet werden, welche Qualitätswerte an welcher Maschine bei welcher angemeldeten Materialcharge gemessen wurden. Diese können dann mit Daten aus gleich gefertigten Aufträgen des letzten Jahres verglichen werden.

Um eine solche zentrale Lösung für jede Art der Produktion und Branche abzubilden, müssen die verschiedenen Anforderungen abstrahiert und in einem Standard erfasst werden. So werden möglichst viele Spezifika unterschiedlicher Anwendungsunternehmen abgedeckt. Die IT-Struktur eines MES muss folglich so aufgebaut werden, dass ein Standard umgesetzt und dieser durch neue und verbesserte Funktionalität erweitert werden kann. Außerdem muss das System so gestaltet sein, dass es der Anwender auf seine Anforderungen anpassen kann, um die Eigenheiten jeder Produktion im System unterstützen zu können.

In diesem Abschnitt wird aufgezeigt, wie das Software-Design eines MES-Systems umgesetzt werden kann. Zum einen muss es dem Anwender ein Standardsystem bieten können, das geeignete Funktionen ohne Anpassungen bereitstellt. Zum anderen muss es einfache Optionen enthalten, um eigene Konfigurationen durchführen zu können. Dadurch erhält der Anwender ein System, das viele Anforderungen in der Produktion bereits abdeckt. Anhand besonderer Eigenschaften der eigenen Fertigung kann das MES jedoch flexibel angepasst werden. Dazu wird zuerst auf das Thema Serviceorientierung als grundlegende Basis zur Erstellung eines Standardsystems auf dem neuesten technologischen Stand eingegangen. Danach werden die Individualisierungsoptionen wie Customizing, User Exits oder auch konfigurierbare Bedienoberflächen aufgezeigt. Anschließend werden die Optionen der Modularisierung eines MES sowie die Skalierbarkeit dargestellt. Dadurch wird dem Anwender ermöglicht, das System sowohl funktional anhand des modularen Aufbaus als auch systemtechnisch jederzeit zu erweitern und auf geänderte Anforderungen anzupassen. Abgerundet wird das Kapitel mit Erläuterungen zur Online-Fähigkeit sowie zur Usability und Ergonomie eines MES-Systems.

6.1.1 Serviceorientierung als Designkonzept

Aus den Anforderungen an moderne MES-Systeme ergibt sich die Notwendigkeit, solche Systeme in einer geeigneten Form zu strukturieren. Die zuvor beschriebenen Insellösungen oder auch herkömmliche BDE-Systeme sind darauf ausgerichtet, mehrere monolithische Softwaremodule parallel auf einer Integrationsplattform betreiben zu können. Der Wunsch der Anwender, dass diese monolithischen Module miteinander kommunizieren, bestand schon immer. Die Realität sah leider oftmals anders aus. Beispielsweise bestand in einem früheren BDE-System die Notwendigkeit, die Schichtleistung der Maschine und die gefertigten Teile für den Arbeitsgang zum Schichtende in zwei separaten Dialogen einzugeben.

Einer der wichtigsten Gründe für diese Probleme war das Verlangen des Marktes nach Standard-Software. Statt eine individuelle Programmierung zu beauftragen und die dazu notwendige Analyse der Anforderungen zu betreiben, versprachen diese Standardprodukte dem Anwender den schnellen und kostengünstigen Weg zum Ziel. Die Grenzen dieser Lösungen sind entsprechend dem genannten Beispiel klar zu erkennen: Die Integration dieser Produkte untereinander fand nur genau an der Stelle statt, wo diese explizit geplant wurde. Wurde diese Integration nicht für notwendig erachtet, dann stand diese auch nicht zur Verfügung und musste teilweise mit erheblichen Kosten nachträglich realisiert werden.

Somit muss bereits bei der Planung des Systems (dem Design) darauf geachtet werden, welche Möglichkeiten die Software bieten soll, um flexibel Änderungen oder Anpassungen durchführen zu können. Man spricht hierbei auch von Softwarearchitektur. Am Vergleich mit der klassischen Gebäudearchitektur wird der Grund schnell deutlich: Bei der Planung eines Gebäudes werden Grundrisse erstellt, die Raumaufteilung durchgeführt, die Versorgung und Leitungsverlegung berücksichtigt, Fenster und Türen unter Berücksichtigung von Lage, Ausrichtung und individuellen Anforderungen geplant. In der Planungsphase lassen sich Änderungen relativ leicht umsetzen. So können Fenster vergrößert, zusätzliche Anschlüsse vorgesehen oder auch Wände versetzt werden, auch wenn dies teilweise umfangreiche Änderungen der Planung nach sich ziehen kann. Wenn das Gebäude jedoch gebaut wurde und anschließend sollen Änderungen erfolgen, kann dies sehr teuer oder schlicht unmöglich sein. Eine weitere Steckdose oder auch ein zusätzliches Fenster mag noch einfach sein. Einen Wasserhahn in einem Zimmer weit weg von der Wasserversorgung bzw. dem Leitungsverlauf hingegen wird sicher eine umfangreichere Maßnahme. Es lassen sich zahlreiche weitere Beispiele finden, auch solche, die beispielsweise durch statische Einschränkungen unmöglich umzusetzen sind. Analog dazu müssen bei der Planung von Softwareprodukten – der Softwarearchitektur – grundlegende Merkmale berücksichtigt werden.

Die Architektur muss flexibel sein, Stabilität und einfache Wartbarkeit gewährleisten und zudem die den Betrieb für den Anwender möglichst einfach gestalten.

Flexibilität und Stabilität durch Serviceorientierung

Um dem Anwender eine moderne, anpassbare und flexible Architektur zur Verfügung zu stellen, kann die Entwicklung nach den Leitlinien der serviceorientierten Architektur (SOA) durchgeführt werden.

Dies bedeutet, dass die fachlich orientierten MES-Dienste in entsprechender Granularität als „Services" bereitgestellt werden. Die Services wiederum entstehen durch das gezielte Zusammenstellen („Orchestrieren") von vorhandenen Softwaremodulen, um die geforderten MES-Funktionen im System bereitzustellen.

Diese flexible Architektur bietet den Vorteil, dass Änderungen nicht zwangsläufig komplett neu programmiert werden müssen. Eine neue Programmierung zieht oftmals eine Neukompilierung des gesamten Systems nach sich, ist infolge zeitaufwändig. Die Flexibilität durch SOA erlaubt es, bestehende Funktionen zu ändern oder auszutauschen ohne dabei andere Funktionen im Gesamtsystem zu beeinflussen. Auch für die Stabilität und Wartbarkeit des Systems spielt dies eine große Rolle. Ist eine Teilkomponente auszutauschen, bleibt das Gesamtsystem in sich trotzdem stabil und nutzbar. So ist es folglich auch möglich, nur den Teil zu warten, bei dem die Wartung benötigt wird. Eine Herausforderung bildet dabei das richtige Design der Mechanismen und die entsprechende Implementierung. Das IT-Konstrukt muss in der Planung bereits so flexibel aufgebaut sein, dass Änderungen und Anpassung einfach handzuhaben sind.

Ein weiterer Vorteil ist die flexible Nutzung der Services. Einmal programmiert kann ein Service auch an mehreren Stellen im System genutzt werden. Ein Service, um beispielsweise Daten zu löschen, muss nur einmal entwickelt werden und kann bei jeder Anwendung angesprochen werden, wenn ein Löschvorgang benötigt wird. Auch kann ein Service von mehreren Anwendungen angesprochen werden. Wird beispielsweise über einen Service eine Kennzahl berechnet und ausgegeben, kann von jeder Anwendung der gleiche Service genutzt werden (Abb. 6.2).

Doch es geht ja nicht nur um die Anwendungen, die der Benutzer am Bildschirm sieht. Das System muss architektonisch ebenfalls in einer grundlegenden Schichtstruktur aufgebaut sein, um die Basis der Datenhaltung sowie die Verarbeitung und am Ende die Präsentation abbilden zu können.

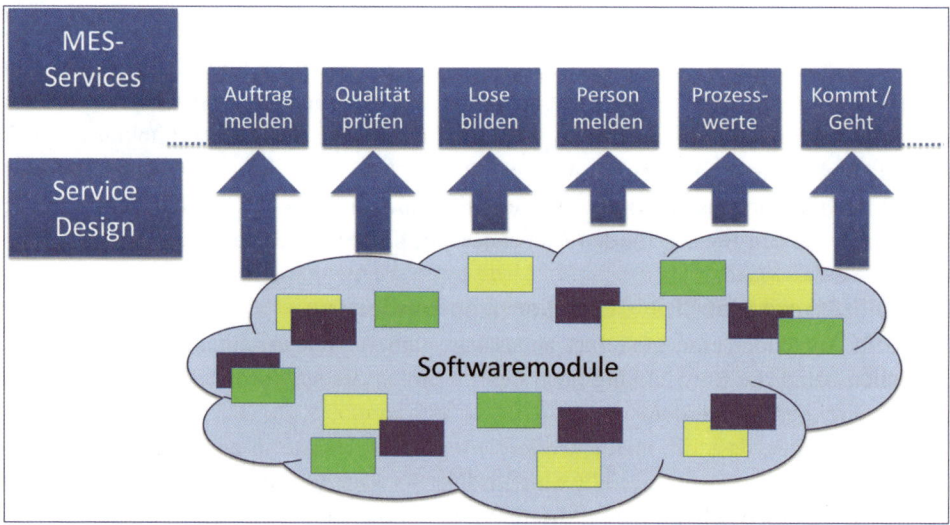

Abb. 6.2 Entstehung von MES-Services zur Abbildung MES-typischer Funktionen auf Basis der serviceorientierten Architektur

Abb. 6.3 Schichtenmodell der Systemstruktur eines MES

Aus Abb. 6.3 lässt sich erkennen, dass sich die Komponenten eines MES-Systems über drei Schichten der Systemarchitektur verteilen. Von diesem Modell lässt sich eine Regel in der Form ableiten, dass Veränderungen bzw. Erweiterungen an einem Produkt möglichst nur in einer Schicht stattfinden. Diese Regel gewährleistet Stabilität und reduziert den Änderungsaufwand. Die Änderung selbst findet genau in der Schicht statt, welche für die Änderung zuständig ist. Im Folgenden eine Erläuterung der einzelnen Schichten:

Data Abstraction
Die Data Abstraction Ebene ist der Teil der MES-Anwendung, welcher für die Definition der Datenbankstrukturen sowie für die darin abgelegten Daten zuständig ist. Damit sorgt sie für die sogenannte Persistenz der Daten. Jedes MES-Produkt besitzt zu einer Version eines Produkts das zugehörige Datenmodell. Dieses Datenmodell wird heute üblicherweise in relationalen Datenbanksystemen abgelegt und die zugehörigen Daten werden mittels SQL (Structured Query Language) bearbeitet.

Die Datenschicht übernimmt hierbei die Aufgabe, dass die Daten eines MES-Produkts auf Basis des zugrunde liegenden Datenbanksystems zuverlässig und dauerhaft geschrieben und auch wieder gelesen werden können. Die Datenschicht definiert hierzu die notwendigen Tabellen und Felder innerhalb des Datenbanksystems. Alle Änderungen, Modifikationen und Produkterweiterungen, die sich auf die Persistenz der Daten beziehen, finden demnach in dieser Schicht statt.

Business Objects
Die Ebene Business Objects setzt auf der Data Abstraction Ebene auf und stellt der Prozessabbildung Funktionalität zur Verfügung. Dabei deckt sie folgende wichtige Anforderungen ab: **Abbildung der Objekte und zugehörigen Methoden.**

Unter einem Objekt versteht man an dieser Stelle z. B. „Maschine 3523 mit zugehörigen Daten" oder „Arbeitsgang 7330022 010 mit zugehörigen Daten".

Unter Methoden versteht man MES-Services, mit welchen die Daten des Objektes bearbeitet werden können oder Services, die Aktionen für das Objekt auslösen, wie z. B. das Anmelden einer Person an einer Maschine.

Die Objekte und Methoden werden unabhängig vom Datenmodell bereitgestellt. Durch diese Vorgehensweise wird erreicht, dass bei Änderungen der zugrunde liegenden Datenstrukturen die notwendige Kompatibilität gewährleistet wird. Somit verhalten sich die Objekte und Methoden wie gewohnt. Bei neuen Funktionen werden neue Objekte und neue Methoden explizit zur Verfügung gestellt.

Die genannten Anforderungen machen deutlich, dass diese Schicht die wichtige Aufgabe hat, notwendige technische Veränderungen aufzufangen, sodass die Prozessabbildung wie gewohnt funktioniert. Die Architektur eines MES-Systems sorgt somit bei richtiger Umsetzung dafür, dass bereits definierte Prozesse durch Veränderungen nicht beeinträchtigt werden.

Process and Präsentation

Die Abbildung der Prozesse und deren Präsentation bildet das Herzstück für den Anwender: Der Datenaustausch erfolgt über Schnittstellen oder die Eingabe von grafischen Oberflächen. Die Verarbeitung wird über „Wenn-dann"–Bedingungen und Nutzung der Objekte und Methoden abgearbeitet. Diese Ebene beinhaltet somit die eigentliche Logik einer Anwendung bzw. eines Moduls und nutzt dazu die darunterliegenden Schichten. Ein wesentliches Merkmal der Ebene ist, dass ihr die Objekte und Methoden sämtlicher Produkte zur Verfügung stehen. Somit ist es gegenüber monolithischen Produkten problemlos möglich, mehrere Produkte miteinander zu verweben.

Einen weiteren Vorteil bildet die große Releasesicherheit, welche diese Schicht bereitstellt. Die darunter liegenden Schichten gewährleisten eine Kompatibilität bei Änderungen und Modifikationen wie z. B. bei Produktupgrades, sodass die erstellten Prozesse und deren Präsentation nicht beeinflusst wird.

Dieses Systemkonzept ist von hoher Flexibilität und großer Funktionsvielfalt geprägt. Durch diese Eigenschaften lässt sich ein MES maßgeschneidert in die bestehende Systemlandschaft eines Fertigungsunternehmens integrieren, um möglichst alle Geschäftsprozesse zu unterstützen.

6.1.2 Individualisierung

Ein MES-Standardsystem bildet die üblichen Prozesse mit den eingebundenen Ressourcen wie Arbeitsplätzen, Personal, Werkzeugen oder auch Material rund um einen Produktionsbetrieb ab. Doch Produktion ist nicht gleich Produktion. Produktionsprozesse können in Unternehmen gleicher Branche unterschiedlich gehandhabt werden, Abläufe oder Einstellungen können auch an verschiedenen Standorten differieren und erfordern somit Konfigurationsmöglichkeiten. Daher sind individuelle Anpassungen auf spezielle Kundenanforderungen unumgänglich.

Abb. 6.4 Konfigurations- und Gültigkeitsebenen

Um eine Umgestaltung des Systems möglichst flexibel abzubilden, sind mehrere Wege denkbar. Dabei gilt es zum Beispiel abzugrenzen, ob die Konfiguration für das gesamte System oder nur für einen Arbeitsplatz, bestimmte Auftragsarten, Materialen, usw. gelten soll. Deshalb wird unterschieden zwischen allgemeinen Systemkonfigurationen und Optionen für individuelle Anpassungen. Außerdem sind Anpassungen und Einstellungen, die vom Anwender selbst getroffen werden können, von denjenigen zu unterscheiden, die nur der Hersteller oder ein Partnerunternehmen durchführen kann.

Nachfolgend werden die einzelnen Konfigurations- und Gültigkeitsebenen dargelegt, die ein MES anbieten sollte. Anschließend werden einige Beispiele genannt, um das System auf die Bedürfnisse des Anwenders anpassen zu können (vgl. Abb. 6.5).

Verwaltung von Konfigurationsdaten

Um Konfigurationen sowohl für den einzelnen Anwender als auch für das gesamte System hinterlegen und unterscheiden zu können, muss das MES unterschiedliche Konfigurations- und Gültigkeitsebenen (vgl. Abb.6.4) unterstützen.

Abb. 6.5 Individualisierungsmöglichkeiten eines MES

Eine mögliche Lösung ist eine Differenzierung der Einstellungen zwischen dem gelieferten Standardsystem, Konfigurationen, die für den Kunden vorgenommen wurden,
diese, die der Kunde selbst konfiguriert hat und Einstellungen des Nutzers. Durch diese
klar strukturierte Aufteilung der Ebenen ermöglicht ein MES, verschiedene Anpassungen
für die gewünschte Ebene vorzunehmen, ohne den Standard oder die kundenspezifischen
Konfigurationen zu beeinflussen. Vergleichbar ist dies mit einem Aktenschrank, in dem in
der jeweiligen Schublade die passenden Akten abgelegt werden.

Einstellungen, die nur den Anwender selbst betreffen, werden auf der Ebene User abgelegt. Das können Konfigurationen zu Anzeigen in einer Maske sein, z. B. die Reihenfolge
der Tabellenspalten oder die Auswahl der Auswertegrafik als Balken- oder Kuchendia-
gramm. Ruft der Anwender das MES auf, so wird die Anwendung mit den bevorzugten
Konfigurationen aufgerufen, die der User für sich hinterlegt hat.

Ein Unternehmen kann für sein System selbst Anpassungen und Erweiterungen vornehmen. Auch dafür sollte ein MES eine „Schublade" bereitstellen, um die Dateien dafür
dort ablegen zu können. Das Unternehmen weiß, welche Änderungen von ihm selbst am
System vorgenommen wurden und besitzt die Kontrolle über die eigenen Konfigurations-
dateien.

Sollte ein Unternehmen besondere Anforderungen an sein MES haben, die vom Hersteller umgesetzt werden, so werden diese wiederum separat abgelegt. Das bedeutet, dass
neben den Standardeinstellungen auch Programmteile existieren können, die speziell für
diesen Kunden angefertigt wurden. Dabei können auch Einstellungen für einen Standort
gemeint sein, der abweichende Abläufe in der Produktion aufweist. Ist es beispielsweise
nötig, einen bestehenden Web Service zur Berechnung einer Kennzahl abzuwandeln, so
kann der Service geändert und abgelegt werden.

Die Speicherung von Einstellungen für das Standardsystem wirken sich auf das gesamte System aus. Alle Services, die im Standard zur Verfügung stehen, sind dort abgelegt und sind somit für alle Anwender im Standardsystem verfügbar. Auf dieser Basis können zum Beispiel Updates eingespielt werden, ohne dass die anderen drei „Schubladen" berührt werden.

Das System überprüft die „Schubladen" von oben nach unten. Die Einstellungen, die der User für sein System vorgenommen hat, haben Priorität vor den Anpassungen auf lokaler Ebene usw. Dieses Schubladenprinzip erlaubt es, neue Versionen des Standards zu nutzen, ohne kundenseitige Anpassungen zu berühren. So können weiterhin auf allen Ebenen die Spezifika einfach zu-/abgeschaltet werden.

Durch dieses Prinzip können, ausgehend vom Standardsystem, Anpassungen oder Erweiterungen durch den Benutzer, durch das Unternehmen oder auch durch den Hersteller oder einen Partner eingebracht und doch separiert werden. Die Differenzierung der Konfigurations- und Gültigkeitsebenen verdeutlicht diese klare Trennung. Dies ermöglicht dem Kunden unterschiedliche Anpassungen und Konfigurationen je nachdem, welche Gültigkeit sie jeweils betreffen.

Nachfolgend wird verdeutlicht, wie ein Unternehmen sein MES individuell gestalten kann. Es werden Beispiele für Konfiguration und Customizing aufgezeigt, die ein Unternehmen zur Anpassung des Standardsystems auf die jeweiligen Bedürfnisse anwenden kann.

Konfiguration des Standardsystems

Zur variablen Gestaltung der Abläufe und Verhaltensweise des Systems sollten auf erster Ebene vielfältige Möglichkeiten angeboten werden, die Standardfunktionen durch Konfigurationsparameter in ihrem Verhalten zu beeinflussen. Dadurch wird der Anwender selbst in die Lage versetzt, Konfigurationen so abzuändern, dass das MES seine Anforderungen erfüllt. So kann es zum Beispiel möglich sein, alleine durch die Nutzung von Parametern unterschiedliche Auftragsarten zu definieren. Dadurch ist die differenzierte Behandlung von Serienaufträgen in der Produktion, von Wartungsaufträgen in der Instandhaltung und der Einzelfertigung im Werkzeugbau in einem System abbildbar. Konfigurierbare Schnittstellen sollten die Basis bilden, um ein MES in die vorhandene Infrastruktur mit einem heterogenen Maschinenpark und überlagerten Systemen wie ERP nahtlos einzupassen.

Als weitere Option sollte das System *Benutzerfelder* unterstützen, mit denen der Anwender zu den einzelnen Anwendungen individuelle Felder und somit Daten hinzufügen kann. Dadurch können dem Werker zu einem Auftrag oder Arbeitsgang Informationen mitgegeben werden oder bei einem zugekauften Material notwendige Informationen für die Verarbeitung in der Produktion, z. B. Dichte bei Metall.

Ebenso sollte ein MES über eine *Formelverwaltung* verfügen, die dem Anwender erlaubt, eigene Formeln zu erstellen. Dies kann für die Berechnung von eigenen Kennzahlen dienen oder für die Festlegung von Regeln, zum Beispiel welcher Anteil von Schrott in eine Schmelze einfließen darf.

Flexible Menüstruktur

In der Fertigung gibt es die verschiedensten Rollen mit den unterschiedlichsten Informationsbedarfen. Dementsprechend wird je nach Position und Bedarf mit unterschiedlichen Funktionen gearbeitet. Diesem Umstand Rechnung tragend sollte eine anpassbare Menüstruktur unterstützt werden. Hilfreiche Systemmerkmale sind dabei die Unterstützung von so genannten Favoriten und die Möglichkeit, die Menüstruktur komplett flexibel und individuell definieren zu können.

Auch hierbei ist wiederum wichtig, dass die Möglichkeiten steuerbar sind. So werden in einem Unternehmen die Menüstrukturen zentral definiert und vorgegeben. In anderen Fällen sollen die einzelnen Anwender selbst die Strukturen beeinflussen können.

Erstellung individueller Reports

Zur optimalen Integration des MES mit den Prozessen im Unternehmen sollte das MES Arbeitspapiere, Auswertungen und Reports wie auch Materialbegleitkarten oder Etiketten drucken können. Da diese in der Regel sehr individuell sind, muss ein MES dem Anwender die Möglichkeit bieten, Reports und Auswertungen selbst zu gestalten.

Dazu sollte ein modernes MES eine grafische Oberfläche zur Verfügung stellen, mit der vorhandene Reports bearbeitet oder neue Reports angelegt werden können (vgl. Abb. 6.6). Idealerweise ist ein Reportdesigner ins System integriert und bietet Zugriff auf alle Datenquellen des MES und darüber hinaus auch auf weitere verknüpfte Datenquellen.

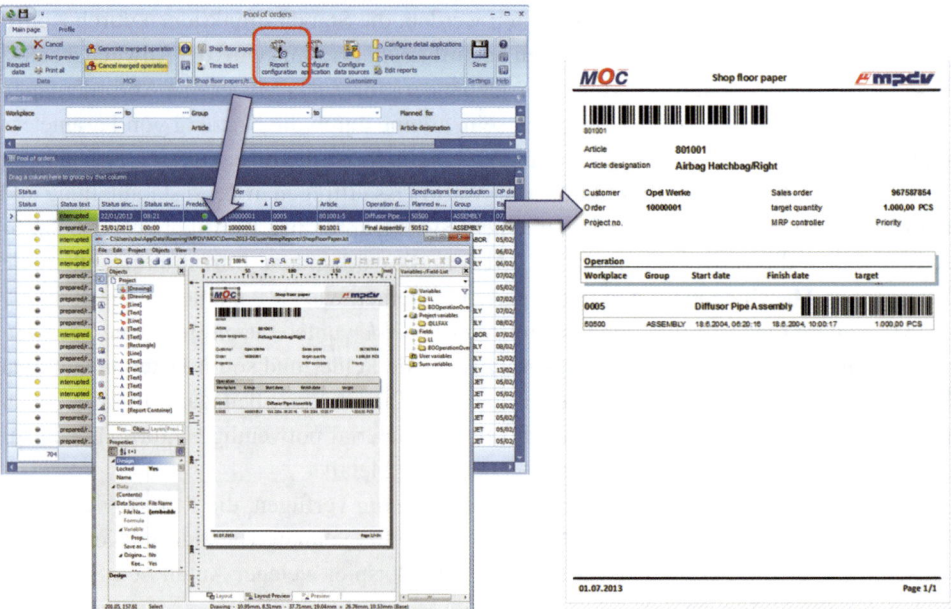

Abb. 6.6 Reportdesign am Beispiel des MES HYDRA

Das Einbinden von Barcodes unterschiedlicher Typologie zum Scannen der relevanten Informationen in der Fertigung muss ebenso möglich sein wie die Integration gängiger Grafikformate. Mit dem MES muss es möglich sein, spezifische Auswertungen und Reports bzw. Arbeitspapiere wie Laufkarten oder Lohnscheine so zu gestalten und dem erforderlichen Format anzupassen, wie es für das Unternehmen benötigt wird. Dies gilt ebenfalls für Etiketten, Palettenbegleitscheine o. ä., die den unterschiedlichen Anforderungen des Unternehmens oder auch dessen Kunden unterliegen.

User Exits

Konfigurationen gestatten dem Anwender, das System auf seine Bedürfnisse im vorgegebenen Maß anzupassen, z. B. durch das Einstellen von Parametern. Doch die Konfiguration kann nicht jeden Prozessablauf abdecken. Daher kann es gewünscht sein, dass das Unternehmen an vordefinierten Punkten selbstentwickelte Anwendungen einbaut, die die Anforderungen vollständig erfüllen. Diese Einstiegspunkte, um eigene Programmteile einzubinden, nennt man User Exits (vgl. Abb. 6.7).

Dadurch werden dem Unternehmen Modifikationen der MES-Funktionen ermöglicht. Dafür werden individuelle Erweiterungen zu den Standardprogrammen eingeflochten, ohne dabei Standardabläufe zu verändern.

Dies ist ideal zur „punktuellen" Ergänzung von Konfigurationen. Dadurch können Eigenschaften, die nicht von der Konfigurationsfähigkeit abgedeckt sind, in das System integriert werden.

Abb. 6.7 User Exit

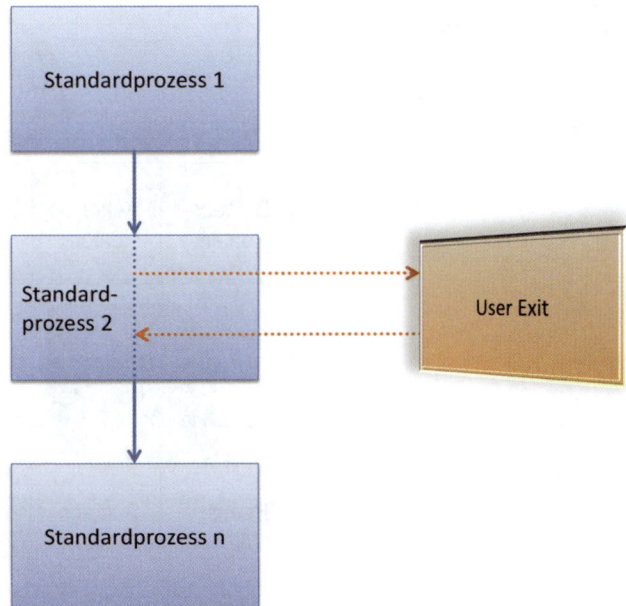

Entwicklungsumgebung
Trotz vielfältiger Konfigurationsmöglichkeiten und Optionen, das System auf die eigenen
Bedarfe anzupassen, reicht das in einigen Fällen nicht aus. Hochspezialisierte Prozesse
können oftmals nur über individuelle Anpassungen abgebildet werden, um die komplexen, anwenderspezifischen Anforderungen zu erfüllen. Daher sollte ein MES dem Unternehmen Werkzeuge an die Hand geben, um eigenständige Weiterentwicklungen durchführen zu können. Im Idealfall könnte dies die Entwicklungswerkzeuge umfassen, die die
Softwareentwickler des MES-Herstellers selbst nutzen. Dadurch wäre die gleiche Basis
bei der Entwicklung von Anwendungen geschaffen. Die Werkzeuge wären so aufgebaut,
dass die gleiche Oberfläche umgesetzt werden kann, wie sie im Standard zu sehen ist.

Berücksichtigt werden sollte die Verwaltung der Konfigurationsdaten, um die Beschreibung der Web Services abzulegen. Dadurch soll dem Unternehmen ermöglicht werden,
eigene Web Services zu erstellen oder diejenigen zu nutzen, die das System bereits vorgibt.

6.1.3 Modularisierung

Unter Modularisierung versteht man die Aufteilung eines Gesamtsystems in einzelne
Bausteine, die beliebig zusammengesetzt werden können. Vergleichbar ist die Modularisierung mit dem Baukasten-Prinzip. Bausteine können beliebig miteinander kombiniert
werden. Dadurch bieten sich im Gegensatz zu monolithischen Systemstrukturen variable
Einsatzmöglichkeiten, abgestimmt auf den Bedarf des Anwenders (vgl. Abb. 6.8).

Abb. 6.8 Durch den modularen Aufbau von MES können
jederzeit einzelne Bausteine
hinzugefügt oder ausgetauscht
werden

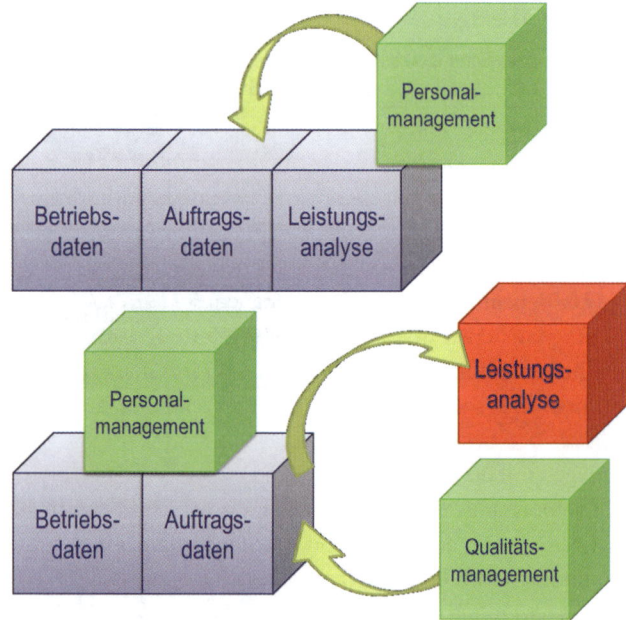

Die Erfahrungen aus der Entwicklung von IT-Systemen im Produktionsumfeld zeigen eine entscheidende Herausforderung für die technische Realisierung von modularisierter MES-Software: Die Vernetzung der Module untereinander.

Gerade die Mannigfaltigkeit von MES-Systemen verdeutlicht, wie viel Aufwand entstehen würde, wollte man alle Bausteine einzeln miteinander kombinieren. Orientiert man sich an der VDI 5600, so sind als Vorgabe zehn Themengebiete genannt, die ein MES abdecken soll. Um alle miteinander kombinierbar zu gestalten, wären viele Schnittstellen erforderlich.

Daher muss bereits bei der Planung eines MES berücksichtigt werden, dass eine schnittstellenfreie Lösung gestaltet wird, um die Modularisierung zu ermöglichen.

Trotz der umfassenden Integration müssen die Module einzeln einsetzbar sein und auch als alleinstehendes System funktionieren. Die Trennung der Module sollte so umgesetzt sein, dass jeder Baustein in sich technisch abgeschlossen aber dennoch voll integrationsfähig im Gesamtsystem funktioniert. Damit verbunden besteht auch die Forderung, einzelne Module nachrüsten, austauschen oder auf eine neue Version anheben zu können.

Ein modularerer Aufbau bietet einem Unternehmen damit auch bei der Einführung eines MES Flexibilität. Die Module können Stück für Stück im Unternehmen platziert werden. Dadurch kann der Einführungsprozess entzerrt werden. Sollte sich herausstellen, dass Bedarf an einem Modul besteht, kann es später in die Systemlandschaft intergiert werden. Die Module sind dann vollständig kompatibel zueinander. Trotz Einbindung eines neuen Moduls sollte es im MES möglich sein, eine neue Version des ersten Moduls einzuführen. Durch diese Trennung und dennoch Kompatibilität wäre ein Unternehmen immer auf dem aktuellen Stand der Software ohne darauf zu verzichten, neue Module zu integrieren.

6.1.4 Skalierbarkeit

Mit Skalierbarkeit bezeichnet man im Bereich der Soft- und Hardware die Erweiterbarkeit eines Systems. Das impliziert das Hinzufügen von Ressourcen, Rechenleistung oder Speicherplatz. Skalierbarkeit ist eine notwendige Voraussetzung, um Unternehmen verschiedener Größen, von KMU bis Konzern, ansprechen zu können. Egal ob drei oder 300 Shopfloor-Clients: Ein MES muss sich auch hier erweitern lassen, um die Anforderungen des Anwenders abzudecken. Des Weiteren können so für den Anwender verschiedene Ausbaustufen realisiert werden – erst drei, dann fünf, dann zehn Shopfloor-Clients (vgl. Abb. 6.9).

Dazu nun folgendes Beispiel: Bei einem Unternehmen wird mit einem Pilotbereich begonnen. Hier soll lediglich die Maschinendatenerfassung von Interesse sein, was durch die weiter oben beschriebene Modularität ohne weiteres möglich sein soll. Dafür werden drei Anlagen mit dem MES verbunden. Das System fällt folglich vorerst relativ „klein" aus, was Rechenleistung, Speicherplatz des Servers usw. betrifft. Nach der erfolgreichen Pilotierung soll das System ausgerollt und erweitert werden. So werden weitere Shopfloor-Clients angebunden, neue Office Clients installiert und das ERP-System angebunden. Schließlich werden eventuell weitere Module erworben und noch weitere Clients installiert.

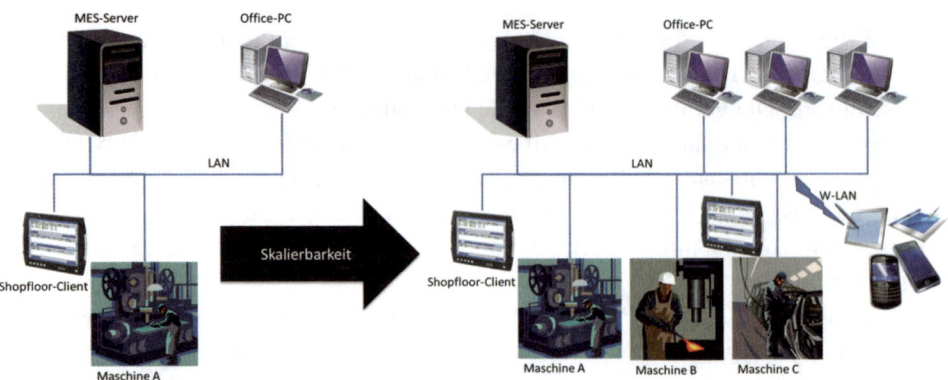

Abb. 6.9 Skalierbarkeit von MES-Systemen

Dieses Szenario kann noch weiter getrieben werden mit einer Erweiterung in der Halle, Anbinden von Prüfmitteln und Waagen und weiteren Systemen. Dies macht deutlich, dass das Mengengerüst bzgl. der zu bearbeitenden Daten und die Anzahl der genutzten Clients bei einem MES sehr stark variieren können.

Daher wird die Eigenschaft der Skalierbarkeit bei einem MES vorausgesetzt.

Server

Betrachtet man zuerst die Kapazität an Rechenleistung, Speicherplatz etc., so ist der skalierbare Server der erste Punkt, den es zu betrachten gilt.

Zur Vereinfachung der richtigen Auswahl der Hardwarekomponenten kann ein MES-System unterschiedlichen Klassifizierungen unterliegen. Diese ergeben sich u. a. abhängig von den eingesetzten Modulen eines MES und der entstehenden Datenmengen. Bevor ein Anwender also einen Server einsetzt, sollte er folgende Punkte durchdacht haben:

- Anzahl der Office-PC-Arbeitsplätze
- Anzahl der Shopfloor-Clients
- Anzahl der Mitarbeiter, die mit MES arbeiten
- Anzahl der direkt angebundenen Maschinen
- Anzahl der genutzten Module des MES
- Schnittstellentelegramme pro Zeiteinheit
- Aufträge/Arbeitsgänge pro Tag
- Meldehäufigkeit
- Anzahl aufzunehmender Prozessparameter/Abtastrate

Durch die Antworten wird ermittelt, welche Systemgröße geeignet ist. Ein MES-Anbieter kann auch mehrere Abstufungen vorschlagen, auf die dann skaliert werden kann. Dies betrifft die Anzahl der Prozessoren bzw. Kerne sowie die Größe des Hauptspeichers und die Anzahl der Festplatten, um die Datenmengen des MES in Echtzeit verarbeiten zu können.

Clients

Auch bei den angebundenen Clients ist Skalierbarkeit eine Voraussetzung. Eine Produktion kann sich schnell verändern: Wird ein neues Produkt gefertigt, so wird der Maschinenpark erweitert, die neue Maschine muss intergiert werden, mehrere neue Erfassungsterminals werden benötigt oder ein weiterer Office-PC wird für den neuen Mitarbeiter der Arbeitsvorbereitung bereitgestellt.

Daher muss das MES-System auch bei Clients einfach erweiterbar sein: Neue Maschinen und Erfassungsclients werden in der Fertigung integriert und dem MES-System zugeordnet. Eine Vernetzung via LAN ist dabei die praktikabelste Lösung. Eine Vernetzung mittels WLAN bietet den Vorteil, dass auch mobile Endgeräte wie Tablets oder Smartphones in das System eingegliedert werden können.

6.1.5   Online-Fähigkeit

Unter Online-Fähigkeit eines MES-Systems wird die Erfassung, Speicherung, Vernetzung und Auswertung von Daten in „Quasi"-Echtzeit verstanden.

Im Gegensatz zu einem ERP-System, das die Langzeit-Sicht darstellt, schlägt das MES die Brücke zwischen dem Echtzeit-Fokus der Fertigung und der langfristigen Sicht der unternehmensweiten Systeme. Das MES nimmt die aktuell anfallenden Daten aus der Produktion auf und kann diese mit den ERP-Daten abgleichen. Betrachtet man die Fertigungsplanung, so erhält das MES die geplanten Aufträge mit Menge und Eckterminen. Aus der Fertigung weiß das MES, welche Maschinen die Aufträge abarbeiten können und Kapazität zur Verfügung haben, welches Personal mit passender Qualifikation gebraucht wird oder auch welches Material dafür benötigt wird. Durch die Korrelation der Daten hat das MES einen Überblick der gesamten Daten aus Produktion und aller weiteren angebundenen Systeme. Die Online-Fähigkeit ermöglicht auch kurzfristige Reaktionen: Im Gegensatz zu einem ERP ist dem MES transparent, wenn z. B. eine Maschinenstörung auftritt. Daraufhin kann adhoc auf eine andere verfügbare Maschine umgeplant werden. Auch die Auswirkungen der Umplanung sind ersichtlich: Das System erfasst, speichert und verdichtet die Daten und kann daraufhin Online-Plausibilitätsprüfungen durchführen. Werden Arbeitsgänge an einer Maschine nach hinten verschoben, berichtet das System dem Anwender sofort über Terminverletzungen oder fehlende Ressourcen. Die Plausibilitätsprüfung gilt nicht nur für die Planung. Ein Standard ist, beim Erfassen von Mengen in der Fertigung zu prüfen, ob die eingegebene Menge mit der für den Arbeitsgang geplanten zusammenpasst. Dadurch können Tippfehler vermieden werden. Aufgrund der hohen Flexibilität eines MES-Systems können Plausibilitätsprüfungen hinzugefügt werden. Als Beispiel wird ein bestimmtes Ergebnis bei den Qualitätsprüfungen des erzeugten Materials des vorgelagerten Arbeitsgangs erwartet. Der User kann bestimmen, dass der nachfolgende Arbeitsschritt erst angemeldet werden kann, wenn das richtige Ergebnis übermittelt wurde. Zudem darf nur ein Mitarbeiter einer speziell ausgebildeten Gruppe angemeldet sein.

6.1.6   Usability und Ergonomie

Ein MES im Unternehmen einzusetzen bringt Transparenz in den Fertigungsprozess. Die Daten in einer Datenbasis zu speichern und diese dort verdichten und auswerten zu können hilft, Erkenntnisse zur Effektivität der Produktion zu schaffen und eröffnet Optimierungspotentiale. Um alle Daten erfassen und diese nach den Anforderungen des Unternehmens auswerten zu können, erfordert es ein einfaches, verständliches und intuitives Bedienkonzept. Dabei müssen die Werker in der Fertigung sich schnell in die Software einarbeiten können, ohne bei ihrer produktiven Arbeit beeinflusst zu werden. Die Rückmeldung von Mengen und ein Maschinenstatuswechsel müssen schnell von der Hand gehen. Erhält ein Mitarbeiter in der Fertigung Akkordlohn, will er sich nur bedingt mit nicht-wertschöpfender Arbeit aufhalten. Auch die Bedienung eines Office Clients muss schnell erlernbar sein. Gerade durch die Fülle an Funktionen und Möglichkeiten, die ein solch komplexes System bietet, ist es wichtig, dass die Usability und Ergonomie für die Anwendungen gleich aufgebaut sind.

Speziell die Benutzeroberflächen eines MES-Systems, sei es in der Fertigung oder im Büro, tragen viel zur Akzeptanz der Anwender bei. Sie müssen demnach einfach, ergonomisch aufgebaut und flexibel anpassbar sein (vgl. Abb. 6.11).

Benutzeroberflächen
Wie bereits dargestellt, sind die Benutzeroberflächen eines MES von wesentlicher Bedeutung. Die wichtigsten Einsatzgebiete sind einerseits spezialisierte Oberflächen für die Verwendung in der Fertigung. Auf der anderen Seite sollen eine effektive Konfiguration des Systems sowie die übersichtliche Präsentation der erfassten Daten möglich sein.

Wie ein MES von den Anwendern angenommen und akzeptiert wird, hängt in starkem Maße davon ab, dass die Funktionen einfach und ergonomisch zu bedienen sind. Daher ist eine weitere gestalterische Komponente die Bedienoberflächen nach individuellen Wünschen abändern zu können. Beispielsweise müssen sich die Dialoge zur Erfassung in der Fertigung an die Arbeitsabläufe der Werker ausrichten lassen. Auswertungen oder Ansichten müssen mit einfachen Mitteln so gestaltet werden können, dass dem Benutzer auf einen Blick die von ihm benötigten Daten in der gewünschten Form dargestellt werden.

Die Benutzeroberfläche wird je nach Informationsbedarf und Aufgabenstellung des Anwenders bedient:

Ein *Office-Client* wird an einem Standard-PC ausgeführt. Dabei stehen eine Tastatur, eine Maus und eine große Bildschirmfläche zur Verfügung, auf der viele Details angezeigt werden können. Eine große Anzeige und eine vielfältige Auswahl an Bedienoptionen ermöglicht eine vielfältige Anwendungsdarstellung. Selektieren und Filtern von Daten ist genauso einfach möglich wie die Darstellung grafischer Auswertungen in Form von Charts und Diagrammen. Dadurch können sowohl Schichtauswertungen über längere Zeiträume für den Meister oder detaillierte Planungsanwendungen für die Arbeitsvorbereitung abgebildet werden.

An einem *Shopfloor-Client* ist es für den Werker wichtig, die Informationen schnell und mit hohem Maß an Ergonomie eingeben oder abrufen zu können. Einfache und

Abb. 6.10 Verschiedene Arten von MES-Clients

Abb. 6.11 Anpassung der grafischen Oberfläche und der Datenanzeige gemäß der Bildschirmdiagonale

verständliche Bediendialoge sind folgend für die Akzeptanz der Produktionsmitarbeiter ein entscheidender Faktor. Die Benutzeroberfläche muss zudem den rauen Bedingungen wie Schmutz, Dampf oder Öl in einer Produktionsumgebung entgegenstehen: Robuste Industrie PCs mit unempfindlichen Touchscreens und geeignetem Zubehör wie RFID-Leser oder Barcode Scanner sind erforderlich.

Mobile Devices haben unterschiedliche Bildschirmdiagonalen und Auflösungen. Die grafische Oberfläche muss somit so gestaltet werden, dass nur so viele Daten angezeigt werden, wie es die Bildschirmauflösung zulässt. Eine grafische Feinplanung auf dem Smartphone macht aufgrund der technischen Voraussetzungen nur bedingt Sinn, wohingegen ein Abruf des OEE der Maschine oder Maschinengruppe für den Meister in der Fertigung eine schnelle, praktikable Anwendung darstellt (vgl. Abb. 6.10).

Technologien für Benutzeroberflächen

Lokaler (Fat) Client Diese Technologie existiert in mehreren Ausprägungen: Vom einfachen Client/Server-System bis hin zu verteilten Anwendungen, in welchen ein Teil der Anwendung nicht mehr im Client ausgeführt wird.

Die Vorteile dieser Lösung:

- Die lokalen Ressourcen werden gut ausgenutzt
- Kommunikation findet nur für den Datenaustausch statt
- Komplexe Anwendungen sind problemlos realisierbar

Die Nachteile dieser Lösung:

- Hoher administrativer Aufwand
- Hohe Kosten pro Client

Thin Client Im Gegensatz zum lokalen Client kommt bei einer Thin-Client-Lösung nur noch eine Art Interpreter auf dem lokalen Arbeitsplatzrechner zum Einsatz. Sowohl die Oberfläche als auch die Daten werden zunächst an den Client übertragen und definieren dann zusammen die Anwendung. Über lokale Speicherstrategien am Client werden längere Wartezeiten beim Laden der Daten reduziert. Auch ein Web-Browser kann im weitesten Sinne als „Thin Client" bezeichnet werden, da er die vom Server gelieferten Webseiten lediglich anzeigt, dafür aber kaum lokale Rechenleistung benötigt.

Die Vorteile dieser Lösung:

- Niedriger administrativer Aufwand
- Geringe Kosten pro Client

Die Nachteile dieser Lösung:

- Komplexe Anwendungen sind sehr aufwändig zu erstellen
- Hohe Anforderungen bezüglich der LAN-Infrastruktur
- Eingeschränkte Möglichkeiten bei der grafischen Darstellung von technischen Sachverhalten

Virtual Desktop Infrastructure Die moderne Client-Virtualisierung nutzt die Vorteile der beiden zuvor genannten Lösungen zu verbinden. Es kommen normale Anwendungen zum Einsatz (lokale Clients), welche allerdings auf speziellen Servern ausgeführt werden. Auf dem lokalen Arbeitsplatzrechner wird nur noch ein sogenannter Reciever ausgeführt. Dieser empfängt nur noch die Bildschirmausgaben vom Server und zeigt diese an. Umgekehrt leitet er die Benutzeraktionen wie Tastatur und Maus an den Server. Diese Kombination erlaubt es, auch auf schwächeren Arbeitsplatzrechnern komplexe Anwendungen auszuführen. Außerdem reduzieren sich die administrativen Aufwände, da eine Installation der Anwendung nur noch auf dem Server notwendig ist (Abb. 6.12).

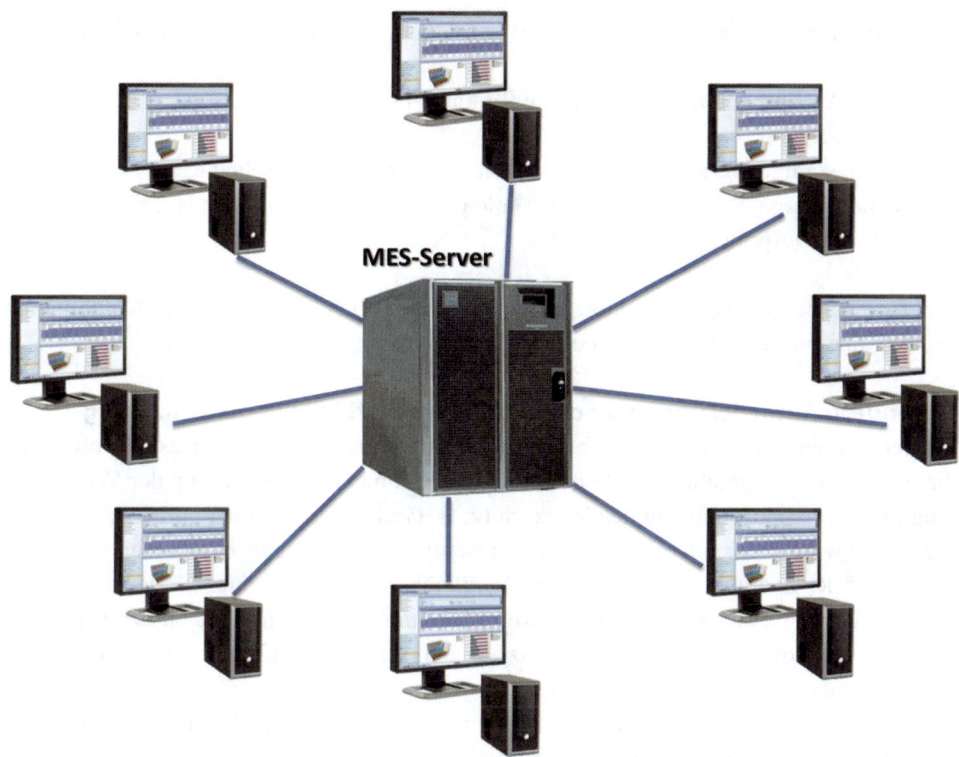

Abb. 6.12 Zugriff via Terminal-Server

Smart Clients Unter so genannten Smart Clients versteht man einen Mix aus klassischen
Fat und Thin Clients. So werden die Vor- und Nachteile dieser beiden Ausprägungen
kombiniert und so das Optimum für den Anwender aber auch den Betreiber bzw. die
Administration erreicht. Oftmals wird die Nutzung moderner Web-Technologien mit lokal
verfügbaren Ressourcen (z. B. im Smartphone integrierte Kamera) kombiniert. Daher
spricht man auch von sogenannten Hybrid Clients.

Benutzeroberflächen für Konfiguration, Monitoring und Reporting

Als Plattform für den Bereich Konfiguration, Monitoring und Reporting kommt in vielen
Fällen das Betriebssystem Microsoft Windows in den jeweils aktuellen Versionen zum
Einsatz, diese gelten als Industriestandard. Als Technologien für die Benutzeroberfläche
kommen alle genannten Möglichkeiten in Frage. Zur richtigen Auswahl der Technologie
sollte der Nutzen der Anwendung im Vordergrund stehen. Für Infoarbeitsplätze und einfaches Controlling reichen webbasierte Lösungen sicher aus, dagegen werden auch in nächs-
ter Zukunft komplexe Anwendungen wie Leitstände, Planungsmodule oder Anwendungen
mit speziellen Anforderungen an effektives Arbeiten einen lokalen Client benötigen.

Die Benutzeroberfläche eines MES sollte folgende wichtige Eigenschaften haben:

- Leichte Anpassbarkeit der Oberfläche für kundenspezifische Wünsche z. B. durch Benutzerfelder
- Leistungsfähige Werkzeuge zum Erstellen von kundenspezifischen Reports
- Leistungsfähige Werkzeuge zum Erstellen von kompletten kundenspezifischen Anwendungen (Application Designer)

Wie bereits in den vorigen Kapiteln erläutert, ergeben auch hier die richtige Kombination aus Technik und Anwendung den bestmöglichen Nutzen für den Anwender.

Besondere Anforderungen an die Benutzeroberfläche in der Erfassung

Im Bereich der Erfassung steht neben dem schnellen und effektiven Erfassen von Daten die Anzeige der Istsituation im Vordergrund. Im Rahmen der Verlagerung der Verantwortung in der Produktion hin zu den Werkern (z. B. Gruppenarbeit) oder aufgrund von Einsparungen wird aber auch das Reporting im Bereich der Erfassung zunehmend wichtiger. Schon auf der operativen Ebene werden Vergleiche zum Vortag oder zur letzten Woche möglich werden. Aus den genannten Gründen kommen auch im Bereich der Erfassung vermehrt Windows Systeme zum Einsatz, da aufgrund der grafischen Oberfläche mehr Informationen angezeigt werden können.

Außerdem bieten diese Betriebssysteme gute Voraussetzungen für die Vernetzung im lokalen Netzwerk sowie eine einfache Einbindung von Druckern. Die gute Vernetzbarkeit bringt den windowsbasierten Systemen entscheidende Vorteile im zunehmenden Segment der WLAN-Kopplungen. In diesem Fall werden die Vorteile „mobile Erfassung" und „Online-Datenzugriff" miteinander kombiniert werden.

Die Bedienung der Erfassungsgeräte erfolgt manuell über spezielle in das Gehäuse integrierte Tastaturen oder Touchscreen-Technologie. Außerdem kommen die unterschiedlichsten Lesesysteme für Barcodes, RFIDs oder sonstige Identträger wie auch die biometrische Erkennung zum Einsatz.

Ein Argument für Windows-basierte Erfassungssysteme ist der Schutz der Investition, da solche Geräte von nahezu allen MES-Systemen unterstützt werden. Andererseits gibt es einen großen Markt an speziellen Terminallösungen, welche auf anderen Betriebssystemen basieren. Diese kommen vornehmlich dann zum Einsatz, wenn die Anforderungen einfacher sind oder die Kosten pro Erfassungsgerät niedrig gehalten werden müssen.

Einsatzmöglichkeiten der unterschiedlichen Technologien für Benutzeroberflächen in der Erfassung

Auch im Bereich der Erfassung finden die weiter oben erläuterten Technologien für Benutzeroberflächen Verwendung. Eine der wichtigsten Anforderung im Bereich der Erfassung ist die Offline-Fähigkeit: Fällt der Server oder das Netzwerk aus, so sollen je nach Anwendung die Erfassungsgeräte möglichst autark weiterarbeiten. Aus diesem Grund kommen in den meisten Fällen lokale Clients zum Einsatz (sog. Intelligente Clients), wel-

Abb. 6.13 Erfassung und Auswertungen über Mobile Devices

che den Programmablauf steuern, einen Kommunikationsausfall erkennen und die Daten lokal puffern.

Thin Clients wie webbasierte Lösungen gewinnen zunehmend an Bedeutung im Bereich der Erfassung. Mit der zunehmenden Verwendung von WLAN-Lösungen erreicht man eine höhere Ausfallsicherheit und gewinnt an Mobilität. Das bedeutet, auch Thin Clients lassen sich im Bereich der Erfassung einsetzen, wodurch sich eine Reduzierung des administrativen Aufwands erreichen lässt.

Eine weitere Option ist die Verwendung von Windows Terminal-Server und Citrix-Lösungen auch im Bereich der Erfassung. Verfügt man über eine hohe Ausfallsicherheit des Netzwerks, so lassen sich auch hier die kombinierten Vorteile dieser Technologie in der Fertigung nutzen.

Zudem sind Mobile Devices, also Smartphones und Tablet-PCs, ein aktueller Trend, der auch in die Fertigung drängt.

Mobile Devices für Erfassung und Auswertung

Mobile Devices erfüllen alle Anforderungen, um sowohl als Erfassungs- als auch als Auswerte-Client zu fungieren (vgl. Abb. 6.13). Durch die Touchscreen-Oberfläche verhält sich die Handhabung und Erfassung wie bei altbewährten Terminals auf Shopfloor-Ebene. Die immer zuverlässigere WLAN-Anbindung ist ein Garant für Mobilität und eine immer höhere Ausfallsicherheit. Die auf den Anwender zugeschnittene Usability ermöglicht eine schnelle, einfache Anwendung der Funktionen. Durch das Antippen eines Objekts kann beispielsweise ein Drill-Down umgesetzt werden: Der User öffnet die Anwendung zum OEE und erhält den OEE für den gesamten Produktionsbereich. Er tippt dann auf eine Maschine oder Maschinengruppe und sieht die Auswertung für diese Maschinen. Der Benutzer kann somit mit einem Tippen immer tiefer und detaillierter in die Daten eintauchen. Die Darstellung muss sich dabei an der jeweils verfügbaren Anzeigegröße orientieren, da hier eine hohe Vielfalt anzutreffen ist. So bietet beispielsweise ein 10″ Tablet wesentlich mehr Platz, um Daten anzuzeigen, als ein Smartphone. Daher sind die Anwendungen so zu gestalten, dass bei der gleichen Anwendung auf einem Smartphone nur eine Liste angezeigt wird, bei der man über einen Tipp auf ein Element zu den Detaildaten springen kann. Bei einem Tablet hingegen kann neben der Liste direkt eine Detailübersicht angezeigt werden, die auch mehr Informationen anzeigt, als es auf einem Smartphone aus Platzgründen möglich ist.

Durch die Nutzung der auf dem Mobile Device hinterlegten Funktionen ergeben sich neue Möglichkeiten zur Gestaltung der Prozesse: Bei einer Reklamation kann ein Foto mit dem Smartphone geschossen und direkt mit der erfassten Reklamation abgelegt werden. Das vereinfacht den weiteren Prozessverlauf, da der nachfolgende Arbeitsschritt bereits Kenntnisse zur Reklamation per Foto zugesandt bekommt.

6.2 Unterstützen der IT-Standards des Unternehmens

Seit dem Einzug der Informationstechnik in produzierenden Unternehmen bis heute ist eine enorme und immer fortschreitende Weiterentwicklung der IT in der Fertigung zu beobachten. Begonnen mit Betriebsdaten- und Maschinendatenerfassung über Computer-Aided Design (CAD) hin zur Qualitätssicherung wird heute die digitale Fabrik angestrebt. MES als zentrale Softwarekomponente ist der ideale Baustein als übergreifende Lösung zur Abbildung und Unterstützung der Fertigungsprozesse.

Um die Struktur für dieses zentrale System in der Fertigung zu definieren, müssen mehrere entscheidende Faktoren betrachtet werden. Das umfasst die einfache Eingliederung in die bestehende Systemlandschaft durch die Unterstützung gängiger Standards. Ebenso den geeigneten Aufbau der Architektur und die Berücksichtigung von Sicherheitsstandards und Administrationsaufgaben.

6.2.1 IT-Standards

IT-Standards sind nicht unbedingt festgelegte Normen, die einem Unternehmen vorgeben, welche Hard- oder Software es einsetzen muss. Viele IT Standards haben sich aus der Praxis heraus entwickelt. Unternehmen und deren Anwender haben festgestellt, dass eine Software, eine Hardware oder auch eine bestimmte Architektur sich technisch bewährt und für den gewünschten Zweck als nützlich erwiesen hat. Im IT-Umfeld dreht es sich dabei um etablierte Programme und Technologie, die für den Büro- und Arbeitsalltag unerlässlich sind und häufig eingesetzt werden. Dies sind Betriebssysteme, Datenbanken oder auch Office-Anwendungen wie Text- oder Tabellenprogramme sowie die Nutzung standardisierter Kommunikationsprotokolle. Durch die Tatsache, dass viele Unternehmen gleiche oder zumindest kompatible Soft- und Hardware einsetzen, finden sich auch die Mitarbeiter leichter zurecht. Ein gutes Beispiel sind MS-Office-Produkte wie Word und Excel, die man aufgrund Ihrer Verbreitung in kommerziellen Unternehmen heute als „quasi-Standard" bezeichnen kann.

Entsprechend lässt sich ein MES-System nahtlos in die Infrastruktur eines Unternehmens eingliedern, wenn es die Anforderungen an die Unterstützung von IT-Standards erfüllt. Dabei können je nach Struktur, Organisationsgefüge und Vorgaben eines Betriebs unterschiedliche Standards bevorzugt werden. Dies setzt wiederum eine entsprechende Flexibilität voraus, da es eben meist nicht den einen Standard gibt sondern einige Alternativen am Markt gängig sind. Ein Beispiel sind verschiedene etablierte Datenbanken oder Serverbetriebssysteme. Weiterhin ändern sich in den Unternehmen aus unterschiedlichen Gründen IT-Strategien und auch nach einer Systemeinführung sind Anpassungen an geänderte Rahmenbedingungen erforderlich. Schon allein diese Änderungsforderungen zeigen die Schnelllebigkeit in der IT-Branche auf. Zudem zeigt es, wie wichtig es ist, dass sich solche Umgestaltungen möglichst nicht auf die eigentlichen Anwendungen auswirken.

Die technische Basis eines modernen MES-Systems sollte folglich so aufgebaut sein, dass die Anbindung und Integration unterschiedlicher Standards auf die MES-Anwendungen abgestimmt werden können und diese nicht beeinflussen. Die wichtigsten Funktionen und Ziele werden nachfolgend dargelegt:

* Bereitstellung einer einheitlichen Schnittstelle auf die zugrundeliegende Datenbank mit dem Ziel der Datenbankunabhängigkeit. Ein modernes MES-System unterstützt verschiedene SQL-Datenbanksysteme. Die aktuell wichtigsten Datenbanksysteme sind Oracle und Microsoft SQL Server. Die Datenbankunabhängigkeit ist für ein MES-System besonders wichtig, da aufgrund von Kosten für Lizenzen und Administrationsaufwendungen das Datenbanksystem vom Anwender einfach ausgetauscht werden kann.
* Bereitstellung einer einheitlichen Schnittstelle auf das zugrundeliegende Betriebssystem mit dem Ziel der Unabhängigkeit vom Betriebssystem. Die wichtigsten Betriebssysteme für den Einsatz von MES-Systemen sind Microsoft Windows und UNIX-Systeme. Hier zeigt sich in den letzten Jahren eine Konzentration auf Linux. Die Gründe für die Betriebssystemunabhängigkeit sind analog denen wie bei der Datenbankunabhängigkeit. Die Unternehmen haben entsprechende Standards im Unternehmen, um z. B. das Know-how zur Administration möglichst konzentrieren oder einheitliche Lizenzvereinbarungen aushandeln zu können.
* Bereitstellung einer einheitlichen Schnittstelle auf die zugrundeliegende Serverplattform, um die damit verbundene Virtualisierung, Verwaltung, den Speicher oder die integrierten Netzwerkanbindungen mit einem MES-System nutzen zu können.
* Bereitstellung von Kommunikationstechniken:
* gesichertere Netzwerkkommunikation auf Basis TCP/IP
* Bussysteme in der Fertigung
* verschiedene Datenübertragungsprotokolle (http, SSL (https))
* Bereitstellung von Komponenten für MES-typische Aufgaben:
    - Komponente für die Darstellung von Business-Diagrammen
    - Komponente für das Zwischenspeichern von Daten
    - Komponenten für das sichere Erfassen und Prüfen von Daten

- Bereitstellung von getrennten Datenbankbereichen für OLTP (Online-Transaction-Processing) und Langzeit zur Sicherstellung von Antwortzeiten einerseits sowie mittel- und langfristiger Verfügbarkeit von Daten andererseits
- Bereitstellung von Technologien für Schnittstellen:
- WebServices
- OPC
- Excel-Export oder XML-Export
- verschiedene Datei- und Ausgabeformate wie csv, txt, smtp, html, xls/x, doc/x, etc.
- Produktübergreifendes Alarmierungssystem mit den Kommunikationsendpunkten, E-Mail, Mobiltelefon, Pager usw. (sog. Eskalationsmanagement)
- Funktionen für Protokollierung, Monitoring und Tracing (z. B. für das schnelle Erkennen und Auffinden von Fehlerzuständen).

Neben den klassischen Standards wie Betriebssysteme und Datenbanken im Office-Umfeld haben sich aufgrund des technischen Fortschritts weitere Standards in der IT etabliert.

Cloud-Computing
Cloud-Computing umschreibt den Ansatz, Technologien und Geschäftsprozesse auf den Anwender angepasst über ein Netzwerk, meist internetbasiert, zur Verfügung zu stellen. So wird ein Server nicht mehr im unternehmenseigenen Rechenzentrum betrieben, sondern die Rechenleistung und der Speicherplatz werden über die Cloud bezogen. Der Anwender benötigt nur noch seinen gewohnten Arbeitsplatzrechner mit einem Internetzugang (vgl. Abb. 6.14).

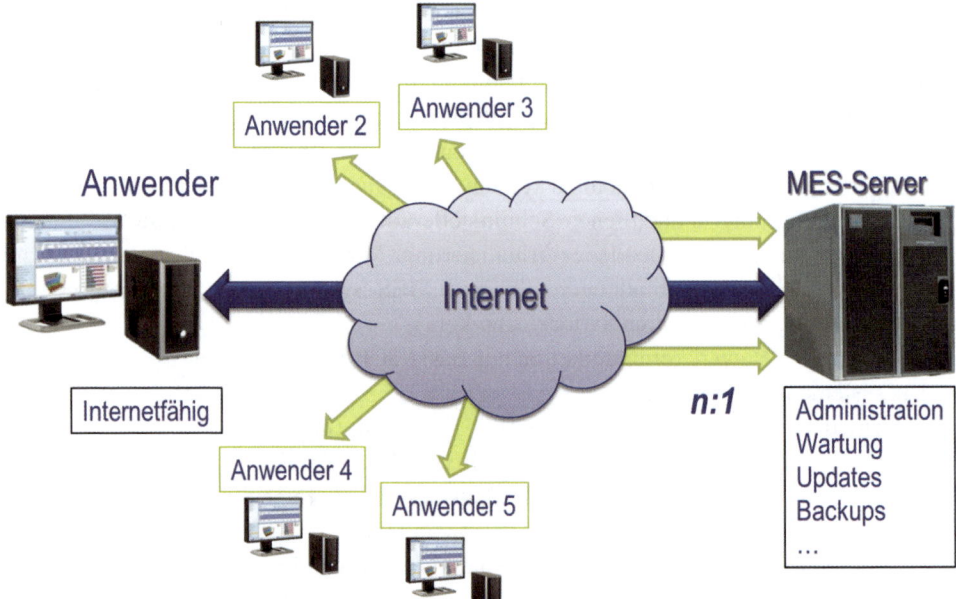

Abb. 6.14 MES-Anbindung über die Cloud

Der Vorteil liegt darin, dass abhängig vom jeweiligen Bedarf die Ressourcen flexibel bereitgestellt werden. Des Weiteren muss kein Know-how zum ausgelagerten Bereich im Unternehmen gehalten oder aufgebaut werden. So bieten beispielsweise typische Infrastrukturanbieter flexible, mehrfach redundante und hochverfügbare Rechnerkapazitäten in modernen Rechenzentren mit Notfallversorgung und transparenten Betriebsmodellen zu überschaubaren Kosten an. Vergleichbare Parameter wären für einen kleinen oder mittelständischen Betrieb nicht in Eigenleistung umsetzbar.

Zudem ist eine Anschaffung via Cloud sehr flexibel bei den Zahlungsmodalitäten. Statt einmaliger Investitionen wird je nach Nutzung abgerechnet.

Anbindung via Terminal-Server

Die Anbindung und Ausgabe einer Anwendung via Terminal-Server ist ebenfalls ein Standard, der sich in Unternehmen etabliert hat. Die Anwendung wird dabei auf einem zentralen Server abgelegt, auf den über ein entsprechendes Client-Programm (Terminal) zugegriffen wird. Typische Produkte hierzu sind der Microsoft Terminal-Server oder die Produkte aus dem Hause Citrix. Auch hier benötigt der Anwender lediglich seinen normalen Office-PC oder ein anderes Endgerät mit der Software zum Terminal-Server-Zugriff. Die Daten und Anwendungen verlassen nie das interne Netzwerk, lediglich die Bildschirmausgabe wird zum Terminal übertragen. Durch die zentrale Ablage wird beispielsweise die Wartung erleichtert. Ebenfalls können Anschaffungskosten verringert werden.

Single Sign-on

Single Sign-on (kurz SSO) bedeutet, dass ein Benutzer nach einer einmaligen Authentifizierung an einem Arbeitsplatz auf alle Rechner und Dienste, für die er lokal berechtigt (autorisiert) ist, am selben Arbeitsplatz zugreifen kann, ohne sich jedes Mal neu anmelden zu müssen.

Beispielsweise wird der aktuelle Windows-Benutzer automatisch als authentifiziert betrachtet. Gibt es für diesen Windows-User einen zugeordneten User im MES, so wird dieser ohne weitere Authentisierung für die Anmeldung verwendet. Die Berechtigungen müssen allerdings für jedes System separat verwaltet werden.

Häufig wird in diesem Zusammenhang auch eine zentrale Benutzerverwaltung in einem dafür eingesetzten Verzeichnisdienst betrachtet (z. B. Active Directory). Durch eine Integration des MES mit einer zentralen Benutzer- und Rechteverwaltung lässt sich neben der Vereinfachung für den Endanwender (durch die einmalige Anmeldung) auch der Administrationsaufwand stark vereinfachen.

6.2.2   Topologie

Die Topologie ist die Abbildung der Komponenten eines MES-Systems. Betrachtet man den Aufbau eines MES, so muss sowohl die Eingliederung und Nutzung von IT-Standards als auch die Gestaltung der Infrastruktur berücksichtigt werden. Das bedeutet, dass

ein MES vor seiner Auswahl zum einen dahingehend untersucht werden sollte, ob es die
gängigen Standards, die das Unternehmen einsetzt, unterstützt. Zum anderen, ob es den
vielfältigen Anforderungen der individuellen IT-Infrastruktur genügt.

Nachfolgend wird darauf eingegangen, welche IT-Architektur eine gute Basis für den
Aufbau eines MES-Systems darstellt. Aufgrund der verschiedenen Auswerte- und Erfas-
sungsoptionen, die ein MES auch durch seine IT-Architektur birgt, werden die Benutzeroberflächen, die genutzt werden können, dargelegt. Häufig muss ein MES auch standortübergreifend eingesetzt werden können. Wie dies IT-technisch in einem MES umgesetzt
wird, bildet den Abschluss dieses Kapitels.

IT-Architektur

Wie bereits beschrieben, ist die Datenherkunft sehr vielfältig: Sowohl die automatische
Übernahme von Daten aus Maschinen, Anlagen und anderen Systemen im Shopfloor als
auch die manuelle Erfassung von Fertigungsdaten muss beherrscht werden. Daher ist die
zentrale Datenbasis – ein zentraler MES-Server – Dreh- und Angelpunkt, denn dort werden alle Daten gespeichert. Das umfasst Stammdaten und alle zu erfassenden Ist-Daten
aus der Produktion. Dies bildet die technische Grundlage, um die vorhandenen Daten
so aufbereiten zu können, dass die verschiedenen Informationsbedarfe gedeckt werden
können.

Die eigentlichen MES-Anwendungen in Form aktueller Übersichten, Auswertungen
und Planungsfunktionen müssen auf Standard-PCs verfügbar sein, die im Meisterbüro, in
der Fertigungssteuerung, in der Instandhaltung, im Controlling, in der Personalabteilung,
in der Qualitätssicherung, in der Fertigungsleitung und im Management genutzt werden.

Zur Erfassung der Daten an den Maschinen und Arbeitsplätzen werden wahlweise
BDE-Terminals, Industrie-PCs oder normale PCs mit entsprechendem Zubehör (Barcode-
Leser, Ausweisleser, Drucker …) eingesetzt.

Auch mobile Endgeräte – Mobile Devices – finden ein immer breiteres Einsatzfeld.
Über die Standardkommunikation eines WLAN können die Daten des MES-Servers von
und an Mobile Devices übertragen werden. Die Auswertung der produzierten Mengen der
Schicht ist direkt vor einer Maschine stehend ebenso nutzbar wie die Übersicht der nachfolgenden Arbeitsgänge und deren Anmeldung (Abb. 6.15).

Standortübergreifende Architektur

Mobility und Globalisierung sind zwei Schlagworte, die in jedem Fertigungsunternehmen
an Bedeutung gewinnen. Mobile Devices haben die ortsunabhängige Kommunikation gesteigert und auch das Arbeiten somit revolutioniert. Globalisierung bezeichnet die Ver-
flechtung der Gesellschaften der ganzen Welt in verschiedenen Bereichen wie Kommunikation, Transport, Handel oder Wirtschaft. Unternehmen breiten sich somit, getrieben
durch den technischen Fortschritt, die weltweit voranschreitende Kommunikation oder
auch die Auflösung gesetzlicher Beschränkungen, immer weiter auf der Welt aus. Produk-
tionsstandorte in China, Polen oder Mexiko sind für deutsche Industrieunternehmen keine
Seltenheit. Die Möglichkeit zum standortübergreifenden Agieren, Arbeiten und Kommunizieren sollte auch bei einem MES vorausgesetzt werden.

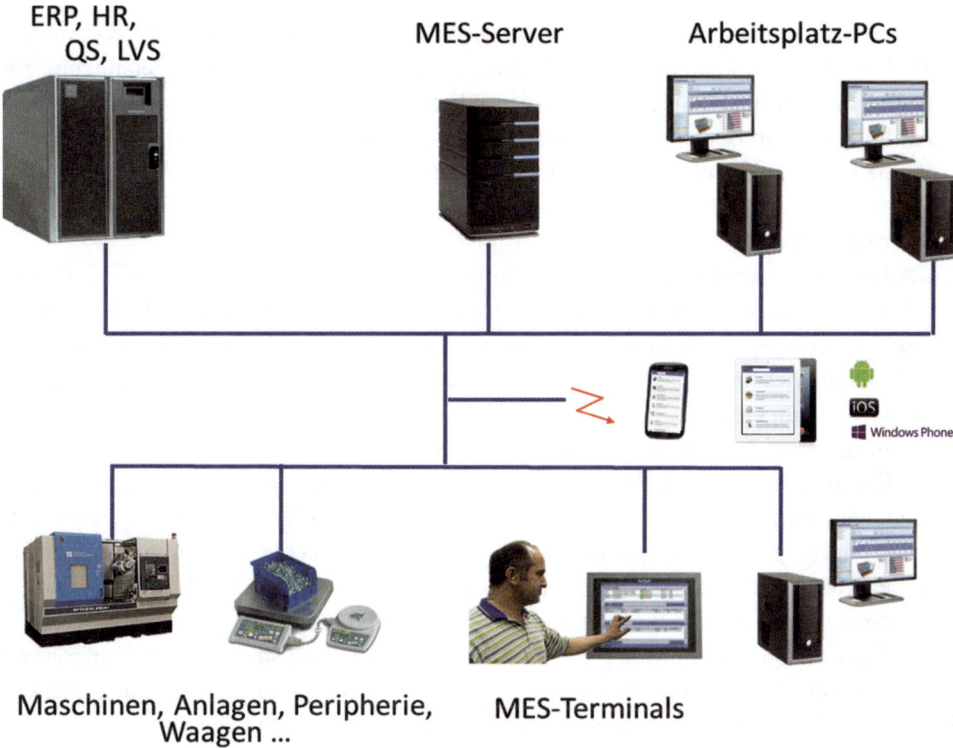

ERP, HR,
QS, LVS   MES-Server   Arbeitsplatz-PCs

Maschinen, Anlagen, Peripherie,   MES-Terminals
Waagen ...

Abb. 6.15 Typische IT-Architektur eines MES-Systems

Neben der Darstellung eines MES auf Mobile Devices, wie bereits erläutert, sind auch andere Architektur-Lösungen denkbar. Der Einsatz von Terminal-Servern wäre ein mögliches Szenario: An den Standorten wären standardisierte Office-Clients einsetzbar, die auf einen zentralen Server zugreifen. Das verringert die Wartung und Administration standortübergreifend. Eine weitere Option bietet Cloud-Computing.

Sicherheit & Administration

Ein MES-System erfasst, speichert und verarbeitet sensible, unternehmensspezifische Daten. Daher müssen verschiedene Sicherheitsaspekte in Bezug auf den Zugriff der Daten gewährleistet werden.

Drei wichtige Grundsätze in Bezug auf Daten- und Informationssicherheit bilden Verbindlichkeit, Vertraulichkeit und Integrität. Verbindlichkeit dient als Nachweis, welche Person wann Daten bearbeitet und gespeichert hat. Vertraulichkeit beinhaltet die Absicherung, dass Daten nur denjenigen zur Verfügung stehen, die dazu berechtigt sind. Integrität stellt sicher, dass nur berechtigte Benutzer die Daten bearbeitet haben. Um diese Forderungen einzuhalten ist es unumgänglich, in einem MES ein Benutzer- und Berechtigungskonzept zu hinterlegen. Bei der Verwaltung des Systems werden Administratoren eingesetzt, die alle zentralen Aufgaben übernehmen.

Die folgenden Absätze beschreiben, wie Administratoren in einem MES-System ihre zentrale Rolle als Systemverantwortlicher ausfüllen können und welche Unterstützung ein MES für diese Aufgaben bieten sollte. Anschließend wird dargelegt, wie eine Benutzerverwaltung und ein Berechtigungskonzept in einem MES aufgebaut sein müssen, welche Aufgaben sie erfüllen müssen und welche Vorteile dies für die Anwender bringt.

Administration

Ein Administrator erfüllt alle zentralen Administrations- und Steuerungsaufgaben. Er hält das MES und die dafür benötigten Programme am Laufen und ist für die allgemeinen Systemeinstellungen zuständig. Unabhängig davon sollte ein MES so realisiert sein, dass der Systembetrieb im Wesentlichen automatisiert abläuft und Administrationsaufgaben auf ein Minimum beschränkt sind.

Dazu muss ein MES komfortable Funktionen zur Verwaltung und Überwachung der MES-Komponenten bereitstellen. Um die Arbeit der Systemadministratoren zu vereinfachen, wird zum Beispiel der Status wichtiger Elemente des MES permanent überwacht. Werden Auffälligkeiten im System erkannt, werden die Verantwortlichen informiert. Gerade bei großen oder lokal verteilten Systemen ist es von Vorteil, wenn die Administration von jeder beliebigen Stelle im Netzwerk aus durchgeführt werden kann.

Leistungsfähige MES bieten weiterhin ausgefeilte Mechanismen, die im Hintergrund wirken, um die Administration zu automatisieren: zum Beispiel Datensicherung, lückenlose Protokollierung der Systemereignisse oder Archivierung von Daten.

Entsprechend der Aufgabenstellung der an definierter Stelle tätigen Administratoren müssen MES-Anwendungen so konfiguriert werden, dass zum einen nur die relevanten Einstellungen angezeigt oder verändert werden. Zum anderen dürfen auch nur die für den Nutzer freigegebenen Administrationsfunktionen verfügbar sein.

Benutzerverwaltung und Berechtigungskonzept

In der Benutzerverwaltung müssen, neben der Erfassung und Bearbeitung von Benutzern, das Passworthandling und die Erfassung der unternehmensspezifischen Berechtigungsstufen einstellbar sein. Es muss definiert werden können, welche Funktionen von welchen Anwendern genutzt und welche Daten eingesehen oder verändert werden dürfen. Ein Schichtleiter sollte nur die Maschinen und Maschinengruppen seines Aufgabenbereichs und seiner Schicht sehen können. Der Produktionsleiter möchte schichtübergreifend Daten zur gesamten Produktion abrufen. Die entsprechenden Einstellungen gewährleisten zum einen, dass kein Unbefugter auf Daten außerhalb seines Verantwortungsbereichs zugreifen kann. Zum anderen wird dadurch auch direkt der Informationsbedarf des Anwenders im System gedeckt – ganz ohne Informationsüberflutung (Abb. 6.16).

Sind andere Systeme im Einsatz, in denen die Benutzer- und Berechtigungsverwaltung bereits realisiert ist, können diese auch in einem MES verwendet werden. Werden alle Benutzer, Kennwörter und Berechtigungsstufen und -zuordnungen bereits beispielsweise in einem Active Directory oder anderem LDAP-Dienst verwaltet, sollten diese auch für das MES genutzt werden. Ferner sollten moderne MES so genanntes Single Sign-on unterstützen.

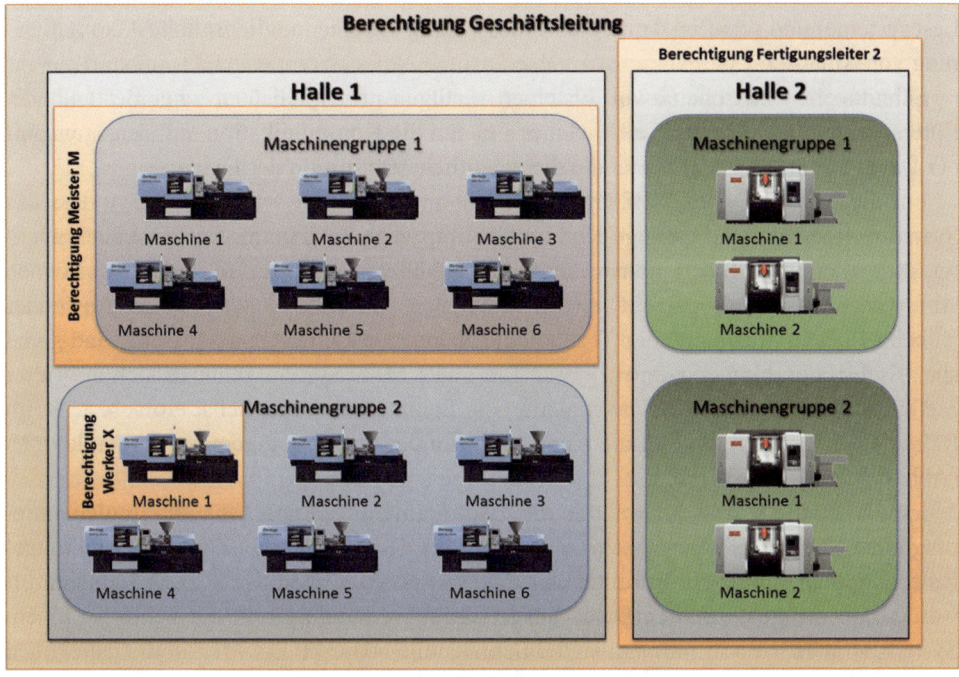

Abb. 6.16 Beispiel für die Abgrenzung von Berechtigungen

6.3   Integration des MES in die IT-Systemlandschaft

Über eine Schnittstelle kommunizieren Systeme miteinander und ermöglichen somit den Datenaustausch. Ein MES ist der Schnittpunkt zwischen unternehmensweiter Ebene wie beispielsweise ERP-Systeme und der Fertigung. Ein MES interagiert mit beiden Ebenen, ist folglich das Bindeglied zwischen langfristiger Sicht und Echtzeit-Daten. Ein MES zeichnet sich dadurch aus, dass es beide Sichten vereint: Es dient der Integration dieser beiden Ebenen bzw. Sichtweisen.

Ein MES differenziert und automatisiert die Prozesse von ERP-Systemen und komprimiert die technischen Daten im MES-Umfeld zu ERP-tauglichen Informationen. Soll das MES nun beispielsweise Daten zu Fertigungsaufträgen aus dem ERP erhalten oder dorthin zurückgeben, so muss in der Schnittstelle definiert werden, welche Daten in welchem Format ausgetauscht werden sollen. Schnittstellen fungieren folglich als Vermittler zwischen diesen beiden Systemen. Sie übernehmen den Datenaustausch bei der Übernahme von Stammdaten und Bewegungsdaten sowie bei Rückmelden von erfassten Daten, Änderungen und Korrekturen.

Doch kommuniziert ein MES nicht nur mit einem ERP. MES-Systeme koppeln auch direkt an den Fertigungsprozess an (z. B. an Maschinensteuerungen, Sensoren oder RFID-

Lesesysteme) und schaffen damit die Voraussetzung für eine möglichst hohe Automatisierung von Abläufen.

Schnittstellen zwischen zwei Systemen verfügen prinzipiell über zwei Bestandteile. Einerseits dem technischen Teil, welcher sich um die Kommunikation und den Transport der Daten kümmert, andererseits um die eigentliche Definition der Daten.

Für die Auswahl eines MES-Systems sollte auf jeden Fall beachtet werden, dass das System zeitgemäße und gängige Kommunikationswege unterstützt. Dabei ist auch wichtig, dass alternative Integrationstechnologien angeboten werden, um den verschiedenen Anforderungen jeweils gerecht werden zu können. Welchen Nutzen hat der Anwender jedoch von einer hochmodernen Technologie, wenn jede kleine Anpassung aufwändig und spezifisch programmiert werden muss? Ein gutes MES-System zeichnet sich an dieser Stelle dadurch aus, dass die Dateninhalte von Schnittstellen möglichst einfach, z. B. im Rahmen des Customizing, an die Anforderungen des Kunden angepasst werden können (Abb. 6.17).

Es wird deutlich, dass Aufwand in die Programmierung, Anpassung und Implementierung einer Schnittstelle gesteckt werden muss, bis der Datenaustausch darüber reibungslos funktioniert. Läuft der Informationsfluss, so muss auf operativer Ebene stets geprüft werden, ob die gewünschten Daten ausgetauscht werden. Besteht ein Fehler in einem System, so wird dies oftmals erst an der Schnittstelle bemerkt. Ein MES sollte daher auch

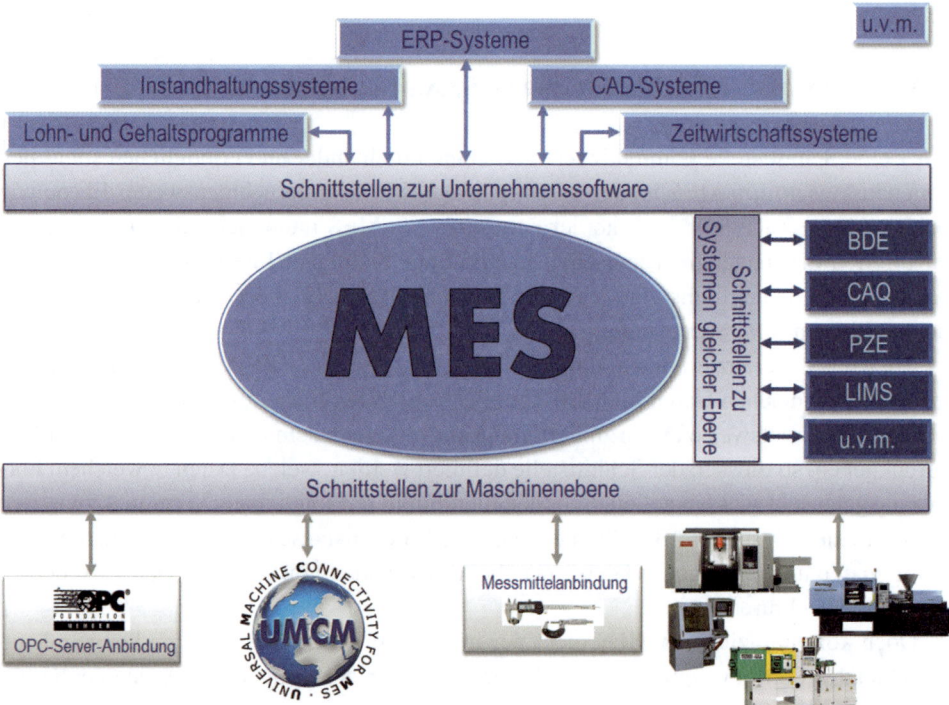

Abb. 6.17 Schnittstellen eines MES

Monitoring Funktionalitäten für die Schnittstellenüberwachung bereitstellen. Diese Transparenz ermöglicht dem Anwender, Fehler zu bemerken, zu identifizieren und zu analysieren, bevor der operative Betrieb der Systeme durch diese Fehler gestört wird. Dafür sollte das MES auch ein Eskalationsmanagement bereitstellen. Bei definierten Ereignissen wird an den ausgewählten Benutzerkreis eine automatische Alarmierung ausgelöst. Dadurch können Eskalationen bei Fehlern an der Schnittstelle zeitnah gesichtet werden, um eine Behebung eben dieser umgehend anzustoßen. Zudem sollte das MES ein Workflowmanagement vorsehen, um die Abarbeitung der Prozessschritte zu unterstützen. Dadurch ist die Integration auch im operativen Betrieb vollständig zu gewährleisten.

Die nachfolgenden Kapitel werden sich im Wesentlichen mit dem technischen Teil „Kommunikation und Transport" beschäftigen, da die Dateninhalte von Anwendung zu Anwendung variieren. Sie beschäftigen sich folglich mit den Schnittstellen und der Kommunikation zu unternehmensweiten Systemen wie ERP, den Schnittstellen zu Maschinen und Anlagen auf der Fertigungsebene sowie der Kommunikation zu Systemen gleicher Ebene. Speziell betrachtet werden die Standards, die sich durchgesetzt haben. Auf ERP-Ebene wird als Besonderheit die Kommunikation zu SAP-Systemen betrachtet, auf der Shopfloor-Ebene wird gesondert auf UMCM und OPC als technischer Kommunikationsstandard zur Maschinenebene eingegangen (vgl. Kap. 6.3.4).

6.3.1   Unternehmenssysteme

Nachfolgend wird eine Übersicht zur Umsetzung der Aufgabe „Kommunikation und Transport" von Schnittstellen zu übergeordneten Systemen wie ERP-/PPS-Systeme, Lohn und Gehaltssysteme dargestellt. Zusätzlich werden die einzelnen Möglichkeiten kurz bewertet.

Schnittstelle Datenbank zu Datenbank
Um die Kommunikation zwischen datenbankbasierten Systemen zu ermöglichen, ist sicher eine mögliche Lösung, die Schnittstelle direkt in einer Datenbank umzusetzen. Immer wieder tauchen Anfragen auf, warum man nicht einfach Datenbank mit Datenbank koppeln kann. Mögliche technische Schnittstellen hierzu sind die sogenannten nativen Treiber der Datenbankhersteller, aber auch ODBC oder JDBC. Die Gründe für solche Überlegungen sind naheliegend häufig die, dass die Definitionen der Datenbankstrukturen vorliegen und vermeintlich eine schnelle Implementierung möglich ist. Datenbank-Änderungen, ggf. die Umstellung des Datenbanksystems und das völlige Umgehen der Process and Presentation-Ebene sind die eindeutigen Argumente gegen eine Kopplung auf dieser Ebene. Folglich muss eine klare Trennung der eigentlichen Anwendungsdatenbanken und eventueller Schnittstellenstrukturen geachtet werden, wenn für beide Ebenen die gleiche Technologie eingesetzt wird.

Dateibasierte Schnittstellen
Manchmal als altmodisch betrachtet, erfüllen dateibasierte Schnittstellen aus Sicht der Anwendung nach wie vor ihre Aufgabe. Dateibasierte Schnittstellen können auf der Pro-

zessabbildung aufsetzen und sind damit prinzipiell releasesicher. Weitere Vorteile sind der einfache Datenaustausch sowohl in der Entwicklungsphase als auch in der späteren Anwendung. Des Weiteren sind die gute Kontrollierbarkeit der Inhalte und auch die einfache Möglichkeit, verarbeitete Dateien für Kontrollzwecke wegzuspeichern, positive Erscheinungen. Die Nachteile liegen an der fehlenden Onlinefähigkeit von dateibasierten Schnittstellen, da Dateien zyklisch abgefragt werden müssen. Ein bevorzugter Einsatz von dateibasierten Schnittstellen findet sich daher bei mittleren bis größeren Datenmengen, bei denen ein bestimmter Zeitverzug in Kauf genommen werden kann.

Neben proprietären Dateiformaten (ASCII, CSV usw.) kommen immer häufiger XML-Dateien für den Datenaustausch zum Einsatz. Die Vorteile von XML-Dateien sind die plattformunabhängige Speicherung von Daten und die Möglichkeit, diese Dateien innerhalb von Web Services auszutauschen.

Web Services
Web Services sind aktuell im IT-Umfeld als ein mögliches Heilmittel für viele bestehende Unzulänglichkeiten von Software-Systemen in aller Munde. Die wesentlichen Eigenschaften von Web Services sind:

- Normierter Standard
- Netzwerk bzw. Internet-basierter Datenaustausch
- Plattformunabhängiger Aufbau
- Online-Fähigkeit
- leichte Erweiterbarkeit

Die genannten Eigenschaften zeigen, dass Web Services alle Voraussetzungen mitbringen, um die Aufgaben einer systemübergreifenden Kommunikation zu lösen. Aufgrund der normierten Standardisierung durch das World Wide Web Konsortium W3C bieten Web Services die notwendige langfristige Stabilität und zielorientierte Weiterentwicklung, welche für einen Industriestandard notwendig ist. Web Services ermöglichen prinzipiell Online-Anfragen, sodass Adhoc-Anfragen in anderen Systemen technisch machbar sind. Aus aktueller Sicht scheinen daher Web Services mittelfristig die Standardtechnologie für den Datenaustausch zwischen ERP-/PPS- und MES-Systemen zu werden.

B2MML
B2MML ist die Abkürzung für „Business To Manufacturing Markup Language". Es zeigt das Bestreben, einen Standard zum Datenaustausch zwischen ERP und MES zu entwickeln und im Markt zu platzieren. B2MML ist eine XML-Implementierung der ANSI/ISA 95 Standard-Familie. International wird es unter der Bezeichnung ISO/IEC 62264 geführt.

B2MML legt Terminologien, Funktionen und Datenmodelle für den Datenaustausch fest. Dabei ist es am MES-Funktionsumfang ausgerichtet. Je Funktionsbereich werden typische Inhalte beschrieben.

Viele Hersteller von Planungs- und Steuerungssoftwaresystemen gehen mehr und mehr dazu über, dieses Format zu unterstützen.

6.3.2   Shopfloor-Integration

Je nach Anforderung an die aktuellen Produkte oder Produkterweiterungen kann sich die Maschinen- und Anlagenlandschaft einer Fertigung sehr heterogen entwickeln. Diese Vielfältigkeit stellt durchaus eine Herausforderung für MES-Hersteller wie auch Anwender dar. Aufgrund fehlender Standards hat jeder Maschinenhersteller eigene Steuerungen und Protokolle entwickelt. Dadurch kann sich die Anbindung eines heterogenen Maschinenparks für den Anwender oftmals teuer und aufwändig gestalten. MES-Hersteller haben sich mittlerweile im Rahmen von jahrelanger Projektarbeit das Know-how zur Anbindung der unterschiedlichsten Maschinen und Steuerungen erarbeitet, sodass auch heterogene Maschinenparks wirtschaftlich an ein MES-System angekoppelt werden können.

Bei genauer Betrachtung ist zwischen der technischen und der logischen Anbindung zu unterscheiden. Die technische Anbindung ist die grundlegende Verbindungsbasis zwischen Fertigungsebene und Maschinen mit dem MES. Darüber werden Maschinensignale und Zählimpulse an das MES weitergegeben. Doch mit diesen technischen Werten alleine kann das MES noch nicht arbeiten. Die logische Anbindung beschreibt, wie die Daten für das MES verarbeitet werden müssen (vgl. Abb. 6.18).

Für die technische Anbindung werden Protokolle genutzt. Diese können als Datei z. B. im XML-Format oder unter den Vorgaben für OPC, UMCM oder weiterer Schnittstellenbausteinen bereitgestellt werden.

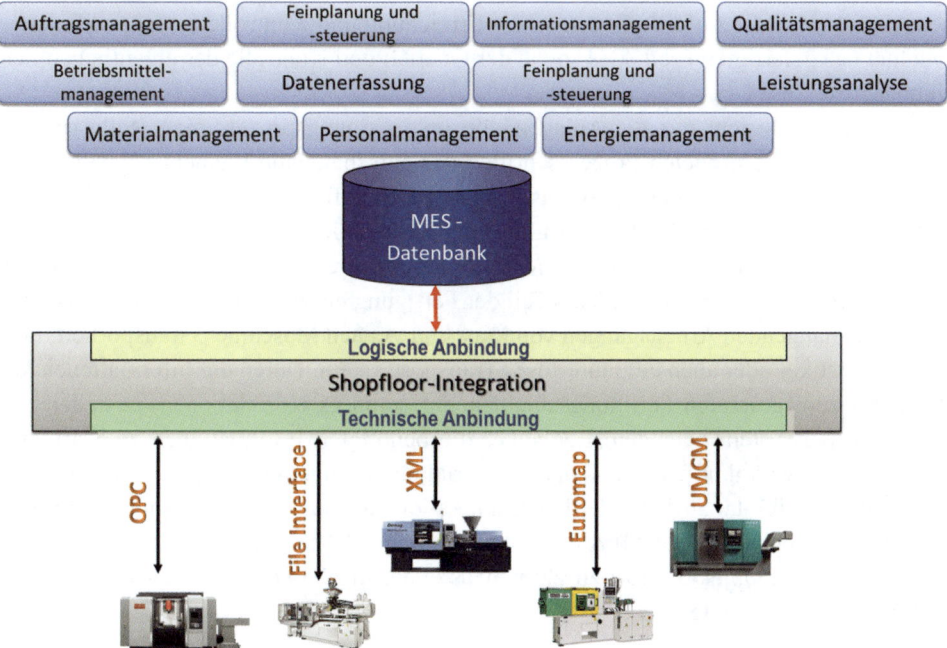

Abb. 6.18 Anbindung an die Shopfloor-Ebene

Das Prinzip funktioniert wie bei Treibern, ähnlich einem Office-PC und der Anbindung von Druckern. Die Grundlage ist bei allen PCs und Druckern gleich. Man weiß, welche Daten ausgetauscht werden sollen. Doch jeder Drucker funktioniert ein klein wenig anders und benötigt daher einen Treiber, der die Kommunikation korrekt gewährleistet. Das bedeutet, die Schnittstelle zwischen MES und Fertigung – der Rahmen – baut auf der gleichen Basis auf. Für die Maschinen der unterschiedlichen Hersteller gibt es Treiber, die einen Standarddatenaustausch ermöglichen.

Durch die logische Anbindung werden die Daten MES-gerecht umgesetzt. Dadurch kann das MES die Daten speichern und den Modulen und Funktionen zur Verarbeitung zur Verfügung stellen. Beispielsweise wird hier aus einer reinen Zahl eine Mengenangabe oder ein Prozesswert.

Schnittstellen zur Fertigung

Für ein MES-System sind Schnittstellen zu den Maschinen, Aggregaten oder Linien, aber auch zu Anlagensteuerungen unverzichtbar.

Die wichtigsten Daten, welche ein MES-System an die Fertigungsanlagen weitergibt, sind Sollwertvorgaben, Prozesswertvorgaben, Rezepturen und Mischungen sowie DNC-Programme. Die wichtigsten Daten, welche ein MES-System aus der Shopfloor-Ebene aufnimmt sind im Wesentlichen Maschinentakte, Zählimpulse, Betriebssignale, Maschinenstatus, Messwerte und Prozessdaten.

Ziel dieser Anbindungen sind zum einen ein hoher Automatisierungsgrad und damit die Steigerung der Wirtschaftlichkeit sowie die Reduzierung von Fehlbedienungen. Andererseits richten sich die Anforderungen an die Erreichung und Kontrolle einer spezifizierten Qualität des gefertigten Produktes sowie der Qualität und Kontrolle des eigentlichen Fertigungsprozesses.

Doch es sind nicht nur die Anlagen, die im Fertigungsprozess eine Rolle spielen. Auch Waagen, die in vielen Prozessschritten das entscheidende Element darstellen, wie beispielsweise beim Abwiegen von eingesetzten Rohstoffen, müssen an ein MES angebunden werden können. Auch Messmittel, die bei Qualitätsprüfungen in der Fertigung verwendet werden, müssen mit einem MES kommunizieren. Geht man noch einen Schritt weiter, wird auch die Intralogistik als Teil der Fertigung gesehen. Material wird zwischen zusammenhängenden Arbeitsgängen von Maschine A nach Maschine B transportiert, über einen Logistiker oder auch ein fahrerloses Transportsystem. Durch die Informationen, die das MES zum gesamten Fertigungsablauf kennt, kann es Korrelationen herstellen und dem Transportsystem oder dem Logistiker die benötigten Informationen zu Start- und Zielort, spätester Ankunftszeit und auch Material und Menge liefern.

Um die Flexibilität auch bei der Kommunikation zu Anlagen auf der Shopfloor-Ebene zu gewährleisten, sollte ein MES die Voraussetzung schaffen, die Schnittstellen anhand der vorhandenen Objekte selbst zusammenzustellen. Idealerweise wird dies durch komfortable Werkzeuge unterstützt.

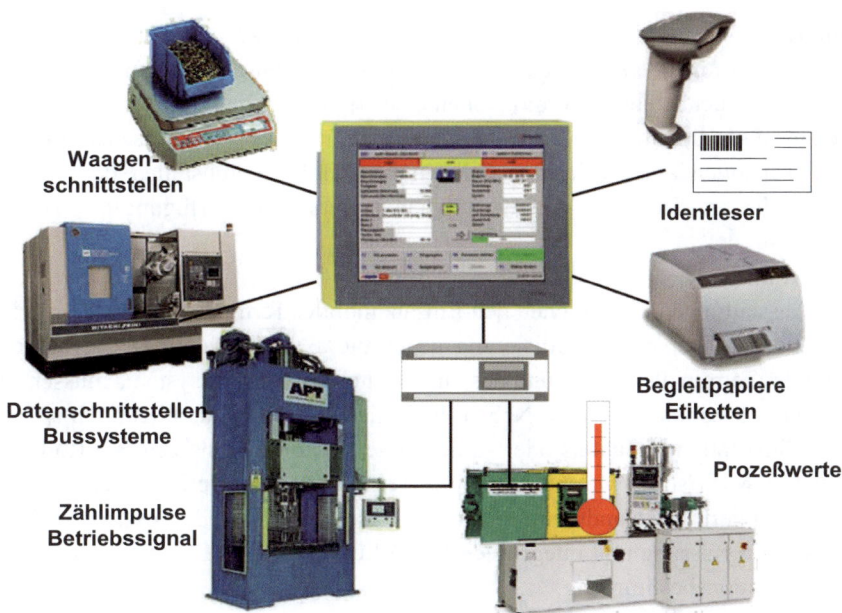

Abb. 6.19 Technische Möglichkeiten der Erfassung

Erfassungsclients und Peripheriegeräte

Die Ergonomie und Sicherheit wird durch den Einsatz von Identlesern und durch eine möglichst papierarme und automatisierte Erfassung erzielt. Die örtlichen Gegebenheiten in der Fertigung, die Entfernungen zum Meldeplatz, Temperaturschwankungen oder eine schmutzige Umgebung, stellen bestimmende Faktoren für die optimale Ausstattung der Erfassungsplätze dar.

Eine Vielfalt technischer Möglichkeiten bedient das Spektrum der Anforderungen unterschiedlichster Branchen und unterschiedlichster Fertigungsverfahren. Terminals mit Touchbedienung, mobile Erfassungsgeräte mit WLAN-Anbindung, elektronische Leser und Scanner, Waagen und Maschinen- oder Anlagensteuerungen, die Daten verdichten und entsprechende Schnittstellen zur Verfügung stellen, unterstützen die ergonomische Erfassung durch das MES-System.

Für jedes Erfassungsobjekt ist die Art der Erfassung festzulegen. Ein Auftrag lässt sich beispielsweise aus der arbeitsplatzbezogenen Planungsliste auswählen, per Barcode auf dem Fertigungspapier melden oder manuell zuordnen. Das MES muss alle Möglichkeiten zur Verfügung stellen und pro Arbeitsplatz eine individuelle Konfiguration unterstützen.

Die Ausstattung der Erfassungsterminals und die Wahl der Peripheriegeräte müssen sich an den verwendeten Identifikationsmedien für die einzelnen Erfassungsobjekte orientieren (Abb. 6.19).

Stationäre PC-basierte Terminals mit Touchbedienung

PC-basierte Terminals erschließen der Erfassungsanwendung alle Möglichkeiten. Große Displays und Touchbedienung ermöglichen eine ergonomische Bedienerführung und eignen sich ideal für die Informationsdarstellung in schriftlicher oder grafischer Form. In den Erfassungsdialogen lassen sich Auswahllisten übersichtlich bereitstellen. Peripheriegeräte mit entsprechenden Treiberprogrammen stehen universell zur Verfügung.

Mobile Terminals

WLAN-Ausstattungen ermöglichen den Einsatz mobiler Terminals, die eine örtliche Flexibilität mit der Online-Plausibilisierung gegen die aktuelle Datenbasis verbinden. Die Auswahl der Terminalhardware und des entsprechenden Betriebssystems müssen mit der Anwendung abgestimmt werden. Neben PC-basierten Terminalarchitekturen spielen zunehmend Smartphones, Tablets oder so genannte „Phablets" eine zentrale Rolle bei der mobilen Datenerfassung. Meist sind mobile Terminals mit entsprechenden Leseeinrichtungen kombiniert. Die Bandbreite reicht von klassischen Barcode-Lesern über Kameras zur QR-Code-Erfassung und integrierten RFID-Lesern (u. A. NFC) bis hin zu GPS-Modulen zur Positionsbestimmung.

Berührungslose Identifikation

Kontaktlose Karten für Personen, Transponder zur Identifikation von Materialien in unterschiedlichster Geometrie und Ausführung, geeignet selbst für widrigste Produktionsumgebungen, sorgen unter dem Schlagwort der RFID-Techniken (radio-frequency-identification) für eine neue Flexibilisierung bei der Identifikation der Erfassungsobjekte. Das flexible Beschreiben verschiedener Segmente mit unterschiedlichen Attributen erschließt neue Möglichkeiten, wie z. B. das Beschreiben des gleichen RFID mit den unterschiedlichen Artikelnummern des Kunden und des Lieferanten in verschiedenen Segmenten.

Kombinierte Identifikation

Kombinationen, wie z. B. berührungslose Personalkarten für die Zutrittsberechtigung, der Barcode auf derselben Karte zur Anmeldung am Erfassungsterminal des Arbeitsplatzes, und der Chip auf der Karte für das Kantinenbuchungssystem ermöglichen den Einsatz eines zentralen Ausweises für die Kommunikation mit unterschiedlichen Anwendungen. Mittlerweile sind auch Klebeetiketten auf dem Markt, die auf der Klebeseite mit einem RFID-Transponder ausgestattet sind und gleichzeitig auf der Oberfläche mit Barcodes bedruckt werden.

Zur reinen Identerfassung sind mobile Lesegeräte geeignet, die eine Informationsaufnahme am Ort ihres Entstehens ermöglichen. Das Chargenlabel eines sperrigen Materials kann am Lagerort erfasst werden. Der Leser selbst kann über eine Funkstrecke oder über eine Dockingstation mit einem stationären Terminal verbunden sein.

Biometrische Daten
Die Personenidentifikation in sensiblen Umgebungen oder bei der Zutrittskontrolle kann durch die Aufnahme und den Vergleich biometrischer Daten erfolgen. Mittlerweile stehen Fingerprint-Leser oder auch Netzhautscanner in einem vernünftigen Preis-Leistungs-verhältnis zur Verfügung, so dass ein breiter Einsatz dieser Identifikationsmöglichkeiten nicht mehr utopisch ist, speziell für den Bereich der Zutrittskontrolle besteht die Anforderung, Türöffner anzusteuern. Das Terminal unterstützt in diesem Fall entsprechende Schnittstellen.

Drucker und gedruckte Codes
Barcodes oder auch Matrixcodes sind leicht und flexibel herstellbar. Der Etikettendruck am Erfassungsplatz der Maschine hat aus diesem Grund weiter an Bedeutung gewonnen. Der Einsatz in der Produktionslogistik, zur Identifikation von Materiallosen oder Transportbehältern bei Umbuchungs- oder Umlagerungsvorgängen, wurde in vielen Branchen durch gesetzliche Bestimmungen notwendig und befindet sich weiter auf dem Vormarsch.

Alarmgeber
Die Anforderung der Alarmierung besteht direkt im Fertigungsprozess am Erfassungsterminal. Die auslösenden Ereignisse werden durch das MES-System dargestellt, aber auch in akustische oder optische Alarmierungen umgesetzt. Durch einstellbare Eskalationsstufen werden durch das MES-System per E-Mail, Pager oder SMS konfigurierbare Alarmsituationen direkt an das verantwortliche Personal weitergeleitet.

Web-Clients zur Erfassung an entfernten Standorten
Unter dem Schlagwort der „verlängerten Werkbank" arbeiten immer mehr Fertigungsumgebungen mit dezentralen Produktionsstätten oder externen Dienstleistern. Transparenz für die Fertigungssteuerung über den gesamten Fertigungsprozess ist nur dann gegeben, wenn die externen Produktionsprozesse ebenfalls in die Datenerfassung zum Fertigungsfortschritt einbezogen werden. Neben der Ausstattung mit identischem Erfassungs-Equipment stellen moderne MES-Systeme die Möglichkeit der Datenerfassung durch einen Web-Client zur Verfügung. Konfigurierbare Erfassungsdialoge, die sich praktisch auf jedem PC mit Internetanschluss aufrufen lassen, ermöglichen eine firmenübergreifende Datenerfassung.

6.3.3 Integration von Systemen auf gleicher Ebene

Neben der Anbindung an unternehmensweite Systeme wie ein ERP und an die Maschinenebene muss ein MES auch Schnittstellen zu Systemen auf gleicher Ebene anbieten. Die Kommunikation zu externen BDE- oder PZE-Systemen muss ebenso gewährleistet sein wie der Datenaustausch mit Laborinformationsmanagementsystemen (LIMS).

Ausgehend von der Architektur eines MES-Systems nutzen alle Schnittstellen die Prozessabbildung, um über die verfügbaren Botschaften die definierten Workflows mit entsprechenden Daten aufzurufen.

Aus der Definition heraus bieten auf diese Art realisierte Schnittstellen folgende Vorteile:

- Schnittstellen nutzen somit die definierte Businesslogik
- Es existieren auch für Schnittstellen Eingriffsmöglichkeiten in die Abläufe der Workflows auf Ebene der Prozessabbildung
- Schnittstellen können somit releasesicher umgesetzt werden.

Auf der Ebene „Process and Presentation" (vgl. Abb. 6.3) setzen bei MES-Systemen üblicherweise die Benutzeroberflächen und Erfassungssysteme auf. Somit es ist für das MES-System möglich, z. B. einen Arbeitsgang an einem Shopfloor-Client zu starten und im Office-Client zu beenden. Legt der Hersteller des MES-Systems die Botschaften in Richtung Prozessabbildung offen und macht diese Informationen seinen Kunden oder Partnern zugänglich, stehen auf dieser Ebene neue Möglichkeiten zur Verfügung, wie das MES-System eingesetzt werden kann. Die Verwendung dieser Botschaften eignet sich besonders gut dazu, bestehende Systeme mit einer gewissen Intelligenz oder eigener Verarbeitung an ein MES-System anzukoppeln. Dadurch wird eine horizontale Integration vorangetrieben. Wird dieser Gedanke konsequent weitergedacht, entwickelt sich das MES-System zur Integrationsplattform. So können beispielsweise bewährte und spezialisierte Einzellösungen in die MES-Landschaft integriert werden und so Bestand haben. Sie können dabei als spezialisierte Datensammler erhalten bleiben und durch die Integration stellt das übergreifende MES-System eine einheitliche Datenqualität bereit.

6.3.4 Betrachtung ausgewählter Standards

RFC und IDOC

Diese Technologie stammt aus dem Umfeld von SAP und stellt die Basis für alle onlinetauglichen Kommunikationsschnittstellen zwischen SAP und MES-Systemen unter SAP dar. Unter RFC versteht man sogenannte Remote Function Calls, in diesem Fall das Transportmittel für die Daten. Hierzu stellt SAP dem MES-System eine Programmbibliothek sowie eine Entwicklungsumgebung zur Verfügung, mit welcher MES-seitig die Schnittstelle realisiert werden kann. Die Daten werden im IDOC-Format (Intermediate Document) übertragen. Aus dem Aufbau dieses IDOCs kann die Datenstruktur und damit die Dateninhalte bestimmt werden. Der Nachteil dieser Lösung ist, dass SAP-seitig nur für die wichtigsten Betriebssysteme die Programmbibliothek zur Verfügung gestellt wird. Zudem kommt diese Technologie ausnahmslos im SAP-Umfeld zum Einsatz.

Des Weiteren nutzt SAP für die Kommunikation auch Web Services und B2MML.

OPC

OPC ist eine standardisierte Schnittstelle für die Industrie zur herstellerunabhängigen Kommunikation in der Automatisierungstechnik. Sie regelt folglich den Datenaustausch zwischen Maschinen und anderen Systemen in der Fertigung. OPC hat den Vorteil, dass sich ein Konsortium (die OPC Foundation) um die Definition und Einhaltung der Schnittstelle kümmert. Die weiteren Vorteile der OPC-Schnittstellentechnologie sind:

• Auflösung der Herstellerabhängigkeit bei Hard- und Software
• Einfache Konfiguration der auszutauschenden Informationen
• Netzwerkfähigkeit
• OPC erlaubt einen parallelen Zugriff auf die Daten, welche der OPC-Server bereitstellt.

In einem heterogenen Maschinenpark mit unterschiedlichen Sensoren und Steuerungen wird via OPC ein flexibles Netzwerk gebildet. Durch die Vereinheitlichung des Kommunikationsprotokolls genügt es, pro Gerät einen OPC-konformen Treiberbaustein bereitzustellen. Dieser lässt sich dann in Steuer- und Überwachungssysteme einbinden.

Mit OPC wurde ein gängiges Verbindungsmedium entwickelt und damit eine Transportschicht realisiert. Doch eine Schnittstelle definiert neben der Transportart auch die Datenstruktur. Zu beachten ist, dass OPC eine standardisierte und inzwischen weit verbreitete Technologie ist. Durch die Weiterentwicklung OPC-UA sind auch Schwächen der Variante OPC-DA beseitigt.

Ohne Zweifel ist von einem MES die Unterstützung dieser Technologien zu erwarten, der Anwender sollte sich jedoch immer gewahr sein, dass damit „nur" die Technologie geklärt ist. Die Semantik der Schnittstelle bleibt nach wie vor offen bzw. ist spezifisch je Anbindung zu betrachten.

UMCM

Wie zuvor bereits erwähnt, regeln die meisten Standards wie z. B. OPC lediglich die Technologie, die Semantik bzw. die Dateninhalte und die „Spielregeln" für die jeweilige Interpretation bleiben ungeklärt. Diese Lücke aufgreifend wurde UMCM von MPDV initiiert und zusammen mit dem MES D.A.CH Verband ausgearbeitet. UMCM steht für Universal Machine Connectivity for MES. Es beruht auf der Erfahrung etablierter MES-Hersteller und spiegelt die Bemühungen wieder, auch für die Anbindung an ein MES einen einheitlichen Standard zu definieren. Im Gegensatz zu OPC befasst sich UMCM mit den Datenstrukturen, die beim Austausch zwischen Fertigungsanlagen und MES festgelegt werden müssen. UMCM ist eine Empfehlung von Datenstrukturen, die im Durchschnitt bei der diskreten Fertigung auf etwa 80 % der Fälle zutrifft (Abb. 6.20).

UMCM in Verbindung mit einem Standard der Transportschicht wie OPC könnte das Ankoppeln einer Maschine vergleichbar mit dem Einstecken eines Peripheriegerätes in einen USB-Anschluss machen. Es wäre also die Plug & Play-Idee übertragen auf die Kopplung zwischen Maschine und MES.

Abb. 6.20 Universal Machine Connectivity for MES

6.4 Anwendungsbeispiele

In Kap. 3.4 wurden bereits Use Cases beschrieben, um an einem praktischen Beispiel zu erläutern, wie der Informationsbedarf verschiedener Beteiligter im Fertigungsumfeld gedeckt werden kann und woher die Daten dazu stammen. Diese Use Cases werden nun nochmals aufgegriffen, um darzulegen, welche in diesem Kapitel beschriebenen technischen Komponenten notwendig sind, um die richtigen Informationen der Zielperson zur Verfügung stellen zu können.

6.4.1 Maschinenstörung/Werkzeugbruch

Ausgangssituation

An der Maschine bricht ein Werkzeug. Die Maschine steht. Diese vermeintlich so simple Erkenntnis bedarf bei detaillierter Betrachtung einer entsprechend flexiblen Technologie und einer ausgeklügelten Verarbeitungslogik über verschiedene Ebenen hinweg. Die Maschine ist an das MES angebunden. Das kann zum Beispiel über OPC oder auch einen anderen spezifischen Treiber abgebildet sein.

Unabhängig von der technischen Anbindung muss aus den verfügbaren – meist sehr technisch orientierten Signalen – die Information ermittelt werden, dass die Maschine steht. Dies kann durch eine Kombination von mehreren Sensoren unter Berücksichtigung anderer Merkmale wie z. B. einem Schwellwert für den Vorschub sein.

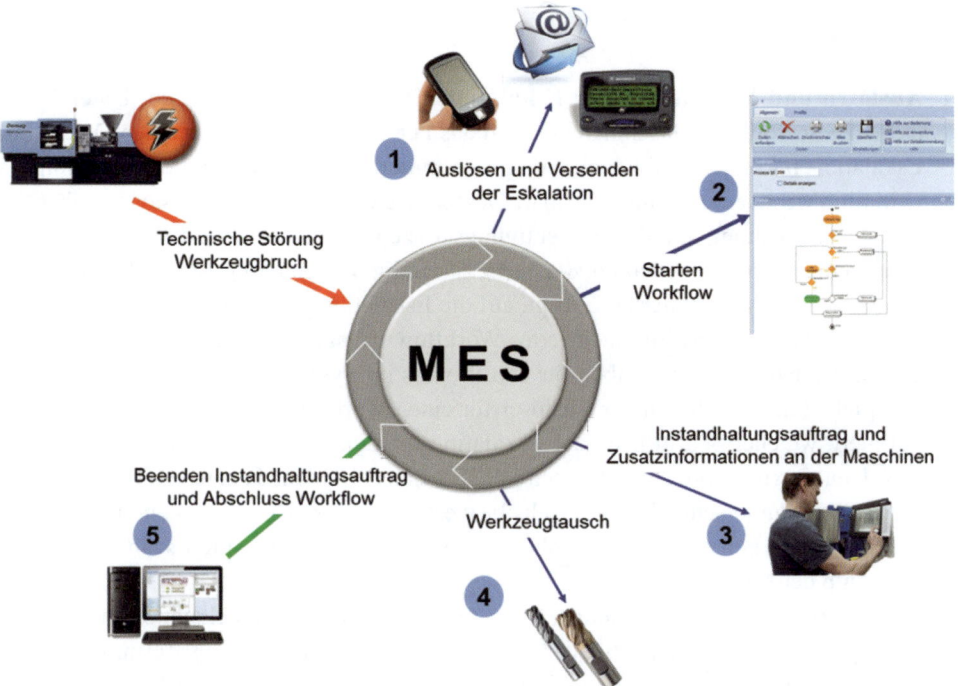

Abb. 6.21 Prozess beim Werkzeugbruch

Eine andere Möglichkeit ist, die Maschine anhand ihres Mengenzählers und der daraus resultierenden Geschwindigkeit zu überwachen. Dies wiederum setzt eine entsprechend kurze Zykluszeit voraus, da sonst die Erkennung eines Stillstands zu lange dauern würde.

Das MES erhält nun die Informationen der Maschine und angebundener Sensoren über das entsprechende Protokoll. Dies bildet die technische Anbindung ab. Die Bearbeitung mittels der logischen Anbindung stellt die Daten für das MES so bereit, dass es diese verarbeiten kann.

Der Meister erhält die Information, dass die Maschine steht. Er begibt sich zur Maschine und stellt fest, dass ein Werkzeug gebrochen ist. Am Shopfloor-Client setzt er den Status der Maschine auf „Werkzeugbruch". Die Status sind frei konfigurierbar, da jedes Unternehmen andere Maschinen und Anforderungen besitzt. Dies ist ausschlaggebend für die Verbuchung der Zeiten und daraus folgend auch beispielsweise auf die Berechnung des Akkordlohns oder die maschinenbezogenen Leistungsbewertung. Durch die Flexibilität und Individualisierbarkeit eines MES sollte es jedem Unternehmen möglich sein, die Berechnungen variabel auf die eigenen Anforderungen anzupassen (Abb. 6.21).

Ablauf

1. **Auslösen und Versenden einer Eskalation:** Durch die Korrelation der Daten kennt das MES sowohl die Maschinen als auch das Personal und die hinterlegten Daten. Für Eskalationen können individuell Ereignisse hinterlegt werden, die die Eskalation via E-Mail, SMS oder auch auf ein Smart Device wie eine Datenbrille auslösen. Über die Benutzerverwaltung und das Berechtigungskonzept wird gesteuert, dass auch nur diejenigen die Eskalation erhalten, die dafür zuständig und hinterlegt sind. Ebenfalls sind dann nur diese Mitarbeiter berechtigt, auf die Eskalation zu reagieren.

2. **Start des Workflows:** Ein integriertes Workflowmanagement ermöglicht es, ereignisgesteuert Abarbeitungsvorgaben für den Prozess im System zu hinterlegen. In diesem Beispiel ist die Eskalation der Auslöser für einen Workflow. Dadurch wird im System definiert, welcher Schritt nach der Eskalationsmeldung durchzuführen ist. Der Workflow kann flexibel vom Unternehmen selbst definiert werden, da in jedem Unternehmen die Prozesse unterschiedlich gehandhabt werden können. Dabei können alle Module, die im System genutzt werden, einbezogen werden. Das MES agiert schnittstellenfrei innerhalb der Modullandschaft.

3. **Informationen an der Maschine:** Der Instandhalter hat die Eskalation auf seinem Smartphone bestätigt und geht zur Maschine. Dort meldet er sich am Terminal an. Die Identifizierung kann über einen Chip, mit dem er auch bei der Zeiterfassung meldet, durchgeführt werden. Alternativ sind auch die Identifizierung per Fingerprint, Ausweisnummer oder NFC an seinem Smartphone mittels eines Tags an der Maschine möglich. Die Auftragsmeldung erfolgt über ein Terminal, das an der Maschine angeschlossen ist. Je nach eingesetzter Technologie kann der Auftrag auch über ein Smartphone oder Tablet angemeldet werden. Bei der Meldung gleicht das MES online ab, ob der Benutzer auch die entsprechende Berechtigung hat. Seine Eingaben werden plausibilisiert. Durch den Echtzeitdatenaustausch sieht der Instandhalter sofort, falls er sich beispielsweise vertippt hat. Der Status der Maschine wird auf „Rüsten" oder „Instandhaltung" gesetzt. Im gesamten MES ist dies durch die zentrale Datenbasis transparent und abrufbar.

4. **Werkzeugtausch:** Das defekte Werkzeug kann über einen Barcode identifiziert werden. Der Status des Werkzeugs wird auf defekt eingestellt, dadurch ist auch in der Fertigungsvorbereitung ersichtlich, dass dieses Werkzeug aktuell nicht weiter eingeplant werden kann. Auch das neu eingesetzte Werkzeug kann per Barcode erkannt werden. Durch die Konfigurierbarkeit des MES ist es möglich, verschiedene Auto-ID Komponenten zu nutzen: Auch RFID wäre z. B. eine Möglichkeit für die Identifikation. Die Zeiten für die Instandhaltung werden gemäß Einstellungen des Unternehmens individuell verbucht.

5. **Beenden Auftrag und Abschluss Workflow:** Der Auftrag ist abgeschlossen und wird über einen Erfassungsclient auch abgemeldet. Die Erfassungsclients können über LAN oder WLAN angebunden sein. Die Erfassungsworkflows können flexibel konfiguriert werden. Um unternehmensspezifische Felder bei Abschluss des Auftrags mit zu erfassen, ist es möglich, diese im MES zu erstellen und auch im Dialog zum Beenden des Auftrags einzubinden.

Die benötigten Daten werden an das ERP zurückgemeldet. Dafür wird eine Verbindung zwischen MES und ERP hergestellt. Daher wird eine Schnittstelle zwischen diesen Systemen benötigt. In dieser Schnittstelle wird festgelegt, wie die Kommunikation aufgebaut wird und welche Daten ausgetauscht werden müssen. Bei der Abmeldung des Auftrags werden die Zeiten an das ERP zurückgemeldet und entsprechend verbucht. Diese Zeiten können auch vom Unternehmen konfiguriert werden, um spezifische Buchungen je nach Unternehmensvorgaben durchführen zu können.

6.4.2   Kurzfristiger Personalausfall

Ausgangssituation
Ein Mitarbeiter fällt krankheitsbedingt für die nächsten 3 Tage aus. Die Krankmeldung geht bei der Personalabteilung ein.

Im ersten Moment erscheint diese Aussage sehr simpel und der entstandene Ausfall ist einfach zu ersetzen. Das Eintragen des Ausfalls in ein System ist der erste Schritt und trivial. Die daraus resultierenden Veränderungen im Arbeitsablauf sind jedoch entscheidend: Zum einen können Mitarbeiter spezielle Qualifikationen vorweisen. Das heißt, nicht jeder Mitarbeiter ist qualifiziert, eine bestimmte Tätigkeit auszuführen. Damit sind Mitarbeiter auch nicht beliebig austauschbar. Zum anderen haben Änderungen auch Konsequenzen für die gesamte Planung. Die fehlende Person muss durch das vorhandene Personal ersetzt werden. Dadurch kann es Verschiebungen in der Produktionsreihenfolge geben oder Maschinen können nicht besetzt werden.

Diese Änderungen bewirken auch weitere Prüfungen. Werden ursprünglich später geplante Aufträge vorgezogen oder auf eine andere Maschine umgeplant, so stellen sich folgende Fragen: Ist Material für diesen Auftrag schon vorhanden? Erhöht sich der Energieverbrauch durch den Maschinenwechsel? Sind benötigte Werkzeuge vorhanden? Erhöhen sich meine Rüstzeiten? Daraus resultierend ergibt sich die Frage, ob Lieferzeiten eingehalten werden können (Abb. 6.22).

Ablauf

1. **Erkrankter Mitarbeiter informiert die Personalabteilung:** Der Mitarbeiter informiert die Personalabteilung, dass er die nächsten drei Tage nicht zur Arbeit kommen wird.
2. **Fehlzeit wird eingepflegt:** Die Fehlzeit wird im MES oder im ERP hinterlegt. Über die Schnittstellen zum ERP System werden die notwendigen Daten an das MES weitergeleitet. Im MES können durch die Flexibilität und Konfigurierbarkeit der Anwendungsmasken spezifische Felder hinterlegt werden. Durch die Korrelation der Daten, die zentrale Datenbasis und die Verknüpfung der hinterlegten Daten, kann die Information der Fehlzeit sowohl in der Personalzeitwirtschaft als auch bei der Feinplanung der Aufträge oder in weiteren MES-Anwendungen berücksichtigt werden. Durch ein integriertes Workflowmanagement wird ein Prozess durch das Ereignis Fehlzeit ausgelöst.

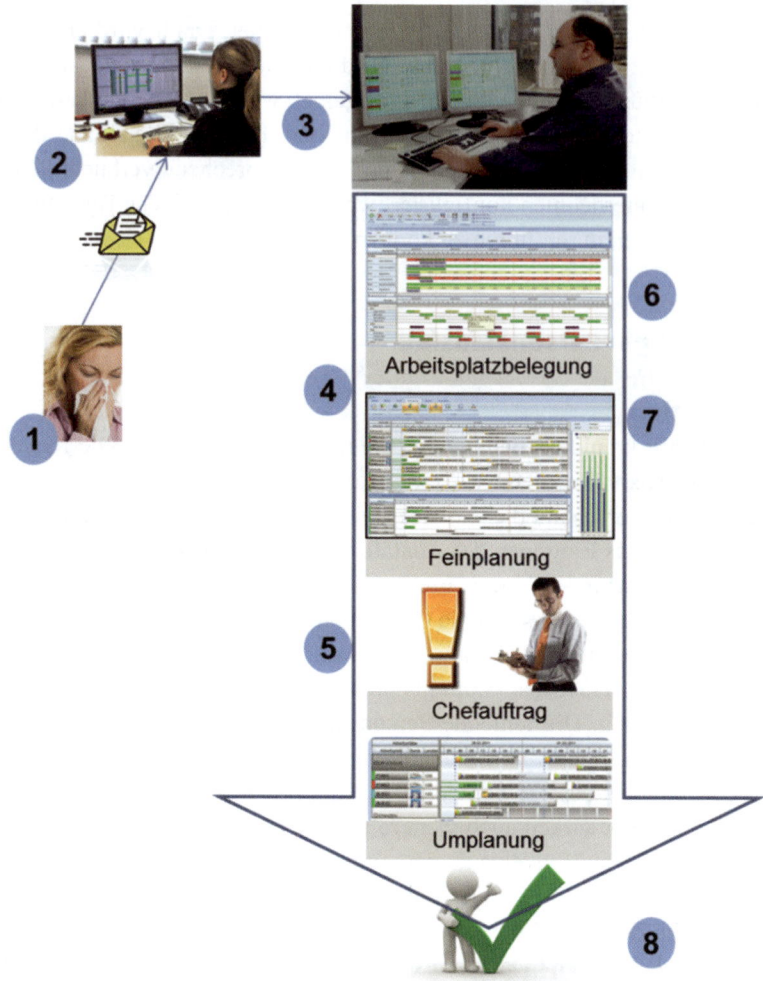

Abb. 6.22 Prozess Mitarbeiter ist erkrankt

3. **Automatische Meldung an den Vorgesetzen:** Der Workflow löst eine automatische Meldung an den Vorgesetzten aus. Über ein Eskalationsmanagement wird der Vorgesetzte beispielsweise per E-Mail benachrichtigt. Dadurch wird das nächste Ereignis im Workflow ausgelöst. Dies kann individuell in jedem Unternehmen erstellt werden. Das bedeutet, nicht jeder Workflow läuft bei jedem Anwender gleich ab.

4. **Prüfung Aufträge und deren Dringlichkeit:** Über die Schnittstelle zum überlagerten ERP-System werden die Auftragsdaten zwischen ERP und MES ausgetauscht. Das MES bekommt somit alle in der Schnittstelle festgelegten Daten wie Kunde, Artikel, Anzahl oder Ecktermine bereitgestellt. Die Speicherung erfolgt in der zentralen Datenbasis, dadurch stehen alle Daten zur Verfügung und können miteinander ins Verhältnis gesetzt werden. Diese Korrelation der Daten bewirkt, dass der Meister nun in der Fein-

planung alle für die Produktion notwendigen Daten auf einen Blick zur Verfügung hat. Die Dringlichkeit wird durch die Ecktermine der Kundenaufträge bestimmt.

Der Mitarbeiter fällt nun für einen „Chefauftrag" aus, der sofort zu Beginn der Schicht gefertigt werden muss, um den Liefertermin einhalten zu können.

5. **Umplanung der Aufträge:** In der Feinplanung sieht die Arbeitsvorbereitung oder der Meister die aktuelle Planung und die Konsequenzen der Krankmeldung: Über die Anbindung an den Shopfloor und die Rückmeldung aus der Fertigung ist ersichtlich, was gerade auf welcher Maschine gefertigt wird. Aufgrund der gemeldeten Fehlzeit entsteht ein Konflikt, da der geplante „Chefauftrag" nun nicht mehr gefertigt werden kann.

6. **Prüfung der alternativen Arbeitnehmer und Konsequenzen:** Durch die Datenkorrelation kann die Arbeitsvorbereitung prüfen, ob andere Mitarbeiter mit der benötigten Qualifikation umgeplant werden können und wie sich diese Umplanung auf die weitere Planung auswirkt. Die Online-Plausibilitätsprüfung gleicht sofort ab, falls andere Konflikte entstehen, beispielsweise ob Werkzeuge doppelt verplant sind oder ob Material für vorgezogene Aufträge schon vorhanden ist.

7. **Simulation der Auswirkungen:** Mit dem MES hat der Planer die Möglichkeit, mehrere Umplanungen zu simulieren und diese miteinander zu vergleichen. Dafür kann er die Personen mit der geeigneten Qualifikation von anderen Aufträgen abziehen und vergleichen, welche Umplanung die wenigsten Auswirkungen zeigt oder welche Situation am besten zu handhaben ist.

8. **Umplanung abgeschlossen:** Durch die vorherigen Umplanungen und Simulationen kann der Meister oder die Arbeitsvorbereitung Aufträge so umplanen, dass der „Chefauftrag" termingerecht gefertigt werden kann. Ein Mitarbeiter mit entsprechender Qualifikation konnte umgeplant werden. Die entsprechenden Daten werden in der zentralen Datenbank abgespeichert und stehen im Gesamtsystem sofort zur Verfügung.

6.4.3   Erstellen eines OEE-Report

Ausgangssituation

Der Produktionsleiter ist verantwortlich für beide Fertigungshallen und möchte jeden Morgen um 9.00 Uhr den OEE-Report der letzten 3 Schichten prüfen.

Die Berechnung des OEE benötigt viele verschiedene Daten, die über den Shopfloor im MES gespeichert werden. Daraus werden die gewünschten Kennzahlen berechnet. Der OEE berechnet sich aus Qualität x Verfügbarkeit x Leistung. Bevor also der OEE entsteht, müssen zuvor die drei Kennzahlen in dieser Formel berechnet werden. Dafür müssen alle benötigten Daten über die Schnittstelle ins MES übertragen und ins Verhältnis gesetzt werden. Bei Handarbeitsplätzen wird oftmals manuell zurückgemeldet. Auch diese Daten zu Mengen und Qualität können zur Berechnung herangezogen werden. Das MES muss gewährleisten, dass die Daten in der gleichen Güte übertragen werden, egal ob über einen Handarbeitsplatz oder direkt über die Maschinenanbindung. Dadurch können die Schichten problemlos miteinander verglichen werden.

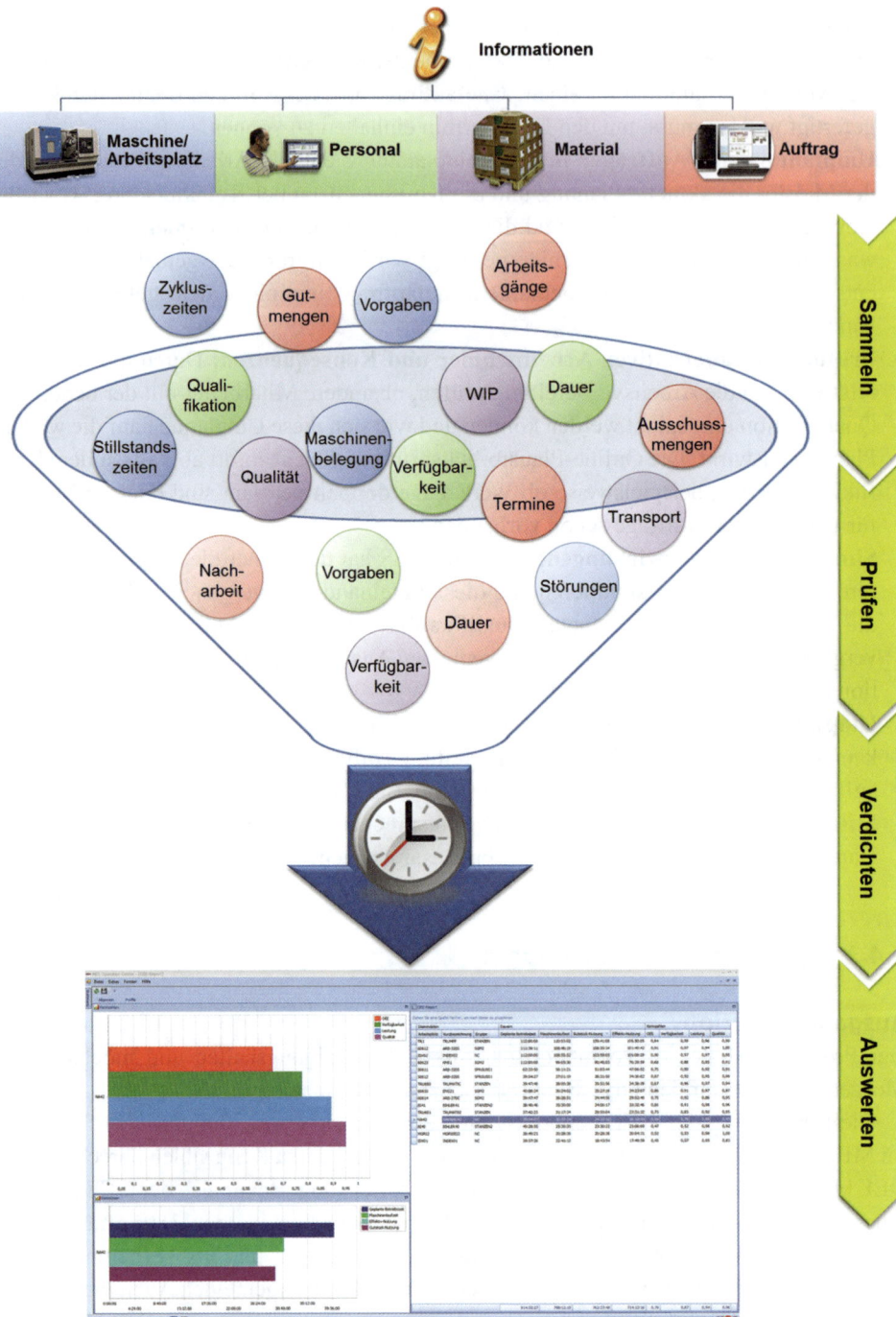

Abb. 6.23 Erstellen eines OEE-Reports

Das bedeutet für das MES, dass die Anbindung an den Shopfloor gewährleistet sein muss und die Daten übertragen werden, die zur Berechnung der Kennzahlen benötigt werden. Gängige Standardschnittstellen als Grundlage ermöglichen die technologische Anbindung und die darauf folgend logische Definition der auszutauschenden Daten. Je nach Unternehmen ist es möglich, dass die Kennzahlen in etwas anderer Form berechnet werden. Daher muss das MES flexibel und konfigurierbar sein, um die benötigten Daten erfassen und verschiedene Formel erstellen zu können. Ein Formeleditor und Benutzerfelder sollten daher integriert sein.

Nicht jeder Mitarbeiter darf auf jede Kennzahl Zugriff haben. Es kann zum Beispiel festgelegt werden, dass nur der Meister Zugriff auf den OEE seines Zuständigkeitsbereichs hat. Daher muss im Berechtigungskonzept zum einen hinterlegt werden können, auf welche Maschinen der Meister selbst Zugriff hat, zum anderen wiederum, dass er den OEE auch nur für seine Maschinen sehen darf (Abb. 6.23).

Um den Report nach eigenen Wünschen erstellen und abrufen zu können, muss das MES die individuelle Erstellung von Reports in einem Designer unterstützen. Auch hierbei müssen die Berechtigungen greifen, damit jeder nur die Daten in einem Report ausgewertet bekommt, die er auch sehen darf.

Um den Report jeden Morgen um 9:00 Uhr zu erhalten, können in einem MES die Einstellungen dazu individualisiert vorgenommen werden. Ebenfalls sollte es möglich sein, den Report automatisiert an einen Drucker oder per Mail an den Anwender zu senden. Befindet sich der Meister auch an anderen Standorten, so kann er sich mit seinem Domänenkennwort anmelden und die Daten über das Standard-Betriebssystem abrufen. Über single sign-on muss er an einem PC auch nur einmal den Benutzer und das Passwort zur Authentifizierung eingeben und kann damit auf alle Systeme zugreifen ohne sich erneut verifizieren zu müssen.

Literatur

Kletti J (2013) Von der Insellösung zur Integration, QZ, Jahrgang 58 (2013) 9. Carl Hanser, München, S 33–35
Kletti J, Deisenroth R (2012) MES-Kompendium. Springer Vieweg Verlag, Heidelberg
Mayer T et al (2011) Globalisierung im Fokus von Politik, Wirtschaft, Gesellschaft – Eine Bestandsaufnahme. VS Verlag für Sozialwissenschaften, Springer Fachmedien, Wiesbaden
Thies KHW (2008) Management operationaler IT- und Prozess-Risiken. Springer, Heidelberg

Paradigma: Branchenlösung vs. Standard-MES

7

Jürgen Kletti

Mit zunehmender Komplexität der Wertschöpfungsketten werden die Anforderungen einzelner Branchen immer spezifischer. Dies beinhaltet neben speziellen Maschinen, die an die Fertigungs-IT angebunden werden müssen, auch besondere Fertigungsverfahren, aus denen sich oftmals auch neue Prozessanforderungen ergeben. Auch die Rahmenbedingungen für die Produktion unterscheiden sich je nach Branche: Gerade bei der Herstellung sicherheitsrelevanter Produkte oder in der Lebensmittel- und Pharmaherstellung ist beispielsweise eine Zutrittskontrolle zum eigentlichen Fertigungsbereich von wesentlich höherer Bedeutung als bei der Produktion von Kugelschreibern oder Handy-Taschen.

Abgesehen von den Unterschieden im Detail lassen sich aber branchenübergreifend große Gemeinsamkeiten in der diskreten Fertigung feststellen. Dazu gehören einfache Grundannahmen, wie dass aus einem Rohmaterial Halbzeuge erstellt werden, die dann durch eine bestimmte Anzahl von Fertigungsschritten zu einem Endprodukt werden. Auch die Unterscheidung in Gutmenge und Ausschuss ist allgemein gültig. Diese Überlappungen machen den Einsatz von Standard-Software im Fertigungsumfeld erst möglich. Allerdings stellt dies auch Anforderungen an die Flexibilität und Anpassbarkeit von MES-Systemen (Abb. 7.1).

7.1 Auflösung des Branchengedanken

Das Denken in voneinander mehr oder weniger abgegrenzten Branchen würde den Schluss zulassen, dass eine auf die besonderen Anforderungen optimierte MES-Branchenlösung eine ideale Lösung wäre. Allerdings lässt sich in letzter Zeit immer mehr beobachten,

J. Kletti (✉)
MPDV Mikrolab GmbH, Mosbach, Deutschland
E-Mail: info@mpdv.com

© Springer-Verlag Berlin Heidelberg 2015
J. Kletti (Hrsg.), *MES – Manufacturing Execution System,*
DOI 10.1007/978-3-662-46902-6_7

Abb. 7.1 Die früheren Grenzen der einzelnen Fertigungsbranchen verschwimmen immer mehr

dass sich die klassischen Branchen auflösen beziehungsweise sich untereinander vermischen. Eine klare Abgrenzung ist immer schwieriger möglich. Dies ist ein Resultat aus der Zusammenfassung von einzelnen Fertigungsschritten zu immer tieferen Wertschöpfungsketten. Dies wiederum ist begünstigt durch den stetig steigenden Automatisierungsgrad in der Produktion. Auch verzahnen sich die einzelnen Produktionsschritte aufgrund einer höheren Variantenvielfalt immer mehr. Wo früher in einem Werk nur wenige Artikel (oder Varianten davon) hergestellt und dabei einzelne Bauteiltypen selten in mehr als einem Artikel verwendet wurden, so zwingt der steigende Wettbewerb die Fertigungsbetriebe immer mehr dazu, durch eine Reduzierung von Typen und Teilen den kompletten Produktionsprozess zu optimieren. Dies führt letztendlich dazu, dass viele Abhängigkeiten zwischen den Fertigungsschritten entstehen. Da diese Fertigungsschritte einzeln betrachtet oftmals unterschiedlichen Branchen zuzuordnen sind, resultiert daraus die Auflösung des klassischen Branchengedankens.

Ein Beispiel: Zur Herstellung eines einfachen Gebrauchsguts, wie beispielsweise einer handelsüblichen Batterie vom Typ AAA, braucht man Fertigungsverfahren aus der Metallverarbeitung (Gehäuse), aus der Kunststoffverarbeitung (Isolatoren), der Chemie (Ladungsträger) und der Druckerzeugnisherstellung (Aufdruck auf dem Gehäuse). Wenn die Batterien im gleichen Unternehmen auch verpackt werden, dann ist zusätzliches Know-how für die Verarbeitung von Karton und Blisterverpackungen von Nöten. Kurz gesagt: Eine Zuordnung dieses Unternehmens zu einer Branche im klassischen Sinn ist schlecht möglich.

Auch bei – auf den ersten Blick – typischen Herstellungsfahren einer Branche sind immer mehr vor- beziehungsweise nachgelagerte Prozesse relevant für die effiziente Planung des Produktionsablaufs. Beispielsweise werden in Badezimmerarmaturen, die größtenteils aus Metallteilen bestehen, auch einige wenige Kunststoffteile verbaut – z. B. in der Kartusche, die bei Einhandmischern für die Regelung der Wassertemperatur und der Durchflussmenge verantwortlich ist.

Selbst reine Kunststoffverarbeiter (z. B. Spritzguss) montieren ihre Teile oftmals zu Baugruppen und verwenden dazu Schrauben oder einfache Metallachsen aus eigener Herstellung. Ein solches Unternehmen würde man zwar eindeutig der Kunststoffbranche zurechnen, allerdings sind die Fertigungsverfahren der Metallverarbeitung bzw. der nachgelagerte Montagevorgang nicht zu vernachlässigen.

7.2   Branchenspezifika oder Standardlösungen

Mit Blick auf die steigende Spezialisierung einzelner Fertigungsverfahren, die früher bestimmten Branchen zugewiesen wurden, und der zunehmenden Vermischung der klassischen Branchen stellt sich nun die Frage nach einer passenden Lösung, um sowohl die Spezifika abzubilden als auch eine möglichst standardnahe und übergreifende Realisierung zu ermöglichen. Ein praxisnaher Ansatz besteht darin, die Branchenspezifika im MES-System soweit zu abstrahieren, dass eine Abbildung mit standardisierten Methoden möglich ist. So könnte beispielsweise aus der Gattierung (also der Zusammenstellung unterschiedlicher Metalle für eine Schmelze um eine möglichst optimale Legierung zu erhalten) eine einfache Rezeptzusammenstellung werden, wie sie auch bei der Mischung von Farben oder Pulvern verwendet wird. Um dann den Nutzern der verschiedenen Fachrichtungen ein vertrautes Gefühl zu geben, muss das MES-System den standardisierten Ablauf im jeweiligen Fachjargon und mit den typischen Detailausprägungen darstellen.

Die Vorteile einer solchen Abstraktion liegen auf der Hand: Unabhängig von branchenspezifischen Ausprägungen kann eine Standard-Software genutzt werden. Die Vorzüge einer Standard-Software wiederum sind vielseitig und wirken sowohl beim MES-Anbieter als auch beim Anwenderunternehmen. An erster Stelle ist in diesem Zusammenhang die höhere Zahl von Installationen und Benutzern zu nennen, welche sich positiv auf die Stabilität und den Reifegrad einer Softwarelösung auswirkt. Je mehr Nutzer eine Software verwenden umso wahrscheinlicher ist, dass alle möglichen Ausprägungen im Einsatz sind und jegliche Art von „Nebenwirkungen" bekannt und behoben wird. Zudem profitieren Softwareanbieter von den Erfahrungen der Anwender und können die eigene Anwendung so noch besser auf die Kunden- und Marktanforderungen optimieren. Eine aktive Anwendervereinigung wie beispielsweise die HYDRA Users Group (HUG) stellt hierbei eine enorme Erleichterung der Kommunikation zwischen Anwender und Anbieter dar.

Standard-Software kann zudem zu wesentlich günstigeren Kosten angeboten, installiert und auch betrieben werden, da mit wenigen, qualifizierten Fachkräften mehrere Branchen bedient werden können.

Gerade mit Blick auf immer kürzer werdende Innovationszyklen stellt eine Standard-Software sicher, dass der Anwender immer am Puls der Zeit bleibt. Die hohe Zahl an Installationen und Anwendern zwingen den Softwareanbieter dazu, einerseits die Software immer auf dem aktuellsten Stand zu halten, und andererseits für Kompatibilität zu bestehenden Installationen zu sorgen. Insbesondere bei spezialisierten Branchenlösungen ist dies oftmals nicht der Fall oder führt zu übermäßig hohen Betriebskosten. Auch Softwareanbieter profitieren von Standard-Lösungen, da diese wesentlich besser geplant werden können, was sich positiv auf eine stabile Roadmap und somit einen langen und zuverlässigen Lebenszyklus der Software auswirkt.

Letztendlich müssen aber auch die branchen- und anwenderspezifischen Anforderungen abgebildet werden. Dazu eignen sich flexible Standard-Softwarepakete mit Branchenausprägungen besonders gut. Prinzipiell stellt hierbei ein Kern aus Standard-Software die Funktionalität sicher. Die Darstellung der einzelnen Funktionen gegenüber dem Anwender muss dabei so flexibel gestaltbar sein, dass dieser das Gefühl hat, mit einer auf seine Bedürfnisse angepassten Lösung zu arbeiten. Da die Funktionen im Kern standardisiert sind, kann damit ein breites Feld an Branchen und Fertigungsverfahren abgedeckt werden. In der Anwendungsoberfläche spiegelt sich dann die jeweilige Ausprägung in Form von typischen Bezeichnungen, üblichem Fachjargon und Methoden wieder.

7.3 Konfiguration, Customizing & Co.

Damit Standard-Software im Allgemeinen und ein Manufacturing Execution System im Speziellen den zuvor geschilderten Anforderungen gerecht wird, bedarf es einiger Flexibilität und standardisierter Methoden zur Individualisierung und Optimierung der Anwendungen. Um dies sicherzustellen bieten sich verschiedene Möglichkeiten an:

- **Konfiguration:** Die einfachste Möglichkeit, Standard-Software zu adaptieren, sind die Grundeinstellungen, die in der Regel bei jeder Installation sorgfältig gewählt werden sollten, da eine spätere Änderung weitreichende Folgen haben kann. Grundeinstellungen im Falle eines MES-Systems können beispielsweise die Länge der Auftragsnummern sein oder auch die Auswahl, ob mehrere Aufträge bzw. Arbeitsgänge gleichzeitig an einer Maschine angemeldet werden können. Im Falle eines Bearbeitungszentrums wäre dies von enormem Vorteil; an anderen Maschinen hingegen würde dies eher zu Verwirrung oder möglicherweise sogar zu einer Fehlfunktion führen. In der Regel sind die Grundeinstellungen auch für den Anwender selbst zugänglich, auch wenn er hier nur mit Bedacht Änderungen vornehmen sollte. (vgl. Kap. 6.1.2)
Zusammenfassend spricht man hierbei von „Konfiguration". Trotz der sehr unterschiedlichen Verhaltensweisen (je nach Einstellung) handelt es sich immer noch um ein und dieselbe Standard-Software.

- **Customizing:** Reicht das Setzen von Einstellungen nicht aus, um spezielle Anforderungen zu erfüllen, so bieten sich verschiedene Customizing-Möglichkeiten an. Unter User Exits versteht man beispielsweise alternative Programmabläufe, die an definierten Absprungstellen im System eingeklinkt werden können. Ein passendes Beispiel dafür ist die Umrechnung eines Gewichtsmaßes (z. B. einer produzierten Menge) in ein Flächen- oder Volumenmaß. Dabei können mittels User Exit nahezu beliebige Umrechnungsalgorithmen implementiert werden – auch mit Rückfragen an den Anwender. Eine solche Umrechnung wird zum Beispiel bei der Produktion von Metallbändern genutzt. Es kann so aus der Lauflänge und der eingestellten Materialdicke das Gewicht der fertigen Rolle berechnet und abgespeichert werden. Vorteil der Nutzung definierter Absprungstellen ist, dass auch dabei der Charakter einer Standard-Software erhalten bleibt (vgl. Kap. 6.1.2). Auch diese Art der Individualisierung kann ein MES-Anwender nach entsprechender Schulung selbst durchführen.

  Verfügt das System an der gewünschten Stelle nicht über die Möglichkeit eines User Exits, so muss in den Quellcode eingegriffen werden, was sich als individuelle Anpassung bzw. Extended Customizing niederschlägt. Ab diesem Zeitpunkt spricht man allerdings nicht mehr von einer Standard-Software, sondern von einer anwenderspezifischen Implementierung. Dies ist im Sinne einer standardisierten Branchenausprägung einer Software nach Möglichkeit zu vermeiden. Die Anpassung des Quellcodes liegt in der Regel im Verantwortungsbereich des MES-Anbieters.

- **Branchenspezifische Funktionserweiterungen:** Der modulare Aufbau von MES-Systemen ermöglicht auch die Nutzung branchenspezifischer Funktionserweiterungen. Darunter sind Funktionsblöcke zu verstehen, die meist nur für eine oder wenige Branchen relevant sind. Somit werden auch nur wenige Anwender diese Funktionen einsetzen. Dank einer flexiblen Software-Architektur (z. B. SOA – Service Oriented Architecture) kann das zusätzliche Modul schnittstellenfrei an das Standardsystem angekoppelt werden. So bleibt der Charakter einer Standard-Software erhalten – trotzdem können spezifische Funktionen realisiert werden. Diese Art der Adaptierung eignet sich besonders für in sich geschlossene Funktionsblöcke (z. B. Gattierung in der Metallurgie).

7.4   Beispiele

Die Ansammlung von Know-how über branchentypische Fertigungsverfahren, Prozessspezifika und sonstige Anforderungen bezeichnet man im Allgemeinen als Branchenwissen. Wie aus Branchenwissen und einem breiten Software-Standard eine Branchenlösung entstehen kann, soll in den folgenden Unterkapiteln anhand von konkreten Beispielen erläutert werden. Der Begriff „Branchenlösung" ist hier im Sinne von „Standard-Software mit Branchenausprägung" zu verstehen.

Abb. 7.2 Typische Fertigungsverfahren der Metallbearbeitung: Gießen, Stanzen, CNC-Fräsen und Walzen

7.4.1 Metallverarbeitung

Trotz der Auflösung des Branchengedanken bezeichnen sich noch immer viele Unternehmen als Metallverarbeiter. Genauso gut kann man diese Unternehmen aber auch der Automobilindustrie, der Medizintechnik oder anderen Spezialisierungen zuordnen. Eines jedoch haben diese Unternehmen gemeinsam: Sie be- oder verarbeiten Metall (Abb. 7.2).

Genau für diese Zielgruppe hat MPDV die MES-Branchenlösung „HYDRA for Metals" auf den Markt gebracht. Dabei basiert „HYDRA for Metals" auf Funktionen der praxiserprobten, nach VDI 5600 ausgerichteten MES-Lösung HYDRA, die durch branchenspezifisches Customizing und spezielle Funktionen die Belange metallverarbeitender Unternehmen berücksichtigt. Das Spektrum reicht von Anwendungen für Gießereien über Walzwerke, Wärmebehandlung, Beschichtung und mechanische Bearbeitung bis hin zur Verpackung und deckt somit die komplette Wertschöpfungskette ab. Eine individuelle Kombination einzelner Funktionspakete ist dank der Modularität von HYDRA ohne weiteres möglich.

Beispielhaft soll an dieser Stelle eine Zusatzfunktion erläutert werden, die speziell für HYDRA for Metals entwickelt wurde: die Gattierung. Im Gegensatz zur Primärmetallurgie, bei der es um die Erzeugung von Rohmetallen geht, umfasst die Sekundärmetallurgie die Maßnahmen zum Erreichen der optimalen metallischen Eigenschaften von Schmelzen. Die chemische Zusammensetzung einer Legierung kann während des kompletten Schmelzvorgangs beeinflusst werden. Das Kernstück bildet dabei die Gattierung: Sie umfasst sowohl das Zusammenstellen der Eingangsmaterialien (Chargieren) als auch die Festlegung der Rahmenbedingungen: Dazu zählt, welche Materialien überhaupt eingesetzt werden und innerhalb welcher Toleranzgrenzen sie in die Schmelze einfließen dürfen (Gattierungsrezepte). Für die Metallbranche ist dabei auch entscheidend, die Schmelze durch die optimale Zusammensetzung vorhandener Schrotte und Rohmetalle sowie angekündigter Materiallieferungen kostenoptimiert zu steuern und keine unnötigen Bestände aufzubauen. „HYDRA for Metals" unterstützt den Schmelzvorgang durch eine gemeinsame Betrachtung aller notwendigen Daten wie Materialkosten, Toleranzgrenzen und auch theoretischer Analysen der Schmelzen. Durch das Erfassen der tatsächlichen Elementbeschaffenheit der Schmelze bzw. durch das Ziehen von Proben werden die Gattierungsrezepte mit den tatsächlich gemessenen Ergebnissen abgeglichen. Durch Nachchargieren – der erneuten Zugabe von Elementen, die die Zusammensetzung ändern – wird die Schmelze bis zur optimalen Beschaffenheit bearbeitet. Alle hierzu durchgeführten Maßnahmen werden in der zentralen HYDRA-Datenbank dokumentiert.

Somit stehen auch die erfassten Daten der Gattierung für spätere, übergreifende Auswertungen zur Verfügung. Und da „HYDRA for Metals" auf der MES-Lösung HYDRA basiert, können neben den metallspezifischen Fertigungsverfahren auch nachgelagerte bzw. parallele Arbeitsschritte anderer Branchenausprägung nahtlos abgebildet werden.

7.4.2 Kunststoffverarbeitung

Gerade die Kunststoffindustrie lebt aufgrund großer Stückzahlen und oftmals kurzer Zykluszeiten von einer hohen Standardisierung der Fertigungsprozesse innerhalb der Branche. Umso einfacher ist es, branchentypische Anforderungen zu einer Branchenlösung zusammenzufassen.

In nahezu jedem Unternehmen, welches Spritzgießmaschinen einsetzt, kommen Mehrfachwerkzeuge zum Einsatz. Hierbei ist sowohl eine nestbezogene Datenerfassung (z. B. Ausschuss) üblich, als auch das ereignisbedingte Schließen einzelner Nester, so dass sich die Teiligkeit des genutzten Werkzeuges während des Betriebes ändert. Letzteres muss bei der automatischen Mengenerfassung berücksichtigt werden, da diese meist auf einer Erfassung von Zyklen und deren Multiplikation mit der aktuellen Teiligkeit des Werkzeuges basiert. Auch eine nestbezogene Qualitätsprüfung ist in der Kunststoffindustrie durchaus üblich.

Zudem verfügen insbesondere Spritzgießmaschinen über ein branchentypisches Protokoll zur Maschinenanbindung an ein MES-System: EUROMAP 63. Eine MES-Branchenlösung sollte dieses Protokoll unbedingt unterstützen, um sich auf dem Markt behaupten zu können, da sich die meisten Hersteller von Spritzgießmaschinen auf dieses Protokoll geeinigt haben. Dabei ist die Komplexität dieses Standards keines Falls zu unterschätzen (Abb. 7.3).

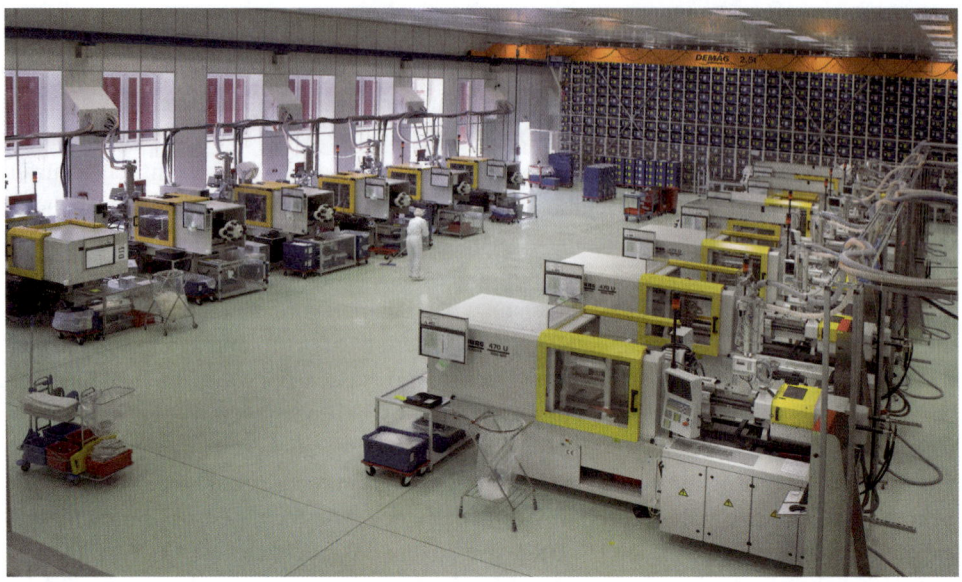

Abb. 7.3 Die Kunststoffverarbeitung ist gezeichnet von einer hohen Standardisierung

Da sich die Anforderungen und Bedürfnisse einzelner Unternehmen der Kunststoffverarbeitung jedoch sehr an deren Zielmarkt und auch der Art der produzierten Artikel orientiert, ist auch hier der modulare Aufbau der MES-Lösung von großer Bedeutung. Während
die Erfassung von Betriebs- und Maschinendaten meist die Grundlage für die Verwendung
weiterer Module bildet, so kommt beispielsweise ein Leitstand zur Feinplanung nur bei
solchen Unternehmen in Betracht, bei denen einzelne Maschinen häufig umgerüstet werden. Serienfertiger, bei denen oftmals tagelang der gleicht Artikel produziert wird, können
ggf. auf einen Leitstand verzichten. Hier ist aber der Einsatz des Werkzeug- und Ressourcenmanagements ratsam, da aufgrund der hohen Stückzahlen meist mehrere Werkzeuge des gleichen Typs verwendet werden, um Ausfallzeiten während der Wartungen zu
überbrücken. Auch eine vorbeugende Instandhaltung mittels Wartungskalender bietet sich
hierbei an, um die Verfügbarkeit aller Ressourcen zu optimieren.

Die Nutzung eines integrierten Energiemanagement-Moduls eröffnet zusätzliche Opti-
mierungsmöglichkeiten. Gerade in der Kunststoffindustrie ist der effiziente Umgang mit
Energie von großer Bedeutung für die Wettbewerbsfähigkeit. Mit Energie sind hier alle
Formen von flüchtigen Ressourcen gemeint wie beispielsweise Strom, Gas, Dampf oder
Druckluft. Mit einem integrierten Energiemanagement können Energieverbräuche und
Leistungen direkt mit Maschinen- und Betriebsdaten korreliert werden. Dadurch können
einerseits besonders energieintensive Artikel oder Fertigungsschritte identifiziert werden
und andererseits gibt ein erhöhter Energieverbrauch oftmals Aufschluss über den Zustand
von Werkzeugen und Maschinen. Somit können damit auch die Wartungszyklen optimiert
werden, was wiederum zu einer höheren Verfügbarkeit führt.

7.4.3 Elektronikfertigung

Bei der Herstellung von Elektronik greifen meist mehrere Branchen ineinander. Einerseits wird eine Leiterplatte mit Bauteilen bestückt und andererseits wird diese Baugruppe oftmals in ein Gehäuse verbaut oder zumindest auf eine Trägerplatte montiert. Die Montage der fertigen Elektronikbaugruppe kann dank branchenübergreifender Standardfunktionen im selben MES abgebildet werden, wie der eigentliche Bestückungsvorgang und alle anderen Elektronik-typischen Fertigungsschritte.

Wie in der Metallverarbeitung, so lässt sich auch in der Elektronikfertigung die komplette Wertschöpfungskette in einzelne Stationen unterteilen. Hierzu gehören unter anderem eine aufwendige Lagerhaltung, bei der die Haltbarkeit von elektronischen Bauteilen (MSL – Moisture Sensitive Level) berücksichtigt werden muss, die Vorverarbeitung der blanken Leiterplatte (z. B. Beschriftung mit einem Laser) und natürlich der eigentliche Bestückungsvorgang in hochautomatisierten Automaten. Nachgelagert sind Kontrollschritte, das Löten (Lötbad und Ofen) und – falls nötig – Nacharbeitsschritte von Bedeutung. Wichtige Besonderheiten der Elektronikfertigung sind die durchgehende Rückverfolgbarkeit von Bauteilen und Baugruppen, sowie eine abschließende automatische optische Inspektion (AOI). Gerade bei den typischerweise sehr hohen Verarbeitungsgeschwindigkeiten in den Bestückungsautomaten ist hierbei mit einer enormen Datenflut zu rechnen, was bei der Kommunikation des MES mit Maschinen dieser Art zu beachten ist.

Obwohl die Anbindung von SIPLACE Bestückungsautomaten an ein branchenübergreifendes MES-System eher untypisch ist, hat MPDV dies realisiert und damit einen wichtigen Grundstein für eine Branchenausprägung der MES-Lösung HYDRA für die Elektronikfertigung gelegt. Dabei wurde auch die Nutzung von Kommissionierwägen berücksichtigt, was das Rüsten von Bestückungsautomaten erleichtert. Durch die übergreifende Rückverfolgung und die Beachtung der Verfallszeiten (MSL) stellt HYDRA sicher, dass der komplette Fertigungsablauf optimiert und ausgewertet werden kann (Abb. 7.4).

7.4.4 Pharma & Medizintechnik

Produkte der Medizintechnik (z. B. künstliche Gelenke und andere Prothesen) und der Pharmaindustrie (z. B. Medikamente, Tabletten und deren Verpackungen) unterliegen nicht nur enorm hohen Qualitätsanforderungen, sondern müssen aufgrund der Gesundheitsrelevanz auch Gesetzen und branchentypische Vorschriften gerecht werden (z. B. FDA CFR 21, GMP, etc.). Die Fertigungsverfahren dieser Branchen sind sehr vielfältig und lassen sich somit keiner klassischen Branche zuordnen. Eines jedoch haben alle Unternehmen, die medizintechnische Produkte herstellen, gemeinsam: Sie müssen in jedem Fall sicherstellen, dass nur einwandfreie Produkte das Werk verlassen. Durch eine lückenlose Dokumentation des Herstellungsprozesses und die daraus resultierende Rückverfolgbarkeit (Traceability) kann bereits während der Produktion die Verwendung falscher oder mangelhafter Materialien ausgeschlossen werden. Alle produktrelevanten Daten (z. B. Chargen-/Los-/Seriennummern einzelner Bauteile, verwendete Maschinen

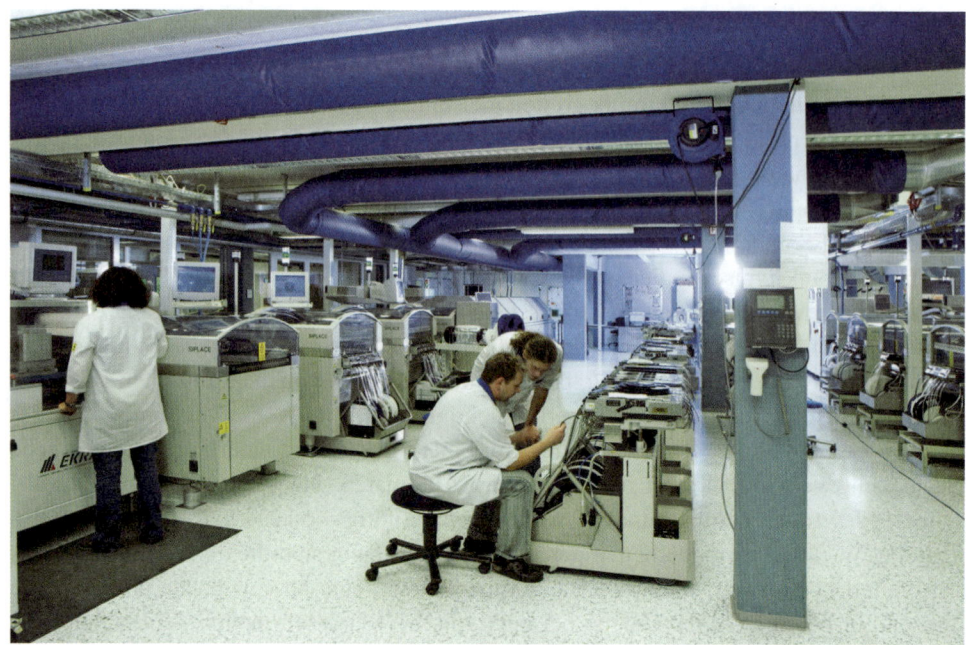

Abb. 7.4 Die größten Herausforderungen der Elektronikfertigung sind die enormen Datenmengen und die komplexen Abhängigkeiten

und Werkzeuge, Prozessparameter, …) werden typischerweise in einem sogenannten elektronischen Batch-Record (EBR) festgehalten: z. B. welcher Container zur Bereitstellung von Rohmaterial verwendet wurde, welche Charge an Kunststoff für die Herstellung der Flaschen oder Hüllen von Tabletten zum Einsatz kam oder auch Ergebnisse der Sterilisation oder Wertveränderungen im Reinraum. Alle prozessrelevanten Daten müssen im EBR vermerkt werden. Am Ende wird dieser von den verantwortlichen Personen bestätigt. Dabei gilt ein „mindestens-6-Augen-Prinzip". Da ein MES alle diese Daten im Laufe der Herstellung erfasst, eignet es sich auch bestens für die Pflege des EBR. Hierbei steht die Sicherheit der Daten gegen Manipulation und Inkonsistenz im Vordergrund. Funktionen zur Traceability, die in anderen Branchen nur rudimentär benötigt werden, können in der Medizintechnik ihren vollen Nutzen ausspielen.

Wie ein Produkt zu fertigen bzw. zu prüfen ist und welche begleitenden Maßnahmen zwingend durchgeführt werden müssen (z. B. Reinigung von Maschinen und Werkzeugen), ist im sogenannten Master-Batch-Record (MBR) zusammengefasst. Ein MES für die Herstellung von medizintechnischen Produkten muss die Vorgaben eines MBR umsetzen können und die Einhaltung beispielsweise durch Prozessverriegelung sicherstellen.

Literatur

Whitepaper „HYDRA for Metals – Neue MES-Branchenlösung für die Metallverarbeitung", www.whitepaper.mpdv.de

Nutzen- und ROI-Betrachtung

8

Jürgen Kletti

Im Rahmen einer geplanten MES-Einführung stellt sich natürlich auch die Frage nach der Wirtschaftlichkeit eines solchen Systems. In den vergangenen Kapiteln wurde der breite Funktionsumfang eines MES bereits dargestellt. Der individuelle Nutzen, den ein Unternehmen daraus erzielt ist jedoch von Unternehmen zu Unternehmen unterschiedlich. So hängt der Nutzen beispielsweise von der Fertigungsstruktur ab (Werkstattfertigung, Linienfertigung, etc.), von der Mengencharakteristik (Einzelfertiger, Massenfertiger, etc.), von der bestehenden IT-Nutzung im Unternehmen, etc.

Bevor also der individuelle Return on Investment (ROI) für eine Systemeinführung berechnet werden kann, muss zunächst einmal der individuell erreichbare Nutzen ermittelt werden, den das Unternehmen von dem System hat. Im zweiten Schritt kann dieser Nutzen monetär quantifiziert werden, um dann im dritten Schritt einen ROI berechnen zu können. Abbildung 8.1 zeigt das entsprechende Vorgehensmodell. Die nachfolgenden Ausführungen sollen helfen, den unternehmensspezifischen Nutzen und ROI zu ermitteln.

8.1 Ermittlung des MES-Nutzens

Bei den mit einem MES erzielbaren Nutzeffekten kann man grundsätzlich unterscheiden zwischen Nutzeffekten, die sich relativ einfach auch monetär bewerten lassen und Nutzeffekten, die sich nur schwer monetär bewerten lassen:

J. Kletti (✉)
MPDV Mikrolab GmbH, Mosbach, Deutschland
E-Mail: info@mpdv.com

© Springer-Verlag Berlin Heidelberg 2015
J. Kletti (Hrsg.), *MES – Manufacturing Execution System,*
DOI 10.1007/978-3-662-46902-6_8

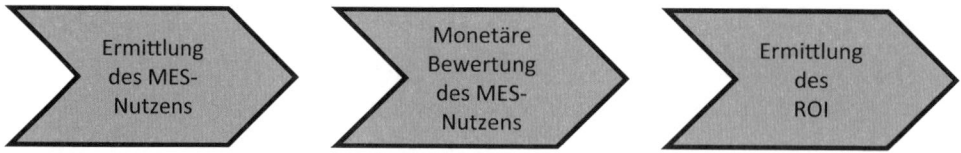

Abb. 8.1 Vorgehensmodell zur ROI-Betrachtung einer MES-Investition

Monetär bewertbare Nutzeffekte:

- Steigerung der Maschinen- und Anlagenproduktivität
- Steigerung der Qualität
- Reduzierung der Durchlaufzeit
- Reduzierung von Beständen
- Steigerung der Personalproduktivität

Monetär nur schwer bewertbare Nutzeffekte:

- Verbesserung der Transparenz
- Verbesserung der Reaktionsfähigkeit
- Steigerung der Flexibilität
- Erhöhung der Termintreue
- Steigerung der Kundenzufriedenheit
- Erfüllung externer Anforderungen (z. B. Chargen-Rückverfolgbarkeit)

Die zuletzt genannten monetär nur schwer bewertbaren Nutzeffekte sind nicht weniger wichtig, als die bewertbaren Effekte. Sie lassen sich eben nur schlechter bewerten, weshalb sie in der Regel auch nicht in die ROI-Berechnung einfließen. Es gibt jedoch nicht wenige Unternehmen, die ein MES genau aus diesen Gründen, wie z. B. zur Steigerung der Transparenz oder zur Ermöglichung der Chargen-Rückverfolgbarkeit einführen. Der tatsächliche, bewertbare ROI ist in diesen Fällen häufig sekundär, weshalb oft auch auf eine detaillierte ROI-Betrachtung verzichtet wird.

Im Folgenden wird auf die monetär einfach bewertbaren Nutzeffekte näher eingegangen. Im Rahmen einer ROI-Betrachtung muss jeweils abgeschätzt werden, welches Potenzial durch die MES-Einführung gesehen wird. Beispiel: Um wieviel Prozent lassen sich Maschinenstillstände voraussichtlich reduzieren, wenn das MES die häufigsten Stillstandsgründe transparent macht?

8.1.1 Steigerung der Maschinenproduktivität

Im Bereich der Steigerung der Maschinen- und Anlagenproduktivität kann der MES-Einsatz dazu beitragen, die nicht wertschöpfenden Rüstzeiten und ungeplante Stillstandszeiten zu reduzieren sowie die Qualität der Stammdaten im ERP-System zu verbessern.

Reduzierung von Rüstzeiten

Durch die Maschinendatenerfassung (MDE) werden die tatsächlichen Rüstzeiten transparent, so dass systematisch an der Rüstzeitreduzierung gearbeitet werden kann. Zudem ermöglich der MES Leitstand eine rüstoptimierte Planung der Produktion. Der eigentliche Rüstprozess kann auch beschleunigt werden durch die in einem MES integrierte NC-Programm-Verwaltung. NC-Programme können dadurch beim Auftragsbeginn direkt vom MES in die Maschinensteuerung geladen werden.

Reduzierung ungeplanter technischer Stillstände

Das MES kann helfen, die Stillstandszeiten durch technische Störgründe (z. B. elektrischer Fehler, mechanischer Fehler) zu reduzieren, indem es mit der Maschinendatenerfassung (MDE) den jeweiligen Maschinenstatus in Echtzeit überwacht, so dass im Falle eines Stillstands schnellstmöglich reagiert werden kann. Ferner erzeugt das MES Hitlisten der häufigsten Störgründe, so dass deren systematische Ursachen analysiert und abgestellt werden können. Als weitere Maßnahme zur Reduzierung technischer Stillstände bietet das MES noch die Möglichkeit der vorbeugenden Instandhaltung mit dynamischen Wartungsintervallen je nach Einsatzzeit oder Takten der Maschine bzw. des Werkzeugs.

Reduzierung ungeplanter organisatorischer Stillstände

Auch bei der Reduzierung organisatorischer Stillstände (z. B. Materialmangel, Werkzeugmangel, fehlendes Leergut, kein Auftrag, Personalmangel, etc.) kann das MES unterstützen, indem es mit der Maschinendatenerfassung (MDE) den jeweiligen Maschinenstatus in Echtzeit überwacht, so dass auch im Fall eines organisatorischen Stillstands schnellstmöglich reagiert werden kann. Auch hier helfen Hitlisten der häufigsten Störgründe bei der systematischen Stillstandsreduzierung.

Verbesserung der Stammdatenqualität

Das MES ermöglicht die Analyse von Ist-Daten (z. B. Rüstzeiten, Bearbeitungszeiten, Nutzgrade) über einen längeren Zeitraum. Damit können Soll-Vorgaben geprüft und gegebenenfalls in den Arbeitsplänen justiert werden. Möglicherweise sind die aktuellen Kapazitäten aufgrund falscher Stammdaten nicht optimal genutzt.

8.1.2 Steigerung der Qualität

MES unterstützen bei der Steigerung der Produktqualität in vielerlei Hinsicht.

Fertigungsbegleitende Prüfung

MES bieten durch ihre nahtlose Integration in den Produktionsprozess Funktionalitäten zur fertigungsbegleitenden Prüfung (Werkerselbstprüfung) direkt am Arbeitsplatz, was zu einer schnelleren Erkennung eventueller Qualitätsabweichungen führt. Damit können teure Folgekosten vermieden werden.

Permanente Überwachung wichtiger Produktionsdaten

Darüber hinaus erhöhen MES die Prozesssicherheit und damit auch die Qualität durch eine permanente Überwachung wichtiger Daten in Echtzeit, wie z. B. wichtige Maschinendaten (z. B. Bearbeitungszeiten, Störungen), Prozessdaten (z. B. Temperaturen, Drücke) und Qualitätsdaten (z. B. Abmessungen). Bei Verletzung zuvor definierter Eingriffsgrenzen können automatisch Alarmmeldungen oder andere Eskalationsworkflows ausgelöst werden.

Digitale Verfügbarkeit von Arbeitsanweisungen, etc.

Aber auch die digitale Verfügbarkeit von Arbeitsanweisungen, Zeichnungen, Prüfanweisungen, Einstellparametern, etc. am Werkerterminal führt zu einer deutlichen Fehlerreduzierung. Hierzu gehören auch die Verwaltung und das automatische Laden von NC-Daten in die Maschine. Die Effekte im Bereich Qualität lassen sich in reduzierten Ausschuss- und Nacharbeitsquoten messen.

8.1.3   Reduzierung der Durchlaufzeit

Von der gesamten Durchlaufzeit eines Artikels entfällt häufig nur ein Bruchteil auf eine wirklich wertschöpfende Bearbeitungszeit. Der Rest sind nicht wertschöpfende Warte- und Liegezeiten, Transportzeiten oder Rüstzeiten. Mit MES lassen sich diese Zeiten nicht nur transparent machen, sondern auch systematisch reduzieren.

Transparenz über den kompletten Auftragsdurchlauf

Die nicht wertschöpfenden Warte- und Liegezeiten, Transportzeiten und Rüstzeiten lassen sich mit MES transparent machen und sogenannte Auftragsnetze über den kompletten Auftragsdurchlauf darstellen. Dadurch lassen sich wichtige Durchlaufzeitpotenziale erkennen.

Bessere Synchronisierung der Arbeitsgänge eines Fertigungsauftrags

Bereits im Planungsprozess lassen sich mit dem MES Leitstand die einzelnen Arbeitsgänge eines Auftrags besser miteinander synchronisieren, um unnötige Warte- und Liegezeiten zwischen einzelnen Arbeitsschritten zu vermeiden.

Unterstützung des internen Materialtransports (Intralogistik)

Der interne Materialtransport (Intralogistik) lässt sich mit MES Unterstützung ebenfalls optimieren. So kann ein MES beispielsweise automatisch Transportaufträge für den Materialtransport (z. B. Staplerfahrer) erzeugen, um für eine just-in-time Anlieferung der benötigten Materialien am Arbeitsplatz zu sorgen.

Mit den kürzeren Durchlaufzeiten und den dadurch verkürzten Wiederbeschaffungszeiten lassen sich auch die Fertigwarenbestände deutlich reduzieren (vgl. 8.1.4).

8.1.4 Reduzierung von Beständen

Bei den Beständen gelten im Prinzip die unter 8.1.3 genannten Punkte. Durch eine optimierte Synchronisierung der einzelnen Arbeitsgänge eines Fertigungsauftrags sowie durch die Unterstützung des internen Materialtransports (Intralogistik) durch Materialbereitstellungslisten und Transportaufträge lassen sich insbesondere die Umlaufbestände, aber durch die Reduzierung der Durchlaufzeiten auch die Fertigwarenbestände in der Regel deutlich senken.

8.1.5 Steigerung der Personalproduktivität

Die Personalproduktivität kann mit MES Unterstützung in der Regel deutlich gesteigert werden. Der größte Nutzen ergibt sich in folgenden Bereichen:

Vermeidung der manuellen Informationsbereitstellung am Arbeitsplatz
Durch die elektronische Informationsbereitstellung am Werkerterminal kann die manuelle Bereitstellung (Druck und Verteilung) von Informationen (Fertigungsauftrag, Begleitpapiere, Etiketten, etc.) entfallen. Betrachtet man lediglich den Zeitaufwand je Fertigungsauftrag, dann ergibt sich bei der Summe der Fertigungsaufträge pro Jahr bereits eine erhebliche Zeiteinsparung.

Vermeidung einer manuellen Datenerfassung und -auswertung
Durch den Ersatz einer manuellen Datenerfassung und -auswertung von z. B. Mengen, Zeiten, Qualitätsmerkmalen und Störgründen durch MES-Funktionalitäten können die Mitarbeiter zeitlich entlastet und damit der Personalaufwand reduziert werden.

Reduzierung des Planungsaufwands
Durch den Ersatz der bisherigen Planungsabläufe (eventuell mit manueller Plantafel, Excel-Listen o. ä.) durch den MES Leitstand lässt sich der Planungsaufwand in vielen Betrieben deutlich reduzieren. Mit Unterstützung des MES Leitstands lassen sich mit erheblich weniger Aufwand neue Aufträge einplanen, Planungsalternativen identifizieren, Umplanungen vornehmen, die Planung mit der Instandhaltung synchronisieren, die Werkzeug-, Material- und Personalverfügbarkeit berücksichtigen, etc. Dies führt zu einer zeitlichen Entlastung des Planers.

Verbesserung des Personaleinsatzes
Mit Hilfe der MES Personaleinsatzplanung wird der manuelle Aufwand zur Schichtplanung deutlich reduziert. Basierend auf der Feinplanung kann unter Berücksichtigung von Verfügbarkeiten und Qualifikationen automatisch ein Personaleinsatzplan durch das MES erzeugt werden. Damit kann das Personal bedarfsgerecht eingeplant werden und eventuelle Unter- oder Überdeckungen rechtzeitig erkannt werden.

8.1.6   Reduzierung von Energiekosten

MES können mit ihren Energiemanagement-Funktionalitäten nicht nur den Energieverbrauch einzelner Maschinen transparent machen, sondern es kann auch schon bei der Planung mit dem MES auf einen geringen Energieverbrauch geachtet werden. So lassen sich
beispielsweise teure Lastspitzen rechtzeitig erkennen, planerisch vermeiden und damit
erhebliche Strafkosten verhindern. Maschinen, die laut MES Leitstand in absehbarer Zeit
nicht benötigt werden, können abgeschaltet werden. Zur systematischen Reduzierung des
Energieverbrauchs im Sinn der ISO 50001 (Energiemanagement) können im MES die
Energiedaten mit den Produktionsdaten aus BDE, MDE; etc. korreliert werden, um beispielsweise Aussagen über den Energieverbrauch einzelner Artikel, Aufträge, Maschinen,
Maschinenzustände, o.ä. treffen zu können.

8.2   Monetäre Bewertung des MES-Nutzens

Nach der Ermittlung des MES-Nutzens in den oben genannten Bereichen kann dieser
monetär bewertet werden. Hierzu werden die nachfolgend beschriebenen vereinfachten
Ansätze empfohlen.

8.2.1   Potenziale im Bereich Maschinenproduktivität

Die zu erwartenden Verbesserungen im Bereich der Maschinenproduktivität lassen sich
am besten über die Maschinenstundensätze bewerten.

Beispiel

Es wird geschätzt, dass sich durch die Einführung eines MES in der Spritzgussproduktion
mit 30 Spritzgussmaschinen der Maschinennutzgrad um 5 % steigern lässt, wenn Kennzahlen und Stillstandsauswertungen vorliegen. Bei 220 Arbeitstagen im Dreischichtbetrieb und Maschinenstundensätzen von EUR 37,50 ergibt sich dadurch ein monetärer Nutzen von jährlich EUR 297.000 (220 Tage × 24 h × 37,50 EUR/h × 30 Maschinen × 0,05).

Bei Engpassmaschinen wird manchmal auch mit dem zusätzlichen Umsatz bewertet, den
man durch den MES-Einsatz erzielen kann.

8.2.2   Potenziale im Bereich Qualität

Verbesserungen im Bereich der Qualität lassen sich im Fall von Ausschussreduzierung mit
der entsprechenden Materialeinsparung bewerten, aber auch mit der durch die Ausschuss-

reduzierung gesteigerten Maschinenproduktivität (siehe oben). Im Fall von Nacharbeits-
reduzierung würde man mit dem bisherigen Nacharbeitsaufwand bewerten.

Beispiel

Es wird geschätzt, dass sich die Ausschussquote von derzeit 5 auf 2 % reduzieren lässt,
wenn die häufigsten Ausschussgründe sowie die aktuelle Ausschussquote vom MES
ermittelt werden, so dass diese bereits am Schichtende den Werkern kommuniziert werden können. Bei Herstellkosten von EUR 8,00/Stück und einer jährlichen Produktions-
menge von 100.000 Stück beträgt der monetäre Nutzen jährlich EUR 24.000 (100.000
Stück × 8,00 EUR/Stück × 0,03).

8.2.3   Potenziale im Bereich Durchlaufzeit/Bestände

Durch die Durchlaufzeit- und Bestandsreduzierung wird die Kapitalbindung (Working
Capital) gesenkt. Der einfachste Ansatz der Bewertung erfolgt über den internen Kapital-
zins, der im Fall der Bestandsreduzierung eingespart wird. Tatsächlich bedeutet die Bestandsreduzierung einen Liquiditätszuwachs, eine Reduzierung des Lager- und Flächen-
bedarfs, eine Reduzierung von Transportbehältern, wie Paletten, eine Reduzierung des
Verschrottungsrisikos, etc. Eigenen Ermittlungen zufolge kann von Bestandskosten von
ca. 25 % des Bestandswerts ausgegangen werden.

8.2.4   Potenziale im Bereich Personalproduktivität

Die zu erwartenden Verbesserungen im Bereich der Personalproduktivität lassen sich am
besten über die Personalstundensätze bewerten.

Beispiel

Es wird geschätzt, dass mit MES der manuelle Aufwand für den Druck der Fertigungspapiere, die Verteilung der Fertigungspapiere und die Einsammlung und Erfassung der
Rückmeldescheine pro Fertigungsauftrag um 20 min. reduziert werden kann. Bei 4000
Fertigungsaufträgen pro Jahr und einem Personalstundensatz von EUR 32,00 ergibt
sich ein Einsparpotenzial von EUR 42.624 (4000 × 0,33 h × 32 EUR/h).

8.3   ROI-Betrachtung

Zur Berechnung des Return on Investment (ROI) ist es erforderlich, dem erzielbaren mo-
netären Nutzen (vgl. 8.2) die zu erwartenden Kosten gegenüber zu stellen. Diese unterteilen sich in einmalige Kosten und laufende Kosten.

8.3.1 Einmalige Kosten

In der Vorbereitungs- und Einführungsphase entstehen in der Regel Aufwendungen für:

- Projektleitung
- Internes Projektteam
- Erhebung der MES-Anforderungen (Workshops)
- Lastenhefterstellung
- Systemausschreibung und Auswahlprozess
- Pflichtenhefterstellung
- Hardwarekosten (Server, PCs, Terminals, LAN-Verkabelung, etc.)
- Softwarekosten (Betriebssysteme, Datenbanken, MES-Lizenzen)
- Pilotanwendung
- Anwenderschulung
- Externer Personalaufwand (Projektleitung, Consulting, Implementierung, etc.)

Je nach Art der MES Installation sind nicht immer alle Punkte erforderlich. So besteht beispielsweise bereits eine Netzwerkverkabelung in der Produktion, möglicherweise ist auch bereits die entsprechende Hardware im Unternehmen vorhanden.

8.3.2 Laufende Kosten

Im laufenden Betrieb ergeben sich dann weitere Kosten für:

- Allgemeine Betriebskosten des Systems (Raum, Strom, Versicherungen, etc.)
- Hardwarekosten (Leasing, Wartung, Reparatur)
- Software (Wartungsvertrag, Upgrades, etc.)
- Systemadministrator
- Weitere Anwenderschulungen
- Anpassungen

8.3.3 Return on Investment (ROI)

In der Regel werden die Einsparpotenziale nicht unmittelbar nach dem Go-Live erzeugt. Die Mitarbeiter müssen sich erst an das System gewöhnen und der Datenerfassungsprozess muss stabil laufen, bevor dann nach ca. 6 Monaten mit den ersten ROI-Effekten zu rechnen ist. Eine vereinfachte Möglichkeit zur ersten Bewertung der Rentabilität einer MES-Investition ist die Ermittlung der zu erwartenden Amortisationsdauer. Diese berechnet sich wie folgt:

$$Amortisationsdauer = \frac{Kapitaleinsatz}{j\ddot{a}hrliche\,Einsparung}$$

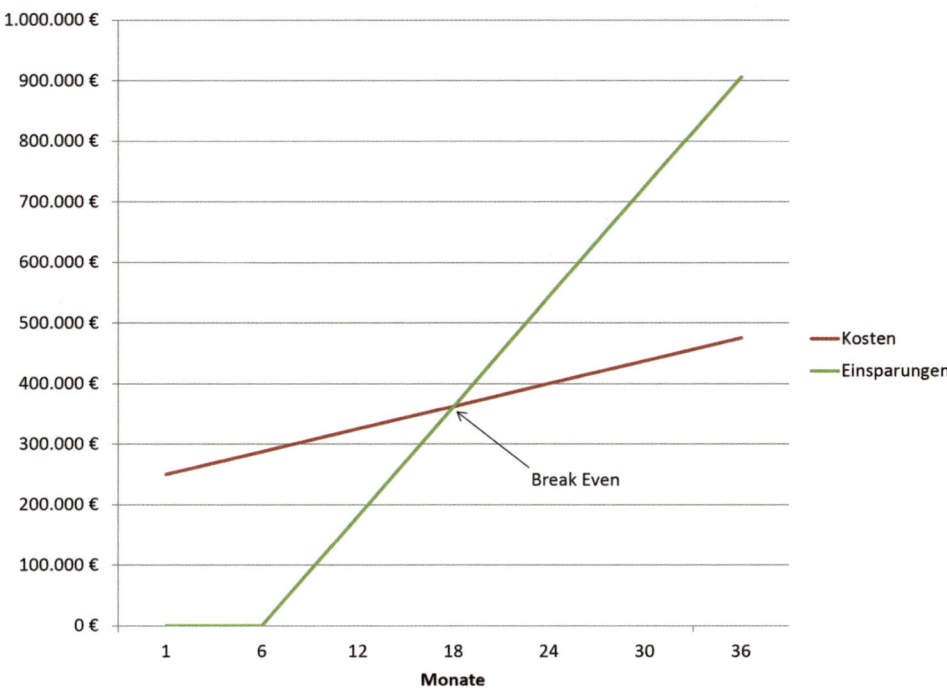

Abb. 8.2 Beispielhafter ROI-Verlauf einer MES-Investition

Auf eine ausführlichere Betrachtung des Return on Investments mit Berücksichtigung der Total Costs of Ownership (TCO), kalkulatorischer Zinsen, etc. soll an dieser Stelle verzichtet werden. Sie wurde an anderer Stelle bereits ausführlich beschrieben (vgl. Kletti und Schumacher 2007).

Abbildung 8.2 zeigt einen beispielhaften ROI-Verlauf bei einer Investitionssumme von EUR 250.000, laufenden Kosten von EUR 37.500 pro Jahr und einen jährlichen Einsparpotenzial von EUR 181.250.

In der Praxis werden häufig Amortisationsdauern von unter 18 Monaten erzielt. Hinzu kommen die eingangs genannten nicht monetär bewertbaren Nutzeffekte, die oft schon alleine in der heutigen (wettbewerbsintensiven) Zeit eine MES-Investition rechtfertigen, wie z. B. die Schaffung von Transparenz in der Produktion über Auftragsfortschritte, Maschinenstatus, aktuelle Kapazitäten, sowie die Ermöglichung aussagefähiger Kennzahlen bereits am Schichtende, etc.

Literatur

Kletti J, Schumacher J (2007) Konzeption und Einführung von MES. Springer-Verlag
VDI (2013) VDI-Richtlinie 5600 Blatt 2. Beuth Verlag

Das MES für die Zukunft

9

Jürgen Kletti

Seit der Begriff „Industrie 4.0" bzw. „Integrated Industry" durch die Fertigungsbranche kursiert, verstehen Anbieter und Anwender darunter sehr unterschiedliche Ansätze, die industrielle Fertigung revolutionär zu verändern. Schon bald wurde klar, dass man eher von einer evolutionären Weiterentwicklung als von einer Revolution sprechen sollte. Man ist sich aber soweit einig, dass durch den Einsatz von Informationstechnik und eine zunehmende Vernetzung von Objekten und Systemen ein deutlich effizienterer Ablauf der industriellen Fertigung erreicht werden soll. Optimisten sprechen sogar von mehr als 30 % mehr Produktivität. Durch diese Initiative ist auch die Fertigungsorganisation mehr in den Fokus gerückt. Denn Vernetzung und Datenaustausch allein bringen noch keine Produktivitätssteigerung. Vielmehr braucht es Anwendungen, die diese neuen Technologien und die veränderte Organisation ausnutzen und daraus Vorteile generieren – beispielsweise ein MES.

Um die Möglichkeiten besser greifbar zu machen soll zunächst in einem Zukunftsszenario aufgezeigt werden, welche Visionen auf dem Markt kursieren.

9.1 Zukunftsszenario Industrie 4.0 – Smart Factory

Neben einer deutlich höheren Automatisierung und flexibleren Fertigungsabläufen träumen viele Visionäre von der ultimativen Vernetzung aller beteiligten Ressourcen und Systeme in der Fertigung. Demnach sollte sich jede Maschine über ihre Fähigkeiten bewusst sein und jedes Material bzw. Halbzeug wissen, welcher Artikel einmal daraus entstehen soll, für welchen Kunden dieser bestimmt ist und mit welchen Fertigungsschritten es dort-

J. Kletti (✉)
MPDV Mikrolab GmbH, Mosbach, Deutschland
E-Mail: info@mpdv.com

© Springer-Verlag Berlin Heidelberg 2015
J. Kletti (Hrsg.), *MES – Manufacturing Execution System*,
DOI 10.1007/978-3-662-46902-6_9

hin gelangt. In der Theorie sollte sich dann das Material selbst den Weg durch die Ferti-gung bahnen und die jeweiligen Maschinen durchlaufen, um am Ende als fertiges Produkt direkt zum Auftraggeber zu gelangen. Von dieser visionären Vorstellung ist man mittler-weile ein Stück weit abgerückt. Eine etwas praxisnähere Vorstellung sieht vor, dass jede Ressource im Fertigungsumfeld sich eindeutig identifizieren kann und durch eine umfas-sende Vernetzung die Kommunikation mit jeder Ressource möglich ist. Dadurch können Engpässe frühzeitig erkannt und vorbeugend gegengesteuert werden.

Zudem wird die Individualisierung der einzelnen Fertigungsschritte zunehmen, die Maschinen flexibler und auch intelligenter werden. Dezentrale Entscheidungsinstanzen werden immer mehr den alltäglichen Fertigungsablauf regeln und nur im Problemfall auf zentrale Hierarchien zurückgreifen. In letzter Instanz wird aber immer ein Mensch mit ent-sprechender Erfahrung die Entscheidungsgewalt und auch die Möglichkeit zum Eingriff in die Abläufe haben. Der Mensch selbst wird ein aktiver Teilnehmer in der umfassend vernetzten Industrie 4.0 sein und dank seiner flexiblen Fähigkeiten dabei eine zentrale Rolle einnehmen. Die starre hierarchische Organisation, die sich auch in der Automati-sierungspyramide widerspiegelt, wird sich mehr und mehr verändern und zu einem Netz intelligenter Systemteilnehmer werden. Dabei ist hier weniger eine Anarchie im System gemeint als eine organisatorische Neuanordnung, bei der die einzelnen Teilnehmer zu-künftig mehr Eigenverantwortung tragen. Diese Vision einer intelligenten Fabrik nennt man auch „Smart Factory" oder „Fabrik 4.0" (Abb. 9.1).

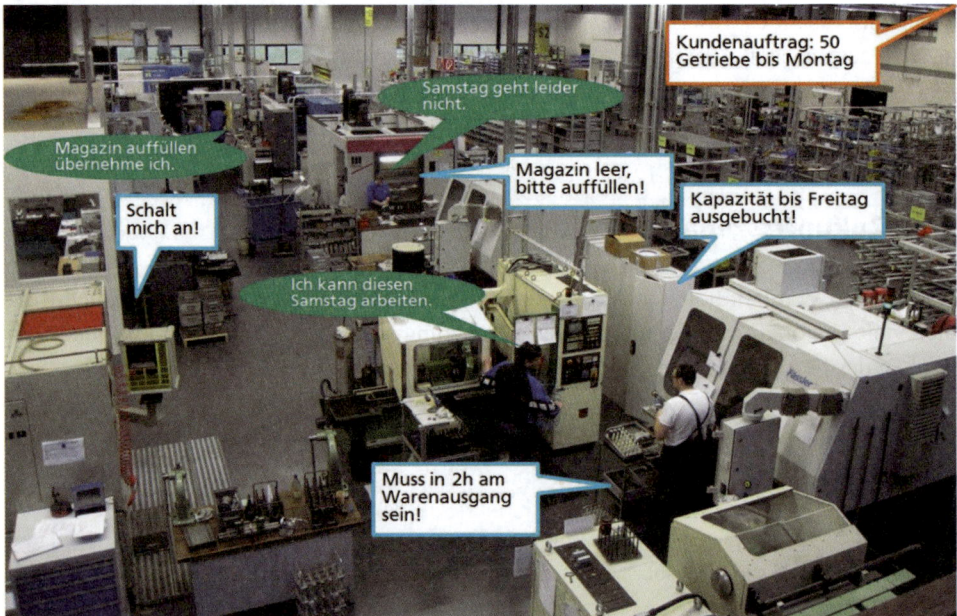

Abb. 9.1 Blick in die Smart Factory – jeder spricht mit jedem. (Quelle: Fraunhofer)

9.1.1   Resultierende Herausforderungen

Aus der Annahme eines solchen Szenarios einer Smart Factory ergeben sich ganz neue Anforderungen an fertigungsnahe Software wie beispielsweise Manufacturing Execution Systeme (MES).

Grundsätzlich müssen IT-Systeme flexibler werden, so dass auch kurzfristige Änderungen im Fertigungsablauf ohne Aufwand abgebildet werden können. Zudem muss ein flexibles System soweit konfigurierbar sein, dass individuelle Anpassungen durch Programmierung die absolute Ausnahme darstellen.

Durch die zunehmende Vernetzung werden Unmengen an Daten generiert, die für sich gesehen wenig Aussagekraft haben und erst dadurch zu wertenvollen Informationen werden, dass man diese in Zusammenhang mit anderen Daten bringt und daraus korrelierte Auswertungen generiert. Im Industrie 4.0-Umfeld spricht man hierbei oft von Big Data (große Datenmengen), die durch semantische Strukturierung zu Smart Data (intelligente und verwertbare Informationen) werden. Damit diese Informationen ihren ganzen Wert ausspielen können, müssen sie in Echtzeit verarbeitet und angezeigt werden. Nur so ist sichergestellt, dass die darauf basierenden Entscheidungen auch wirksam sind – ganz egal, ob ein System oder ein Mensch entscheidet und daraufhin Maßnahmen einleitet. Gerade bei schnelllaufenden Fertigungsverfahren kann ein verspäteter Eingriff zu enormen Kosten führen. Und mit Blick auf die zukünftig steigende Automatisierung werden auch die zeitkritischen Prozesse immer mehr zunehmen. Kurz gesagt: Nur wer aktuelle Daten zeitnah zu aussagekräftigen Informationen verdichten und diese in jeweils passender Form anzeigen oder verarbeiten kann, der ist in der Lage, fundierte Entscheidungen zu treffen und zum richtigen Zeitpunkt Maßnahmen einzuleiten.

Bereits in den 1980er Jahren wurde unter der Initiative CIM (Computer Integrated Manufacturing) ein höherer Automatisierungsgrad und mehr Intelligenz bei den Maschinen propagiert. Das Problem seinerzeit und somit auch einer der Gründe für den Ausblieb des Erfolgs von CIM war, dass zwar die theoretischen Ansätze vorhanden waren, jedoch keine konkreten Anwendungsfälle realisiert werden konnten. Zudem wurde die Rolle des Menschen vollkommen außer Acht gelassen. Damals träumte man von der menschenleeren Fabrik. Zusammenfassend lässt sich sagen, dass CIM das Gesamtkonzept fehlte, welches nun bei Industrie 4.0 besser gemacht werden muss, damit es nicht als „CIM 2.0" erfolglos endet.

9.1.2   MES als Grundstein zur Lösung neuer Anforderungen

Die Grundprinzipien eines Manufacturing Execution Systems (MES), welche in der VDI-Richtlinie 5600 ausführlich festgelegt sind, bilden eine gute Ausgangsbasis für das Industrie 4.0-Zeitalter. Insbesondere die horizontale Integration sowie eine flächendeckende Durchdringung des Unternehmens sind hierbei von Bedeutung. Das Erfassen von Daten in der Fertigung, deren Verdichtung sowie auch die Verarbeitung und Anzeige in Echtzeit sind essenziell für das Gelingen einer Smart Factory. Es gehört allerdings deutlich mehr dazu als die Aufbereitung von Daten und Messwerten zu aussagekräftigen Informationen.

Abb. 9.2 Das Zukunftskonzept MES 4.0 enthält Handlungsempfehlungen und Antworten auf Industrie 4.0

Vielmehr werden moderne Unternehmen zukünftig von der Integration aller Funktionen und Module über alle an der Fertigung beteiligten Elemente hinweg profitieren. Zudem wird ein systemübergreifender Datenaustausch an Bedeutung zunehmen (Abb. 9.2).

Beispiel: ZukunftskonzeptMES 4.0

Das Zukunftskonzept MES 4.0 von MPDV ist ein gutes Beispiel für die ganzheitliche Herangehensweise an Industrie 4.0 und die neuen Anforderungen an fertigungsnahe IT. Dafür wurden auf Basis jahrelanger Erfahrung und dem intensiven Austausch mit Anwendern, Wissenschaftlern und Analysten mehrere Handlungsfelder identifiziert, die beschreiben, wie das Manufacturing Execution System der Zukunft aussehen soll:

- **Horizontale Integration**: Zur Vermeidung von Insellösungen und unnötigen Schnittstellen sollten alle Anwendungen im Fertigungsumfeld in ein umfassendes Manufacturing Execution System (MES) integriert werden. Dazu gehören neben den drei großen Bereichen Manufacturing Control, Human Ressources und Quality Management auch übergreifende Informationssysteme sowie Werkzeuge zur Leistungsanalyse. Vorlage für diese Aufgabenfelder ist die VDI-Richtlinie 5600.

- **Interoperabilität**: Alle Anwendungen, die nicht in das MES-System integriert werden können, müssen möglichst standardisiert mittels Schnittstelle angebunden werden. Beispiele für solche Systeme sind: ERP, Lagerverwaltung, Warenwirtschaft, HR, Laborinformationssystem, PLM (Konstruktion&Entwicklung) oder auch die Gebäudeleittechnik. Zudem ist eine Standort- bzw. Unternehmens-übergreifende MES-zu-MES-Schnittstelle zu etablieren, um auch komplexe Wertschöpfungsketten mit Zulieferer- und Dienstleister-Beziehungen im Sinne einer „verlängerten Werkbank" abzubilden.

- **Flexibilität**: Um auf komplexe Anforderungen sich verändernder Fertigungsprozesse reagieren zu können, muss ein MES-System in der Lage sein, Abläufe flexibel gemäß der Erwartungen abzubilden. Insbesondere dürfen hierbei keine großen Programmieraufwände entstehen. Eine kundenseitige Konfiguration z. B. die Integration von Benutzerfeldern oder auch die Nutzung von User Exits muss gegeben sein. Die Verwendung standardisierter und selbstdefinierter Workflows sichert dabei eine konstant hohe Prozessqualität. Ziel dabei sind letztendlich kleine Losgrößen bei trotzdem kurzen Lieferzeiten.

- **Online-Fähigkeit**: In Zeiten von 24×7-Nutzung, Dreischichtbetrieb und Hochverfügbarkeit und zur Sicherung bzw. Steigerung der Reaktionsfähigkeit muss ein MES-System sowohl echtzeitfähig (online) als auch offlinefähig sein. Im Falle eines Netzwerksausfalls müssen relevante Teile des Systems einsatzfähig bleiben und es dürfen in dieser Zeit keine erfassten Daten verloren gehen. Zudem ist der Datenaustausch mit Komponenten sicherzustellen, die nicht ständig online sind (z. B. LIMS-Messmaschinen ohne Online-Schnittstelle oder mobile Geräte ohne Funkanbindung).

- **Integratives Datenmanagement**: Sämtliche entlang der Wertschöpfungskette erfassten Daten müssen in einer zentralen Datenbasis (Datenbank) gehalten werden, um eine generelle Transparenz zu gewährleisten (Big Data). Darauf aufbauend werden übergreifende Auswertungen bzw. eine realistische Feinplanung und Fertigungssteuerung möglich. Die Korrelation von Daten ermöglicht dabei, erfasste Daten zu Kennzahlen und Entscheidungsvorlagen (Smart Data) zu verdichten.

- **Dezentralität**: Die visionären Fertigungskonzepte aus Industrie 4.0 (er)fordern eine dezentrale Fertigungsplanung und -steuerung sowie die individuelle Verwaltung von Maschinen, Werkzeugen, Personal und anderen beteiligten Ressourcen. Neben der Umsetzung dieser Anforderungen beispielsweise durch die Definition von mehr oder weniger autonomen Produktionssystemen muss ein MES-System mit selbstregelnden Funktionen (z. B. eKanban) umgehen bzw. diese integrieren können. Für den oftmals geforderten Einsatz von Virtualisierungstechnologie (Cloud-Computing) sind eine verlässliche Datensicherheit sowie eine ausreichende und konstante Datentransferrate zwischen den einzelnen Komponenten der MES-Anwendung sicherzustellen (siehe auch „Online-Fähigkeit"). Der Umgang mit Self-X-Technologien (z. B. Selbstoptimierung, Selbstkonfiguration, Selbstdiagnose) ist zu prüfen und für den Produktivbetrieb vorzubereiten.

- **Management Support**: Auch in Zukunft müssen Entscheidungen im Management getroffen werden, die ein noch so intelligentes System nicht übernehmen kann. Um dieser Verantwortung gerecht zu werden brauchen Mitarbeiter wie Manager aussagekräftige und belastbare Kennzahlen sowie Auswertungen (Smart Data), auf deren Basis kurzfristige aber auch weitreichende Entscheidungen getroffen werden können. Ein MES-System muss sicherstellen, dass alle Unternehmensebenen (insbesondere das Management) mit relevanten Informationen versorgt werden. Die Aktualität der Informationen und der permanente Abgleich mit vorgegebenen Sollwerten ermöglicht somit eine kontinuierliche Regelung von Abläufen in Produktionsunternehmen.
- **Mobilität**: Um flexible Fertigungsprozesse aufgabenorientiert abzubilden müssen Mitarbeiter in der Lage sein, ortsunabhängig auf das MES-System zugreifen zu können, z. B. durch den Einsatz von marktgängigen mobilen Endgeräten (z. B. Smartphones oder Tablet-PC). Es bleibt hierbei zu prüfen, ob dies durch innovative Möglichkeiten der „augmented Reality" oder andere moderne Bedienkonzepte ergänzt werden muss (z. B. Datenbrille).
- **Unified Shopfloor Connectivity**: Für einen reibungslosen Fertigungsablauf müssen alle Maschinen, Anlagen und Hilfsmittel auf eine möglichst standardisierte Art und Weise an das MES-System angekoppelt werden. Verfügen Systeme des Shopfloors über eigene Verwaltungs- und Steuerungssysteme, so sind diese als Subsystem anzubinden (z. B. Arburg Leitsystem). Hierzu bietet sich die Zusammenfassung von Treiberbausteinen zu einer gekapselten Shopfloor-Schnittstelle als eine praktikable Lösung an. Die Nutzung vorhandener und künftiger Standardschnittstellen ist anzustreben. Dabei bietet sich unter anderem UMCM (Universal Machine Connectivity for MES) an, welche von MPDV initiiert wurde und auch vom MES D.A.CH-Verband vorangetrieben wird.

9.2 Zentrale Informations- und Datendrehscheibe

Zusammenfassend lässt sich feststellen, dass sich MES-Systeme optimal als zentrale Informations- und Datendrehscheibe in einer Smart Factory eignen würden. Um diese Rolle allerdings in Perfektion zu besetzen, müssen die heutigen Systeme noch weiterentwickelt werden. Der prinzipielle Ansatz des MES-Gedankens geht aber bereits in die richtige Richtung. Ziel muss es dabei sein, alle an der Fertigung beteiligten Systeme und Funktionen zu synchronisieren. Ein transparenter Datenaustausch ist die Grundlage für ein funktionierendes Zukunftsszenario. Damit ist nicht nur die reine Verteilung von Daten gemeint, sondern auch eine anwendungsbedingte Vorverarbeitung oder Verdichtung. Beispielsweise brauchen ERP- und andere Managementsysteme lediglich finale Summenwerte (z. B. Hauptnutzungszeit, Störzeit, …) und nicht die umfangreichen Detaildaten aus den einzelnen Statusmeldungen an der Maschine. Ein MES-System hat als zentrale Drehscheibe die Aufgabe, jedem Benutzer und jedem System genau die Daten in der Form zu liefern, die erwartet bzw. benötigt werden.

9.2.1   Praxisnahe Lösungsansätze und erste Umsetzungen

Erste praxisnahe Umsetzungen dieser Anforderungen sind beispielsweise die Smart MES Applications von MPDV. Mit diesem Set von Apps können Anwender mit mobilen Endgeräten (z. B. Smartphone oder Tablet-PC) auf die mit HYDRA erfassten Daten zugreifen bzw. neue Daten erfassen. In Kap. 5.3 werden die Funktionen einer mobilen MES-Lösung näher erläutert.

Auch die Flexibilität der MES-Lösung HYDRA ist ein gutes Beispiel für die Umsetzung der Anforderungen aus MES 4.0. Dank der Service-Oriented-Architecture (SOA) von HYDRA können zum Zwecke der Adaption an bestimmte Anforderungen einzelne Dienste und Funktonen hinzugefügt, ausgetauscht oder entfernt werden. Die Möglichkeit einer weitreichenden Konfiguration und Customizing führt dazu, dass HYDRA flexibel an die jeweiligen Bedürfnisse adaptiert werden kann, ohne dabei den Charakter einer Standard-Software zu verlieren (siehe dazu auch Kap. 6.1) (Abb. 9.3).

Ganz im Sinne der Standardisierung ist die universelle Maschinenschnittstelle UMCM (Universal Machine Connectivity for MES) ein wichtiger Schritt in Richtung Unified Shopfloor Connectivity (vgl. Abb. 9.4). Die einfache Kommunikation mit Maschinen per

Abb. 9.3 Mobile MES-Lösungen machen den Zugriff auf alle Fertigungsdaten ortsunabhängig

Abb. 9.4 Mit UMCM wird die Ankopplung von Maschinen an ein MES zum Kinderspiel

Plug&Work erleichtert auch die Abbildung komplexer, flexibler und wandelbarer Ferti-
gungsszenarien, welche gemäß Industrie 4.0 an der Tagesordnung sein werden.

Die bereits in Kap. 2 beschriebene horizontale und vertikale Integration ist zwar einerseits die Basis für den MES-Gedanken an sich, andererseits aber auch eine wichtige Voraussetzung für die Rolle als zentrale Informations- und Datendrehscheibe. Die vollständige Vernetzung von allen an der Fertigung beteiligten Ressourcen und Systemen erfordert
einen standardisierten und möglichst Schnittstellen-freien Umgang mit den Daten.

Als Abgrenzung zu reinen Planungs- oder Auswertungssystemen ist die Online- und
Offline-Fähigkeit von MES-Systemen auch ausschlaggebend für den Erfolg in einem Industrie 4.0-Szenario. Einerseits müssen zu jeder Zeit alle Daten überall verfügbar sein
(24 × 7 online). Andererseits muss das System Kommunikationsunterbrechungen überbrücken können (offline), so dass diese keine Auswirkungen auf die laufende Fertigung haben.
Weder dürfen erfasste Daten verloren gehen, noch darf eine Maschine aufgrund fehlender
Daten zum Stillstand gezwungen werden. Die Hochverfügbarkeit von MES-Servern und
die Offline-Fähigkeit von BDE-Terminals ist bereits der erste Schritt in diese Richtung.

9.3   Fazit: Nutzen der neuen Flexibilität für die Industrie

Sämtliche Neuerungen und Erweiterungen, die das Zukunftskonzept MES 4.0 mit sich
bringt, sollen keineswegs zum Selbstzweck einhergehen. Vielmehr sollen damit Markt-
und Kundenanforderungen befriedigt werden, die immer mehr an Bedeutung gewinnen.

Unter dem Schlagwort „Mass-Customization" versteht man beispielsweise die Individualisierung von Massenprodukten. Oftmals ist hierbei auch die Rede von „Losgröße 1". Um solch eine Anforderung zu realisieren, braucht ein Fertigungsunternehmen flexible Software-Tools. Berücksichtigt man dann noch die allgegenwärtige Forderung nach Ressourceneffizienz und Wirtschaftlichkeit, so kommt man zwangsweise bei einem Manufacturing Execution System der Zukunft heraus – und genau dieses wird im Zukunftskonzept MES 4.0 beschrieben.

Letztendlich dienen alle Optimierungsmaßnahmen, Softwareverbesserungen und Erweiterungen jeglicher Art nur einem großen Ziel: Fertigungsunternehmen müssen wettbewerbsfähig bleiben. Mit Blick auf die stetig zunehmende Globalisierung muss vielmehr noch von einer Steigerung der Wettbewerbsfähigkeit die Rede sein. Gerade in einer Region der hohen Löhne, hoher Automatisierungsgrade und dem weltweit geschätzten Experten-Know-how ist Effizienz das höchste Gut. Oftmals entscheidet die Effizienz darüber, ob eine Region seine Marktführerschaft halten, sie sogar ausbauen kann oder schlimmsten falls abgeben muss. Wie in vielen Themenfeldern ist technologischer Stillstand mit einem Rückschritt in puncto Wirtschaftlichkeit gleichzusetzen. Die Konzepte aus Industrie 4.0 und die praxisnahen Lösungsansätze aus MES 4.0 werden langfristig dafür sorgen, das Fertigungsunternehmen nachhaltig effizienter produzieren können.

9.4   Ausblick: Was bleibt zu tun?

Damit Industrie 4.0 zum Erfolg wird, muss allerdings dafür gesorgt werden, dass alle beteiligten Menschen verstehen, wo die Reise hin gehen soll und auch den Nutzen darin erkennen. Die Aufgabe der MES-Anbieter besteht dabei darin, die neuen Technologien zu erforschen und sukzessive zur Verbesserung der bestehenden Lösungen einzusetzen. Der Nutzen für die Fertigungsindustrie im Ganzen und für jeden Fertigungsleiter oder Werker im Einzelnen muss dabei im Fokus stehen. Daher sorgt die Weiterführung des Zukunftskonzepts unter dem Motto „Next Steps" für einen kontinuierlichen Migrationspfad hin zu den neuen Visionen von Industrie 4.0.

Literatur

Whitepaper „Das MES der Zukunft – MES 4.0 unterstützt Industrie 4.0", www.whitepaper.mpdv.de
Whitepaper „Management Support – Mit Kennzahlen die Produktion im Griff", www.whitepaper.mpdv.de
Whitepaper „Nachhaltig effizienter produzieren – Zukunftssicher in Richtung Industrie 4.0", www.whitepaper.mpdv.de

Checkliste 10

Jürgen Kletti

10.1 Vorbemerkung für den Bearbeiter

Die Aufgabe, Kriterien für die Auswahl eines MES-System und damit eines MES-Anbieters zu finden, ist in der Regel schwierig und kann den Bearbeiter schnell überfordern. Je mehr dieser von der Materie versteht, umso schwieriger wird es, den Überblick zu behalten. Wo anfangen und wo aufhören? Nachdem man verschiedene Systemvorführungen erlebt hat, ist es schwer, Unterschiede zu erkennen; dann sehen plötzlich alle Oberflächen gleich aus.

MES-Systeme sind komplexe IT-Einrichtungen, die je nach Ausprägung viele Bereiche eines Fertigungsunternehmens berühren können. Von der einfachen BDE-Rückmeldung über Qualitätssicherung und Personalmanagement bis hin zum komplexen Feinsteuerungssystem reichen die Einsatzmöglichkeiten.

Ausgehend von den Zielsetzungen lässt sich der Leistungsumfang unterschiedlicher Systeme und Anbieter sehr viel besser beurteilen: Will man z. B. mit der Maschinendatenerfassung beginnen, weiß aber heute schon, dass man in 1–2 Jahren das Thema Leistungslohn aufgreifen wird, kann man sofort k.o. Kriterien finden, weil damit sofort alle Anbieter herausfallen, die eine PZE und Leistungsentlohnung nicht integrieren können.

Absicht dieses Vorschlages ist es, zum einen die möglichen Zielsetzungen, die durch die Einführung von MES erreicht werden können, noch einmal herauszustellen. Dadurch lassen sich in der Regel auch quantifizierbare Ansätze finden, die dann die Grundlage zur Berechnung eines Return on Investment bilden.

J. Kletti (✉)
MPDV Mikrolab GmbH, Mosbach, Deutschland
E-Mail: info@mpdv.com

© Springer-Verlag Berlin Heidelberg 2015
J. Kletti (Hrsg.), *MES – Manufacturing Execution System*,
DOI 10.1007/978-3-662-46902-6_10

Dieses Vorgehen ist effizienter und macht weniger Arbeit. Zusätzlich lässt sich damit auch der Zielerreichungsgrad für eine nachträgliche Investitionskontrolle besser überprüfen.

Die folgende Checkliste soll einige Anhaltspunkte geben, die bei der Gestaltung und der Auswahl von MES-Systemen Hilfestellung leisten können.

Dies ist als Vorschlag zur systematischen Beurteilung unterschiedlicher MES-Systeme und zur daraus folgenden Erstellung von Auswahlkriterien zu verstehen.

10.2   Allgemeine Kriterien

☐ Hat das MES-System ein voll integriertes Fertigungs-, Personal- und Qualitätsmanagement?
☐ Unterstützt das MES eine papierlose (papierarme) Fertigung?
☐ Verfügt das MES-System alle notwendigen Standardprodukte?
☐ Bietet das MES ein Eskalationsmanagement und Workflow-Funktionen?
☐ Welche Referenzen und Branchenkenntnisse hat der Anbieter?
☐ Wie einfach können die Funktionalitäten an die Prozesse des Kunden angepasst werden?
☐ Verfügt der MES-Hersteller über eine klare Standardprodukt- und Release-Strategie?

10.2.1   Systemkonzept

☐ Ist die komplette MES-Funktionalität in einem System gegeben?
☐ Sind die einzelnen Komponenten modular einsetzbar?
☐ Sind die Funktionen konfigurierbar?
☐ Verfügt das MES-System über eine ESA-orientierte Architektur?
☐ Orientiert sich das MES-System an gängigen Industrie-Standards?
☐ Unterstützt das MES-System die notwendigen Plattformen?
☐ Unterstützt das MES-System die notwendigen Schnittstellen?
☐ Wie leicht lassen sich Schnittstellen an die Bedürfnisse des Kunden anpassen?
☐ Wie leicht lassen sich die Clients an die die Bedürfnisse des Kunden anpassen?
☐ Welche Möglichkeiten bietet das MES-System für kundeneigene Entwicklungen?
☐ Sind diese Anpassungen zu einem späteren Zeitpunkt genauso einfach?
☐ Welche Hilfsmittel gibt es zur Erstellung eigener Auswertungen?
☐ Sind die vorhandenen Auswertungen in verschiedenen Verdichtungsstufen für alle Unternehmensebenen einstellbar?
☐ Gibt es Schnittstellen zu den führenden ERP- und PPS-Systemen?
☐ Ermöglicht die modulare Architektur des MES-Systems die stufenweise Erweiterung auf andere Funktionen?
☐ Ist die Systemarchitektur offen?

10.2.2   Fertigung

☐ Gibt es integrierte Funktionen, die einen Blick auf alle an der Fertigung beteiligten Ressourcen bieten?

☐ Gibt es Übersichten zur Beurteilung der aktuellen Situation?

☐ Setzen die Feinplanungsfunktionen auf die aktuellen BDE-Daten auf?

☐ Verwaltet die Feinplanung primäre und sekundäre Ressourcen?

☐ Gibt es eine Belegungsplanung für unterschiedliche Arten sekundärer Ressourcen?

☐ Können verschiedene Möglichkeiten technologischer Beziehungen modelliert werden?

☐ Ist eine auftragsübergreifende Vernetzung möglich?

☐ Sind die Kapazitätsarten variabel?

☐ Werden verschiedene Planungsstrategien unterstützt?

☐ Können die Feinplanungen durch flexible und kombinierbare Kennzahlen bewertet werden?

☐ Lassen sich alternative Planvarianten simulieren?

☐ Lassen sich verschiedene Optimierungsstrategien einstellen?

☐ Unterstützt das MES verschiedene Fertigungsstrukturen (Mehrmaschinenbedienung, Mehrbedienerbearbeitung, …)?

☐ Ist eine Materialverfolgung (z. B. In Losen und Materialpuffern) möglich?

10.2.3   Qualität

☐ Können Qualitätsprüfungen wie Arbeitsgänge in einer Gesamtauftragsstruktur hinterlegt werden?

☐ Gibt es eine dynamisierte Prüfmittelüberwachung?

☐ Ist das Reklamationsmanagement Workflow-gestützt?

☐ Ist eine lückenlose Rückverfolgbarkeit des Produktionsprozesses möglich?

☐ Hat die Fertigungsplanung Zugriff auf die Qualitätsdaten?

☐ Lassen sich auch Prozess-(Mess-)daten als Qualitätsmerkmale verwenden?

☐ Wird die automatische Messdatenübernahme nach Standard-Schnittstellen unterstützt?

10.2.4   Personal

☐ Ist eine Personalzeiterfassung mit Informations- und Nachrichtenfunktion am Terminal verfügbar?

☐ Gibt es eine einfache Konfiguration der Arbeitszeit- und Entlohnungsmodelle für die Personalzeitwirtschaft?

☐ Gibt es einen Workflow zur papierlosen Bearbeitung von Anträgen und Genehmigungen?

☐ Ist die Leistungslohnermittlung an die Tarifvereinbarungen einfach anpassbar?

☐ Gibt es eine Personaleinsatzplanung mit direkter Kopplung zur Fertigungsbelastung?

☐ Gibt eine Personaleinsatzplanung mit automatischer Zuordnung der Mitarbeiter auf die Arbeitsplätze, an denen Aufträge eingeplant sind, anhand der Qualifikation?

10.2.5   Datenerfassung

☐ Ermöglicht das MES eine lückenlose und automatisierte Datenerfassung und -verarbeitung?

☐ Existieren Standardschnittstellen zu Maschinen und Automaten?

☐ Können alle Erfassungsfunktionen an einem Erfassungsterminal integriert werden?

☐ Sind die Erfassungsfunktionen für mehr Ergonomie und damit Akzeptanz konfigurierbar?

☐ Werden Standarderfassungsschnittstellen, wie z. B. OPC, E63 oder UMCM unterstützt?

☐ Sind die Erfassungsfunktionen auf unterschiedlichen Plattformen: Touch-Terminal, mobiles Terminal, PC, WEB verfügbar?

☐ Wird die Erfassung durch geeignete Peripheriegeräte, wie Identleser unterschiedlichster Ausführung, Labeldruckern, etc. unterstützt?

10.2.6   MES im SAP – Umfeld

☐ Verfügt der Hersteller des MES über das entsprechende SAP-Know-how?

☐ Wie hoch ist die Anzahl der Implementierungen im SAP-Fertigungsumfeld?

☐ Hat der MES-Hersteller Berater mit SAP-Anwendungs-Know-how?

☐ Ist der Hersteller für Anwendungsschnittstellen, wie PP-PDC, zertifiziert?

☐ Ist das Zertifikat „powered by NetWeaver" vorhanden?

☐ Werden folgende SAP-Schnittstellen systemtechnisch unterstützt?
  – Fertigungsteuerung: PP-PDC, PP-POI
  – Materialwirtschaft: MM-MOB
  – Qualitätsmanagement: QM-IDI
  – Fertigung Prozessindustrie: PI-PCS
  – Serienfertigung: BAPI für Planaufträge

☐ Können BAPI's genutzt werden?

☐ Verfügt der Hersteller über ein eigenes SAP-Entwicklungs- und Testsystem für kundenspezifische Implementierungen und Support?

10.2.7   Aktualisierungen

In der Praxis ergeben sich fortlaufend Weiterentwicklungen in Bereichen wie Schnittstellen, gesetzliche Vorgaben, Softwaretools, Anforderungen aus dem Tagesgeschäft etc.
Checklisten, die auf aktuellen Anforderungen oder Erkenntnissen basieren, werden permanent gepflegt und können unter der nachstehenden E-Mail Adresse unentgeltlich angefordert werden.

info@mpdv.com

Sachverzeichnis

© Springer-Verlag Berlin Heidelberg 2015
J. Kletti (Hrsg.), *MES – Manufacturing Execution System*,
DOI 10.1007/978-3-662-46902-6

Printing: Ten Brink, Meppel, The Netherlands
Binding: Ten Brink, Meppel, The Netherlands